超低空探测与制导系列

宽带雷达导引头超低空杂波与镜像对抗方法

彭　鹏　童创明　孙华龙　周　焯
梁建刚　李洪兵　朱　剑　高鹏程　编著
冯为可　王　童　蔡继亮　宋　涛

西北工业大学出版社
西　安

【内容简介】 本书是超低空探测与制导系列丛书之一。本书全面介绍了宽带雷达导引头超低空杂波与镜像对抗方法，共7章，主要内容包括绪论、雷达导引头超低空宽带回波信号建模、宽带信号自适应处理技术、雷达导引头探测信号最佳带宽选择原则、宽带雷达导引头工程设计、宽带雷达导引头试验、宽带抗杂波与目像分离效果评估等。

本书适用于高等院校雷达目标探测与识别、信号与信息处理等专业方向的高年级本科生和研究生，以及相关科研院所的工程技术人员阅读和参考。

图书在版编目(CIP)数据

宽带雷达导引头超低空杂波与镜像对抗方法 / 彭鹏等编著. —西安：西北工业大学出版社，2023.9

ISBN 978-7-5612-9016-3

Ⅰ. ①宽… Ⅱ. ①彭… Ⅲ. ①超宽带雷达-雷达导引头-雷达杂波-研究 Ⅳ. ①TN951

中国国家版本馆 CIP 数据核字(2023)第179795号

KUANDAI LEIDA DAOYINTOU CHAODIKONG ZABO YU JINGXIANG DUIKANG FANGFA

宽带雷达导引头超低空杂波与镜像对抗方法

彭　鹏　童创明　孙华龙　周　焯

梁建刚　李洪兵　朱　剑　高鹏程　编著

冯为可　王　童　蔡继亮　宋　涛

责任编辑：付高明　　**策划编辑**：杨　睿

责任校对：卢颖慧　　**装帧设计**：董晓伟

出版发行：西北工业大学出版社

通信地址：西安市友谊西路127号　　**邮编**：710072

电　　话：(029)88493844，88491757

网　　址：www.nwpup.com

印 刷 者：陕西向阳印务有限公司

开　　本：787 mm×1 092 mm　　1/16

印　　张：15.75

字　　数：393千字

版　　次：2023年9月第1版　　2023年9月第1次印刷

书　　号：ISBN 978-7-5612-9016-3

定　　价：72.00元

前言

雷达导引头超低空下视域探测的根本问题是目标回波受到了环境杂波和镜像回波的干扰,传统的信号后处理方法难以彻底解决这个问题。针对超低空环境杂波和镜像回波对抗问题,人们提出一种变被动信号处理为主动抑制的新思维,其根本途径是通过控制雷达导引头的探测信号来改善环境杂波和镜像回波的特性,其特点是从源头上控制环境杂波和镜像回波,净化目标回波信号背景。因此,与传统"窄带探测信号"的目标探测方法不同,雷达导引头超低空探测的有效技术途径是"宽带探测信号",该技术的核心是要找到一个最佳的雷达导引头探测信号带宽。本书主要对采用宽带雷达导引头探测信号来对抗超低空环境杂波并分离目标与镜像问题进行了研究。本书是在笔者多年来从事科研与教学工作以及为博士研究生开设的"雷达目标与环境特性"课程讲义的基础上编写而成的,共7章,主要内容包括:第1章绪论,第2章雷达导引头超低空宽带回波信号建模,第3章宽带信号自适应处理技术,第4章雷达导引头探测信号最佳带宽选择原则,第5章宽带雷达导引头工程设计,第6章宽带雷达导引头试验,第7章宽带抗杂波与目像分离效果评估。

本书由空军工程大学彭鹏、童创明统稿,参加编著的还有空军工程大学孙华龙、冯为可、蔡继亮、王童、宋涛,西安电子科技大学许京伟、梁建刚、李洪兵,航天科技八院802所周焯、朱剑、高鹏程,航天科工二院25所李纪传,等等。参加部分章节整理的还包括空军工程大学邹高翔、王宜进、王庆宽、田贵龙、王赵隆等。

本书的出版得到了国家重点基础研究项目、空军工程大学"十三五"信息技术(电子科学与技术)重点学科建设领域“重点教材建设”项目和“电子科学与技术博士后流动站建设”项目的资助。

在编写本书的过程中,笔者还参考了大量参考资料,在此向其作者表示感谢。

由于笔者水平有限,书中难免还存在一些缺点和错误,敬请广大读者批评指正。

编著者

2023年6月

目录

第 1 章　绪论 …… 1

1.1　雷达导引头 …… 1

1.2　雷达导引头超低空探测 …… 3

1.3　超低空探测研究现状 …… 9

1.4　雷达导引头超低空杂波与镜像对抗方法 …… 16

1.5　本章小结 …… 18

第 2 章　雷达导引头超低空宽带回波信号建模 …… 19

2.1　超低空目标-环境复合散射 …… 19

2.2　雷达导引头超低空回波信号生成 …… 83

2.3　雷达导引头宽带信号变换 …… 94

2.4　超低空镜像与杂波特性 …… 96

2.5　本章小结 …… 119

第 3 章　宽带信号自适应处理技术 …… 120

3.1　宽带正交双通道解调方法 …… 120

3.2　宽带信号处理方法 …… 122

3.3　空时自适应处理方法 …… 128

3.4　目标测量与跟踪方法 …… 149

3.5　本章小结 …… 151

第 4 章　雷达导引头探测信号最佳带宽选择原则 …… 152

4.1　宽带信号波形 …… 152

4.2　最佳信号宽带选择 …… 166

4.3　本章小结 …… 177

第 5 章　宽带雷达导引头工程设计 …… 178

5.1　主动体制 …… 178

5.2　半主动体制 …… 190

5.3　本章小结 …… 197

第 6 章　宽带雷达导引头试验 …… 198

6.1　高塔试验 …… 198

6.2　挂飞试验 …… 205

6.3　本章小结 …… 213

第 7 章　宽带抗杂波与目像分离效果评估 …… 214

7.1　宽带抗杂波效果 …… 214

7.2　宽带目像分离效果 …… 227

7.3　本章小结 …… 243

参考文献 …… 244

第1章 绪　论

1.1 雷达导引头

1.1.1 雷达导引头工作原理

雷达导引头是防空导弹目标探测的关键设备，是防空导弹拦截打击系统的重要组成部分，用于在防空导弹末制导阶段捕获并探测目标，引导防空导弹精确打击目标。雷达导引头有主动寻的、半主动寻的、被动寻的和复合寻的等几种制导体制，本书重点介绍主动寻的制导的雷达导引头，以机扫体制主动雷达导引头为例，其概略系统功能框图如图1.1所示，主要功能组成包括天馈系统、伺服系统、发射系统、接收系统及信号处理系统等。雷达导引头通过上述各分系统的协调工作完成导弹制导过程中的阵面信号发射、回波接收、目标探测与跟踪、信号处理、目标检测、信息解算、制导信息输出等功能。

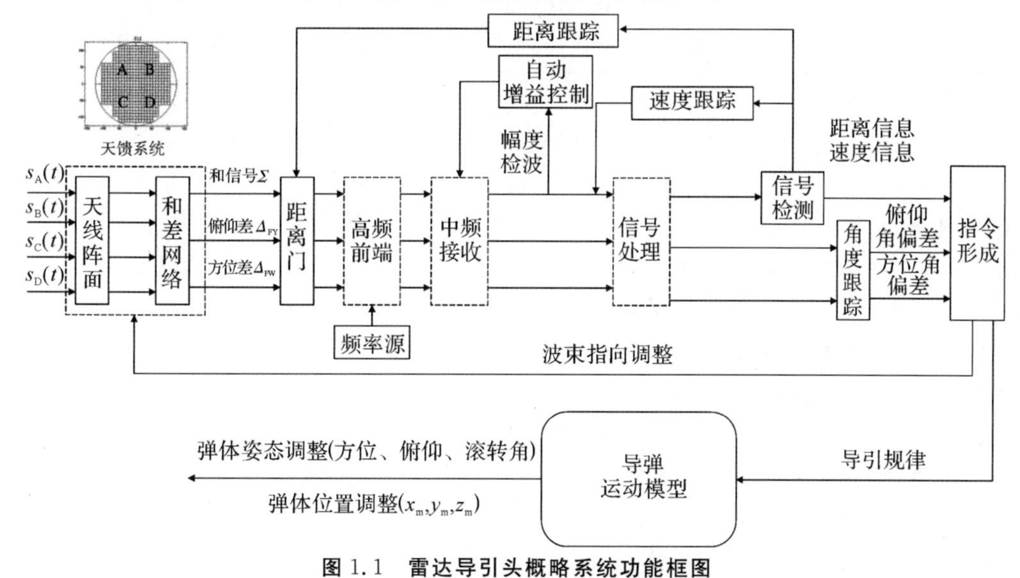

图1.1　雷达导引头概略系统功能框图

雷达导引头在导弹制导过程中建立起导弹与被攻击目标之间探测跟踪的动态闭合回路，通过导引头前段的天线阵面接收回波信号，通过高频前端和中频接收将原始回波变换为满足信号处理要求的中频信号，然后完成目标信息检测、跟踪和目标信息提取，并由弹上计算机综合形成各种控制指令(包括导弹驾驶仪的引导指令、制导控制指令、控制导引头工作状态的逻辑控制指令等)。根据指令信号,导弹在一定导引规律的约束下调整弹体位置和导弹姿态,同时控制调整天线波束指向,最终使导弹飞向目标拦截位置。

1.1.2 雷达导引头现状与发展趋势

雷达导引头基于目标回波对目标进行检测和跟踪控制,其研制历程与特点见表1.1。

表1.1 **我国主动/半主动体制雷达导引头的研制历程与特点**

分类	导引体制	特点
第一代	半主动	具有模拟接收机,没有计算机组件,不使用集成元件
第二代	半主动	具有模拟接收机和计算机组合,广泛采用集成电路
第三代	半主动 主动	具有模拟接收机和数字可编程计算机,广泛使用小型化、大规模集成电路、微组装等技术的组件。可抗大部分自隐蔽干扰,但尚不能完全对抗预警机空域巡逻干扰,且对目标后半球的作用距离也不够
第四代	半主动与 主动复合	具有数字接收机和高速数字信号处理器。具有更远的作用距离、更强的抗干扰能力,包括抗侧向干扰。但是多普勒频率分析带宽有限,不能通过距离跟踪目标,在对目标后半球工作时也不使用中重频模式
第五代	主动、复合	具有最小化的模拟信道和高效的信号处理器。可在高重频和中重频模式下工作,通过距离跟踪目标,根据速度和距离并行分析和发现目标,不经目标速度预定进行工作。既可实现抗自隐蔽干扰,也可实现抗支援式隐蔽干扰。目标截获距离提高,对目标后半球的截获距离也增加了一倍

理论上讲,雷达新技术同样可用于雷达导引头,但由于其应用条件的特殊性,许多新技术在其应用中受到限制。随着现代雷达技术的发展、战场需求的不断变化,雷达导引头体制发生多种变化:①从半主动转为主动、宽带被动体制;②体制选择中考虑采用单脉冲测角、干涉仪测向、平面阵天线、倒置接收、DDS变频、功率合成、智能信号处理等专业技术,进行综合比较,以提高导引头性能、抑制杂波和电子对抗能力;③辐射波形从普通脉冲和连续波体制过渡到宽带脉冲体制、脉冲压缩体制、脉冲多普勒体制。

(1)固态相控阵雷达导引头。相控阵雷达打破了以往机械扫描雷达固定波束形状、固定波束驻留时间、固定扫描方式、固定发射功率和固定数据率的限制,具有灵活的波束指向及驻留时间、可控的空间功率分配及时间资源分配等特点,提升了防空导弹雷达导引头的攻击能力、攻击精度和使用效率。美俄等国逐步在厘米和毫米波段防空导弹雷达导引头中引入相控阵技术,目前已能做到Ka波段(35 GHz),未来将向W波段(94 GHz)发展。固态相控阵防空导弹雷达导引头的关键技术包括相控阵天线阵列配置、大功率散热、固态T/R集成组件、扰动去耦技术、数字化技术以及机械加工精度技术等。

(2)合成孔径雷达导引头。合成孔径雷达(SAR)是主动式微波成像雷达,能够提供高分辨率的目标图像,具有全天候、全天时的优点,它利用脉冲压缩技术提高距离向的分辨率,对多普勒相位进行相关处理,以提高方位向的分辨率。该项技术在微波遥感、军事侦察、大地测绘、资源探测等领域有广泛应用，在末制导领域也已开始得到初步应用。

(3)毫米波雷达导引头。毫米波固态器件和集成电路的进展使得毫米波防空导弹雷达导引头快速发展。毫米波防空导弹雷达导引头除具有制导精度高、全天候、抗干扰能力强等特点外，与微波防空导弹雷达导引头相比较，还具有体积小、质量轻的特点。利用毫米波成像技术，不但能够提高防空导弹雷达导引头对目标的跟踪能力，而且可以对目标的关键部位实施打击，提高导弹攻击效率。目前比较成熟的成像防空导弹雷达导引头是光学成像防空导弹雷达导引头，但它受气象和环境条件的限制很大，而毫米波具有全天候的特点。毫米波成像防空导弹雷达导引头是防空导弹雷达导引头发展的一个重要方向。

(4)多模复合雷达导引头。随着现代防空的发展，单模雷达导引头受到严重挑战，不足包括：抗干扰能力弱，可靠性不高；全天候、复杂背景下工作能力弱，战场适应能力差；自主作战能力弱，对防空武器系统的依赖性强；目标分类能力弱，目标定位时间长；命中精度不高；等等。多模复合防空导弹雷达导引头可以发挥各单一制导模式的优点，弥补不足，提高制导精度，增强抗干扰及反隐身性能，形成制导系统性能的综合优势。目前越来越多的导弹采用复合雷达导引头，典型的双模复合模式有：双频段主动雷达复合制导、主动(或半主动)雷达＋红外制导、被动雷达＋红外制导、主动＋半主动雷达复合制导、被动雷达＋主动毫米波复合制导、雷达＋电视复合制导等；三模复合模式有：微波＋毫米波＋红外三模复合制导、半主动激光＋红外成像＋毫米波雷达三模复合制导、被动反辐射导引头＋主动毫米波雷达＋GPS/INS 新型多模制导等。

1.2　雷达导引头超低空探测

1.2.1 超低空下视探测特点

超低空目标探测是雷达界的四大难题之一，第二次世界大战以来，雷达界一直都在进行着探索和研究，发明了很多方法。雷达导引头超低空探测有两个突出的特点：一是弹目距离近，一般在 20 km 以内；二是弹目高速接近，相对速度可达1 000 m/s以上。如图 1.2 所示，雷达导引头下视探测超低空目标，其视场中不但有目标，还有地/海面环境。

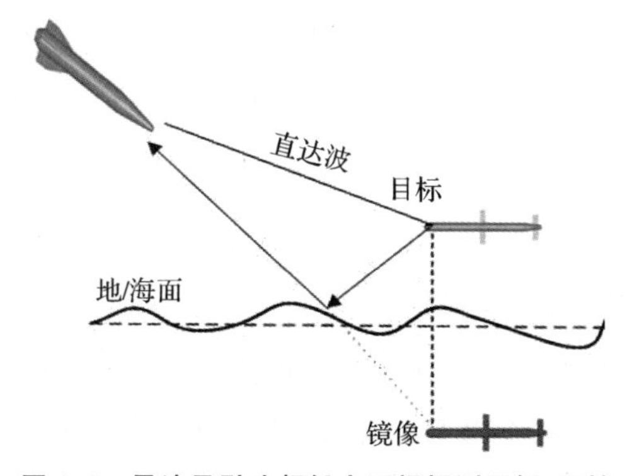

图 1.2　雷达导引头超低空下视探测目标-环境

1.2.2 超低空探测过程

雷达导引头大都采用脉冲测距或脉冲多普勒雷达，如图 1.3 所示，超低空探测时，雷达导引头处于斜下视工作状态，基于超低空回波，通过时域、频域、空域跟踪滤波，提取目标距离、径向速度、角度和视线角速度等信息，对目标进行高精度测量和闭环连续跟踪。

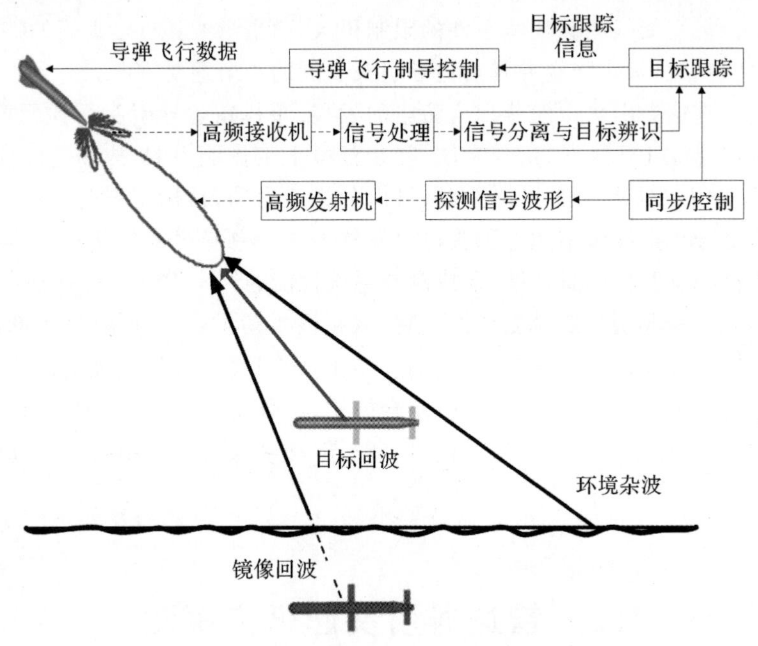

图 1.3 雷达导引头超低空探测功能模型

1. 探测信号发射

(1)探测信号。雷达导引头探测信号参数的选择决定其速度分辨率(精度)、距离分辨率(精度)、地/海杂波响应等关键特性，一般采用连续波、准连续波、调制脉冲串等具有宽时、窄带特性的探测波形。

(2)天线方向图。雷达导引头探测信号在发射过程中受到天线方向图的调制，天线增益、波束宽度、副瓣电平等影响雷达的作用距离、角度分辨率(精度)、干扰/杂波复合等关键特性。受防空导弹孔径限制，雷达导引头天线一般增益较低，波束相对较宽。相控阵雷达导引头具有波束扫描能力，可以对目标区域进行搜索或多波束接收，是雷达导引头的发展方向。

2. 雷达波传播与散射

雷达导引头探测信号作用于超低空飞行目标及其周边环境时，会产生以下效应：

(1)超低空目标反射。它主要与目标雷达散射截面积(Radar Cross Section，RCS)及运动特性有关，服从随机起伏规律。计算目标反射特性时，不考虑目标与环境复合，但需要建立目标独立散射模型。值得注意的是，弹目交会时，照射波由远场到近场的动态照射到目标，目标从点目标扩展为体目标，出现近场目标扩展效应，目标上存在多个强散射点，由于目标各散射点对电磁波反射的相位中心不同，使合成的目标反射的视在中心与几何中心不重合，造成目标回波的角闪烁。近距离时角闪烁噪声效应明显，使雷达导引头测角误差急剧增大，制导跟踪精度变坏，成为雷达导引头测角误差的主要误差源。角闪烁作用于雷达导引头所引起的测角误差与目标角闪烁本身的零频谱功率密度值成比例，因此，需要建立目标的角闪烁频谱和零频谱功率密度模型、数据。

(2)地/海面环境散射。它主要是地形面散射、地貌体散射、海浪时变散射等效应，各种散射效应叠加，在空域、时域、频域呈现随机起伏特性。值得指出的是，强地物散射会导致巨大 RCS 并形成地物假目标，如地理环境的空间变化(如水陆交界、城乡接合部、植被等)、高大物体(如山峰等)及其遮蔽(如雷达波束被高大物体遮挡形成的区域等)、人造的固定建筑(如桥梁、市中心、铁塔等)。计算地/海散射特性时，不考虑目标与环境复合，但需要建立环境独立散射模型。

(3)超低空目标与地/海面环境耦合散射。超低空目标与地/海面环境同在一个雷达波束内，目标与环境之间有很强的相互电磁复合作用，除了单纯的目标、环境散射外，还有二者之间的耦合散射。计算环境与目标耦合散射特性时，考虑目标与环境复合，需要建立“目标-环境”复合散射模型，在雷达波照射下，目标上产生电磁流并辐射形成“目标散射回波”，地/海面上产生电磁流并辐射形成“环境散射杂波”，目标上电磁流与地/海面上电磁流相互作用形成“镜像耦合散射”。

3. 超低空雷达回波接收

雷达导引头天线接收的信号是来源于超低空目标反射场、地/海面环境散射场、目标与环境耦合散射场，并与探测信号进行时域、频域动态卷积叠加后的信号。因此，雷达导引头天线接收的雷达回波信号是“三信号”(目标回波、环境杂波、镜像回波)叠加的结果，对雷达导引头来说，目标回波是有用信号，镜像回波、环境杂波是背景干扰。

雷达导引头超低空目标回波的“三信号模型”，既有来自目标和环境的直接反射(目标回波和环境杂波)，也有来自目标与环境的耦合散射(镜像回波)。其中，目标回波是雷达波照射与超低空目标相互作用，在目标上产生感应电磁流并辐射形成目标反射场，部分能量回到导弹方向由防空导弹雷达导引头天线接收；环境杂波是雷达波照射与地/海面相互作用，在地/海面上产生感应电磁流并辐射形成环境散射场，部分能量回到导弹方向由防空导弹雷达导引头天线接收；镜像回波主要是由于目标与环境耦合散射效应，耦合散射场中能量分布相对稳定集中部分能量，回到导弹方向由雷达导引头天线接收，形成位置、强度相对稳定的非直达目标回波，由于受到目标和地/海面的双重调制，因而镜像具有类目标特性。在地/海面环境下，雷达导引头超低空回波是目标回波、地/海杂波以及镜像回波的叠加，典型条件下的雷达导引头回波多普勒谱分布呈现高动态、宽谱、非均匀特性，如图 1.4 所示。

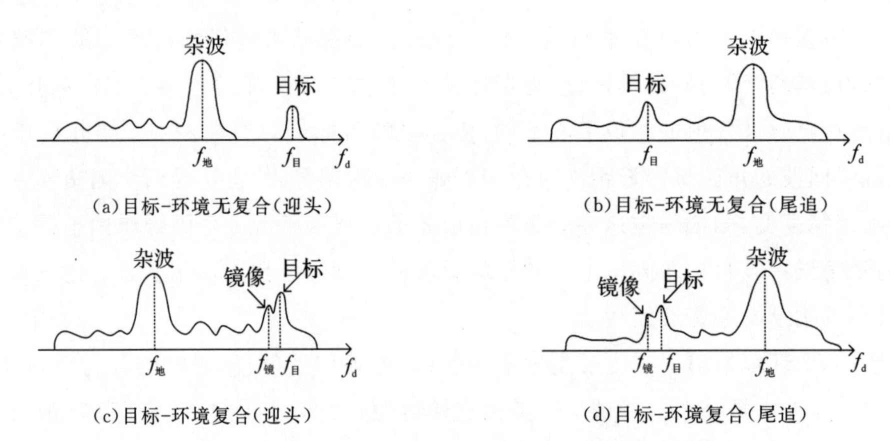

图 1.4　雷达导引头超低空地/海杂波频谱分布示意图

(1)环境杂波。因地/海面环境位置相对固定，故地/海面环境杂波的多普勒谱与防空导弹运动速度有关，在空域、时域、频域呈现随机起伏特性。杂波特征主要由地/海面散射系数、统计特性、相关性与空域、时域、频域谱分布(简称空时频)等表征。地/海杂波频谱分布出现以下效应：一是随着弹目接近，主瓣杂波谱展宽，并随照射角变化；二是出现范围很宽的旁瓣杂波区；三是低速率目标频谱与主副瓣杂波重叠，并被杂波淹没。由于雷达导引头速度快，杂波在距离和多普勒上存在严重模糊，当存在距离模糊时，近、远程杂波混在一起，在对近程杂波补偿的同时，会影响远程杂波的空时分布；同样，当存在多普勒模糊时，将影响空时结构，模糊数据无法分开。总的来讲，目标飞行高度越低，杂波相对目标回波越强，杂波谱越会出现展宽现象。杂波的功率及其频谱分布是限制雷达导引头性能的关键因素之一。雷达导引头超低空环境杂波特性，相比传统机载雷达杂波特性更加复杂，如图 1.5 所示。

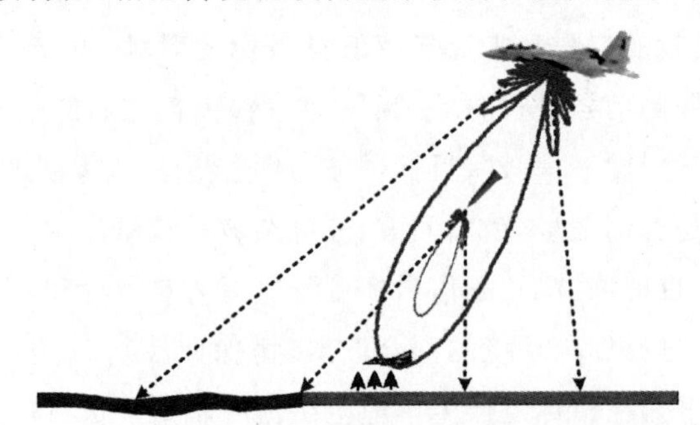

图 1.5　雷达导引头与机载雷达下视探测环境区域的区别

机载雷达远离地/海面作平动且工作于正侧视模式下，天线波束与地/海面交会区域面积很大且不变，环境杂波很强，形态为缓变，统计特性满足独立同分布约束条件，协方差矩阵估计收敛速度快，传统信号处理方法可以实现有效的杂波抑制和动目标检测；雷达导引头的散射环境随导弹、目标接近而快速变化，天线波束与地/海面交会区域面积快速变小，环境杂波距离地/海面高度越低时杂波强度越弱，形态为高动态，由于杂波在空频二维域分布特性复杂，造成传统空时处理性能的严重下降，且雷达导引头通常工作于前视模式，杂波统计特性具有严重的距离依赖性，传统方法进行协方差矩阵估计时存在收敛速度慢、统计特性估计不准确的缺陷，运动目标检测性能严重下降。该问题的突破关键在于，基于雷达导引头超低空回波模型，研究高动态环境杂波在空时频多维域的分布特性及其随环境、雷达导引头等系统参数的变化规律。

(2)镜像回波。镜像来源于雷达照射波与环境和目标之间的耦合散射，由于受到目标和地/海面的双重调制，因而镜像具有类目标特性。雷达导引头下视对地/海面上超低空目标探测时，目标越低，与地/海面耦合越强，镜像越强；镜像回波的多普勒谱与导弹和目标运动速度有关，且始终跟随目标回波多普勒谱。地/海面与目标耦合散射分为镜面反射和漫反射两种模型，且镜面反射与漫反射同时存在，如图1.6所示，其中：镜面反射模型中，雷达接收信号存在1条直达波路径和3条非直达波路径；漫反射模型中，存在一条直达波路径和无限条非直达波路径。进入雷达接收机后，直射波与在波束范围内的非直达波叠加，使雷达导引头接收机匹配滤波后出现多个分离或时间混叠的目标信号，导致在某些距离段的目标回波衰减或增强，使目标回波信号剧烈起伏，有时甚至出现对消，影响雷达导引头的测量精度和检测性能，这种效应会导致目标回波按 R^{-8}(而不是自由空间中通常的 R^{-4})规律衰减，造成雷达导引头探测能力降低，最终影响是跟踪镜像，或跟踪目标与镜像的合成相位中心，产生仰角跟踪误差，造成对超低空目标的“漏检”。

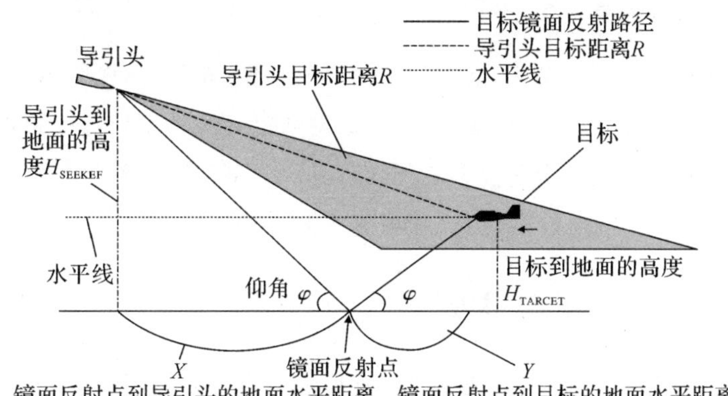

(a)地/海面的镜面反射

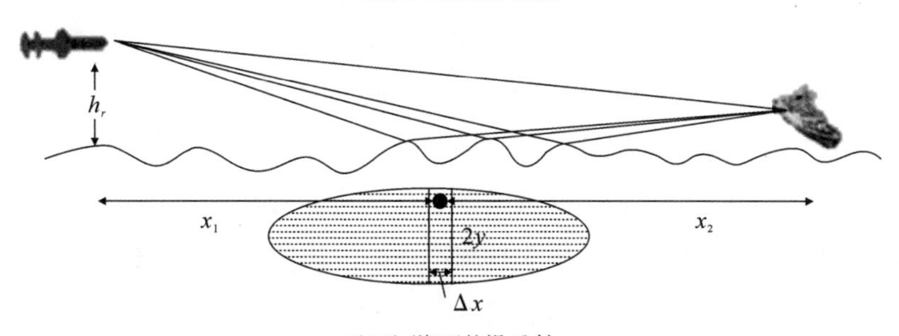

(b)地/海面的漫反射

图1.6 地/海面与目标耦合散射

4. 信号处理

雷达导引头回波信号中的有用目标回波淹没在环境杂波和镜像回波干扰背景中。雷达导引头超低空目标探测的关键是抑制杂波，有效检测目标。信号处理包括匹配滤波与信号检测两个过程。

(1)匹配滤波。雷达导引头一般采用全相参发射与接收体制，在其接收机前端和中频信号处理部分，在一定波形条件下，通过调整滤波特性与杂波特性匹配，实现对目标信号的最佳接收，匹配滤波效果直接影响雷达导引头的目标检测概率。自适应匹配滤波则是根据杂波特性，自适应调制波形、滤波器特性与杂波匹配。

(2)信号检测。雷达导引头回波信号经过匹配滤波处理后，通过采用一定信号检测方法，确定检测门限，抑制杂波干扰。

5. 信号分离与目标辨识

雷达导引头回波信号经过信号处理后，由于目标-环境耦合散射所引起的镜像回波具有类目标特性，此外，与目标同在雷达导引头波束内的地/海面上的假目标，经过信号处理都不能得到有效抑制，需要通过信号分离处理将目标回波与镜像回波分开，这是一个目标辨识的问题，主要是解决雷达导引头超低空目标跟踪问题。

6. 目标跟踪与导弹制导控制

雷达导引头基于目标辨识结果，通过提取目标的速度、距离、角度等信息，对目标进行高精度测量和闭环连续跟踪，并利用跟踪数据，形成对防空导弹的制导与控制指令。目标跟踪系统与导弹制导控制系统是两个紧复合的闭合回路，目标跟踪回路的品质直接决定了导弹控制精度，目标跟踪错误或杂波干扰都会导致导弹制导控制效果恶化。

1.2.3 超低空探测的难题

雷达导引头超低空目标探测，就是要将目标回波从镜像目标回波、环境杂波的复杂背景中检测、辨识出来，通过提取目标的速度、距离、角度等信息，对目标进行高精度测量和闭环连续跟踪。因此，雷达导引头在对超低空目标探测时，需要解决两个关键问题：一是从强地/海面环境杂波和镜像干扰背景下，快速准确地捕获超低空目标；二是在整个防空导弹末制导阶段，确保对目标的高精度跟踪，为导弹制导提供精确引导信息。但是由于雷达导引头处于下视探测状态，环境杂波和镜像回波进入接收机通道内，导致有用的目标回波有时完全淹没在杂波和镜像信号中，使雷达导引头探测距离大大缩减，影响对超低空目标的跟踪。如果目标飞行速度越慢(径向速度)，由杂波引起的遮盖效应会越强，导致雷达导引头检测门限提高，造成目标“漏检”；如果目标距离地/海面高度越低，杂波影响也越大，导致雷达导引头无法发现目标或目标跟踪丢失。同时，由于目标超低空飞行，镜像回波与目标回波在时频域存在重合与分离过程，会使雷达导引头错误跟踪在镜像目标或目像连线上，导致雷达导引头输出角误差错误。

总结雷达导引头超低空下视探测时，主要有三个难题：一是受强杂波干扰，目标信号几乎全部被强杂波淹没，而使导引头开机后无法捕捉目标；二是受杂波影响，雷达导引头工作容易出现异常现象；三是目标回波与杂波、镜像回波混叠，致使雷达导引头跟踪目标丢失。

1.3 超低空探测研究现状

目前的研究主要考虑中高空目标探测，此时地/海杂波对目标检测的影响微弱；对超低空目标检测方面的研究主要集中于机载/星载雷达平台。雷达导引头超低空目标的探测是一个新兴课题，国内外的研究从认识超低空目标探测研究重要性，分析常规雷达低空探测面临的问题并提出一些补救措施，发展到雷达导引头超低空回波近似建模，而雷达导引头超低空回波精确物理建模是需要迫切解决的关键基础难题之一。

1.3.1 超低空镜像回波特性及抑制技术

国外的研究一开始集中在探求低空目标回波的特殊性上。20 世纪五六十年代，主要集中研究反射表面的反射特性，P. Beckma 等对粗糙表面反射特性的电磁总结，提出试验基础上的数学模型，另有多篇论文给出低空反射的电磁试验结果。20 世纪 70 年代，国外的研究关注低空回波模型的建立以及镜像信号的抑制，D. K. Barton 等从低空跟踪问题的本质——镜面反射和漫反射构成的镜像回波出发，探讨了低空跟踪镜像回波的特征及其统计分析，建立了低空跟踪的镜像模型，可用以评估镜像效应抑制技术的性能。同时，在常规方法的基础上，P. Z. Peebles 等进一步发展出了复角单脉冲法，由两目标 MLE 方法提炼出的双零点单脉冲技术，并在公开的至少两种型号单脉冲雷达上做了现场实验。20 世纪最后 20 年至今，关于低空的研究仍然集中在对镜像的抑制上。这个时期的工作，主要是基于阵列雷达，提出了一些新的模型和新的算法，如 S. Haykin 等对 ML 接收机进行了深入研究，E. Bosses 等给出基于阵列的信号处理算法，A. Andrei 等分别给出了确定性信号模型和阵列雷达低空回波的电磁学仿真模型，其中利用镜像回波的两波束技术测高方法也是这段时间发展出来的。当前的研究热点仍然是阵列中如何抑制镜像，提高俯仰角的测量精度，并将稳定跟踪扩展到更低俯仰角。

国内对雷达超低空目标探测的研究始于 20 世纪 90 年代几场局部战争，从认识低空目标探测研究重要性，分析常规雷达低空探测面临的问题并提出一些补救措施，发展到吸收借鉴国外一些低空模型。毛二可等从波长选择、接收天线阵列等方面对低空探测雷达系统作了分析；杨世海等对镜像条件下的非闪烁目标和瑞利目标采用频率分集检测，研究了一种镜像条件下测量俯仰角的经典方法——复角单脉冲法，并在固定偏差补偿法的基础上提出一种称为联合相位的动态偏差补偿技术，对低仰角跟踪轨迹进行校正，并在仿真软件中做了性能仿真；张德兵等研究了双波束单脉冲相控阵雷达的低空测角技术；赵永波等利用阵列超分辨技术，在时空级联最大似然算法的基础上，先检测目标得到目标距离，再利用天线高度信息估计低角波达方向；范志杰等在宽带雷达的距离分辨率能够达到分离镜像延迟分量的条件下，利用回波采样序列的自相关检测镜像分量延迟，再利用天线高度和目标距离，求出低空目标高度。

1.3.2 超低空杂波建模与空时复合特性

复杂背景下杂波建模与空时复合特性研究一直是国内外空时自适应处理的热点研究问题，主要集中在以下三个方面。

1. 杂波散射机理建模

国外该领域研究属于杂波雷达截面的理论分析范畴，即根据各种电磁散射理论研究杂波单元产生散射场的各种机理，并利用各种计算方法定量预估各种情况下杂波单元的雷达散射截面特征。从根本上说，杂波散射特性建模研究难点为对散射单元构成特性及其散射过程的定量描述，且能够反映出散射机理以及各种因素的影响。以美国为代表，ARNO 工程公司利用闭合等式描述了地杂波后向散射系数与杂波单元雷达散射面积的关系；密歇根大学提出 Ulaby 模型，考虑了 9 种不同的地形环境分类的杂波后向散射系数，对每种分类进行了数据统计；Electrical Bicycle 公司提出 Morchin 模型，统一描述了地/海杂波后向散射系数，首次将地/海杂波特性对应分析；麻省理工学院林肯实验室提出修正的等 γ 模型，考虑地面漫反射的基础上，附加了镜面反射项；乔治亚技术研究所提出波束大入射角情形下的地杂波后向散射系数经验模型；麻省理工学院林肯实验室提出波束低入射角情形下的地杂波后向散射系数经验模型；加利福尼亚州立大学提出多入射角的杂波散射系数模型，基于曲面波频谱估计方法，计算多个入射角的杂波单元后向散射系数。

国内该领域研究通过建立适合于复杂地形的杂波散射机理经验模型，对杂波散射机理建模方法进行了有限环境的分析研究。彭世蕤提出了修正的地杂波反射率模型，修正 Morchin 模型误差，分析地/海杂波反射率特性；梁志恒提出地面环境杂波回波建模方法，将计算公式中参数分类，事先存储计算量较大面积单元，杂波实时建模；冯胜提出低入射余角下雷达地杂波反射率模型，综合考虑了雷达频率、地形种类和入射余角等对地杂波的影响；曹学斌提出地面雷达环境杂波回波建模方法，对相干视频信号和地杂波散射特性进行研究，建立地杂波 RCS 模型；皇甫流成提出慢动体杂波的建模方法，考虑杂波强度、多普勒频率、谱线展宽及线性调频因素，建立云雨杂波模型；杨利民提出基于子带合成的超宽带杂波建模方法，利用子带合成和广义平板模型，进行超宽带杂波建模；李建军提出沙漠场景地杂波反射建模方法，利用四种不同模型，进行沙漠地杂波雷达 RCS 建模。

2. 杂波统计特性建模

国外该领域研究认为雷达杂波是来自雷达分辨单元内的许多散射体回波的矢量和，将杂波散射现象理解为与地/海面随机形态相关的一种随机过程，通常用杂波幅度的概率模型来描述。总体来说，虽然建立了基于随机过程统计理论的实验模型，但其缺点是模型被简化处理和经验性分析，不具有真实场景的针对性。美国 Naval 实验室提出利用 Rayleigh 分布模型描述地杂波幅度概率密度，适合于平坦地形；美国霍普金斯大学提出利用 Log-Normal 分布模型描述地杂波幅度概率密度，适合于起伏较大的地形；日本奥林匹斯电子公司提出利用 Weibull 分布模型描述地杂波幅度概率密度，具有更宽动态范围，适合于起伏较小平坦地形；英国航空航天部提出利用相关 K 分布模型描述地杂波幅度概率密度，模拟出杂波回波脉冲间的相关特性；加拿大多伦多 A. U. G 公司提出复合 K 分布模型描述地杂波幅度概率密度，利用 gamma 分布同时描述散斑分量和调制分量。

国内针对不同场景、不同背景以及不同特性条件下的地/海杂波统计建模，并基于已有的统计建模方法进行了改进和融合。张长隆提出线性调频脉冲压缩雷达杂波统计建模方法，利用 Weibull 分布模型描述地杂波幅度和密度；杨俊岭提出相干非高斯分布杂波建模新方法，基于高斯序列乘积和，能产生自相关函数为任意复数的杂波序列；江朝抒提出波形综合机载雷达杂波建模方法，基于波形综合理论，可以控制杂波的时域幅度起伏和功率谱；张翼飞提出改进的 K 分布杂波模型，利用杂波实测数据，通过增加参数对 K 分布模型进行了改进；余慧提出了一种 K 分布杂波参数估计的快速算法，运用样本算术平均和几何平均的高精度低运算量特性，进行快速参数估计；谢灵巧提出相关广义分布宽带杂波建模方法，利用相关高斯序列和广义复合分布序列相关系数间的非线性关系，进行杂波建模。

3. 杂波空时复合特性

国外研究认为该领域是杂波抑制的基础。雷达下视工作时，来自不同空间方向的地/海杂波的多普勒频率各不相同，杂波多普勒谱大大扩展，导致严重的多普勒模糊，且近场杂波非平稳特性非常严重。美国麻省理工学院林肯实验室提出多普勒翘曲法，在多普勒域补偿了主瓣杂波距离相关性；美国麻省理工学院林肯实验室提出导数更新法，将距离变化权值展开成泰勒级数并仅保留常数项和一阶项，可跟踪杂波在距离维的线性变化；美国加州大学提出空时内插法，将各距离单元杂波数据变换到参考距离单元的杂波子空间，从而消除杂波距离相关性；美国空军研究实验室提出角度-多普勒补偿法，在角度和多普勒同时对训练数据进行校正补偿，减轻双基配置引起的杂波谱中心扩散；美国乔治亚技术研究所提出自适应角度-多普勒补偿法，处理前先估计出各距离单元的杂波谱中心，再将谱中心对齐；新加坡南洋理工大学提出逆协方差非线性预测法(PICM)，通过对逆杂波协方差矩阵进行非线性预测，实现对杂波距离相关性补偿。

国内研究基于杂波模型的建立所进行的杂波特性分析，针对杂波的非均匀特性，进行了一系列的深入探索，对非均匀环境的机载雷达杂波特性进行了研究。谢文冲提出非均匀杂波环境下 STAP 杂波抑制方案，对功率非均匀现象采用训练样本加权法；吴洪提出结构化降维 STAP 方法，有较好的杂波非均匀处理能力；董瑞军针对杂波非均匀特性，分析各种非均匀现象的影响；王万林提出改进的辅助通道杂波抑制方法和实现方案，避免了主通道中目标信号的影响；李明研究机载雷达非正侧面阵，特别是前视阵情况下的杂波补偿技术；许京伟分析防空导弹雷达导引头地杂波特性，特别是复杂运动状态下的杂波空时分布形成。

1.3.3 空时频自适应处理方法与杂波抑制技术

空时频自适应处理方法主要研究在高动态背景下，抑制强杂波技术，检测超低空目标的问题，如俄罗斯的“施基利”和法国的“海响尾蛇”雷达导引头大都采取距离波门压缩技术使杂波截止于距离波门之外，而美军具备对低空巡航导弹拦截能力的 PAC-3 导弹，一方面通过距离高分辨模式分散杂波的能量，同时也可以实现对目标进行成像；另一方面采取发射波形设计、接收滤波器的优化设计和 CPI(Coherent Processing Interval)信号处理技术等杂波抑制技术，提高目标的信杂比。图 1.7 所示为 PAC-3 对低空目标探测中采取杂波抑制技术前后的对比图，可见采取杂波抑制技术后明显提高了目标的信杂比。图 1.8 所示为通过对接收脉冲加权抑制地杂波的影响，加权的作用是在信号频域上增加一个凹槽来对主瓣杂波进行抑制。

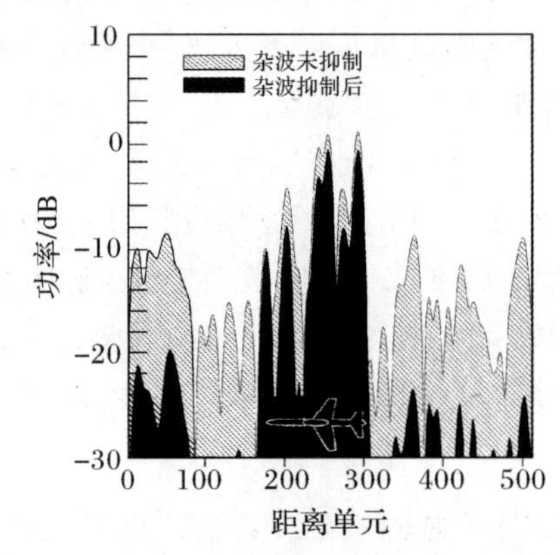

图 1.7　PAC-3 导弹杂波下的低空目标检测

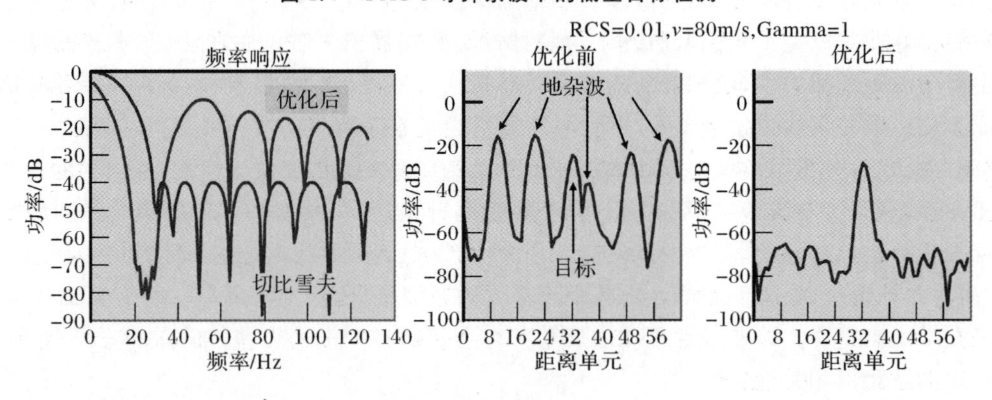

图 1.8　杂波抑制方法

1. MIMO 雷达波形优化选择方法

国外研究在不同的任务阶段雷达发射相应的波形，利用波形优势提高目标检测性能，优化空域/功率资源分配策略。在全空检测阶段，发射正交波形，对整个空间进行监测；在搜索阶段，形成特定发射方向图，进行宽角度辐射；在检测估计阶段，针对不同的性能要求对波形进行优化，提高检测概率及参数估计精度。然而针对高动态强杂波复杂电磁环境下如何有效设计发射波形，以完成雷达超低空运动目标检测仍需深入探索研究。美国里海大学提出基于最大化互信息准则以及最小均方误差准则雷达波形优化方法，提高了参数估计精度；美国里海大学提出目标信息部分已知的稳健波形优化方法，基于最大化互信息准则和最小均方误差准则得到波形区别；美国俄亥俄州立大学提出了基于 CRB 的波形优化准则，根据相应的准则优化发射波形以提高参数估计精度；以色列巴伊兰大学提出了基于最大化互信息准则多扩展目标场景下提高参数估计精度的波形优化方法；伊朗沙力夫理工大学提出杂波场景下提高参数估计精度的波形优化方法，及信息部分或完全未知条件下稳健波形优化方法。

国内刘博设计了发射波形自相关和互相关函数的最低副瓣，增强了目标检测的空间和距离分辨力；戴增喜把传统相控阵雷达非线性最小二乘方向图综合法推广到MIMO雷达方向图综合；张宇研究了发射波束基于目标和散射特性调整的MIMO雷达波束形成技术，建立了发射天线波束形成最优算法；莫海生针对实际中导向矢量失配情况下的波束形成问题，提出了波束最优化设计模型，并给出了基于双边迭代算法的解法。

2. MIMO-STAP处理方法

国外当前雷达信号处理的前沿理论方法，目前正由基础理论转向应用的关键技术突破，MIMO雷达技术应用到GMTI正成为一个备受关注和值得深入研究的课题。然而，高动态强杂波背景下雷达面临回波信号距离与多普勒及空间模糊并存、系统训练样本不足、超低空目标检测困难等，通过研究"空时频"及多维联合域自适应信号处理方法，探索基于动态回波数据的杂波目标-环境感知与预测方法，提取有效的先验信息，研究雷达空时频资源的最优分配，同时研究适应雷达的自适应波形分集与发射波束赋形技术和MIMO空时二维自适应处理方法，提高超低空目标的检测性能。美国杜克大学开发了MIMO-STAP实验系统，采用MIMO-STAP处理多普勒扩展的杂波，实现了30 dB的抑制；美国杜克大学利用脉冲相位编码完成MIMO波形正交，使用STAP减轻杂波，提出了信号正交时杂波秩估计方法；美国加州工学院提出杂波子空间估计方法，利用几何特性及干扰协方差矩阵的特殊结构，相比全域自适应结构显著降低复杂度；英国约克大学提出基于知识辅助的MIMO-STAP方法，对自适应滤波器迭代优化，通过线性约束将场景先验知识包含至STAP设计。

国内研究主要考虑了MIMO雷达体制下杂波的建模以及自由度分析，以及类似于相控阵体制下的降维STAP方法。张西川从信号与阵元空间变换的数学角度构建了发射波形合成模型，研究了发射波形合成与杂波统一模型间的关系，提出一种杂波自由度快速估计准则，利用波形合成结构直接构造等效矩阵来代替杂波协方差矩阵进行求秩；吕晖通过多普勒滤波对杂波信号进行时域降维处理，利用双迭代算法对收发权值交替优化，通过选取检测单元周围若干个三维波束，并根据线性约束最小方差准则，进行联合自适应处理；向聪提出三迭代算法，可对时域权值迭代求解，显著降低运算量和样本需求数目；和洁提出一种机载雷达三维空时自适应相关域降维算法，显著降低三维STAP运算量，弱化了对样本数目的要求；李彩彩提出将传统的m-Capon方法移植到MIMO雷达体制上的方法，并提出基于时域平滑的两级级联降维STAP方法，克服了直接数据空域时孔径损失大、误差鲁棒性差等缺点；王洪洋对高斯杂波，通过优化发射波形最大化输出信干噪比从而最大化检测概率。

1.3.4　宽带雷达及宽带检测技术

反电子侦察和电子干扰的需求，目标识别对高距离分辨率的需求，不断推动着宽带雷达技术的发展。

1. 宽带雷达技术

国外已研制成功多种高性能宽带雷达，并早已装备使用，其中以美国和俄罗斯研制的宽带雷达处于世界领先水平。以美国为例，林肯试验室在美国宽带雷达系统的发展中扮演了重要角色，弹道导弹防御和卫星情报侦察的需求，有力地推动了其高功率宽带测量雷达的发展。美国研制的用于空间探测的相控阵雷达“丹麦眼镜蛇”，工作在 L 波段，带宽为 200 MHz；美国部署在 NMD 系统中的 XBR 雷达，工作在 X 波段，带宽达到 1 GHz；美国部署在中太平 Kwajalein Atoll 的毫米波宽带试验雷达可在 Ka 波段和 W 波段发射瞬时带宽达 2 GHz 的信号，汉明窗加窗后距离分辨率可达 0.14 m，同时这里也是美国近 30 年来最前沿和最重要的宽带雷达研究中心。防御雷达系统的主要目的是拦截和毁灭威胁目标，但雷达视野中会出现许多伪目标，Kevin M 等给出的典型弹道导弹防御环境中的假弹，其 RCS 与弹头相仿，窄带雷达虽具跟踪能力和粗糙的运动估计能力，但无法辨识威胁目标，而宽带雷达中基于实时距离-多普勒成像以及高距离分辨率，可进行精确的尺度-形状估计和目标识别，从而正确寻的。正是类似的需求推动了宽带雷达研究。今天的宽带高功率成像雷达已经可以做到对目标的实时区分以及目标识别，各种高级信号处理技术更进一步推动了宽带雷达的发展。

国内一直长期致力于宽带雷达技术的研究和实现。自 20 世纪 90 年代开始，国内相关研究机构和高校已经掌握了宽带雷达发射和接收机系统的设计技术，先后成功研制了宽带 ISAR 雷达、宽带 LFM 脉冲雷达、宽带数字接收机等，可实现对各种飞机和卫星等空间目标试验数据采集，开展了宽带成像和目标识别的研究，由此可见，宽带雷达信号处理技术已经具备应用平台。

2. 宽带检测技术

国外早在 20 世纪 70 年代就开始了宽带雷达检测技术的研究。宽带情况下，杂波中的目标信号积累检测与噪声中的目标信号积累检测不同。杂波中检测目标，首先应考虑杂波抑制，利用杂波与目标信号能量分布的空间的可分性，抑制杂波能量后，再检测目标信号的有无，比如利用杂波与目标多普勒的不同，抑制杂波后检测目标即为传统的 MTD 方法。S. L. Wilson证明使信号带宽变宽或者采用频率分集技术，可从根本上降低回波信号对消的概率，是一种提高超低空检测与跟踪性能的有效手段；E. Conte 在已知杂波分布概率密度函数的条件下，基于不同程度的目标先验信息以及各分辨单元的联合概率密度函数，研究了宽带雷达杂波向量中目标信号的 NP 检测和 GLRT 检测方法；T. Lo 等将高阶分形特征用于宽带雷达信号的分析，提取出用于区分目标和杂波的新的分形特征——缝隙尺度变化率，利用缝隙特征进行雷达目标的检测，可以取得比采用分维值检测更高的准确率；G. Karl 基于 GLRT 理论，提出了白噪声基底上的扩展目标的 SSD-GLRT 检测方法，当空域散射密度满足二项式分布时，该方法的检测性能明显提高，若偏离二项式分布则该方法失效。

国内研究的宽带检测方法包括 M/N 和模二次方等各种能量积累检测的方法，通过与 SSD-GLRT 检测方法对比，验证了脉间、脉内均采用滑窗非相干积累的检测方法具有较好的检测稳定性。由于宽带雷达目标散射点回波的随机性，可将目标回波看作是一组随机参量脉冲串，每个脉冲是目标上散射点的回波，其波形除时间、相位、幅度等为随机参量外，与发射信号具有相同的波形，因此从传统窄带最佳检测理论中的脉冲串信号检测方法出发，构造出了白噪声背景下，适合于宽带雷达目标检测的随机参量脉冲串检测（RPPT）方法。陆林根等分析了宽带雷达如何产生距离像，介绍了白噪声背景下，信噪比较高时，用相邻相关法测量相邻周期距离走动，认为将距离像各分辨单元取模叠加可得到较好的检测性能；贺知明提出了非相干动目标指示（NMTI）方法抑制相邻脉冲间相关性较强的杂波，该方法要求相邻脉冲的目标信号产生越距离单元走动，而且目标各散射点呈现稀疏分布，以免像杂波一样被对消掉，但该方法对散射点密集分布的扩展目标回波的检测性能较差；姜正林采用keystone方法对成像雷达回波信号包络在不同脉冲间产生的距离徙动补偿进行了研究，缺点在于非均匀DFT不能采用FFT做快速计算；王俊研究了距离拉伸后时频变换对微弱目标的检测，不足之处在于距离拉伸后的目标信号中加入了拉伸区对应的纯杂噪单元的杂噪干扰，与越距离单元走动相似，同样降低了积累信噪比；张军根据距离微分或多普勒信息估计出目标的运动参数来进行越距离单元的走动补偿，主要有最大相关法、谱峰跟踪法、最小熵方法、时频分析法以及包络差值位移补偿等方法，但在低信噪比条件下，由于目标运动参数估计难，补偿性能有待提高。

1.3.5 超低空目标跟踪技术

国外针对机动目标跟踪方法的研究起步很早，利用卡尔曼滤波关联同一目标的多普勒和DOA，将MIMO及信号处理技术引入雷达目标跟踪，提出大量基于MIMO体制目标跟踪方法。由于超低空目标的俯仰角测量偏差和尖峰都带有很大的确定性误差，通常的目标跟踪技术不适用，超低空目标跟踪技术研究很少。美国休斯飞机公司提出了用随机过程描述机动的方法，建立了机动目标跟踪模型，并应用于多种滤波器；美国康奈尔大学将机动视为瞬时事件，用简单卡尔曼滤波与两个卡尔曼滤波加权和交互使用，实现非机动和机动目标数据的滤波；美国康涅狄格大学提出应用IMM滤波框架进行雷达低空目标航迹滤波技术，能在一定滤波延时的条件下，消除镜像衰落时的测量尖峰；美国乔治亚技术研究所提出了将频率分集与数据融合的内容引入IMM滤波框架，实现雷达低空目标航迹滤波；美国田纳西科技大学提出两级卡尔曼滤波，第一级以等速运动模型估计目标位置和速度，第二级估计加速度并修正第一级估计结果；马来西亚马六甲技术大学提出自适应IMM算法，用两级卡尔曼滤波器估计目标加速度，反馈到IMM的子滤波器中确定其加速度参数；印度科学研究所提出用加速度变化率模型将卡尔曼滤波矢量扩展到四维来实现跟踪。

国内研究针对机动目标跟踪主要关注中高空目标，如研究了机动目标非线性跟踪算法、低信噪比下弱机动目标、航迹相关算法及利用辅助信息的目标跟踪算法等，而针对超低空目标的相关研究十分有限，并且由于硬件和技术的限制，仅做了一些相关实验。台湾明新科技大学在卡尔曼滤波跟踪中引入增量机动估计模型，进行机动检测和精确估计加速度；余少波提出构造IPF网络，实现航空雷达的多目标跟踪中目标数据关联问题；朱炳元提出非线性跟踪算法实现机动目标跟踪方法，与卡尔曼滤波方法相比，运算量小，误差小；郑容使用子波变换方法，采取对原始测量和目标运动模型分解，在低信噪比下进行目标弱机动提取；赵艳丽提出改进的快速航迹关联算法——多维概率数据关联，关联门相交区域中的回波对航迹更新的影响；何友提出基于模糊集理论和双门限信号检测的思想的模糊双门限航迹和两种序贯航迹相关算法；韩伟提出基于多普勒预测的卡尔曼滤波，将多普勒盲区先验信息到扩展到卡尔曼滤波算法中；占荣辉通过数学变换，把传统相控阵雷达非线性最小二乘方向图推广到 MIMO 方向图综合。

1.4 雷达导引头超低空杂波与镜像对抗方法

如前所述，传统对抗超低空环境杂波和镜像回波的思路是研究各种时、频域滤波等信号后处理方法。如图 1.9 所示，机载雷达采用传统空时自适应处理时的空时杂波滤波器的传输响应，基于杂波谱在方位角-多普勒频率坐标平面上沿对角方向且呈窄带山脊状分布这一事实，在该对角线方向形成具有窄带凹口的空频滤波器，可以有效实现杂波抑制和动目标检测。可以看出，空频杂波滤波器能保证无论快速目标或是慢速目标均在其通带内，从而使其能顺利通过；单纯的频域自适应滤波，等效于对投影到频率轴上的杂波及目标进行处理，这种处理在于采用传输特性为杂波谱倒数的对消滤波器进行滤波，该响应在杂波谱主瓣处形成了相应的凹口(阻带)，从而将杂波大大降低，而快速目标的多普勒频率与杂波中心偏移大可以通过对消滤波器而不会被抑制，但慢速目标的多普勒频率低可能在滤波器凹口内而被消弱；单纯的空域自适应滤波，等效于对投影到空间频率轴上的杂波和目标进行处理，若仍然采用空域传输特性为杂波空间谱倒数的空域滤波器抑制杂波，则无论快速目标还是慢速目标均在滤波器凹口内，因而都要被抑制或是削弱。

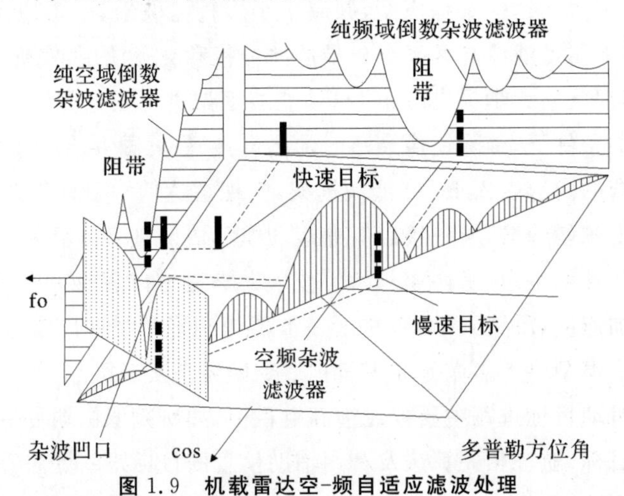

图 1.9　机载雷达空-频自适应滤波处理

1. 雷达导引头超低空杂波和镜像对抗传统方法

传统雷达导引头超低空环境杂波和镜像回波对抗方法与机载雷达类似。

(1)传统抗杂波技术，采用“窄带信号＋多普勒滤波”信号处理与检测技术。为了有效检测目标回波，采用自适应匹配滤波、信号检测等自适应信号处理，调整波形、滤波特性、检测门限与杂波特性匹配，有效抑制杂波，获取最大输出信杂比，实现对目标信号的最佳接收。

(2)传统抗镜像技术，有两种技术途径：①逻辑判别方法。回波信号经过宽带信号检测后，若剩余疑似目标个数大于1个，则对功率最大的两个进行判别，若两个目标同时满足速度差小于预设 Δv 和功率差小于预设 ΔP 时，选择速度大的为目标，另一个则为镜像；若速度差不小于预设 Δv，但两个目标SNR均大于等于门限 ΔT，亦选择速度大的为目标，另一个则为镜像；若速度差不小于预设 Δv 和功率差不小于预设 ΔP，则选择功率大的为目标，另一个则为镜像。②系统辨识方法。提取目标回波与镜像回波信号的空时频特征参量(强度、相对空间坐标、距离中心值、距离谱宽度、多普勒频率中心值、多普勒谱宽度、时频分布等)，基于先验获取的目标参数信息(高度、速度、距离、RCS、环境类型等)和实时感知的环境信息(杂波强度、杂波谱等)，通过对特征参量与特征模板的比对，得到基于单维特征参量和多维特征参量的目标辨识结果(隶属度)。

2. 雷达导引头超低空杂波和镜像对抗新方法

由于受弹上设备处理能力的严格限制，传统雷达导引头抗杂波和镜像技术的性能潜力提升空间有限，难以彻底解决问题。

(1)杂波对抗新技术。大量理论研究与试验表明，与传统“窄带探测信号”不同，在“宽带探测信号”照射下，由于距离分辨率提高，杂波与目标在距离维分离、杂波谱分布离散、杂波强度明显降低，雷达导引头超低空目标检测能力明显提高。因此，通过控制雷达导引头“宽带探测信号”来改善环境杂波特性，能从源头上净化目标回波信号背景，抗杂波技术从传统被动信号处理变为主动抑制。该技术的突破在于：①在建立杂波模型的基础上，确定带宽随环境、目标、雷达导引头等系统参数的变化规律，以及确定信杂比随带宽的变化规律；②基于先验知识，研究宽带回波变换与稳健自适应空时二维处理算法以及距离依赖性补偿技术；③基于环境快速感知的宽带波形自适应，研究宽带杂波、目标回波的空时频联合关联检测算法。

(2)镜像对抗新技术。在超低空情况下，相干性很高的镜像回波与目标回波进入雷达导引头接收机时已经叠加在一起，当镜像与目标反相时，信号对消，后端的检测与测量性能就很难得到保证。在时域、频域、空域(波束域)甚至小波基构造的空间或高维子空间，传统信号变换与处理方法都很难直接将镜像与目标完全分开。因此，为了有效抑制镜像，解决雷达导引头超低空目标跟踪问题，有两种技术途径：①宽带技术。由于距离分辨率提高，镜像与目标在距离维分离，但带宽过宽将导致目标和镜像分裂，因此该技术的突破在于：找到一个最佳的信号带宽，一是使雷达导引头的信杂比最优，二是使目标与镜像在距离维有效分离。②布鲁斯特效应。目标-环境耦合散射特性研究表明，存在一个耦合散射最小的入射角。因此，在超低空下视探测环境下，雷达导引头天线波束照射的擦地角为布鲁斯特角时，镜像干扰强度最小。该技术的突破在于：①在建立目标-环境耦合散射模型的基础上，确定布鲁斯特角随环境、目标、雷达导引头等系统参数的变化规律；②优化设计布鲁斯特角约束的防空导弹超低空弹道；③在建立镜像回波模型的基础上，确定信干比随擦地角的变化规律。

总之,雷达导引头超低空杂波和镜像对抗,最有效的办法是同时采用“宽带探测信号”和“布鲁斯特弹道”。

1.5 本章小结

本章介绍了雷达导引头工作原理、功能模型及宽带信号变换,归纳总结了雷达导引头超低空下视探测时遇到的主要难题,提出了雷达导引头超低空下视探测宽带抗杂波与目像分离方法。

第2章 雷达导引头超低空宽带回波信号建模

2.1 超低空目标-环境复合散射

雷达导引头在下视探测目标时会受到来自环境散射及目标与环境耦合散射的影响，雷达导引头回波中包含目标散射产生的目标回波、环境散射产生的环境杂波及目标与环境耦合散射产生的多径回波。当雷达导引头发射信号为单载频脉冲信号时，杂波干扰较强，多径干扰产生的镜像目标信号与目标信号混在一起无法分开。杂波干扰与镜像干扰会对雷达导引头探测目标造成影响，使得角误差变大，将雷达导引头的波束指向拉偏。为了能够减小杂波干扰和镜像干扰的影响，雷达导引头可以采用宽带波形，即发射信号采用宽带线性调频信号，这时雷达导引头的距离分辨力变大，杂波干扰会减小，这样有利于提高目标的检测概率；距离分辨力变大也使得窄带下难以区分的目标与镜像干扰能够得以区分，这样有利于减小角误差，使得雷达导引头的波束指向始终稳定在目标信号周围。

雷达导引头采用宽带化的设计能够有效改善目标检测和跟踪效果。宽带化之后的目标信号、多径信号及杂波信号与窄带下的信号特性具有很大的不同，它们会受到目标环境多种参数的影响。宽带信号回波的获取是研究宽带回波特性的前提，本章介绍基于散射的宽带回波信号仿真生成方法。该宽带回波信号仿真生成方法能够对目标信号、多径信号和杂波信号分别进行建模，并通过回波序列叠加的方法生成总的宽带回波信号。

借助仿真得到的宽带回波信号就能够分析宽带化下的目标特性、多径特性及杂波特性，这样就能够为抑制杂波干扰，减小多径干扰提供参考。

目标与环境复合散射不仅包含目标散射，还包括环境散射以及目标与环境耦合散射。目标散射计算采用远近场一体化高频计算方法，环境散射采用双尺度模型，耦合散射则采用弹跳射线(Shooting and Bouncing Rays,SBR)高频近似方法。将这三部分贡献相结合就能够得到总的复合散射。

2.1.1 目标散射

目标几何建模的方法主要有：图纸建模、照片反演、测试数据反演、数据交换和基于点云数据的三维几何重建技术。这几种方法中，基于点云数据的几何重建是采用高精度测量设备获取现有目标集合外形数据，然后通过外形拟合函数实现几何模型的建立，因此该方法的计算精度高。

图 2.1 给出几种典型目标的数字模型，后面各章节仿真算例中会用到，各以模型 1、模型 2、模型 3、模型 4、模型 5、模型 6 表示。

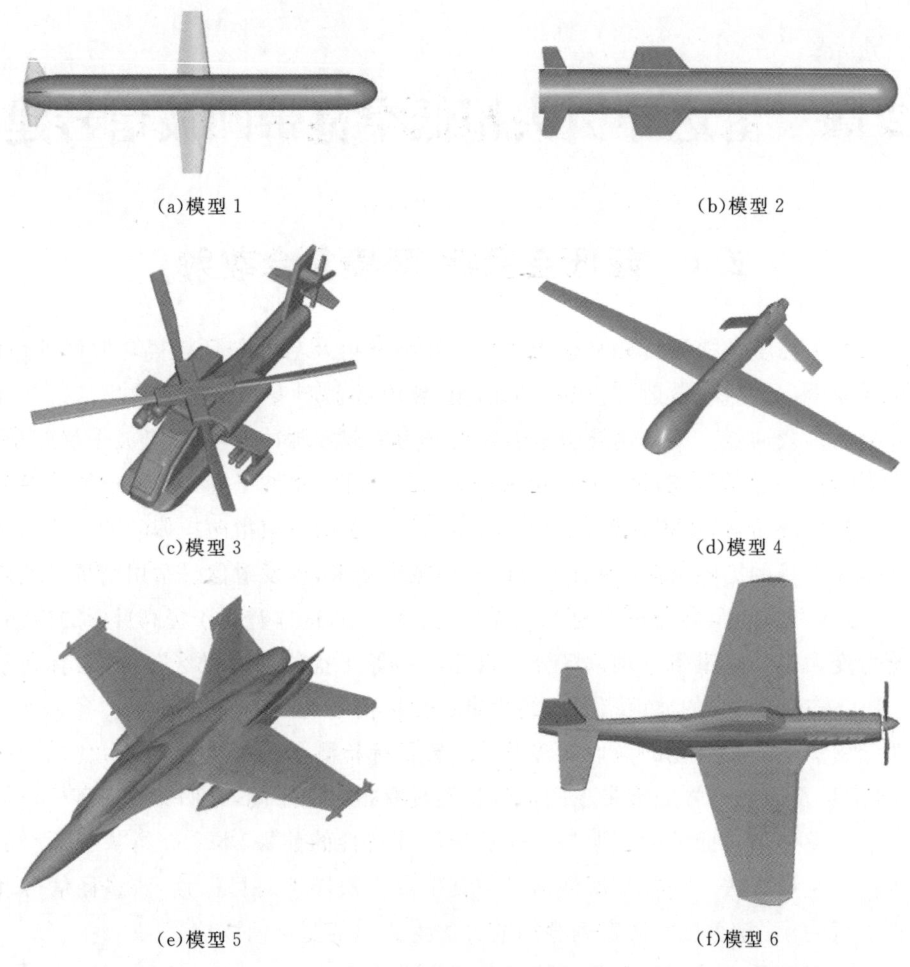

(a)模型 1　(b)模型 2　(c)模型 3　(d)模型 4　(e)模型 5　(f)模型 6

图 2.1　典型目标几何模型

1. 物理光学法计算方法

散射计算方法通常要对计算对象的三维模型进行剖分，剖分时的基本单元多采用三角面元，这样剖分出的模型能够较好地模拟目标表面。图 2.2 给出了一个球体模型的剖分结构，这样，计算三角面元上的电流分布便可以得到目标的散射。物理光学法(Physical Optics，PO)假设各三角面元之间的耦合较弱而直接给出三面面元上的等效电流，参照数值方法，PO 法本质上求得的是自感应电流而忽略了面元互耦合产生的电流。这种方法非常适用于电大凸结构，即表面比较光滑，曲率半径远大于电磁波波长。

PO 法从 Stratton-Chu 方程出发，计算照亮区域等效感应电流，并以感应物理光学电流为源计算散射场。图 2.3 为目标面元散射计算示意图，其中，$\boldsymbol{r}_S$ 表示照射雷达所处位置矢量，$\boldsymbol{r}_T$ 表示接收雷达所处位置矢量，$\boldsymbol{r}_C$ 表示目标模型表面剖分后一个面元中心的位置矢量。

图 2.2　球体模型剖分示意图

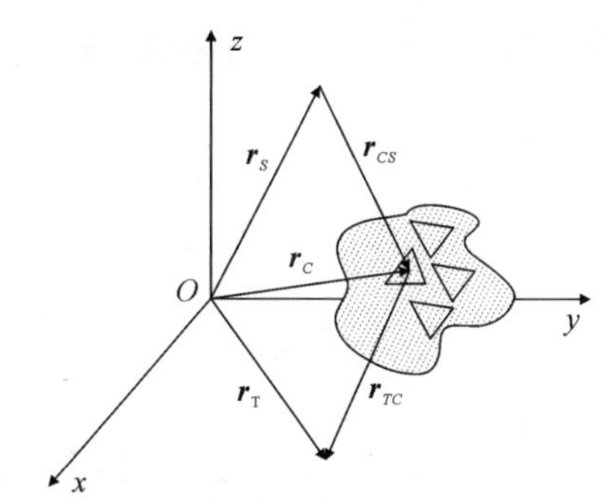

图 2.3　目标面元散射计算示意图

PO 法中的感应电流可以表示为 $\boldsymbol{J}_{PO}=2\boldsymbol{n}\times\boldsymbol{H}_i$，其中 $\boldsymbol{H}_i$ 为入射磁场，表达式为

$$\boldsymbol{H}_i=\hat{\boldsymbol{h}}_i\frac{\exp(-jk_0|\boldsymbol{r}-\boldsymbol{r}_S|)}{|\boldsymbol{r}-\boldsymbol{r}_S|} \tag{2.1}$$

式中：$\hat{\boldsymbol{h}}_i$ 表示入射磁场的单位矢量方向；$\boldsymbol{r}$ 与 $\boldsymbol{r}_S$ 分别表示场点与源点位置矢量；$k_0=2\pi/\lambda$ 表示波数。那么由 $\boldsymbol{J}_{PO}$所产生的感应磁场可以表示为

$$\boldsymbol{H}_s(\boldsymbol{r}_T)=-\int_{\Delta s}\boldsymbol{J}_{PO}(\boldsymbol{r}')\times\nabla G(\boldsymbol{r}_T,\boldsymbol{r}')\mathrm{d}s' \tag{2.2}$$

式(2.2)的积分是在小面元Δs 上进行的，其中心为 $\boldsymbol{r}_C$，$G(\boldsymbol{r}_T,\boldsymbol{r}')=\exp(-jk_0|\boldsymbol{r}_T-\boldsymbol{r}'|)/(4\pi|\boldsymbol{r}_T-\boldsymbol{r}'|)$为格林函数，$\nabla G(\boldsymbol{r}_T,\boldsymbol{r}')$表示格林函数对场点 $\boldsymbol{r}_T$ 的梯度，可以表示为

$$\nabla G(\boldsymbol{r}_T,\boldsymbol{r}')=-\left(jk_0+\frac{1}{|\boldsymbol{r}_T-\boldsymbol{r}'|}\right)\hat{\boldsymbol{R}}_{TS}G(\boldsymbol{r}_T,\boldsymbol{r}') \tag{2.3}$$

这样，$\boldsymbol{H}_s(\boldsymbol{r}_T)$的计算式(2.2)就可以重新表示为

$$\boldsymbol{H}_s(\boldsymbol{r}_T)=-\frac{\exp\{-[jk_0\hat{k}_i\cdot(\boldsymbol{r}_C-\boldsymbol{r}_S)+jk_0\hat{k}_s\cdot(\boldsymbol{r}_T-\boldsymbol{r}_C)]\}}{4\pi}\cdot$$

$$\int_{\Delta s}\frac{1}{|\boldsymbol{r}'-\boldsymbol{r}_S||\boldsymbol{r}'-\boldsymbol{r}_T|}(jk_0+\frac{1}{|\boldsymbol{r}'-\boldsymbol{r}_T|})\hat{\boldsymbol{k}}_s\times(2\hat{\boldsymbol{n}}\times\hat{\boldsymbol{h}}_i)e^{jk_0(\hat{k}_s-\hat{k}_i)\cdot(r'-r_C)}\mathrm{d}s' \tag{2.4}$$

式中：$\hat{\boldsymbol{k}}_i$ 表示 $\boldsymbol{r}_C-\boldsymbol{r}_S$ 的单位矢量；$\hat{\boldsymbol{k}}_s$ 表示 $\boldsymbol{r}_T-\boldsymbol{r}_C$ 的单位矢量。

通常，远场散射应当满足远场条件 $r>2D^2/\lambda$。r 为场点与参考点之间的距离，D 表示模型的最大尺寸，λ 为电磁波长。以 X 波段、5 m 长的目标为例，当距离接近 5 km 时，远场条件已经不能满足。然而，目标模型的剖分面元尺寸却是与波长同量级的，仍然满足远场条件。这样，式(2.4)中，$|\boldsymbol{r}'-\boldsymbol{r}_s|=|\boldsymbol{r}'-\boldsymbol{r}_C+\boldsymbol{r}_C-\boldsymbol{r}_s|\approx|\boldsymbol{r}_C-\boldsymbol{r}_s|$，$|\boldsymbol{r}'-\boldsymbol{r}_T|=|\boldsymbol{r}'-\boldsymbol{r}_C+\boldsymbol{r}_C-\boldsymbol{r}_T|\approx|\boldsymbol{r}_C-\boldsymbol{r}_T|$，指定 $\boldsymbol{R}_{CT}=|\boldsymbol{r}_C-\boldsymbol{r}_T|$和 $\boldsymbol{R}_{CS}=|\boldsymbol{r}_C-\boldsymbol{r}_S|$，得到：

$$\boldsymbol{H}_s(\boldsymbol{r}_T)=-\frac{\exp\{-[jk_0\hat{\boldsymbol{k}}_i\cdot(\boldsymbol{r}_C-\boldsymbol{r}_S)+jk_0\hat{\boldsymbol{k}}_s\cdot(\boldsymbol{r}_T-\boldsymbol{r}_C)]\}}{4\pi\boldsymbol{R}_{CT}\boldsymbol{R}_{CS}}$$

$$\left(jk_0+\frac{1}{\boldsymbol{R}_{CT}}\right)[\hat{\boldsymbol{k}}_s\times(2\hat{\boldsymbol{n}}\times\hat{\boldsymbol{h}}_i)]\int_{\Delta s}\exp[jk_0(\hat{\boldsymbol{k}}_s-\hat{\boldsymbol{k}}_i)\cdot(\boldsymbol{r}'-\boldsymbol{r}_C)]\mathrm{d}s' \tag{2.5}$$

利用安培环路定律，可以得到 $\boldsymbol{E}_s(\boldsymbol{r}_T)=-j\eta_0/k_0\ \nabla\times\boldsymbol{H}_s(\boldsymbol{r}_T)$，梯度算子是对 $\boldsymbol{r}_T$ 场点位置矢量的。这样，采用 PO 法求得的散射电场就表示为

$$\boldsymbol{E}_s(\boldsymbol{r}_T)=\frac{\eta_0}{\boldsymbol{R}_{CS}}\frac{\exp\{-[jk_0\hat{\boldsymbol{k}}_i\cdot(\boldsymbol{r}_C-\boldsymbol{r}_S)+jk_0\hat{\boldsymbol{k}}_s\cdot(\boldsymbol{r}_T-\boldsymbol{r}_C)]\}}{4\pi\boldsymbol{R}_{CT}}\left(jk_0+\frac{2}{\boldsymbol{R}_{CT}}-j\frac{2}{k_0\boldsymbol{R}_{CT}^2}\right)\cdot$$

$$\{\hat{\boldsymbol{k}}_s\times[\hat{\boldsymbol{k}}_s\times(2\hat{\boldsymbol{n}}\times\hat{\boldsymbol{h}}_i)]\}\int_{\Delta s}\exp[jk_0(\hat{\boldsymbol{k}}_s-\hat{\boldsymbol{k}}_i)\cdot(\boldsymbol{r}'-\boldsymbol{r}_C)]\mathrm{d}s' \tag{2.6}$$

其中画横线的部分表示入射电场在面元 $\boldsymbol{r}_C$ 处的幅度 E_0。积分号内的积分可以采用 Gordon 公式来计算，即

$$\int_{\Delta s}\exp[\mathrm{j}k_0(\hat{\boldsymbol{k}}_s-\hat{\boldsymbol{k}}_\mathrm{i})\cdot(\boldsymbol{r}'-\boldsymbol{r}_C)]\mathrm{d}s'=\sum_{i=1}^{3}(\boldsymbol{w}\times\boldsymbol{n})\cdot$$

$$\Delta a_\mathrm{i}\exp\left[\mathrm{j}k_0\boldsymbol{w}\cdot\left(\frac{\boldsymbol{a}_{i+1}+\boldsymbol{a}_i}{2}-\boldsymbol{r}_C\right)\right]\frac{\sin\left(\dfrac{1}{2}k_0\boldsymbol{w}\cdot\Delta\boldsymbol{a}_i\right)}{\dfrac{1}{2}\mathrm{k}_0\boldsymbol{w}\cdot\Delta\boldsymbol{a}_i} \tag{2.7}$$

式中：$\boldsymbol{w}=\hat{\boldsymbol{k}}_s-\hat{\boldsymbol{k}}_\mathrm{i}$；$\Delta\boldsymbol{a}_i=\boldsymbol{a}_{i+1}-\boldsymbol{a}_i$，$\boldsymbol{a}_{i+1}$ 和 $\boldsymbol{a}_i$ 表示第 i 条棱边的两端点处位置矢量。雷达与目标距离有限时的雷达散射截面积的复平方根$\sqrt{\sigma_i}$可以表示为

$$\sqrt{\sigma_i}=2\sqrt{\pi}\mathrm{R}_{\mathrm{T0}}\frac{\boldsymbol{E}_s(\boldsymbol{r}_\mathrm{T})\cdot\hat{\boldsymbol{e}}_{s0}}{E_0}\exp[\mathrm{j}k_0\hat{\boldsymbol{k}}_s\cdot(\boldsymbol{r}_\mathrm{T}-\boldsymbol{r}_C)] \tag{2.8}$$

式中：R_{T0} 表示接受场点 $\boldsymbol{r}_\mathrm{T}$ 与目标中心 $\boldsymbol{r}_0$ 之间的距离；$\hat{\boldsymbol{e}}_{s0}$ 表示接受天线电场矢量。这样，结合 PO 法求得的散射电场表达式，$\sqrt{\sigma_\mathrm{i}}$ 改写为

$$\sqrt{\sigma_\mathrm{i}}=\frac{R_{T0}\exp[-\mathrm{j}k_0\hat{\boldsymbol{k}}_\mathrm{i}\cdot(\boldsymbol{r}_C-\boldsymbol{r}_S)]}{2\sqrt{\pi}\boldsymbol{R}_{CT}}\left(\mathrm{j}k_0+\frac{2}{\boldsymbol{R}_{CT}}-\mathrm{j}\,\frac{2}{k_0R_{CT}^2}\right)\hat{\boldsymbol{e}}_{s0}\cdot$$

$$\{\hat{\boldsymbol{k}}_s\times[\hat{\boldsymbol{k}}_s\times(2\hat{\boldsymbol{n}}\times\hat{\boldsymbol{h}}_\mathrm{i})]\}\int_{\Delta s}\exp[\mathrm{j}k_0(\hat{\boldsymbol{k}}_s-\hat{\boldsymbol{k}}_\mathrm{i})\cdot(\boldsymbol{r}'-\boldsymbol{r}_C)]\mathrm{d}s' \tag{2.9}$$

对各面元的矢量$\sqrt{\sigma_\mathrm{i}}$进行叠加，便能得到总的复平方根 RCS：

$$\sqrt{\sigma_{\mathrm{PO}}}=\sum_{i=1}^{N}\sqrt{\sigma_\mathrm{i}}\,T_\mathrm{i}(\hat{\boldsymbol{k}}_\mathrm{i},\boldsymbol{n})g_s(\hat{\boldsymbol{k}}_\mathrm{i})g_\mathrm{T}(\hat{\boldsymbol{k}}_s) \tag{2.10}$$

式中：$T_i(\hat{\boldsymbol{k}}_\mathrm{i},\boldsymbol{n})$表示面元 i 的可见性函数，可以采用 Z-buffer 技术对其进行计算；$g_s(\hat{\boldsymbol{k}}_\mathrm{i})$和 $g_\mathrm{T}(\hat{\boldsymbol{k}}_s)$分别代表入射天线方向性系数和接收天线方向性系数。式(2.10)适用于雷达天线与目标之间距离变化时，远近场散射的计算。从式(2.10)可以容易地导出 PO 法计算模型远场复平方根 RCS 的计算公式。

2. 物理绕射计算方法

电流在棱边处出现了导数不连续结构，如图 2.4 所示，这样会在棱边产生等效电磁流而产生绕射，N_π 为外劈角($N>1$)，$\hat{\boldsymbol{k}}_\mathrm{i}$ 为入射方向，$\hat{\boldsymbol{k}}_\mathrm{s}$ 为观察方向，$\hat{\boldsymbol{t}}$ 是棱边的切向单位矢量，β 表示 $\hat{\boldsymbol{k}}_s$ 与 $\hat{\boldsymbol{t}}$ 之间的夹角，β'表示 $\hat{\boldsymbol{k}}_\mathrm{i}$ 与 $\hat{\boldsymbol{t}}$ 之间的夹角，ϕ_i 和 ϕ_s 表示入射面和散射面分别与参考面之间的夹角。

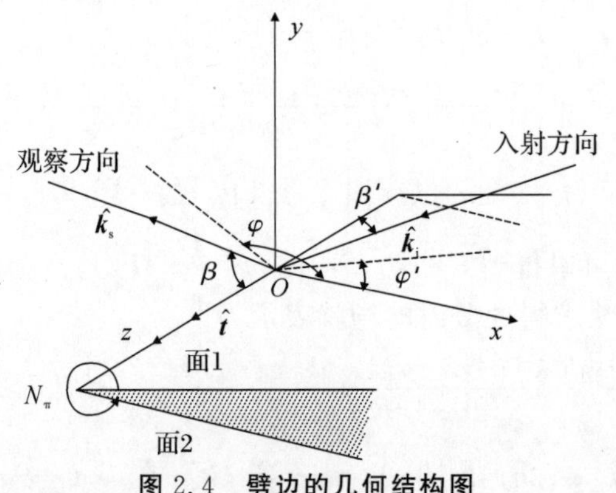

图 2.4　劈边的几何结构图

棱边的等效电磁流可以通过物理绕射(Physical Theery of Diffration, PTD)导出的电磁流，其表达式为 $\boldsymbol{J}(\boldsymbol{r}')=I_{\mathrm{e}}(\boldsymbol{r}')\hat{\boldsymbol{t}}$ 和 $\boldsymbol{M}(\boldsymbol{r}')=I_{\mathrm{m}}(\boldsymbol{r}')\hat{\boldsymbol{t}}$。这时棱边绕射电场的表达式可以参照上面介绍的远近场一体化 PO 法的推导过程得到：

$$\boldsymbol{E}_d(\boldsymbol{r}_{\mathrm{T}})=\frac{\eta_0}{\underline{R_{dS}}}\frac{\exp\{-[\mathrm{j}k_0\hat{\boldsymbol{k}}_{\mathrm{i}}\cdot(\boldsymbol{r}_d-\boldsymbol{r}_S)+\mathrm{j}k_0\hat{\boldsymbol{k}}_{\mathrm{s}}\cdot(\boldsymbol{r}_{\mathrm{T}}-\boldsymbol{r}_d)]\}}{4\pi R_{dT}}$$
$$\left[\left(\mathrm{j}k_0+\frac{2}{R_{dT}}-\mathrm{j}\frac{2}{k_0R_{dT}^2}\right)\boldsymbol{J}(\boldsymbol{r}_{\mathrm{T}})+\left(\mathrm{j}k_0+\frac{1}{R_{dT}}\right)\frac{\boldsymbol{M}(\boldsymbol{r}_{\mathrm{T}})}{\eta_0}\right]\cdot$$
$$\int_{\mathrm{C}}\exp[\mathrm{j}k_0(\hat{\boldsymbol{k}}_s-\hat{\boldsymbol{k}}_{\mathrm{i}})\cdot(\boldsymbol{r}'-\boldsymbol{r}_d)]\mathrm{d}l \tag{2.11}$$

式中：$I_{\mathrm{e}}=2\mathrm{j}(t\cdot\boldsymbol{E}_{\mathrm{i}})f/(k_0\eta_0\sin^2\beta_{\mathrm{i}})$；$I_{\mathrm{m}}=2\mathrm{j}(t\cdot\boldsymbol{H}_{\mathrm{i}})g\eta_0/(k_0\sin^2\beta_{\mathrm{i}})$；$R_{dS}$ 与 R_{dT} 表示棱边中心矢量 $\boldsymbol{r}_d$ 与入射雷达位置矢量 $\boldsymbol{r}_s$ 和接受雷达位置矢量 $\boldsymbol{r}_{\mathrm{T}}$ 的距离；f 和 g 为 Ufimtsev 绕射系数项。这时，可以得到棱边绕射所产生的复平方根 RCS：

$$\sqrt{\sigma_{di}}=R_{T0}\frac{\exp[-\mathrm{j}k_0\hat{\boldsymbol{k}}_{\mathrm{i}}\cdot(\boldsymbol{r}_d-\boldsymbol{r}_S)]}{2\sqrt{\pi}R_{dT}}\boldsymbol{e}_{s0}\cdot\left[\left(\mathrm{j}k_0+\frac{2}{R_{dT}}-\mathrm{j}\frac{2}{k_0R_{dT}^2}\right)\boldsymbol{J}(\boldsymbol{r}_{\mathrm{T}})+\left(\mathrm{j}k_0+\frac{1}{R_{dT}}\right)\frac{\boldsymbol{M}(\boldsymbol{r}_{\mathrm{T}})}{\eta_0}\right]\cdot$$
$$\int_{\mathrm{C}}\exp[\mathrm{j}k_0(\hat{\boldsymbol{k}}_{\mathrm{s}}-\hat{\boldsymbol{k}}_{\mathrm{i}})\cdot(\boldsymbol{r}'-\boldsymbol{r}_d)]\mathrm{d}l \tag{2.12}$$

对各棱边的绕射散射进行叠加，并能得到总的复平方根 RCS：

$$\sqrt{\sigma_d}=\sum_{i=1}^{N}\sqrt{\sigma_{di}}T_{di}(\hat{\boldsymbol{k}}_{\mathrm{i}},\boldsymbol{n})g_s(\hat{\boldsymbol{k}}_{\mathrm{i}})g_{\mathrm{T}}(\hat{\boldsymbol{k}}_{\mathrm{s}}) \tag{2.13}$$

与 PO 法类似，该式也考虑了面元可见性及收发雷达方向图的影响。

将以上介绍的远近场 PO 法式(2.10)与 PTD 的式(2.13)相结合，即

$$\sigma=\sigma_{\mathrm{PO}}+\sigma_d \tag{2.14}$$

这样，就构成了远近场一体化高效近似方法。

3. 算法验证

图 2.5 为模型 1 的仿真验证。其长度 5 m，目标轴向朝向 x 轴正向，雷达与目标几何中心距离 20 m，工作频率在 X 波段，入射和接收极化均为 V 极化。

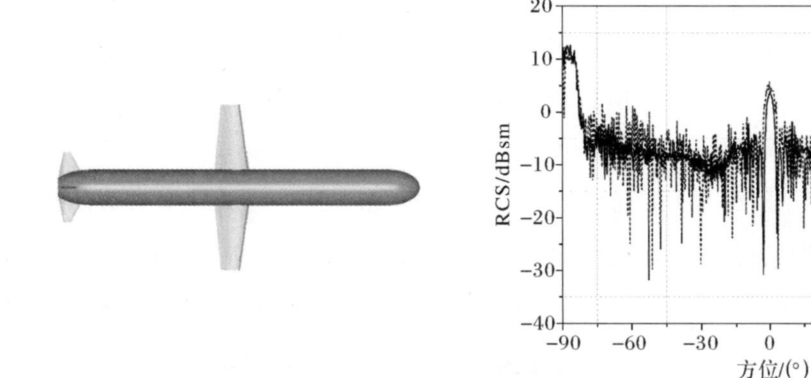

图 2.5　导弹模型及后向 RCS 曲线

可以看出，仿真曲线和实测结果吻合很好，曲线均方根误差在 3 dB 范围内，计算精度是能得到保证的。

当雷达和目标距离发生变化，后向 RCS 也会发生变化。图 2.6 给出了当距离由 20 m 变化到 1 000 m 时 RCS 的曲线。结果表明：侧向至正侧向 RCS 发生了很大的变化，这主要是由于测向时，目标的线长度变大，目标表面到雷达距离差异较大，从而引起各部分的相位也随之增大；并且，距离越近，后向 RCS 变化越剧烈；距离越远，RCS 基本不随距离变化。

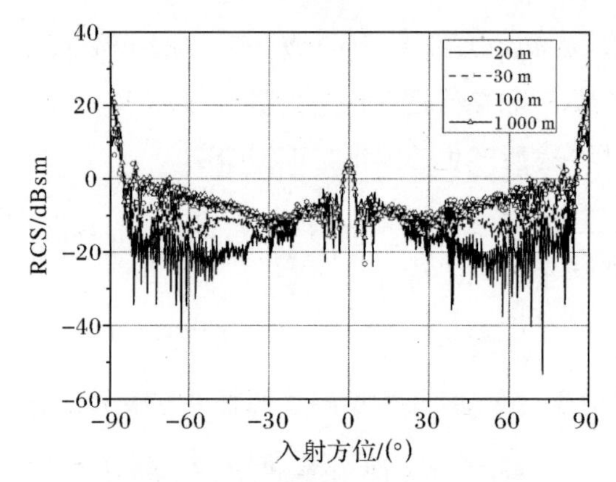

图 2.6　导弹模型及后向 RCS 曲线

4. 算法应用

图 2.5 为模型 1 的仿真验证。其长度 5 m，目标轴向朝向 x 轴正向，雷达与目标几何中心距离 20 m，工作频率在 X 波段，入射和接收极化均为 V 极化。

可以看出，仿真曲线和实测结果吻合很好，曲线均方根误差在 3 dB 范围内，计算精度是能得到保证的。

(1)目标在不同距离时的单/双站 RCS。

[算例 2.1]目标为图 2.1(b)模型 2，目标轴向朝向 x 轴正向，长度 4.5 m，设定工作频率在 X 波段，单站入射角度设置为：方位 0°，擦地角 0°～90°；双站入射角度设置为：方位 0°，擦地角 45°，接收方位角 0°，接收擦地角 0°～90°。

图 2.7 分别给出了距离 100 m 和 2 000 m 时的单/双站 RCS。可见，该计算方法能够适应单/双站不同极化和距离条件下的散射计算，并且距离的变化会使得散射曲线变化剧烈，尤其是正投视方向，即擦地角为 90°时，这时在雷达视线角方向上目标线长度比较长，目标各处相对收发天线的相位变化比较明显，由此带来总 RCS 的下降，这种计算结果与理论分析的结论是一致的。

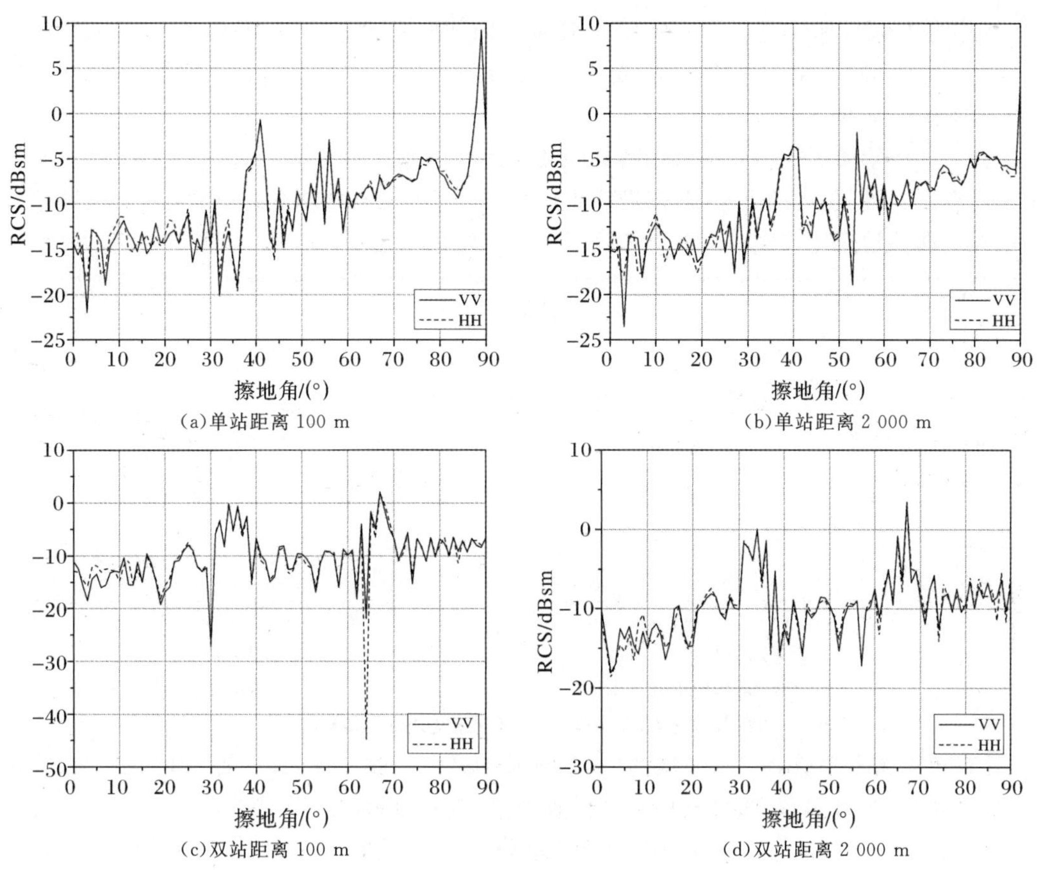

图 2.7　模型 2 单双站不同距离不同极化时的 RCS

【算例 2.2】目标为图 2.1(a)模型 1，目标轴向朝向 x 轴正向，设定工作频率在 X 波段，单站入射角度设置为：方位 0°，擦地角 0°～90°。

图 2.8 中给出了天线目标距离在 100 m 和 2 000 m 时的单站 RCS。可见，在不同的距离下，目标散射 RCS 相差比较大，差别最主要还是体现在擦地角比较大时，即目标线长度较大时的情况。在远场条件下，VV 和 HH 两种极化下的差别没有在距离较近时差别明显。

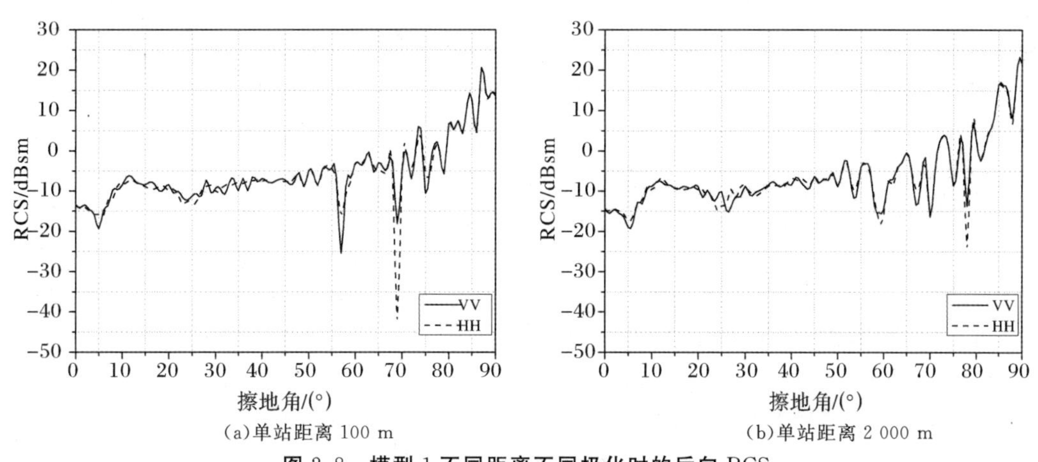

图 2.8　模型 1 不同距离不同极化时的后向 RCS

【**算例 2.3**】目标为图 2.1(c)模型 3，目标轴向朝向 x 轴正向，长度约 18 m，设定工作频率在 X 波段，单站入射角度设置为：方位 0°，擦地角 0°～90°，分别给出了距离 100 m 和 2 000 m 时的单站 RCS。

图 2.9 中给出了模型 3 在天线目标距离为 100 m 和 2 000 m 时单站 RCS 曲线。从图中可以看出：不同距离的 RCS 差别仍然比较大。远场时的两种极化差别较小。差别最主要还是体现在擦地角比较大时。距离较近时的计算结果相比距离较远时，RCS 会有所降低。

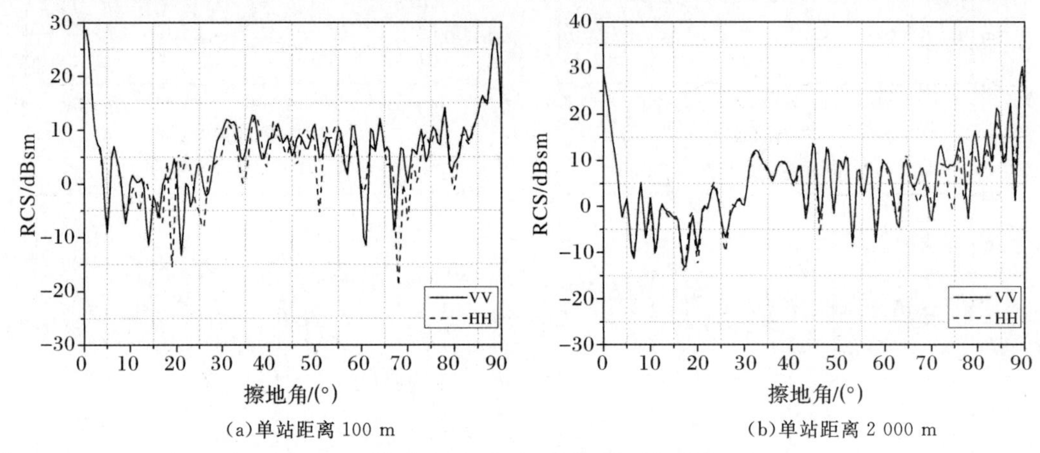

(a)单站距离 100 m　　(b)单站距离 2 000 m

图 2.9　模型 3 不同距离不同极化时的后向 RCS

【**算例 2.4**】目标为图 2.1(d)模型 4，目标轴向朝向 x 轴正向，长度为 8 m，宽度约 14 m，设定工作频率在 X 波段，单站入射角度设置为：方位 0°，擦地角 0°～90°。

图 2.10 中给出了模型 4 在天线目标距离为 100 m 和 2 000 m 时单站 RCS 曲线。可以看出：距离近时与远场时的两种差别在迎头方向和天顶方向处，极化差别较小。

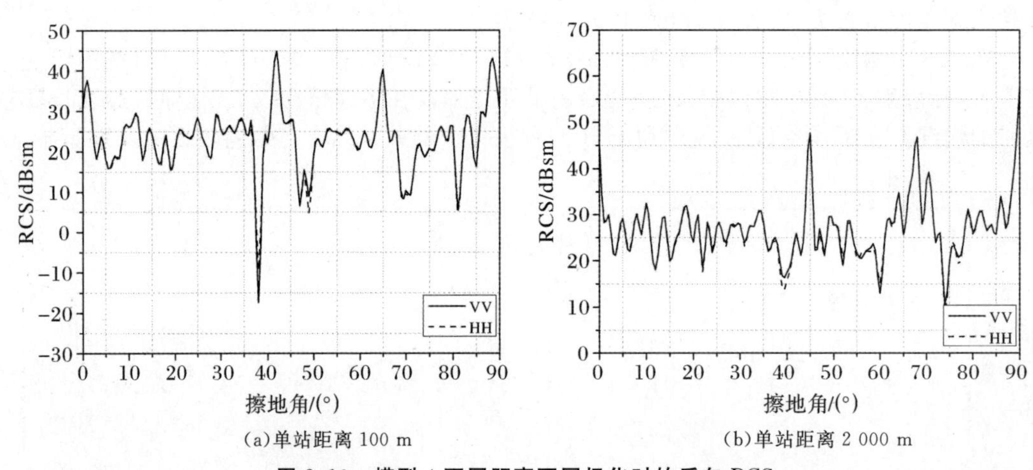

(a)单站距离 100 m　　(b)单站距离 2 000 m

图 2.10　模型 4 不同距离不同极化时的后向 RCS

(2)目标在不同频率时的 RCS。

【**算例 2.5**】当工作频率变化时后向 RCS 也会随之发生变化，仍然以图 2.1(a)模型 1 为例，目标轴向朝向 x 轴正向，计算距离 100 m 时，工作频率分别为 10 GHz，15 GHz 及 35 GHz 时，后向散射随擦地角的变化，入射和接收均为 V 极化。

图 2.11 为计算结果，从图中可以看出：在迎头方向和天顶方向入射时的后向散射差异较大，这是因为线长度在不同波长下所导致的相位差变化更大也更复杂。

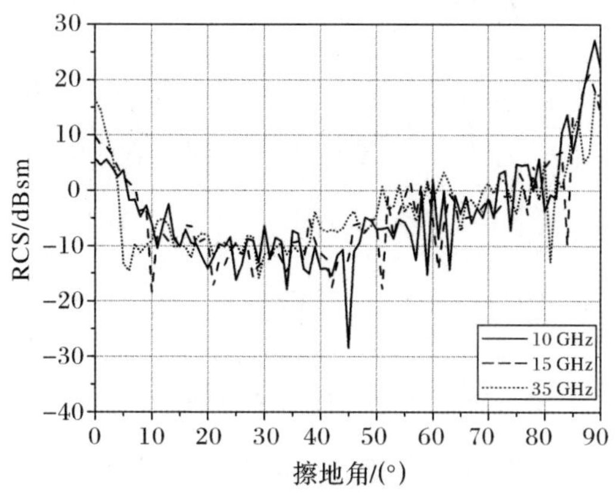

图 2.11　模型 1 不同频率时的后向 RCS

【算例 2.6】目标模型为图 2.1(b)模型 2，目标轴向朝向 x 轴正向，计算距离 200 m 时，后向散射随擦地角的变化，入射和接收均为 V 极化。

图 2.12 为计算结果，从图中可以看出：整体相差不大，只是在擦地角为 40°左右，目标散射会有比较大的差异，主要是由于模型中部四个突出翼的散射而引起的。

【算例 2.7】目标模型为图 2.1(c)模型 3，目标轴向朝向 x 轴正向，计算距离 300 m 时，后向散射随擦地角的变化，入射和接收均为 V 极化。

图 2.13 为计算结果，从图中可以看出：在擦地角较小和擦地角较大时散射的变化较为明显，其他角度的散射变化不大。

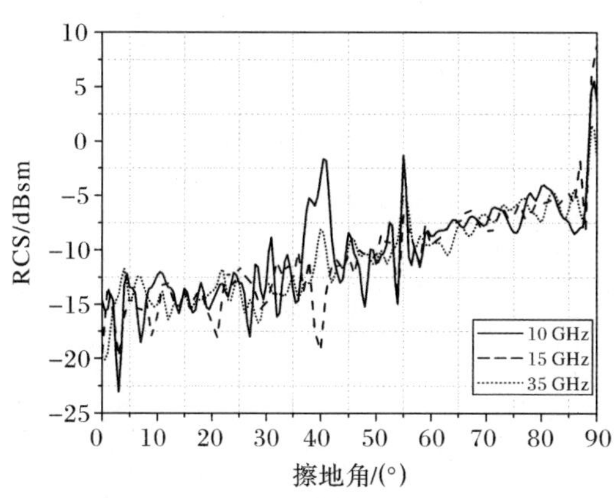

图 2.12　模型 2 不同频率时的后向 RCS

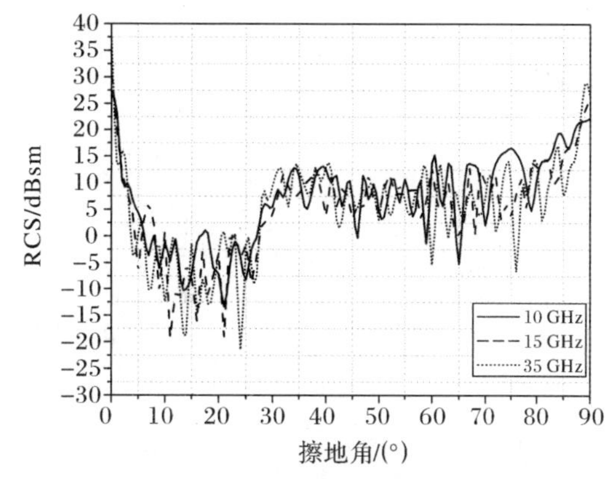

图 2.13　模型 3 不同频率时的后向 RCS

【算例 2.8】目标模型为图 2.1(d)模型 4，目标轴向朝向 x 轴正向，计算距离 400 m 时，后向散射随擦地角的变化，入射和接收均为 V 极化。

图 2.14 为计算结果，从图中可以看出：由于目标的宽度较大，相当于其线长度随频率的变化较为敏感，因此得到的散射曲线整体上都会呈现出差异。

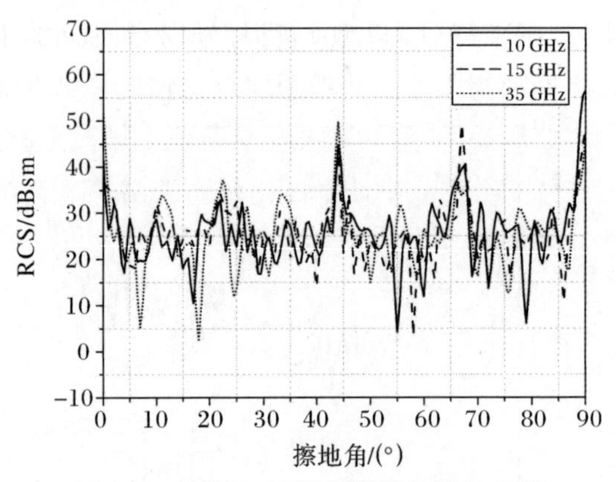

图 2.14　模型 4 不同频率时的后向 RCS

【算例 2.9】目标模型为图 2.1(e)模型 5,模型长度约为 18 m,宽度约为 12 m,目标轴向朝向 x 轴正向,计算距离 500 m 时,后向散射随擦地角的变化,入射和接收均为 V 极化。

计算结果如图 2.15 所示,目标的横向尺寸较径向尺寸要小,目标散射随着角度的增加而呈现整体增加的趋势,而上一算例中的计算结果的均值的则大体一致。

(3)目标在不同极化时的 RCS。

【算例 2.10】目标模型为图 2.1(d)模型 4。工作频率在 X 波段,设定雷达与目标之间的距离为 100 m,擦地角范围 0°～90°,方位角 0°。计算结果如图 2.16 所示,验证了改计算方法能够适应不同极化条件下散射的计算。计算结果还表明,两种交叉极化随角度的变化并不剧烈,这与同极化方式下的对比规律基本相同。由于距离较近,在目标天顶方向出仍然出现了散射结果的下降。

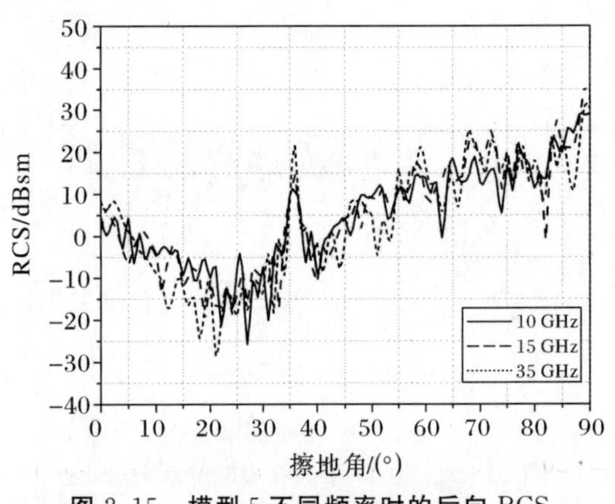

图 2.15　模型 5 不同频率时的后向 RCS

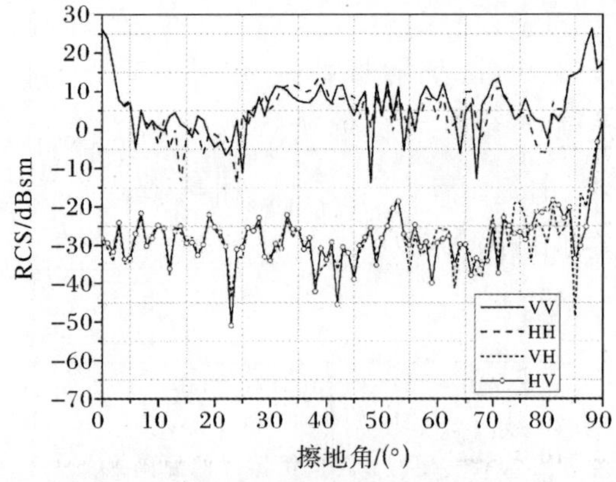

图 2.16　模型 4 在不同极化时的后向 RCS

【算例 2.11】目标模型为图 2.1(a)模型 1,目标轴向指向 x 轴正向。工作频率在 X 波段,设定雷达与目标之间的距离为 100 m,入射方位角为 0°,入射擦地角为 40°,接收擦地角范围 0°～90°,方位角 0°。

计算其在不同入射和接收极化下的双站散射。计算结果如图 2.17 所示,同极化在迎头方向相差较大,在其他方向相差较小;交叉极化在擦地角较大时差别较大。

【算例 2.12】目标模型为图 2.1(b)模型 2，目标轴向指向 x 轴正向。工作频率在 X 波段，设定雷达与目标之间的距离为 100 m，入射方位角为 0°，入射擦地角为 30°，接收擦地角范围 0°～90°，方位角 0°。计算其在不同入射和接收极化下的双站散射。

计算结果如图 2.18 所示，该模型的 HH 极化较之 VV 极化在某些角度范围内的散射要大；交叉极化在大擦地角时变化较大。

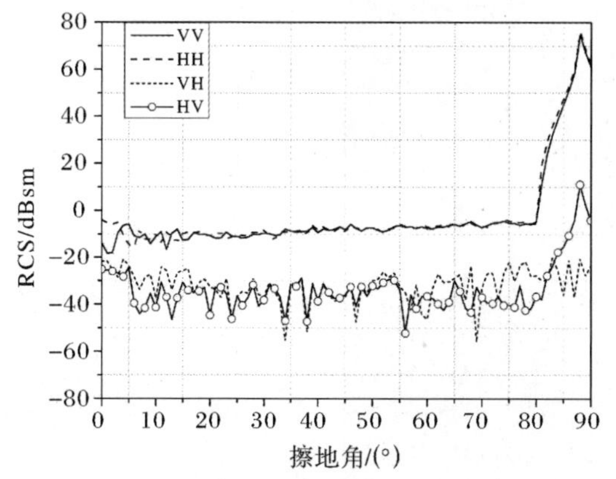

图 2.17　模型 1 在不同极化时的双站 RCS

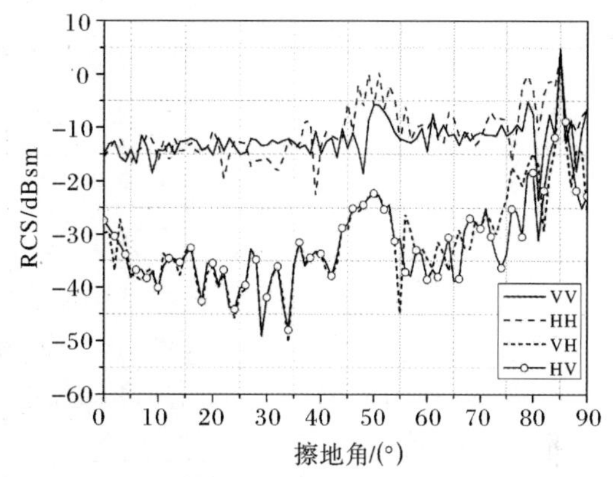

图 2.18　模型 2 在不同极化时的双站 RCS

【算例 2.13】目标模型为图 2.1(c)模型 3，目标轴向指向 x 轴正向。工作频率在 X 波段，设定雷达与目标之间的距离为 100 m，入射方位角为 0°，入射擦地角为 50°，接收擦地角范围 0°～90°，方位角 0°。计算其在不同入射和接收极化下的双站散射。

计算结果如图 2.19 所示，入射擦地角较大时，接收擦地角小时散射会比接收擦地角较大时的要强，且同极化的在小擦地角时的差别较大，而交叉极化的在大擦地角时的差别较大。

【算例 2.14】目标模型为图 2.1(e)模型 5，目标轴向指向 x 轴正向。工作频率在 X 波段，设定雷达与目标之间的距离为 100 m，入射方位角为 0°，入射擦地角为 30°，接收擦地角范围 0°～90°，方位角 0°。计算其在不同入射和接收极化下的双站散射。

计算结果如图 2.20 所示，结果表明：同极化的散射计算结果差别不明显，而交叉极化相差却比较大。

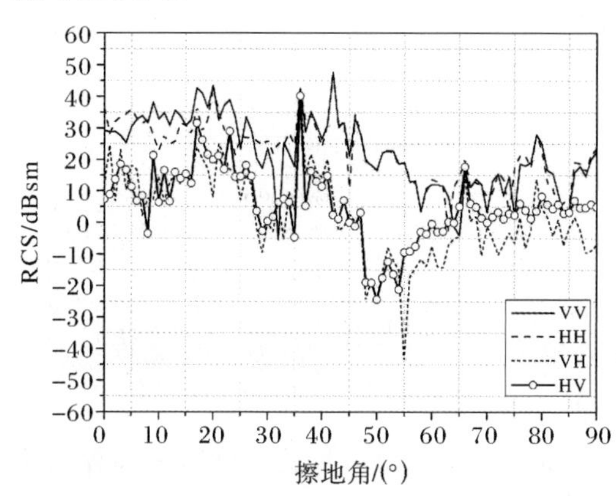

图 2.19　模型 3 在不同极化时的双站 RCS

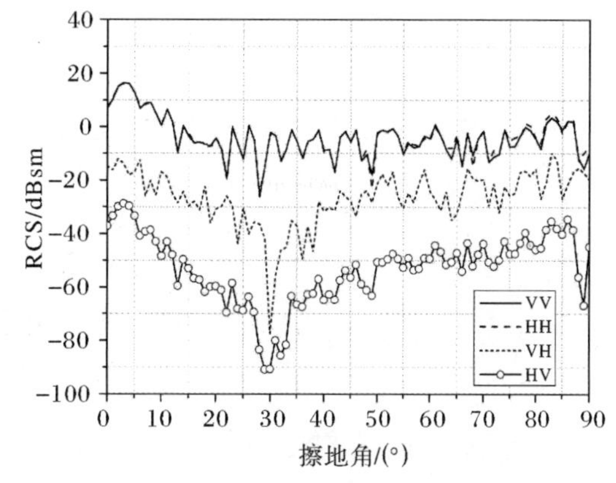

图 2.20　模型 5 在不同极化时的双站 RCS

(4)目标全空域的 RCS。为了显示本算法的计算能力,下面给出了另一算例。

【算例 2.15】目标模型为图 2.1(c)模型 3,模型长度约为 18 m,工作频率在 X 波段,入射和接收均为 V 极化,设定雷达与目标之间的距离为 100 m,后向散射的计算角度范围覆盖擦地角 0°～90°,方位角 0°～360°的上半球面。

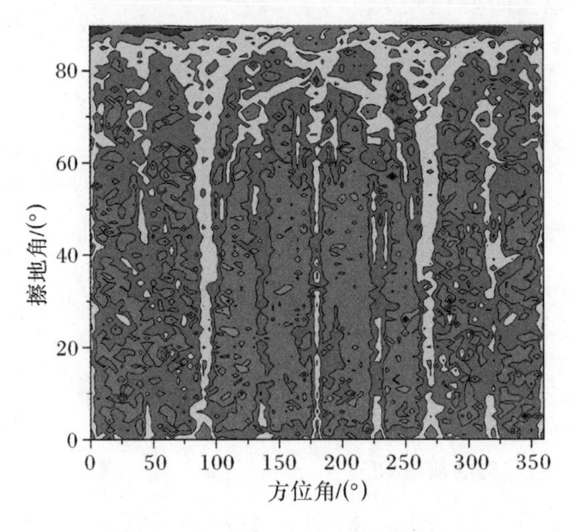

图 2.21 模型 3 半空域散射结果

计算结果如图 2.21 所示,采用二维形式。从图上可以看出来:当擦地角为 90°,即从天顶下视,当方位角为 90°,即正侧视面内的后向散射较大。这张图还说明:当雷达探测不同姿态下的同一目标时,后向 RCS 的起伏是非常大的,这种起伏在雷达导引头探测跟踪目标时会对误差角和跟踪精度产生很大影响。

由以上几个算例结果分析得到:本节提出的针对目标散射计算提出的远近场一体化高效近似方法不仅精度能够得到保证,适用性也能够满足要求。

2.1.2 镜像散射

复合散射不仅包含目标散射、环境散射,而且包含了目标与环境耦合散射。这类问题通常是电大、多尺度的,尤其是其中包含的耦合散射涉及到目标与环境的相互作用,处理这类问题的关键是如何计入耦合散射,一种思路是采用数值方法求得目标与环境相互作用的耦合矩阵,进而用直接或迭代求解的方法获得耦合电磁流;另一种思路是采用高频方法计算其多次反射或散射的贡献。前一种思路需要借助数值计算方法,这就要涉及面元剖分,基函数选取,耦合矩阵元素构造,矩阵性态分析及求解,等等。环境面元本身就受到粗糙面模型难以精细剖分的限制,即使能够建立起耦合矩阵,它的矩阵条件数通常很大,直接求解与迭代求解均难以奏效，正因为如此，构造耦合矩阵方法不能作为一种通用型的解决手段。后一种思路则是计入耦合散射较强的部分，舍弃耦合散射比较弱的部分，这样就能极大地减少运算量，提高计算效率。

耦合散射则采用高频近似方法。本书计算耦合散射采用的是弹跳射线（SBR）法，该方法本身基于的就是几何光学（Geometrical Optics, GO）法和物理光学（PO）法，每条射线的轨迹就是循着耦合散射比较强的方向在推进，如果进一步根据散射贡献的强弱对射线的弹跳次数进行截断以保留强耦合散射贡献，这样就能兼顾计算效率与精度之间的矛盾。

耦合散射特性受到目标参数与环境参数的影响，还会受到目标与环境相互位置关系尤其是距离的影响。书中给出的耦合散射计算模型包含了距离因子及方向图对耦合散射的加权。

本章介绍的耦合散射混合计算方法的计算精度得到了造波池实验的验证。随后利用该混合计算方法分析了各类参数变化下的目标环境耦合散射特性。

1. 弹跳射线（SBR）法

对于耦合散射，数值计算方法是通过迭代计算或矩阵求解得到耦合电流，进而计算耦合散射场；而高频计算方法则不同，它是根据散射机理的不同或照射路径下散射贡献的强弱求得模型的感应电流，进而求得耦合散射场。实际的计算效果表明，数值计算方法的计算精度高，但有时会出现不收敛或者计算时间太长的不足，高频计算方法能够反映主要的耦合散射贡献，计算效率高，但计算精度会降低。

在这些计算耦合散射的高频方法中，一种比较有效的方法是 SBR 法，该方法是将入射波看作一簇光线，当光线入射在模型表面时，通过几何光学（GO）法计算其经过弹跳后的反射路径和照射方向，如此重复，当行进光线无法弹跳时，计算最后一次弹跳时模型表面的感应电流并用 PO 法计算散射贡献，这便是 SBR 法的整个实现过程。图 2.22 给出了 SBR 其中一条光线经过两次弹跳之后散射的情况，前两次的反射对应的是最强耦合路径，求解反射点和反射方向的方法是 GO，最后一次散射的计算方法采用的是 PO。

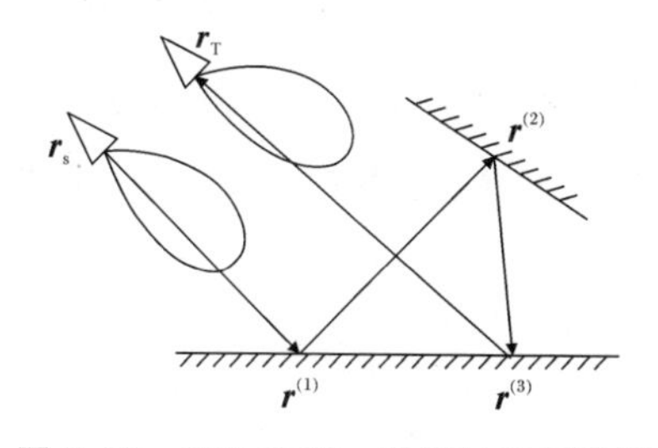

图 2.22 SBR 法某一射线寻迹示意图

可以看出，每一次的弹跳散反射贡献相当于计算目标与环境耦合比较强方向上的耦合散射，对应的是数值计算方法中近距强耦合矩阵元素。传统的 SBR 法通常假设入射波为平面波，实际中，入射雷达与目标环境模型距离并非无穷大，因此入射波应当看作是球面波，并且雷达天线方向图也应当被考虑在内。

为了求得距离有限且包含天线方向图幅度加权的耦合散射计算公式。假设入射波的电场和磁场可以表示为

$$\left.\begin{aligned}\boldsymbol{E}^{\mathrm{inc}}&=\hat{\boldsymbol{e}}_{\mathrm{i}}\eta_0\frac{\mathrm{e}^{-\mathrm{j}k_0\hat{\boldsymbol{k}}_{\mathrm{i}}\cdot(\boldsymbol{r}-\boldsymbol{r}_{\mathrm{s}})}}{|\boldsymbol{r}-\boldsymbol{r}_{s}|}\\ \boldsymbol{H}^{\mathrm{inc}}&=\hat{\boldsymbol{h}}_{\mathrm{i}}\frac{\mathrm{e}^{-\mathrm{j}k_0\hat{\boldsymbol{k}}_{\mathrm{i}}\cdot(\boldsymbol{r}-\boldsymbol{r}_{\mathrm{s}})}}{|\boldsymbol{r}-\boldsymbol{r}_{\mathrm{s}}|}\end{aligned}\right\}\tag{2.15}$$

式中：$\boldsymbol{r}_{\mathrm{s}}$ 表示入射天线位置矢量；$\hat{\boldsymbol{e}}_{\mathrm{i}}$ 和 $\hat{\boldsymbol{h}}_{\mathrm{i}}$ 分别表示入射波电场和磁场矢量方向；k_0 表示入射波的波数；$\hat{\boldsymbol{k}}_{\mathrm{i}}$ 表示入射波矢量方向。计算经过 n 次弹跳后的入射波为

$$\begin{aligned}\boldsymbol{E}_{\mathrm{i}}^{(n)}&=\hat{\boldsymbol{e}}_{\mathrm{r}}^{(n)}\eta_0\left\{\prod_{m=1}^{n}\frac{\mathrm{e}^{-\mathrm{j}k_0\hat{\boldsymbol{k}}_{\mathrm{r}}^{(m-1)}\cdot(\boldsymbol{r}^{(m)}-\boldsymbol{r}^{(m-1)})}}{|\boldsymbol{r}^{(m)}-\boldsymbol{r}^{(m-1)}|}\right\}\frac{\mathrm{e}^{-\mathrm{j}k_0\hat{\boldsymbol{k}}_{\mathrm{r}}^{(n)}\cdot(\boldsymbol{r}-\boldsymbol{r}^{(n)})}}{|\boldsymbol{r}-\boldsymbol{r}^{(n)}|}\\ \boldsymbol{H}_{\mathrm{i}}^{(n)}&=(\hat{\boldsymbol{k}}_{\mathrm{r}}^{(n)}\times\hat{\boldsymbol{e}}_{\mathrm{r}}^{(n)})\left\{\prod_{m=1}^{n}\frac{\mathrm{e}^{-\mathrm{j}k_0\hat{\boldsymbol{k}}_{\mathrm{r}}^{(m-1)}\cdot(\boldsymbol{r}^{(m)}-\boldsymbol{r}^{(m-1)})}}{|\boldsymbol{r}^{(m)}-\boldsymbol{r}^{(m-1)}|}\right\}\frac{\mathrm{e}^{-\mathrm{j}k_0\hat{\boldsymbol{k}}_{\mathrm{r}}^{(n)}\cdot(\boldsymbol{r}-\boldsymbol{r}^{(n)})}}{|\boldsymbol{r}-\boldsymbol{r}^{(n)}|}\end{aligned}\tag{2.16}$$

式中：$\hat{\boldsymbol{k}}_{\mathrm{r}}^{(m)}$ 表示第 m 次反射后的方向矢量，特别地，$\hat{\boldsymbol{k}}_{\mathrm{r}}^{(0)}=\hat{\boldsymbol{k}}_{\mathrm{i}}$；$\boldsymbol{r}^{(m)}$ 表示第 m 次反射时反射点的位置矢量，特别地 $\boldsymbol{r}^{(0)}=\boldsymbol{r}_{\mathrm{s}}$；$\hat{\boldsymbol{e}}_{\mathrm{r}}^{(n)}$ 表示经过第 n 次反射后的电场矢量方向，可以通过以下公式进行计算

$$\hat{\boldsymbol{e}}_{\mathrm{r}}^{(n)}=R_{\mathrm{V}}^{(n)}(\hat{\boldsymbol{e}}_{\mathrm{R}}^{(n-1)}\cdot\hat{\boldsymbol{e}}_{\mathrm{V}}^{(n-1)})\hat{\boldsymbol{e}}_{\mathrm{V}}^{(n)}+R_{\mathrm{H}}^{(n)}\hat{\boldsymbol{e}}_{\mathrm{R}}^{(n-1)}\cdot\hat{\boldsymbol{e}}_{\mathrm{H}}^{(n-1)})\hat{\boldsymbol{e}}_{\mathrm{H}}^{(n)}\tag{2.17}$$

式中：$R_{\mathrm{V}}^{(n)}$ 和 $R_{\mathrm{H}}^{(n)}$ 分别表示第 n 次反射时垂直和平行极化波的反射系数；$\hat{\boldsymbol{e}}_{\mathrm{H}}$ 和 $\hat{\boldsymbol{e}}_{\mathrm{V}}$ 分别表示电场水平分量和垂直分量方向。

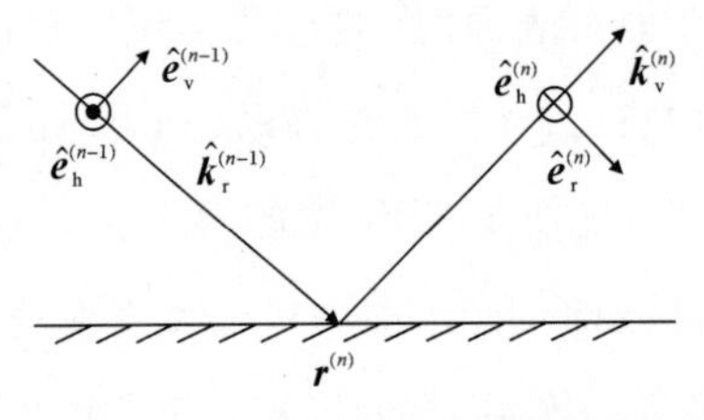

图 2.23　第 n 次反射时示意图

当经过第 n 次反射之后，射线停止弹跳而向自由空间中传播时，则需要将第 $n-1$ 次的反射波当作在 $\boldsymbol{r}^{(n)}$ 位置矢量处的入射波，并用 PO 法计算其散射场，推导过程参见目标散射，最终得到

$$\begin{aligned}\boldsymbol{E}_{\mathrm{s}}(\boldsymbol{r}_{\mathrm{T}})=&\frac{\mathrm{e}^{-[\mathrm{j}k_0\hat{\boldsymbol{k}}_{\mathrm{s}}\cdot(\boldsymbol{r}_{\mathrm{T}}-\boldsymbol{r}^{(n-1)})]}}{4\pi\boldsymbol{R}_{CT}}\int_{\Delta s}\mathrm{e}^{\mathrm{j}k_0(\hat{\boldsymbol{k}}_{\mathrm{s}}-\hat{\boldsymbol{k}}_{\mathrm{i}})\cdot(\boldsymbol{r}'-\boldsymbol{r}^{(n-1)})}\mathrm{d}s'\cdot\prod_{m=1}^{n-1}\frac{\mathrm{e}^{-\mathrm{j}k_0\hat{\boldsymbol{k}}_{\mathrm{r}}^{(m)}\cdot(\boldsymbol{r}^{(m)}-\boldsymbol{r}^{(m-1)})}}{|\boldsymbol{r}^{(m)}-\boldsymbol{r}^{(m-1)}|}\cdot\\ &\left\{(\mathrm{j}k_0+\frac{2}{\boldsymbol{R}_{CT}}-\mathrm{j}\frac{2}{k_0R_{CT}^2})\eta_0\hat{\boldsymbol{k}}_{\mathrm{s}}\times[(\hat{\boldsymbol{k}}_{\mathrm{s}}\times(\hat{\boldsymbol{n}}\times\boldsymbol{h})]-(\mathrm{j}k_0+\frac{2}{\boldsymbol{R}_{CT}})\hat{\boldsymbol{k}}_{\mathrm{s}}\times(\hat{\boldsymbol{n}}\times\boldsymbol{e})\right\}\end{aligned}\tag{2.18}$$

式中：$\boldsymbol{R}_{CT}=|\boldsymbol{r}_{\mathrm{T}}-\boldsymbol{r}^{(n-1)}|$表示第 $n-1$ 次弹跳点的位置矢量 $\boldsymbol{r}^{(n-1)}$ 与接收天线位置矢量 $\boldsymbol{r}_{\mathrm{T}}$ 的距离，另外，

$$
\begin{aligned}
\hat{\boldsymbol{n}}\times\boldsymbol{h}&=(\hat{\boldsymbol{h}}_{\mathrm{r}}^{(n-1)}\cdot\hat{\boldsymbol{h}}_{\mathrm{V}}^{(n-1)})(\hat{\boldsymbol{n}}\times\hat{\boldsymbol{h}}_{\mathrm{V}}^{(n)})(1-\mathrm{R}_{\mathrm{V}})+(\hat{\boldsymbol{h}}_{r}^{(n-1)}\cdot\hat{\boldsymbol{h}}_{\mathrm{H}}^{(n-1)})(\hat{\boldsymbol{n}}\times\hat{\boldsymbol{h}}_{\mathrm{H}}^{(n)})(1+R_{\mathrm{H}})\\
\hat{\boldsymbol{n}}\times\boldsymbol{e}&=(\hat{\boldsymbol{e}}_{\mathrm{r}}^{(n-1)}\cdot\hat{\boldsymbol{e}}_{\mathrm{V}}^{(n-1)})(\hat{\boldsymbol{n}}\times\hat{\boldsymbol{e}}_{\mathrm{V}}^{(n)})(1+R_{\mathrm{V}})+(\hat{\boldsymbol{e}}_{\mathrm{r}}^{(n-1)}\cdot\hat{\boldsymbol{e}}_{\mathrm{H}}^{(n-1)})(\hat{\boldsymbol{n}}\times\hat{\boldsymbol{e}}_{\mathrm{H}}^{(n)})(1-R_{\mathrm{H}})
\end{aligned}
\tag{2.19}
$$

再利用 Gordon 积分公式计算式(2.18)中的积分，最终得到每条射线对应的复平方根 RCS。计算过程中仍然需要对面元进行可见性的判断，仍然可以采用 Z-buffer 技术。

这样就可以求得其中一条射线产生散射对应的耦合散射截面积

$$
\sqrt{\sigma_{cn}}=\frac{R_{T_0}}{2\sqrt{\pi}\boldsymbol{R}_{CT}}\int_{\Delta s}\mathrm{e}^{\mathrm{j}k_0(\hat{\boldsymbol{k}}_{\mathrm{s}}-\hat{\boldsymbol{k}}_{\mathrm{i}})\cdot(\boldsymbol{r}'-\boldsymbol{r}^{(n-1)})}\mathrm{d}s'\cdot\prod_{m=1}^{n-1}\frac{\mathrm{e}^{-\mathrm{j}k_0\hat{\boldsymbol{k}}_{\mathrm{r}}^{(m)}\cdot(\boldsymbol{r}^{(m)}-\boldsymbol{r}^{(m-1)})}}{|\boldsymbol{r}^{(m)}-\boldsymbol{r}^{(m-1)}|}
$$

$$
\hat{\boldsymbol{e}}_{\mathrm{s}0}\cdot\left\{(\mathrm{j}k_0+\frac{2}{\boldsymbol{R}_{CT}}-\mathrm{j}\frac{2}{k_0R_{CT}^2})\eta_0\hat{\boldsymbol{k}}_{\mathrm{s}}\times[(\hat{\boldsymbol{k}}_{\mathrm{s}}\times(\hat{\boldsymbol{n}}\times\boldsymbol{h})]-(\mathrm{j}k_0+\frac{2}{R_{CT}})\hat{\boldsymbol{k}}_{\mathrm{s}}\times(\hat{\boldsymbol{n}}\times\boldsymbol{e})\right\}
\tag{2.20}
$$

式中：R_{T0}表示接受场点 $\boldsymbol{r}_{\mathrm{T}}$ 与目标中心 $\boldsymbol{r}_0$ 之间的距离；$\hat{\boldsymbol{e}}_{\mathrm{s0}}$表示接受天线电场矢量。最终能够求得总的耦合散射复平方根 RCS 为

$$
\sqrt{\sigma_C}=\sum_{n=1}^{N_{\mathrm{r}}}\sqrt{\sigma_{cn}}T_{dn}(\hat{\boldsymbol{k}}_{\mathrm{i}},\boldsymbol{n})g_s(\hat{\boldsymbol{k}}_{\mathrm{i}})g_{\mathrm{T}}(\hat{\boldsymbol{k}}_{\mathrm{s}})
\tag{2.21}
$$

式中：N_{r} 指射线的总数；$g_{\mathrm{s}}(\hat{\boldsymbol{k}}_{\mathrm{i}})$表示射线在弹跳开始时即首次弹跳位置处对应的发射天线方向图因子；$g_{\mathrm{T}}(\hat{\boldsymbol{k}}_s)$表示射线在离开模型位置处到达接收天线时对应的接收天线方向图因子。

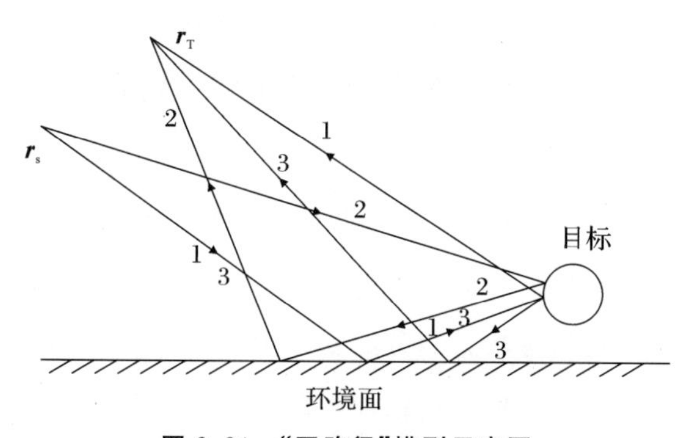

图 2.24 “四路径”模型示意图

SBR 法求解耦合散射时适用于由若干平面拼接的结构。当拼接成的环境面构成类平面结构时，该方法其实就退化为一种更为简便的计算模型，即“四路径”模型，如图 2.24 所示，“四路径”模型能够计算得到目标散射、一次耦合散射(图中 1 和 2 路径)及二次耦合散射(图中 3 路径)。这样就能得到

$$
\sqrt{\sigma_{\mathrm{C}}}=\rho_1\sqrt{\sigma_{\mathrm{T1}}}+\rho_2\sqrt{\sigma_{\mathrm{T2}}}+\rho_{31}\rho_{32}\sqrt{\sigma_{\mathrm{T3}}}
\tag{2.22}
$$

式中：$\rho_1=\rho_{\mathrm{S}}R_{\mathrm{V,H}}$指 1 路径对应的复反射系数；$\rho_2=\rho_{\mathrm{s}}R_{\mathrm{V,H}}$指 2 路径对应的复反射系数；$\rho_{31}=$

$\rho_s R_{V,H}$和 $\rho_{32}=\rho_s R_{V,H}$指 3 路径对应的两次反射计算得到的复反射系数；$\sqrt{\sigma_{T1}}$、$\sqrt{\sigma_{T2}}$及 $\sqrt{\sigma_{T3}}$表示 3 条路径下耦合散射的复平方根 RCS。ρ_s 为粗糙面反射因子，其表达式为

$$\rho_s=\begin{cases}e^{-2(2\pi\tau)^2},0\leqslant\tau\leqslant 0.1\\ 0.812\,537/[1+2(2\pi\tau)^2],\tau>0.1\end{cases}\tag{2.23}$$

式中：$\tau=\sigma_H\cos\theta_i/\lambda$，$\theta_i$ 为入射角，σ_H 为环境的均方根高度，λ 表示工作波长。

“四路径”模型是 SBR 法的特殊情况，只计入了耦合比较强的若干次散射贡献，该方法实现的过程简单，非常适用于环境粗糙程度不高的情形，并且与 SBR 法相比，其不存在寻迹的操作，因此计算效率很高。“四路径”模型通常被用来进行精度要求不高时的计算预估；SBR 法虽然适用性广，但是射线寻迹的过程很耗时，并且随着弹跳次数的增加，耦合散射的贡献会因为耦合距离的增加，耦合强度迅速衰减，因此在实际应用过程中 往往对其弹跳的次数进行限制，舍弃散射贡献比较弱的高次弹跳，这样能够极大地减少运算时间。

2. kd－tree 加速方法

SBR 法计算每根射线的寻迹过程非常耗时，这时可以采用数结构对模型部件或组成部分进行分类，例如八叉树方法。本书采用另外一种比较高效的空间划分方法，即 kd-tree。它是空间二叉树模型的一种改进，可以将三维空间进行区域剖分，而且区域的大小可以根据具体的实际应用进行改变。射线跟踪加速的最终目的是：用最少的求相交测试确定射线与模型场景中部件相互的遮挡，射线与模型部件交点。利用 kd-tree 可以先将目标模型分解成若干小区域，再判断射线与哪个区域相交，该区域内部三角面元的遮挡情况。这种算法可以迅速降低每根射线寻迹计算的复杂度。

这里以二维空间的 kd-tree 为例，如图 2.25 所示，图中的三角形表示目标场景内部的三角面元。划分过程采用递归思想，尝试根据目标场景内三角面元的集中或疏散的程度来选择分割平面，并用分割平面将目标场景划分成多个小长方体，每个长方形内包含的三角面元数大体相等，这样划分的目的是使射线跟踪代价最小。

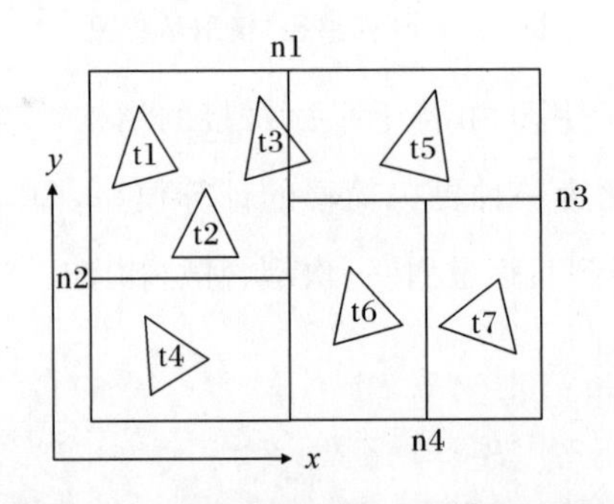

图 2.25　二维空间的 kd-tree 剖分示意图

通过不断地对目标场景进行分割，直到相关节点的三角面元数目满足分割停止的两个条件之一，即节点内部的三角形数量少于用户规定的数量或树的深度超过了用户规定的最大深度，则不再对目标场景进行分割即建树停止。如果三角面元跨越分割面（如图中的三角面片 t3），相关的两个子节点就都需要包含这个三角面元。最终得到目标场景所对应的 kd-tree。

当目标场景的 kd-tree 剖分数据建立好以后，所有的入射射线和反射射线就能高效地进行追踪循迹。射线将首先从 kd-tree 的根节点开始，如图 2.26 所示，通过射线是否与目标包围盒相交来判断射线追踪能否继续进行下去，如果不相交则追踪停止，如果相交则遍历其各个子节点判断该射线与各个子节点是否相交，直到遇到叶子节点。

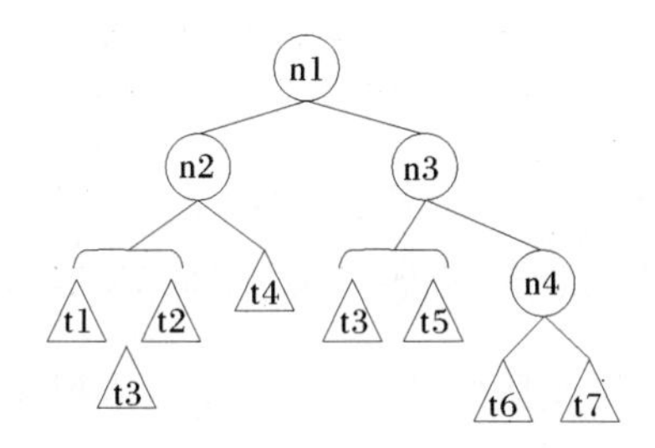

图 2.26　kd-tree 数据结构

3. 修正“四路径”模型

(1)基于修正物理光学的反射系数。对于光滑的平板，反射系数 ρ 即为菲涅尔反射系数 R_{H} 或 R_{V}。而对于微粗糙表面，其散射主要集中在镜面反射方向，但漫散射增强了，镜面反射会有所减弱。可见此时直接采用菲涅尔反射系数不能真实反映目标粗糙度对多径散射的影响。有的学者以物理光学模型来描述粗糙面微波频段的反射系数，即认为反射系数按 $\mathrm{e}^{-2k^2h^2\cos^2\theta}$ 衰减，通过引入了粗糙度反射因子 ρ_{s} 来对传统“四路径”模型的反射系数进行修正，此时粗糙因子修正后的复反射系数为

$$\rho=\rho_{\mathrm{s}}R_{\mathrm{V,H}} \tag{2.24}$$

式中：ρ_{s} 如式(2.23)。

该复反射系数模型认为布儒斯特角位置与表面粗糙特性没有关系。然而，实验数据表明，随着表面粗糙度增加，布儒斯特角的位置向垂直入射角方向偏移。Greffet 使用微扰法对布儒斯特角的这种特性进行了解释，但只能适用于十分微粗糙的表面。因此需要一种基于高阶物理光学的反射系数模型，该模型既能表现布儒斯特角的偏移特性同时又有更广泛的适用范围。

物理光学源自于 Stratton-Chu 积分方程。对 Stratton-Chu 积分方程采用切平面近似，并对散射场按级数展开可获得反射系数为

$$R_{\mathrm{p}}=\mathrm{e}^{-2k^2h^2\cos^2\theta}(R_{\mathrm{p00}}+m^2(R_{\mathrm{p02}}+R_{\mathrm{p20}}-(R_{\mathrm{H00}}+R_{\mathrm{V00}})\cot^2\theta)+\cdots) \tag{2.25}$$

式中：p 为极化方式；m 为表面的均方根斜率；R_{pkn} 为局部反射系数 R_{p} 的关于斜率的泰勒展开式系数；对于光滑表面，R_{H00} 与 R_{V00} 与菲涅尔反射系数相等。

以垂直极化为例，式中前几项的泰勒展开式系数为

$$R_{\mathrm{V00}}=\frac{\eta_1\cos\theta-\eta_2\cos\theta_{\mathrm{t}}}{\eta_1\cos\theta+\eta_2\cos\theta_{\mathrm{t}}} \tag{2.26a}$$

$$R_{\mathrm{V10}}=\left[\eta_1\sin\theta(1-R_{\mathrm{V00}})-\eta_2\frac{k_1\cos\theta}{k_2\cos\theta_{\mathrm{t}}}\sin\theta_{\mathrm{t}}(1+R_{\mathrm{V00}})\right]/(\eta_1\cos\theta+\eta_2\cos\theta_{\mathrm{t}}) \tag{2.26b}$$

$$R_{\mathrm{V02}}=\frac{-\eta_2(1-k_1^2/k_2^2)(1+R_{\mathrm{V00}})}{2(\eta_1\cos\theta+\eta_2\cos\theta_{\mathrm{t}})\cos\theta_{\mathrm{t}}} \tag{2.26c}$$

$$R_{\mathrm{V02}}=\frac{R_{\mathrm{V02}}}{\cos^2\theta_{\mathrm{t}}}-R_{\mathrm{V10}}\frac{\eta_1\sin\theta+\eta_2\dfrac{k_1\cos\theta}{k_2\cos\theta_{\mathrm{t}}}\sin\theta_{\mathrm{t}}}{\eta_1\cos\theta+\eta_2\cos\theta} \tag{2.26d}$$

式中：k_1 与 k_2 分别为上层与下层介质的波数；θ 与 θ_{t} 为入射角与传播角度且有 $k_1\sin\theta=k_2\sin\theta_{\mathrm{t}}$。将式中的 η_1 换为 η_2，则水平极化的系数 R_{HKN}便可获得。

式(2.25)中关于斜率的高阶项也可以推导出，但是除非表面斜率非常大，否则更高阶的贡献完全可以忽略。对于表面斜率过大时，更高次的散射效应不可忽略，简单的“四路径”散射模型也不再适用。

观察式(2.25)可以发现，零阶项即为式(2.24)中的反射系数表达式。现我们根据式(2.25)采用一种新的反射系数为

$$R_{\mathrm{p}}=\rho_{\mathrm{s}}[R_{\mathrm{p00}}+m^2(R_{\mathrm{p02}}+R_{\mathrm{p20}})] \tag{2.27}$$

式中：ρ_{s} 定义如式(2.23)。

图 2.27 为式(2.27)中的反射系数模型与式(2.24)中的反射系数模型以及实测数据的对比。其中表面相对介电常数为 $\varepsilon_{\mathrm{r}}=3.0-\mathrm{j}0.0$，可以发现当归一化的均方根高度 $kh=0.515$，表面斜率的均方根 $m=0.135$ 时，垂直极化的布儒斯特角位于 60°。此时两种反射系数模型与实测数据匹配均较好。当 $kh=1.39$，$m=0.185$ 时即表面粗糙度明显增加时，布儒斯特角位于 57.5°，从图 2.27(b)以及相应的放大图 2.27(c)中可以发现，式(2.27)中的反射系数模型匹配效果更好。通过图 2.27 的结果可以总结出，式(2.24)中传统反射系数的布儒斯特角位置不随表面粗糙度变化，而式(2.27)中新的反射系数的布儒斯特角位置随粗糙度增加向垂直入射角度偏移，这种偏移与实测数据更为匹配。可见式(2.27)中的反射系数模型较传统模型更为合理有效。

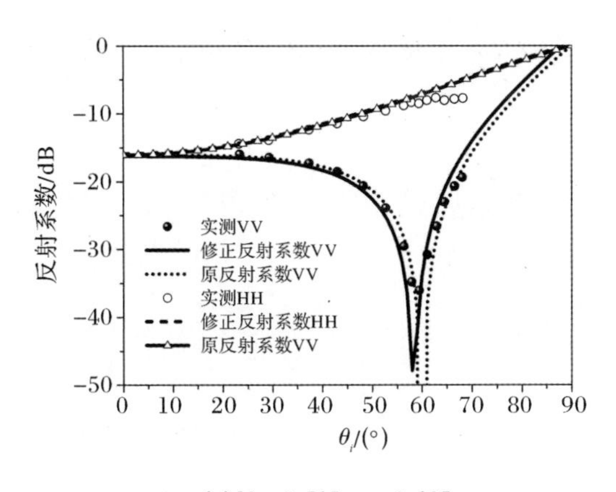

(a)$kh=0.515, m=0.135$

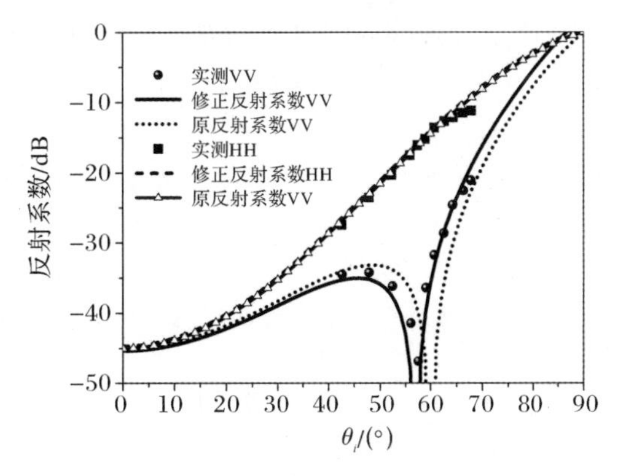

(b)$kh=1.39, m=0.185$

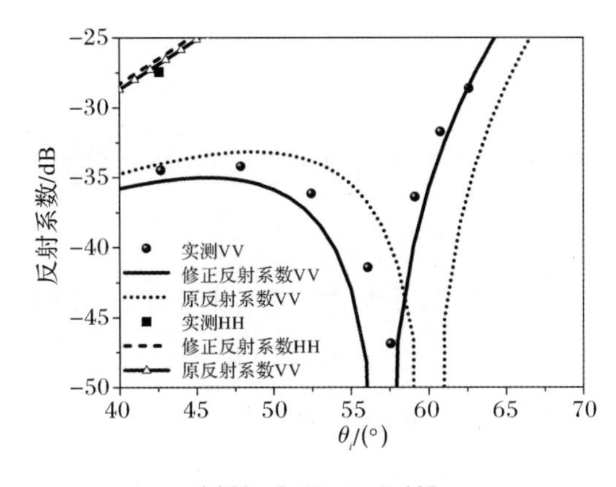

(c)$kh=1.39, m=0.185$

图 2.27　反射系数与实测数据的对比

(2)粗糙面的均方根斜率。设高斯粗糙面的相关长度为 l_g，均方根高度为 h_g，根据表面均方根斜率的定义有

$$m_g^2 = h_g^2 C''(0) \tag{2.28}$$

式中：$C''(0)$为相关函数的二阶导数在相关长度为 0 处的值。对于高斯粗糙面有 $C''(0)=2(h_g/l_g)^2$，故其均方根斜率为

$$m_g = \sqrt{2} h_g / l_g \tag{2.29}$$

对于指数型粗糙面，其相关函数不是二阶可导的。在实际的应用中，指数型粗糙面的相关函数与功率谱密度都进行了一定的处理。其中，一种带限的指数型相关函数被提出用来截断谱函数中的高频部分。仿真结果显示，该模型具有很高的精度。由于高斯相关函数在高频处衰减十分剧烈，因此在带限指数型相关函数中，采用高斯相关函数对指数功率谱函数进行截断。其形式为

$$W(k) = \frac{h_e^2 l_e^2}{2\pi}(1+(kl_e^2)^2)^{-1.5}\left\{\frac{1}{R}\exp\left[-\left(\frac{kl_g}{2}\right)^2\right]\right\} \tag{2.30}$$

式中：高斯谱函数的常数部分被归一化的参数 R 代替。R 能够保证式(2.30)对波数的 k 的积分收敛为 $h_g{}^2$，R 的具体表达式为

$$R=1-q\frac{\sqrt{\pi}}{2}e^{q^2/4}\operatorname{erfc}\left(\frac{q}{2}\right) \tag{2.31}$$

式中：erfc 为误差函数；$q=l_g/l_e$。

粗糙面的均方根斜率可由功率谱密度函数导出

$$\begin{aligned} m_e^2 &= \int_0^\infty k^3 W(k)\mathrm{d}k \\ &= h_e\sqrt{\pi}/(l_e qR)\exp(q^2/4)\times\left[(1+q^2/2)\operatorname{erfc}(q/2)-(q/\sqrt{\pi})\exp(-q^2/4)\right] \\ &\approx (h_e/l_e)^2\sqrt{\pi}/q \end{aligned} \tag{2.32}$$

对于海洋粗糙面，其表面的均方根也可以由上式获得，只需将谱函数换为海谱函数。

4. 算法验证

【算例 2.16】将图 2.1(a)模型 1 置于水面上方，目标高度分别为 1 m，3 m 和 5 m，目标轴向偏转角度分别为 0°，45°和 90°。设定工作频率在 X 波段，且水面相对介电常数为 $\varepsilon_r=61-j33$；工作频率在 Ku 波段，且相对介电常数为 $\varepsilon_r=45-j38$。目标中心与发射/接收天线之间的距离为 13 m，水面大小为 100 m×60 m，入射和接收均为 VV 极化。首先通过测量设备采集目标与环境复合散射截面积，然后用上一节介绍的混合方法对目标-环境模型进行计算，得到擦地角 5°～45°范围内的后向散射截面积，如图 2.28 所示。

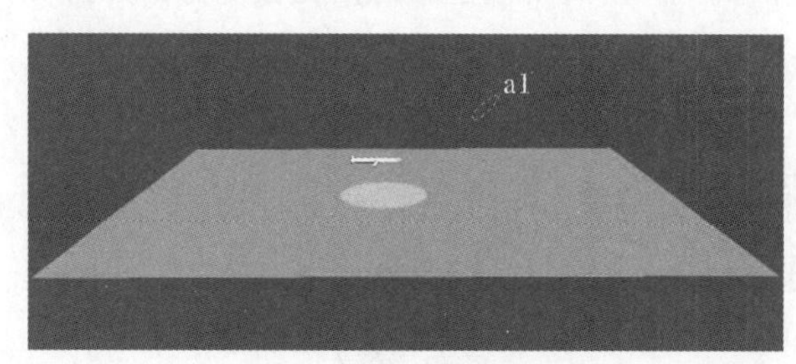

图 2.28　复合散射计算模型

计算结果如图 2.29 和图 2.30 所示。结果表明：本书提出的目标与环境复合散射计算方法具有比较高的计算精度。并且，目标的姿态对复合散射的结果影响非常大。X 波段下的平均误差不超过 3 dB，Ku 波段下的平均误差不超过 4 dB。该算例还表明：本节提出的快速计算方法的精度是能够得到保证的，能够使用目标不同高度、不同姿态、不同环境参数及目标与天线距离较小的条件。

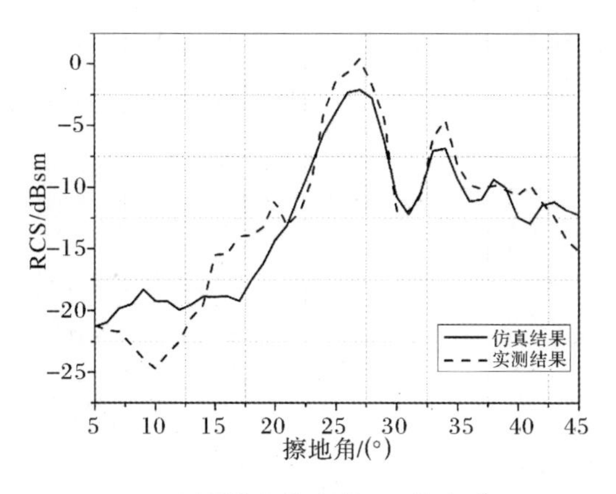

(1)平静水面，高度 1 m，姿态 0°

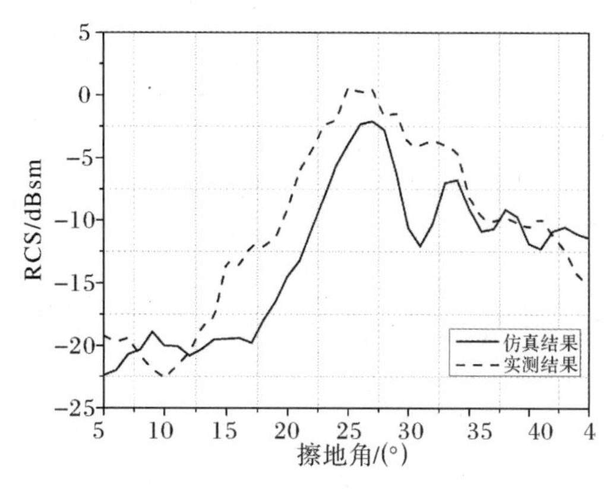

(2)1 级海清，高度 1 m，姿态 0°

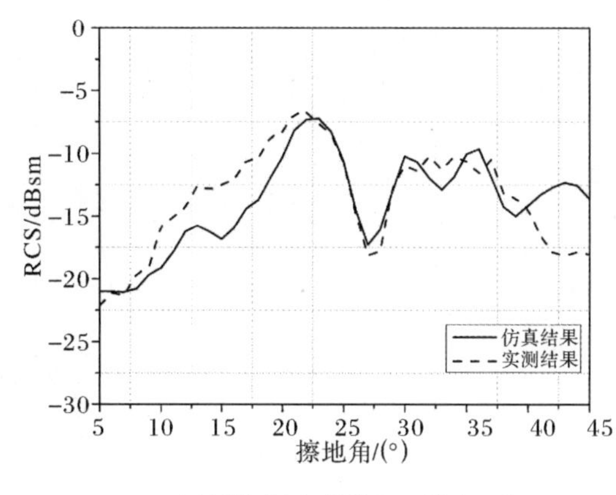

(3)平静水面，高度 1 m，姿态 45°

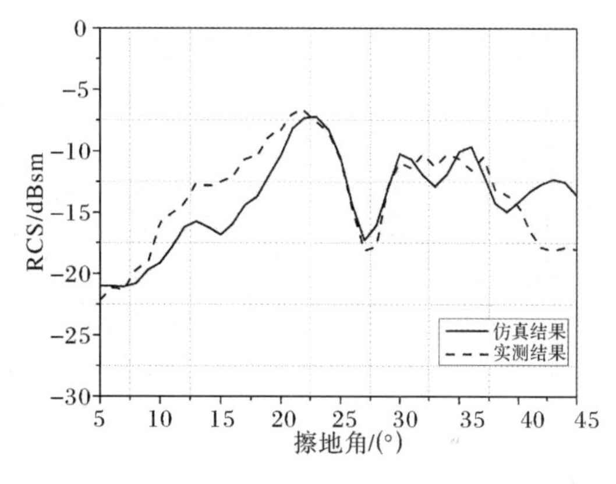

(4)1 级海清，高度 1 m，姿态 45°

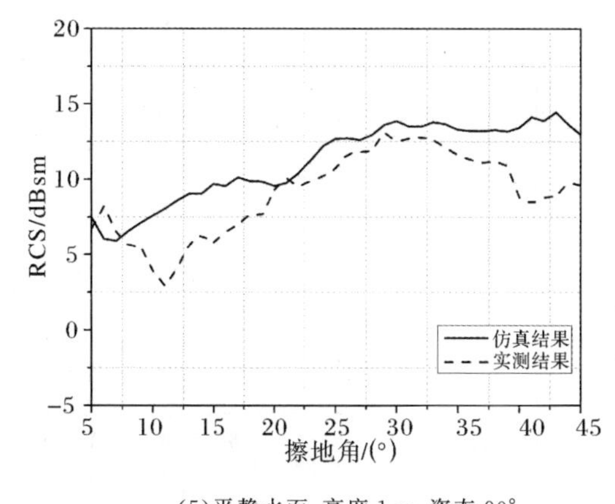

(5)平静水面，高度 1 m，姿态 90°

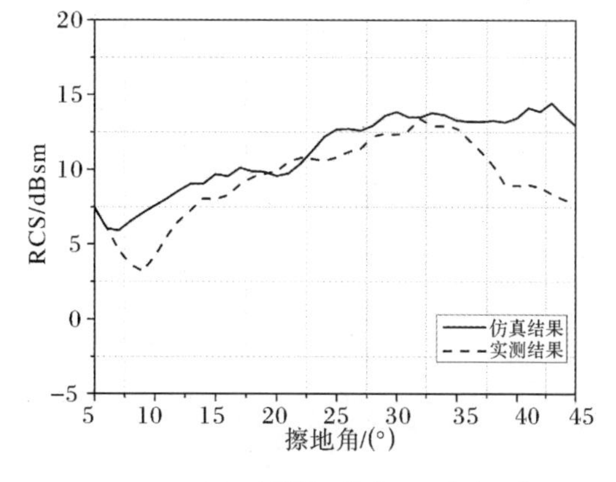

(6)1 级海清，高度 1 m，姿态 90°

图 2.29　X 波段 VV 极化下复合散射验证

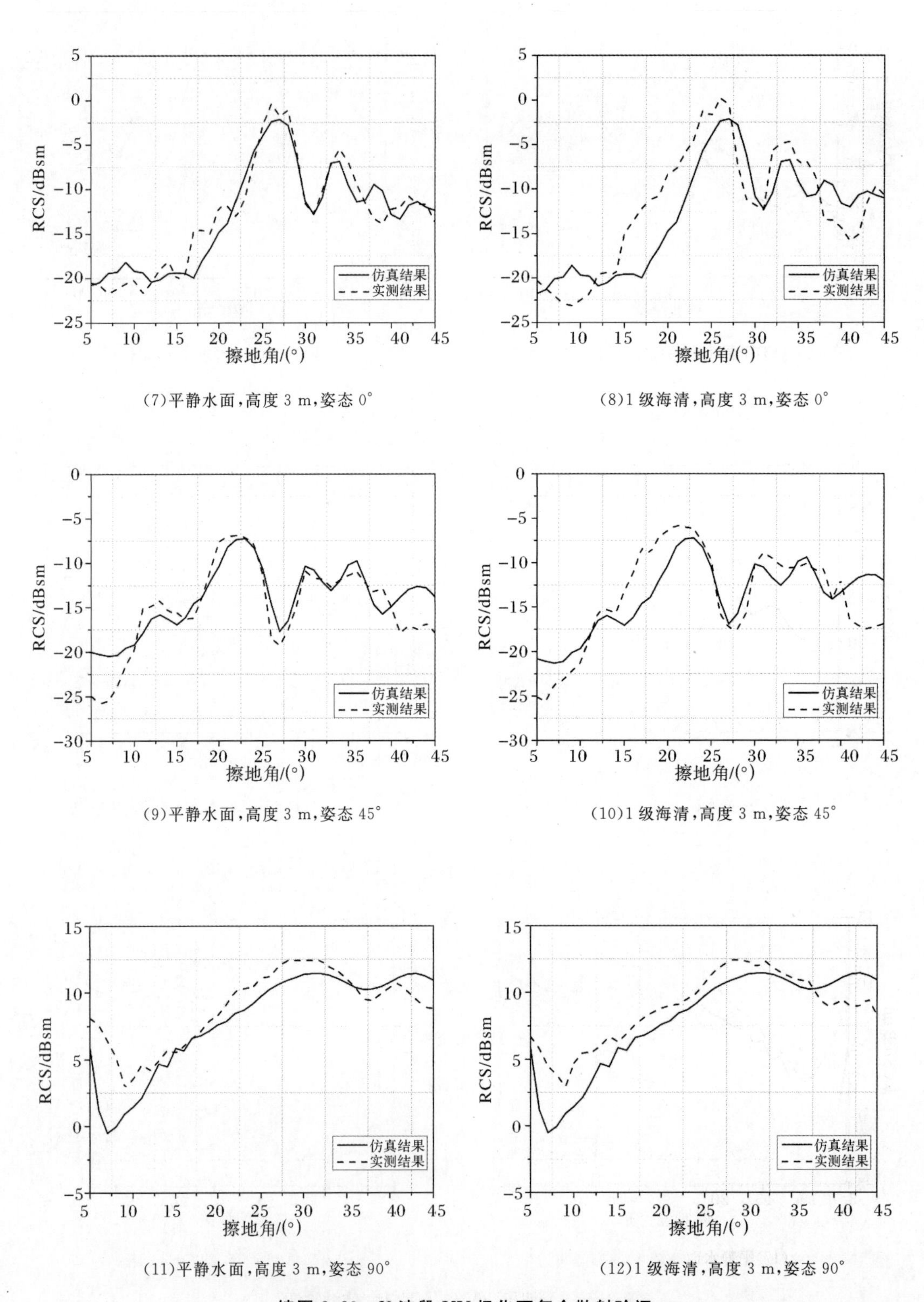

(7)平静水面，高度 3 m，姿态 0°

(8)1级海清，高度 3 m，姿态 0°

(9)平静水面，高度 3 m，姿态 45°

(10)1级海清，高度 3 m，姿态 45°

(11)平静水面，高度 3 m，姿态 90°

(12)1级海清，高度 3 m，姿态 90°

续图 2.29　X 波段 VV 极化下复合散射验证

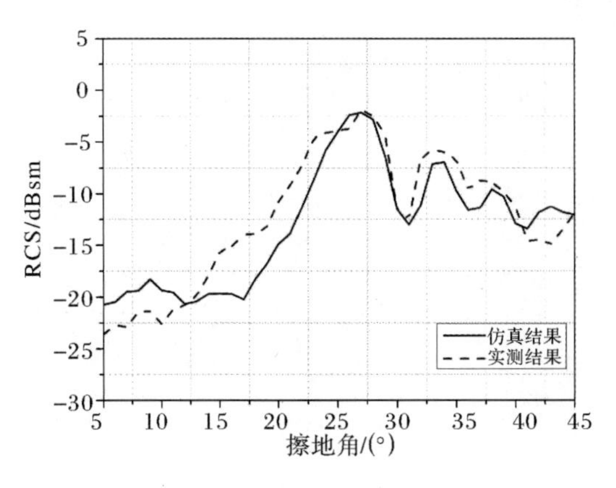

(13)平静水面高度 5 m,姿态 0°

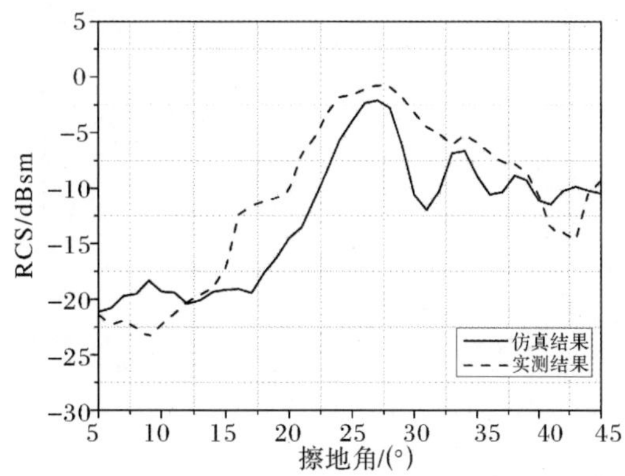

(14)1 级海清高度 5 m,姿态 0°

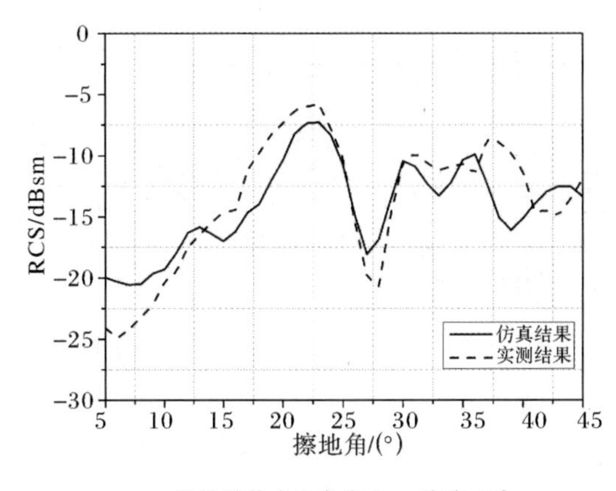

(15)平静水面高度 5 m,姿态 45°

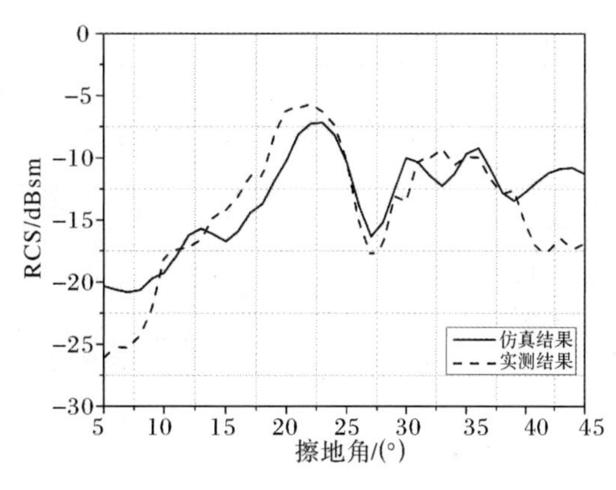

(16)1 级海清高度 5 m,姿态 45°

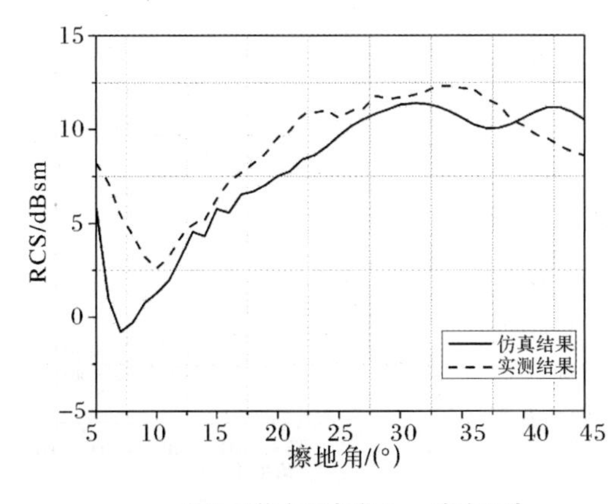

(17)平静水面高度 5 m,姿态 90°

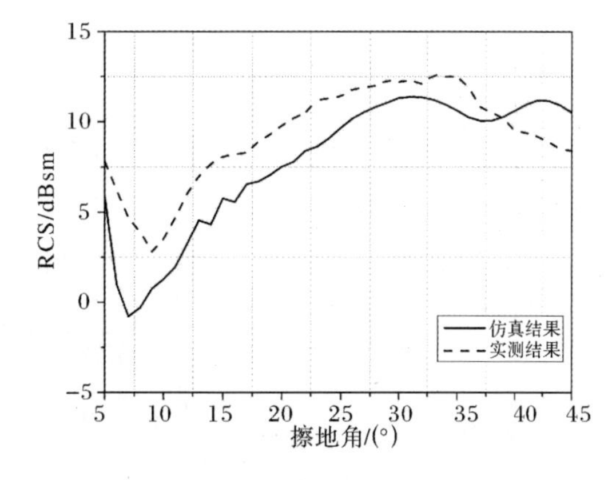

(18)1 级海清高度 5 m,姿态 90°

续图 2.29　X 波段 VV 极化下复合散射验证

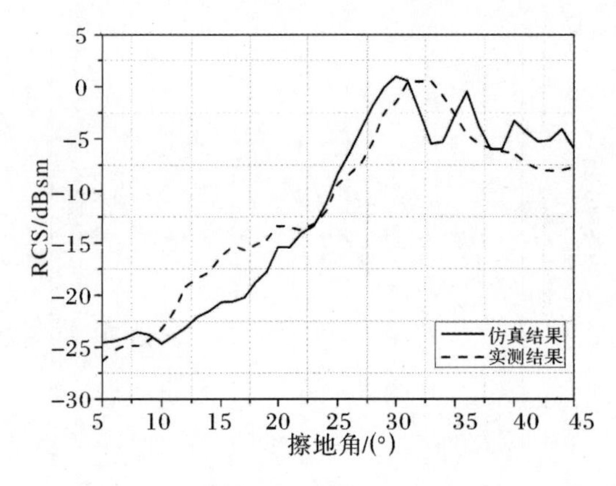

(1)平静水面高度 1 m,姿态 0°

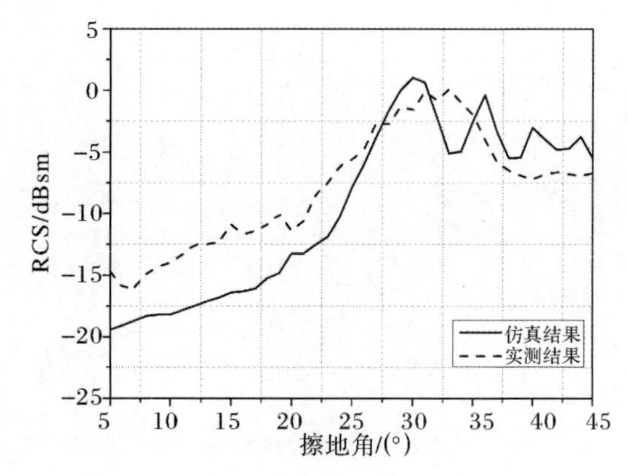

(2)1 级海清高度 1 m,姿态 0°

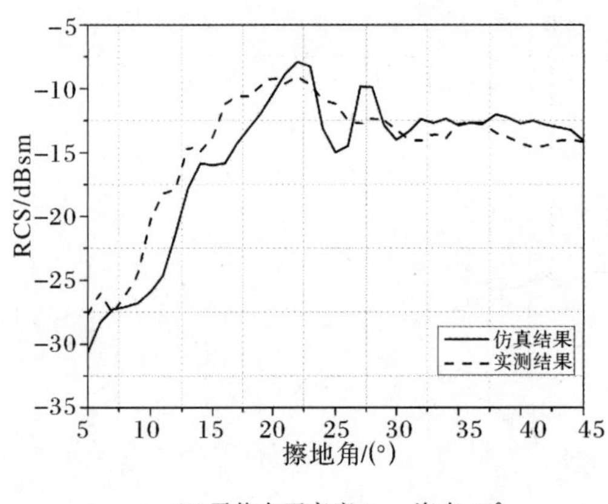

(3)平静水面高度 1 m,姿态 45°

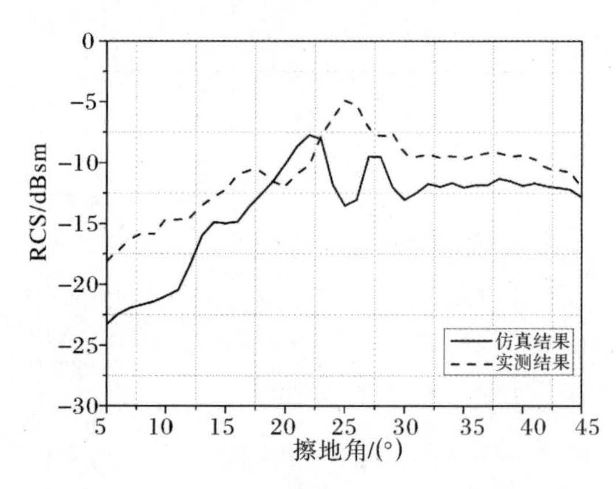

(4)1 级海清高度 1 m,姿态 45°

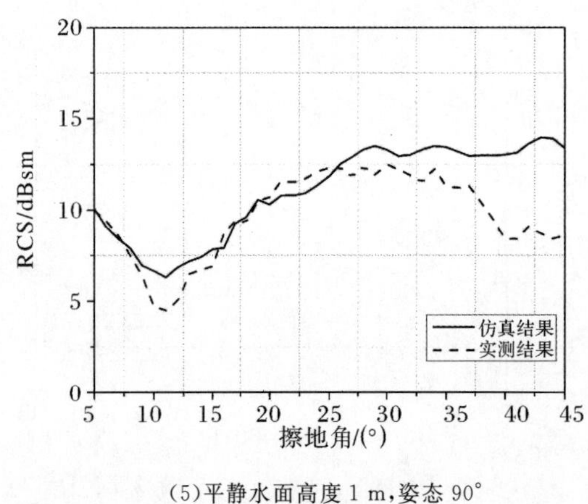

(5)平静水面高度 1 m,姿态 90°

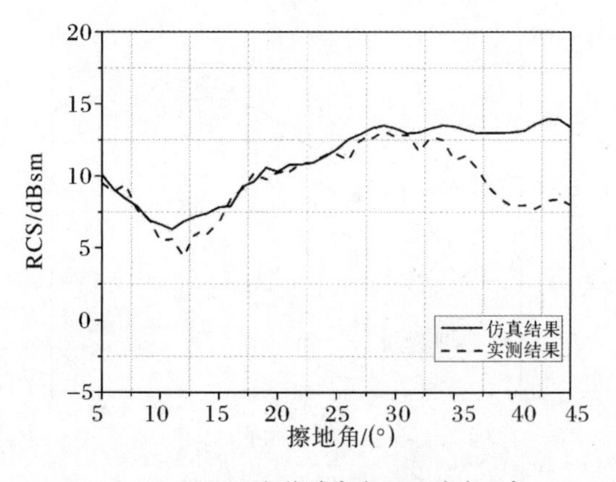

(6)1 级海清高度 1 m,姿态 90°

图 2.30 Ku 波段 VV 极化下复合散射验证

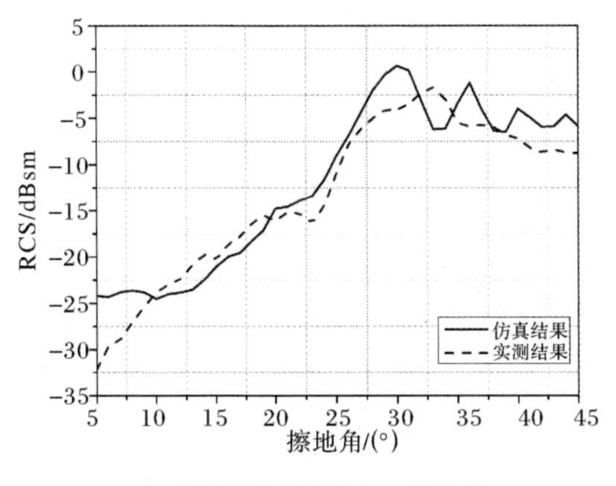

(7)平静水面高度 3 m,姿态 0°

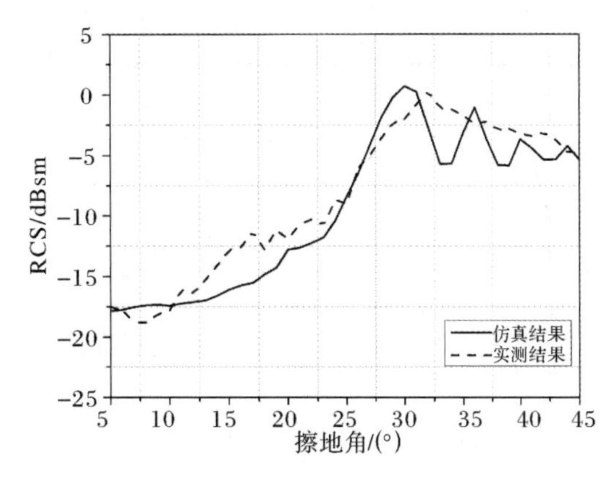

(8)1 级海清高度 3 m,姿态 0°

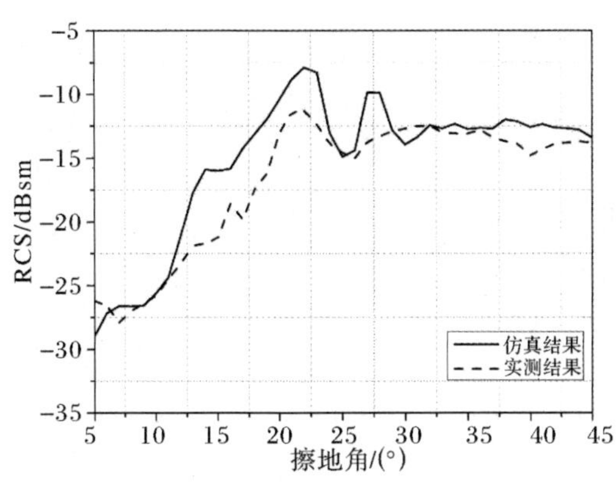

(9)平静水面高度 3 m,姿态 45°

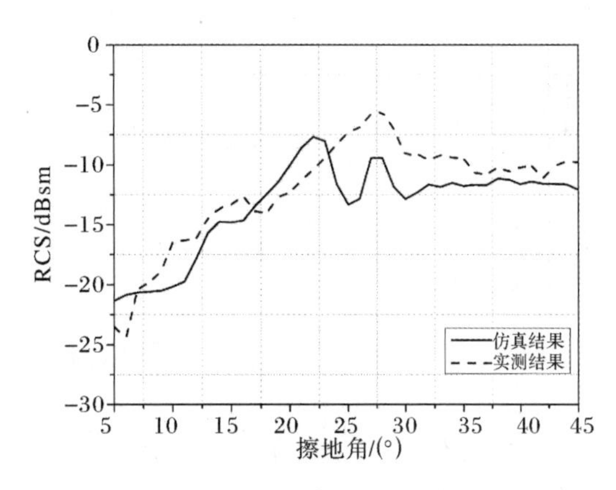

(10)1 级海清高度 3 m,姿态 45°

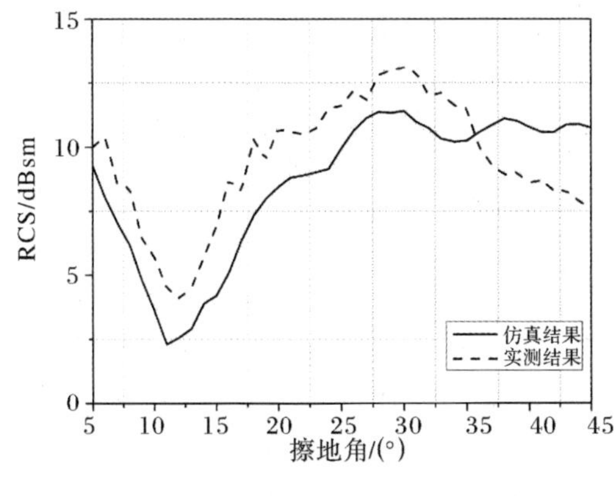

(11)平静水面高度 3 m,姿态 90°

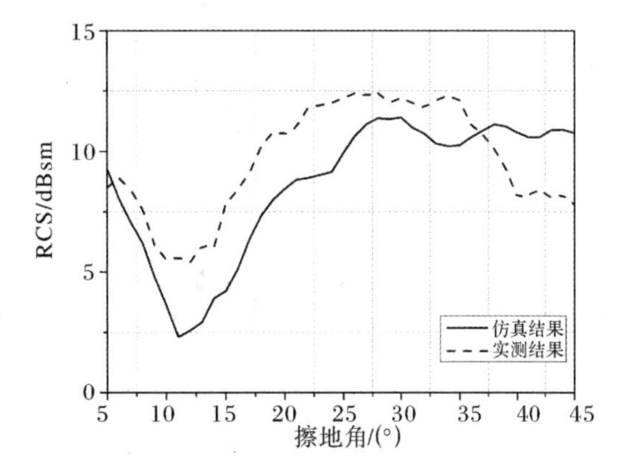

(12)1 级海清高度 3 m,姿态 90°

续图 2.30　Ku 波段 VV 极化下复合散射验证

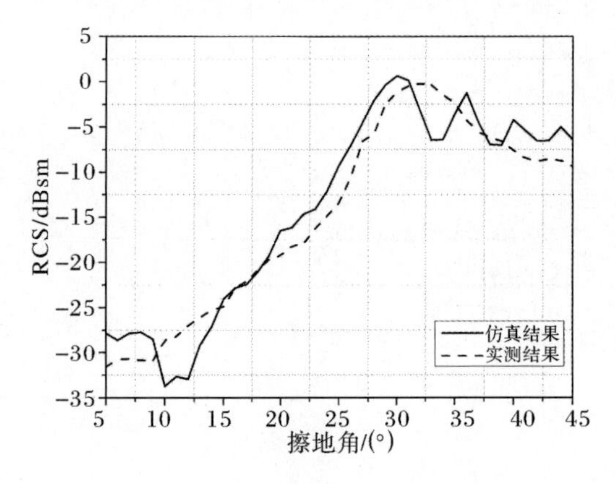

(13)平静水面高度 5 m,姿态 0°

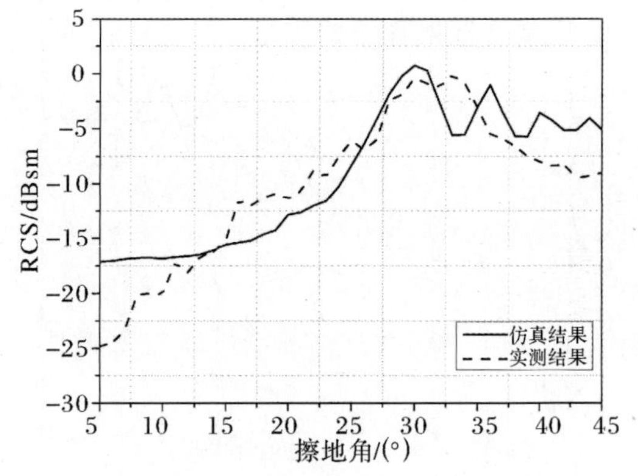

(14)1 级海清高度 5 m,姿态 0°

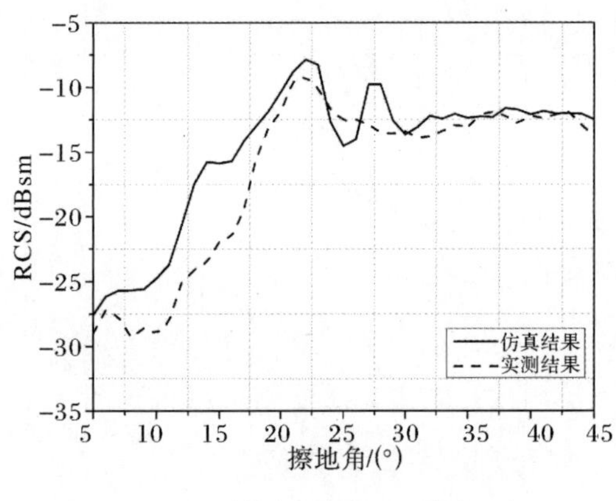

(15)平静水面高度 5 m,姿态 45°

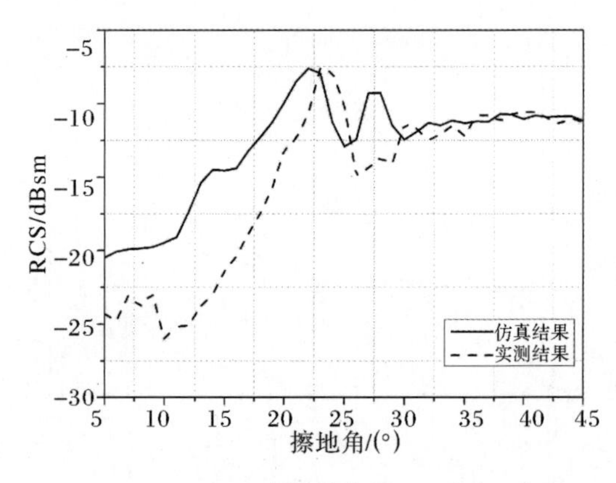

(16)1 级海清高度 5 m,姿态 45°

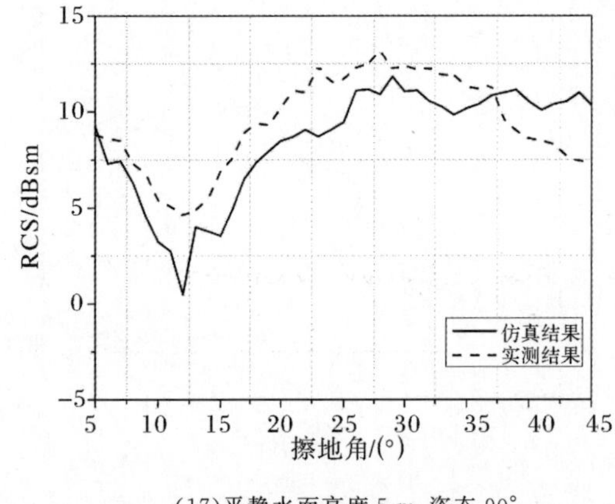

(17)平静水面高度 5 m,姿态 90°

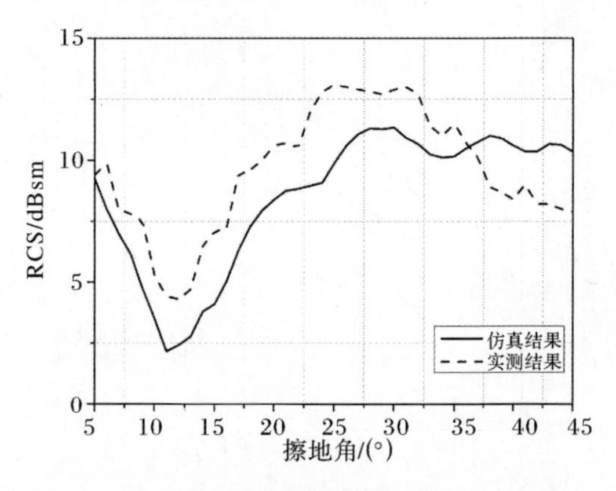

(18)1 级海清高度 5 m,姿态 90°

续图 2.30 Ku 波段 VV 极化下复合散射验证

5. 复合散射算法的应用

(1)目标环境在不同距离时的单/双站 RCS。

【算例 2.17】将图 2.1(a)模型 1 放置于环境面之上，环境面位于 xOy 面内，目标高度 H_T 为 5 m，目标与环境相互位置关系如图 2.31 所示。设定工作频率在 X 波段，入射和接收天线均为 VV 极化，单站入射角度设置为：方位 0°，擦地角 0°～90°；双站入射角度设置为：方位 0°，擦地角 45°，接收方位角 0°，接收擦地角 0°～90°。环境相对介电常数 $\varepsilon_r=3-j0.000024$，环境面轮廓均方根高度 $H=0.01$ m，相关长度 $L_x=0.6$ m，小起伏均方根高度 $h=0.2$ m，相关长度 $l_x=0.6$ m，环境面大小为 2 000 m×2 000 m，天线旁瓣电平位－20 dB。分别给出了天线与目标中心距离为 100 m 和 2 000 m 时的单/双站复合散射 RCS。

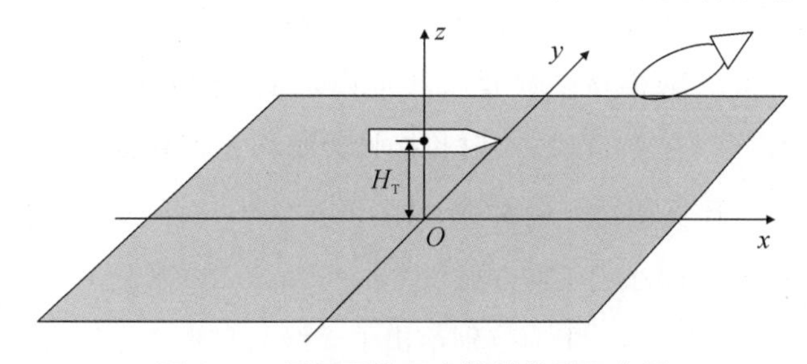

图 2.31　目标环境复合散射模型示意图

从图 2.32 的计算结果可以看出：复合散射的三部分散射中，环境散射占据了主要地位。单站耦合散射在 30°左右存在一个局部极小值，这个角度就是耦合散射的布儒斯特角，其有别于前面介绍的环境布儒斯特效应。另外，当天线与目标环境模型距离发生变化时，复合散射的整体幅度变化明显，这主要是因为距离增加使得天线有效照射面积增大，环境散射的贡献进一步增强，从未使得复合散射的整体值变大；距离的增加还会使得耦合散射布儒斯特效应更加接近远场照射时的情况，也就更加接近环境布儒斯特角。

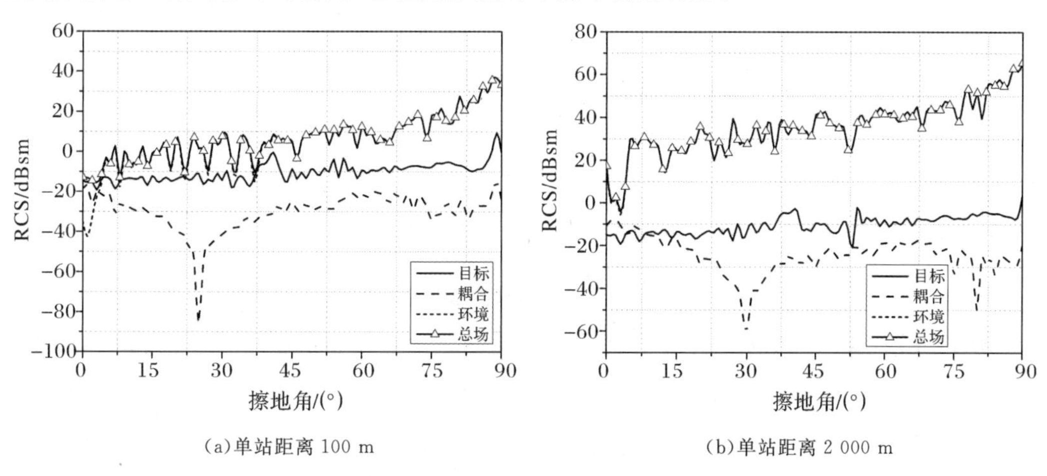

(a)单站距离 100 m　　(b)单站距离 2 000 m

图 2.32　不同距离复合散射单/双站 RCS

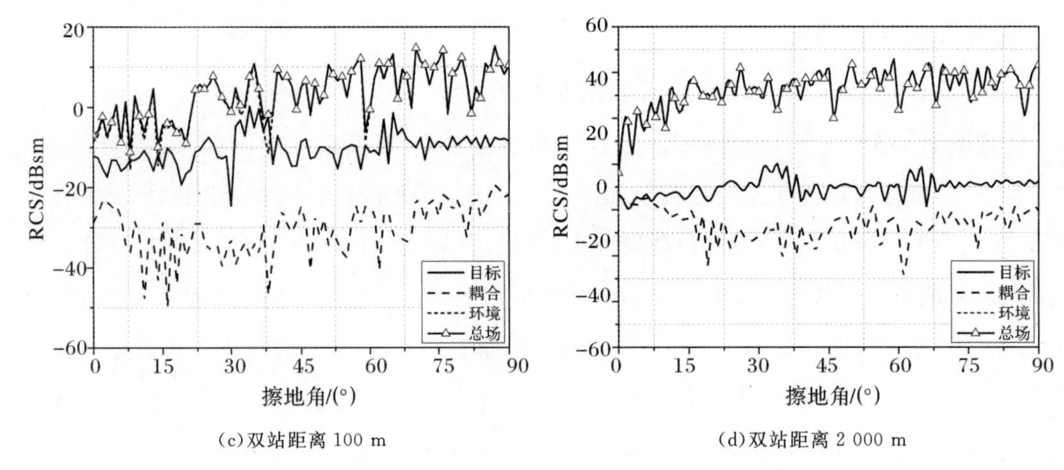

(c)双站距离 100 m

(d)双站距离 2 000 m

续图 2.32　不同距离复合散射单/双站 RCS

【算例 2.18】将图 2.1(b)模型 2 放置于环境面之上，环境面位于 xOy 面内，目标高度 H_T 为 5 m。设定工作频率在 X 波段，入射和接收天线均为 VV 极化，单站入射角度设置为方位 0°，擦地角 0°～90°，环境相对介电常数 $\varepsilon_r = 3 - j0.000\,024$，环境面轮廓均方根高度 $H=0.2$ m，相关长度 $L_x = 0.6$ m，小起伏均方根高度 $h=0.2$ m，相关长度 $l_x=0.6$ m，环境面大小为 2 000 m×2 000 m，旁瓣电平 −20 dB。分别给出了天线与目标中心距离为 100 m 与 2 000 m 时 VV 极化下的单站复合散射 RCS。

从图 2.33 的计算结果可以看出：目标与环境距离较大时的环境散射和耦合散射会增强。这是因为距离较近时，天线的有效照射区域较小，自然环境散射就会小。

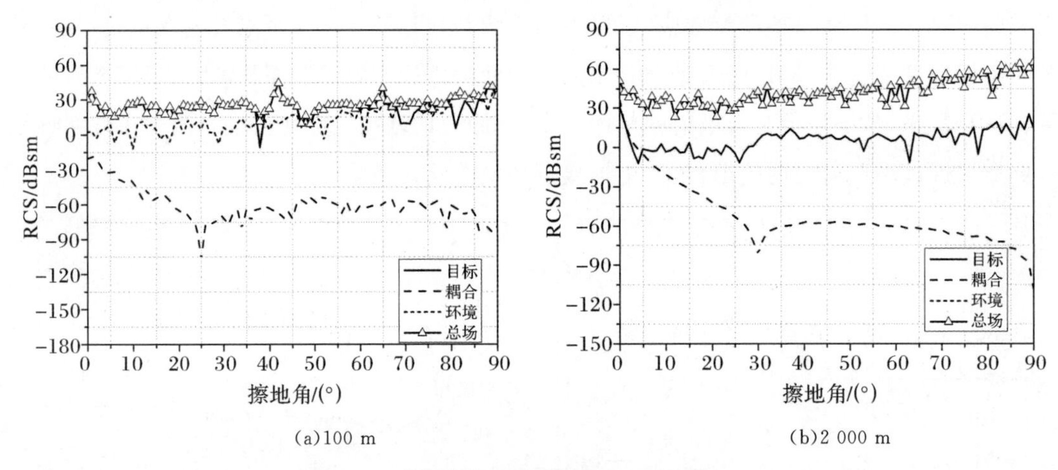

(a)100 m

(b)2 000 m

图 2.33　模型 2 不同距离复合散射后向 RCS

【算例 2.19】将图 2.1(c)模型 3 放置于环境面之上，环境面位于 xOy 面内，目标高度 H_T 为 5 m。设定工作频率在 X 波段，入射和接收天线均为 VV 极化，其他计算条件与算例 2.18 中的一致。分别给出了天线与目标中心距离为 100 m 与 2 000 m 时 VV 极化下的单站复合散射 RCS。

从图 2.34 的计算结果可以看出：目标的后向散射比较强，复合散射的主要贡献是由目标与环境两者散射共同构成的。

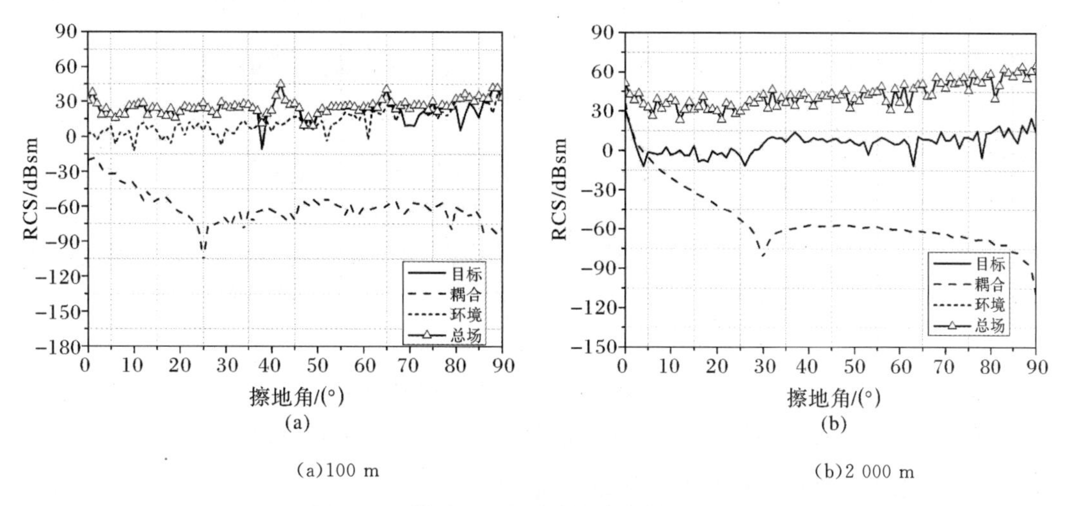

(a)100 m　　　(b)2 000 m

图 2.34　模型 3 不同距离复合散射后向 RCS

【算例 2.20】将图 2.1(d)模型 4 放置于环境面之上，环境面位于 xOy 面内，目标高度 H_T 为 5 m。设定工作频率在 X 波段，入射和接收天线均为 VV 极化，其他计算条件与算例 2.19 中的一致。分别给出了天线与目标中心距离为 100 m 与 2 000 m 时 VV 极化下的单站复合散射 RCS。

从图 2.35 的计算结果可以看出：该算例的目标散射与环境散射占据复合散射的主要贡献，也说明目标形状对目标散射和复合散射的影响是非常明显的。

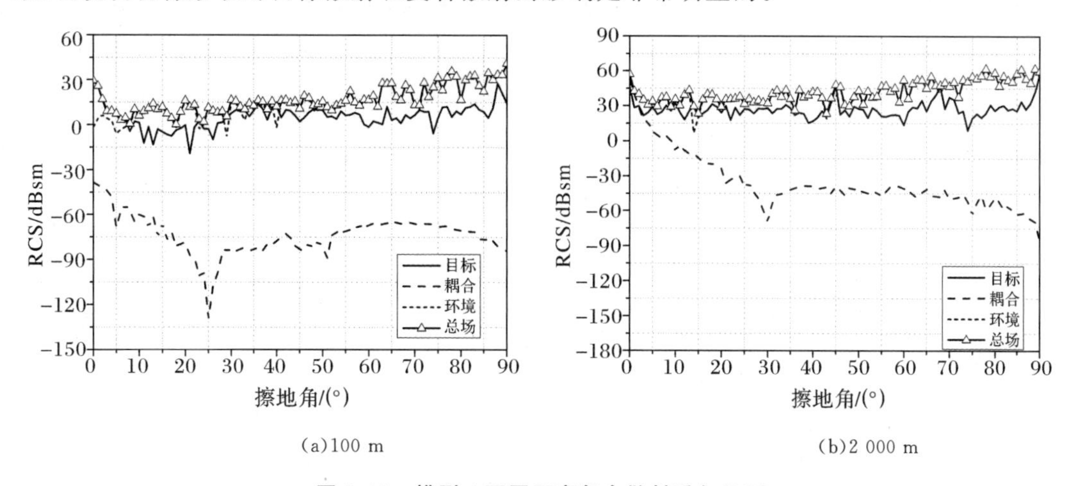

(a)100 m　　　(b)2 000 m

图 2.35　模型 4 不同距离复合散射后向 RCS

【算例 2.21】将图 2.1(e)模型 5 放置于环境面之上，目标高度 H_T 为 5 m。设定工作频率在 X 波段，入射和接收天线均为 VV 极化，其他计算条件与算例 2.18 中的一致。分别给出了天线与目标中心距离为 100 m 与 2 000 m 时 VV 极化下的单站复合散射 RCS。

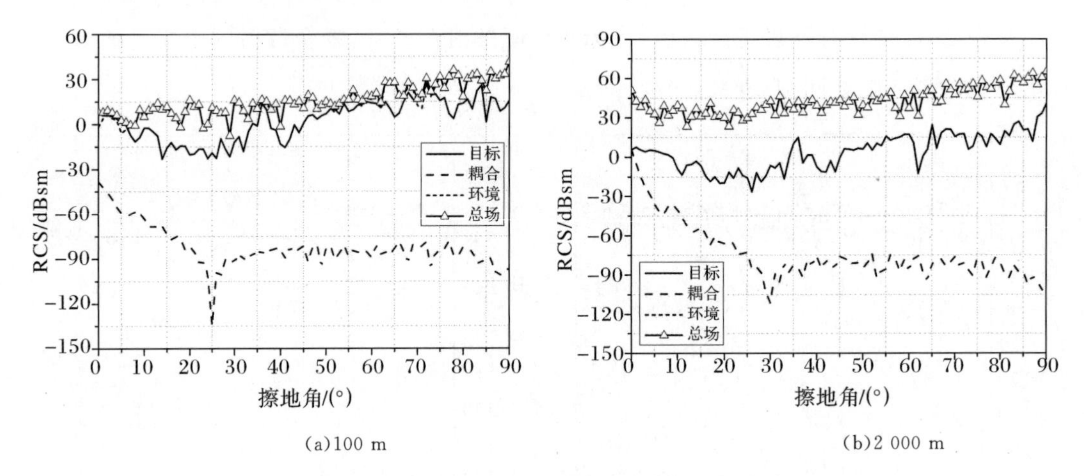

(a)100 m　　　　(b)2 000 m

图 2.36　**模型** 5 **不同距离复合散射后向** RCS

从图 2.36 的计算结果可以看出：该算例中远距离照射时的环境散射比较强。

(2)复合散射特性随工作频率变化的规律

【算例 2.22】将图 2.1(a)模型 1 置于环境上方，目标高度 H_T 为 5 m。设定入射和接收天线均为 VV 极化，单站入射角度为方位 0°，擦地角 0°～90°。环境相对介电常数 $\varepsilon_r=6-j4$，环境面轮廓均方根高度 $H=0.2$ m，相关长度 $L_x=0.6$ m，小起伏均方根高度 $h=0.01$ m，相关长度 $l_x=1$ m，环境面大小为 2 000 m×2 000 m。计算天线与目标中心距离为 2 000 m 时的单站复合散射。

从图 2.37 的计算结果可以看出：随着频率的增加，环境面显得更加粗糙，耦合散射在大部分角度范围内会减小。环境的介电常数对应的环境布儒斯特角大约在 20°附近。因为，本算例中环境面的等效粗糙度对应的电尺寸比较大，所以布儒斯特效应不明显。这也说明布儒斯特效应是与环境表面参数紧密相关的。当频率升高时，环境散射与复合散射均随之增加，目标散射也会随之发生变化。

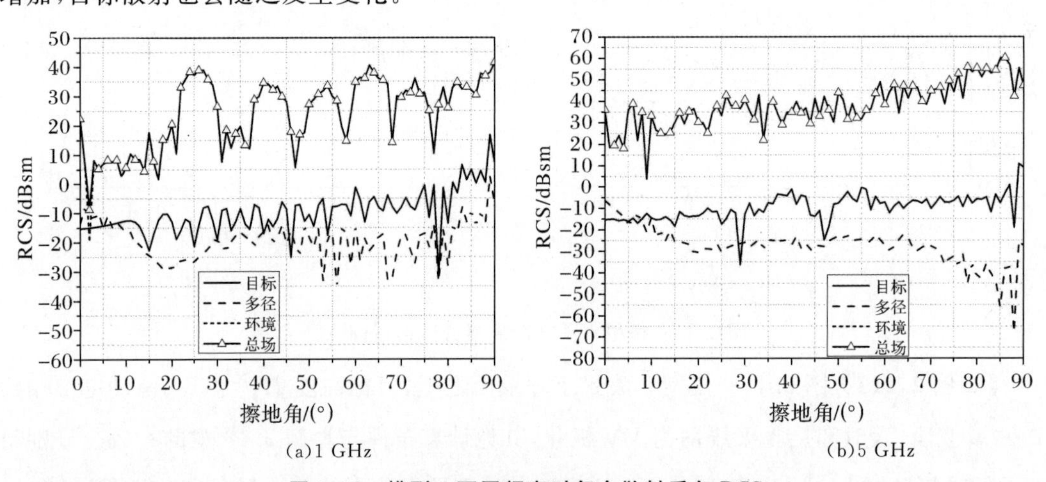

(a)1 GHz　　　　(b)5 GHz

图 2.37　**模型** 1 **不同频率时复合散射后向** RCS

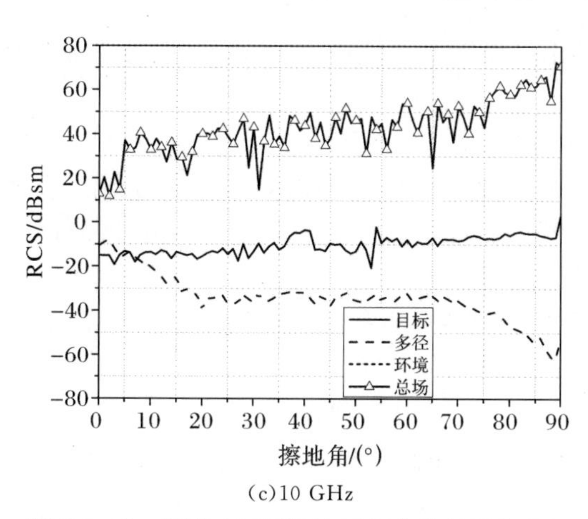

(c)10 GHz

续图 2.37　模型 1 不同频率时复合散射后向 RCS

【算例 2.23】将图 2.1(b)模型 2 置于环境上方，环境面位于 xOy 面内，目标高度 H_T 为 6 m。设定入射和接收天线均为 VV 极化，单站入射角度为方位 0°，擦地角 0°～90°。环境相对介电常数 $\varepsilon_r=7-j5$，环境面轮廓均方根高度 $H=0.2$ m，相关长度 $L_x=0.6$ m，小起伏均方根高度 $h=0.01$ m，相关长度 $l_x=1$ m，环境面大小为 2 000 m×2 000 m。计算天线与目标中心距离为 2 000 m 时的单站复合散射。

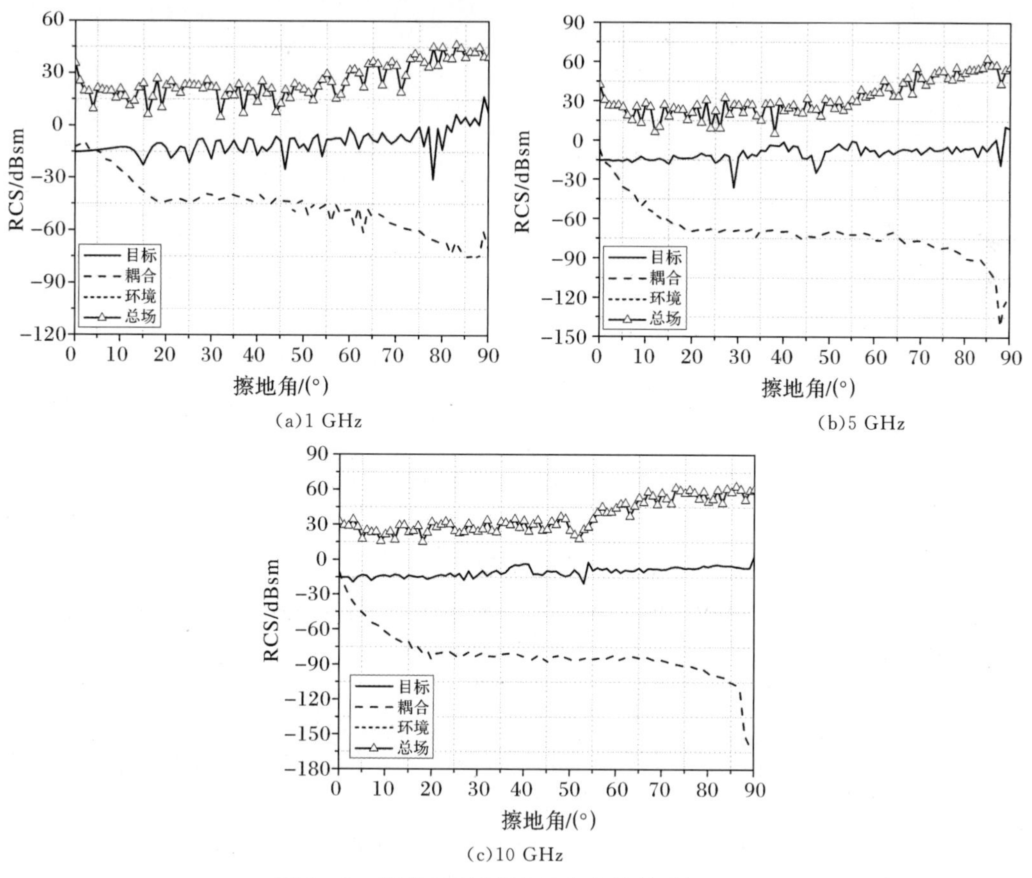

(c)10 GHz

图 2.38　模型 2 不同频率时复合散射后向 RCS

从图 2.38 的计算结果可以看出:频率较高时,目标散射略微会有增加,耦合散射有所减小,环境散射会增加。

【算例 2.24】将图 2.1(c)模型 3 置于环境上方,环境面位于 xOy 面内,目标高度 H_T 为 5 m。设定入射和接收天线均为 VV 极化,单站入射角度为方位 0°,擦地角 0°~90°。环境相对介电常数 $\varepsilon_r=8-j6$,环境面轮廓均方根高度 $H=0.2$ m,相关长度 $L_x=0.6$ m,小起伏均方根高度 $h=0.001$ m,相关长度 $l_x=1$ m,环境面大小为 2 000 m×2 000 m。计算天线与目标中心距离为 2 000 m 时的单站复合散射。

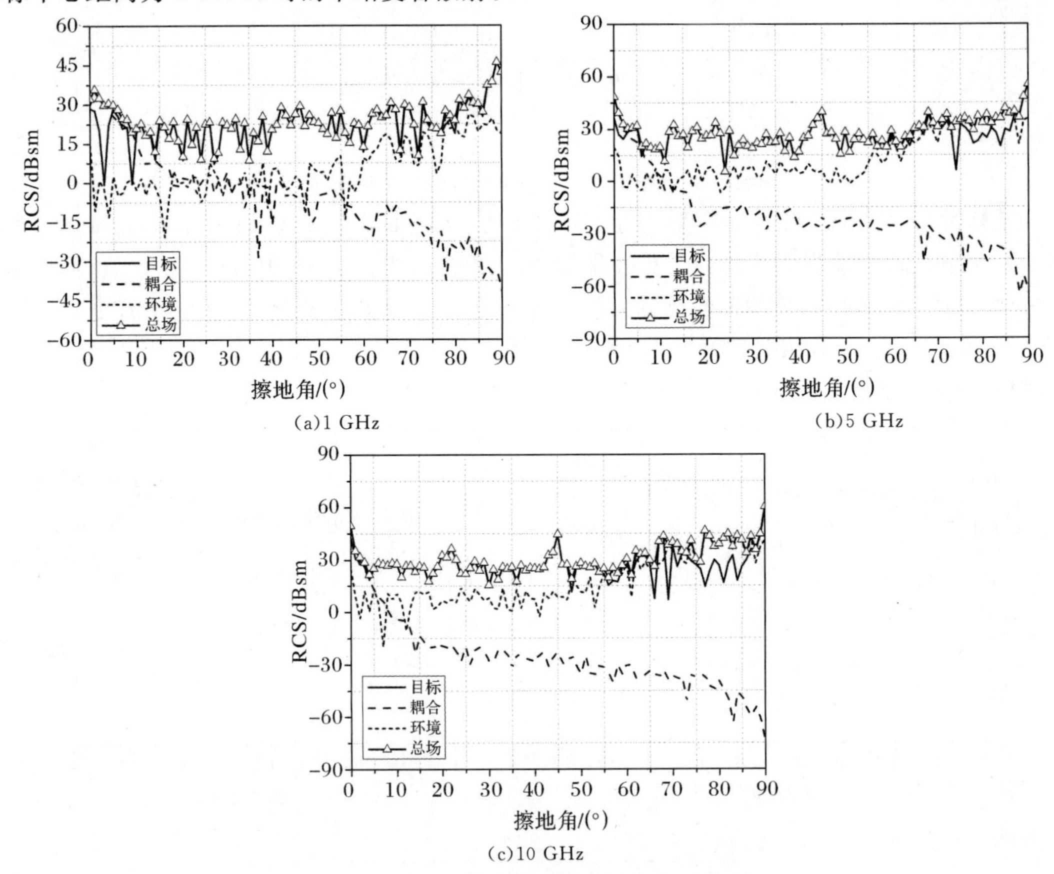

图 2.39　模型 3 不同频率时复合散射后向 RCS

从图 2.39 的计算结果可以看出:频率较低时,粗糙度电长度比较小,类镜面程度比较明显,耦合散射比较强,环境散射比较小。由于环境面较大,因此综合的效果仍然表现为随着频率的降低,复合散射减小。

【算例 2.25】将图 2.1(d)模型 4 置于环境上方,目标高度 H_T 为 6 m。设定单站入射角度为方位 0°,擦地角 0°~90°。环境相对介电常数 $\varepsilon_r=8-j6$,环境面轮廓均方根高度 $H=0.2$ m,相关长度 $L_x=0.6$ m,小起伏均方根高度 $h=0.000\ 1$ m,相关长度 $l_x=1$ m,环境面大小为 2 000 m×2 000 m。计算天线与目标中心距离为 2 000 m 时,VV 极化下的单站复合散射。

从图 2.40 的计算结果可以看出:频率升高时,耦合散射较小,环境散射升高,与算例 2.24的结论是一致的。

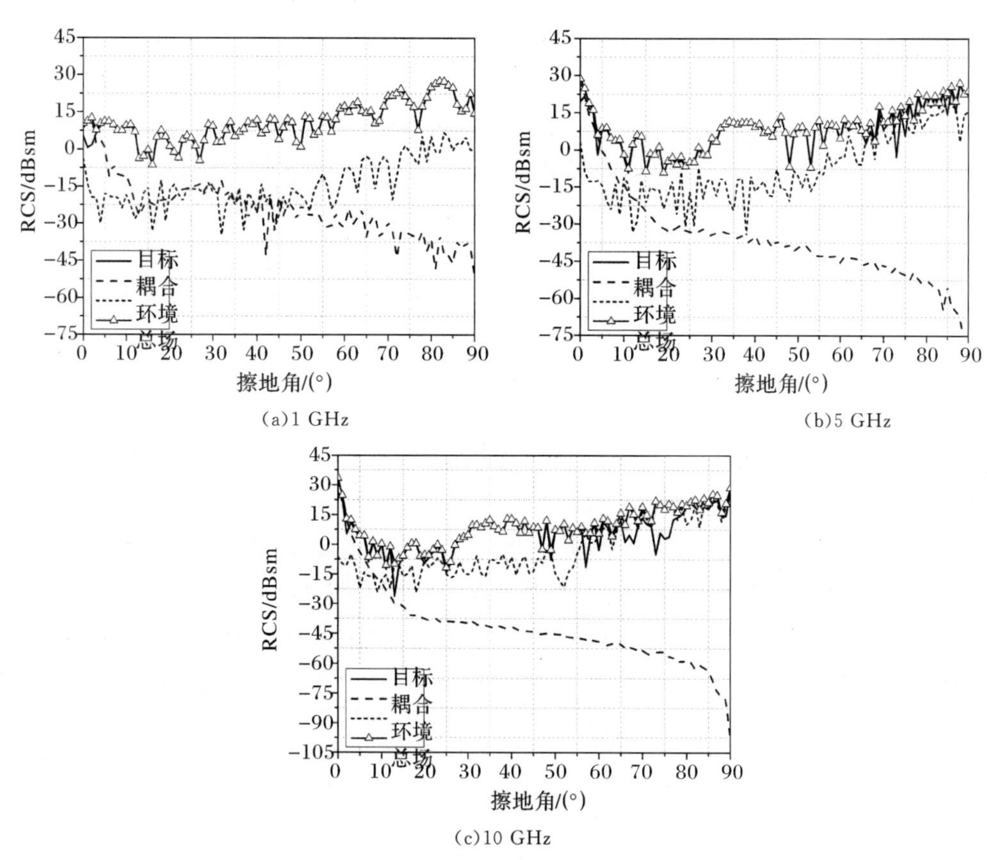

(a)1 GHz

(b)5 GHz

(c)10 GHz

图 2.40 模型 4 不同频率时复合散射后向 RCS

【算例 2.26】将图 2.1(e)模型 5 置于环境上方，目标高度 H_T 为 6 m。设定环境相对介电常数 $\varepsilon_r=10-j11$，环境面轮廓均方根高度 $H=0.2$ m，相关长度 $L_x=0.6$ m，小起伏均方根高度 $h=0.0001$ m，相关长度 $l_x=1$ m，环境面大小为 2 000 m×2 000 m。计算 VV 极化下，天线与目标中心距离为 2 000 m 时的单站复合散射。

从图 2.41 的计算结果可以看出：频率较低且擦地角较小时，目标散射、多径散射及环境散射均比较相当，多径与环境散射引起的干扰会对有用信号的接收造成很大的影响。

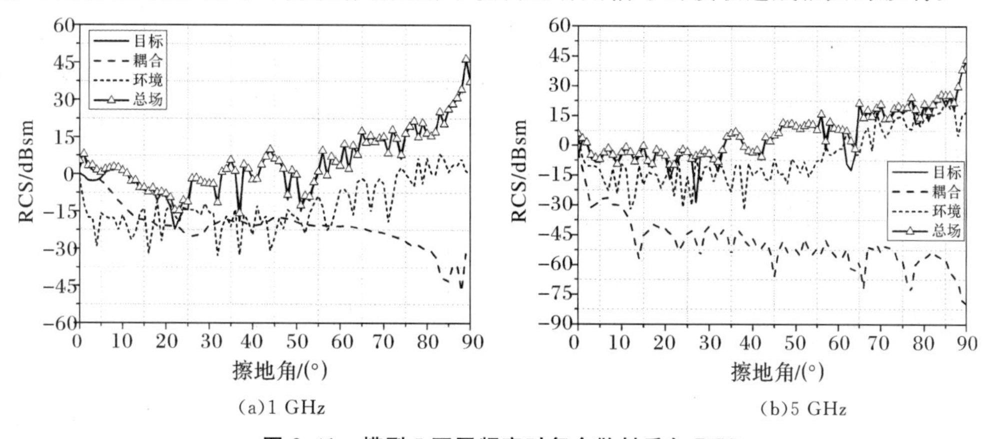

(a)1 GHz

(b)5 GHz

图 2.41 模型 5 不同频率时复合散射后向 RCS

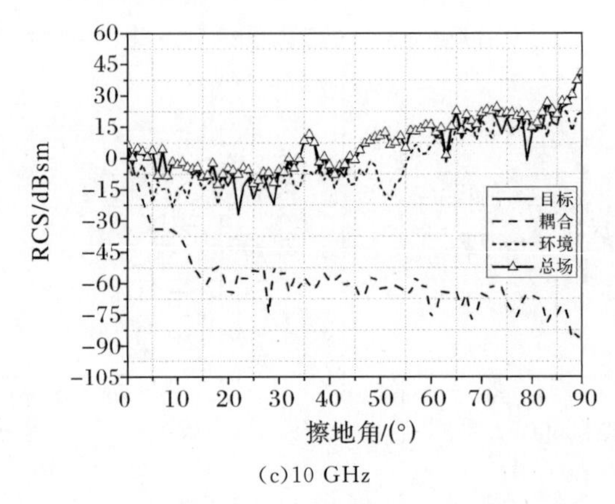

(c)10 GHz

续图 2.41　模型 5 不同频率时复合散射后向 RCS

(3)复合散射特性随极化变化的规律。

【算例 2.27】将图 2.1(a)模型 1 置于环境面上方。目标高度 H_T 为 5 m。设定单站入射角度设置为方位 0°,擦地角 0°～90°。环境面轮廓均方根高度 $H=0.001$ m,相关长度 $L_x=0.6$ m,小起伏均方根高度 $h=0.001$ m,相关长度 $l_x=0.2$ m,环境面大小为 2 000 m×2 000 m,工作频率在 X 波段。计算天线与目标中心距离为 2 000 m 时的 VV 和 HH 极化下的单站复合散射。

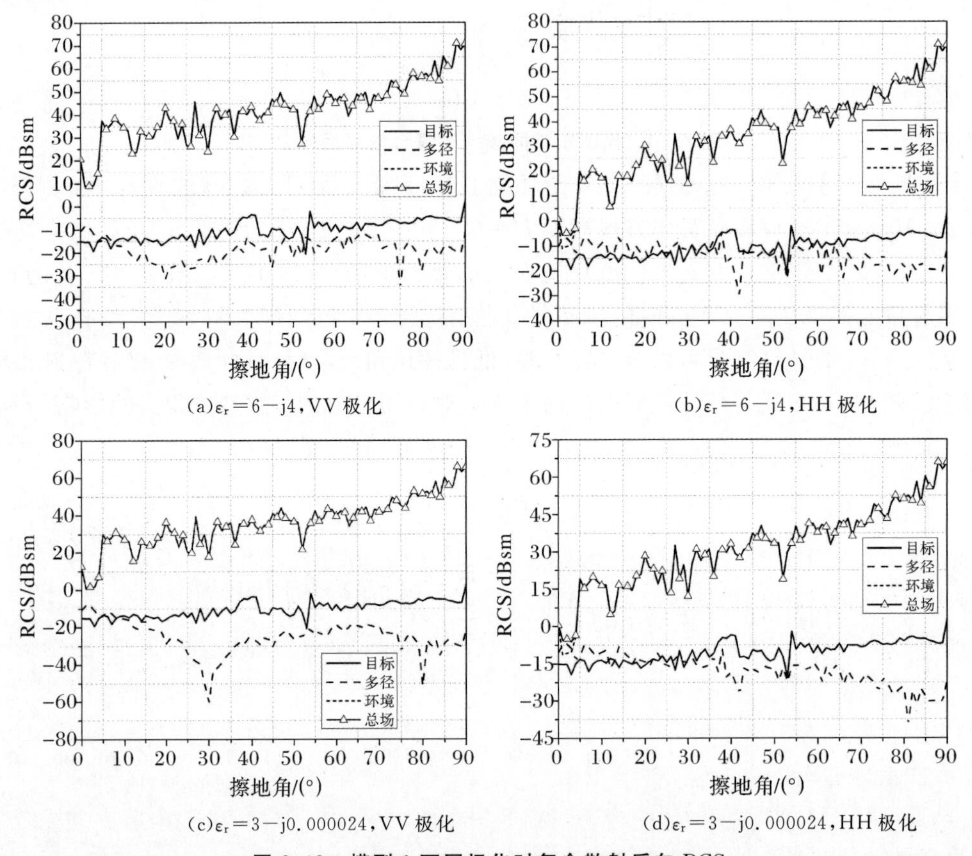

(a)$\varepsilon_r=6-j4$,VV 极化　(b)$\varepsilon_r=6-j4$,HH 极化

(c)$\varepsilon_r=3-j0.000024$,VV 极化　(d)$\varepsilon_r=3-j0.000024$,HH 极化

图 2.42　模型 1 不同极化时复合散射后向 RCS

从图2.42的计算结果可以看出：耦合散射在VV极化下存在布儒斯特效应，HH极化条件下消失。极化对环境散射，尤其是低擦地角的影响比较大，VV极化下的值较HH极化下的值要大。

【算例2.28】将图2.1(b)模型2置于环境面上方。目标高度H_T为5 m。设定单站入射角度设置为方位0°，擦地角0°～90°。环境面轮廓均方根高度H=0.001 m，相关长度L_x=0.6 m，小起伏均方根高度h=0.001 m，相关长度l_x=0.2 m，环境面大小为2 000 m×2 000 m，工作频率在X波段。计算天线与目标中心距离为2 000 m时的VV和HH极化下的单站复合散射。

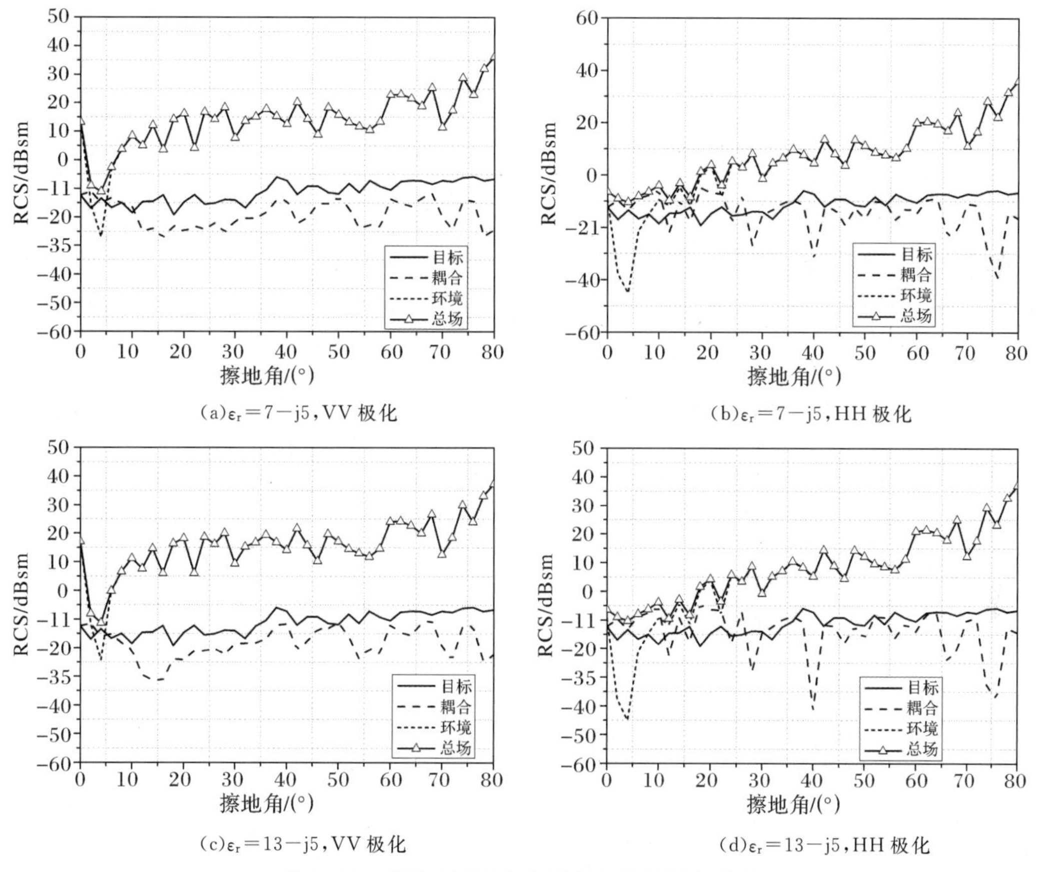

图2.43 模型2不同极化时复合散射后向RCS

从图2.43的计算结果可以看出：由于环境面粗糙度比较小，显得平坦，目标散射和耦合散射相当，两者混在一起都会对复合散射造成严重影响。

【算例2.29】将图2.1(c)模型3置于环境面上方。目标高度H_T为5 m。计算条件为方位0°，环境面轮廓均方根高度H=0.000 5 m，相关长度L_x=0.6 m，小起伏均方根高度h=0.000 5 m，相关长度l_x=0.2 m，环境面大小为2 000 m×2 000 m，工作频率在X波段。天线与目标中心距离为2 000 m。

从图2.44的计算结果可以看出：目标散射与耦合散射均较强，HH极化下环境散射较小，目标散射、多径散射和环境散射三者相差较小。

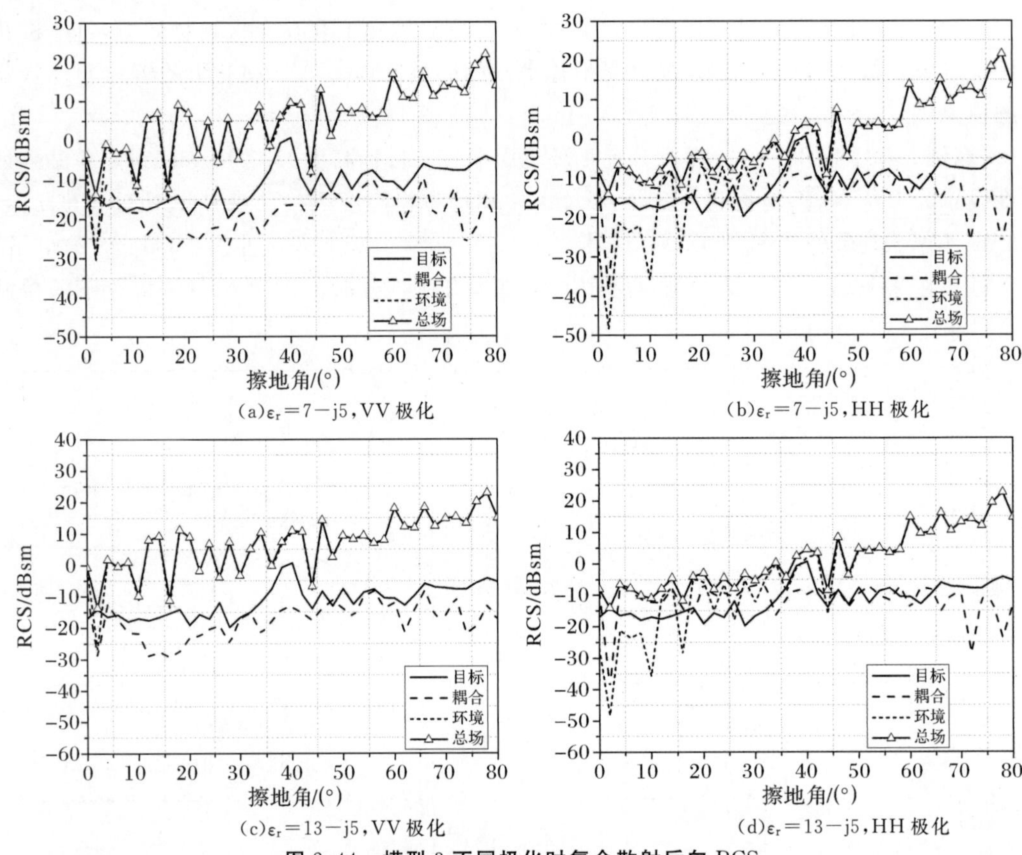

(a) $\varepsilon_r=7-j5$，VV 极化　　(b) $\varepsilon_r=7-j5$，HH 极化

(c) $\varepsilon_r=13-j5$，VV 极化　　(d) $\varepsilon_r=13-j5$，HH 极化

图 2.44　模型 3 不同极化时复合散射后向 RCS

【算例 2.30】将图 2.1(d)模型 4 置于环境面上方。目标高度 H_T 为 5 m。设定单站入射角度设置为方位 0°，擦地角 0°～90°。环境面轮廓均方根高度 $H=0.000\ 5$ m，相关长度 $L_x=0.6$ m，小起伏均方根高度 $h=0.000\ 5$ m，相关长度 $l_x=0.2$ m，环境面大小为 2 000 m×2 000 m，工作频率在 X 波段。计算天线与目标中心距离为 2 000 m 时的 VV 和 HH 极化下的单站复合散射。

从图 2.45 的计算结果可以看出：耦合散射要强于目标散射。

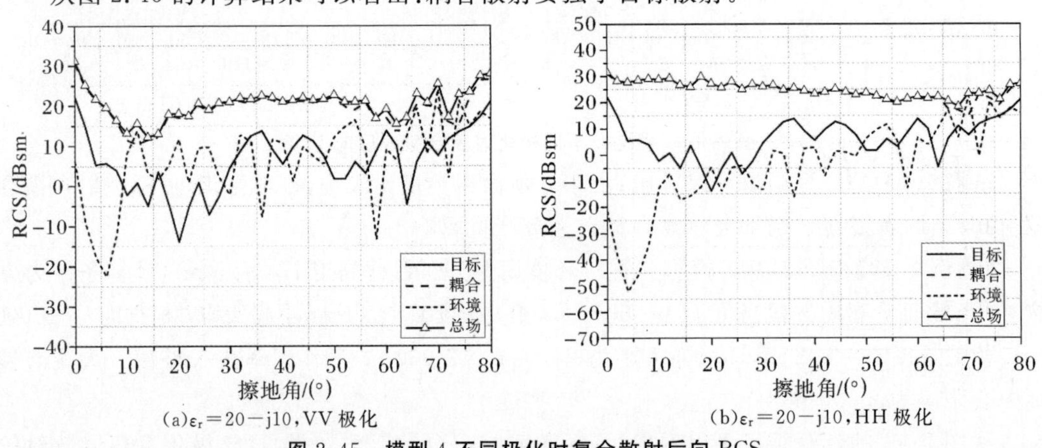

(a) $\varepsilon_r=20-j10$，VV 极化　　(b) $\varepsilon_r=20-j10$，HH 极化

图 2.45　模型 4 不同极化时复合散射后向 RCS

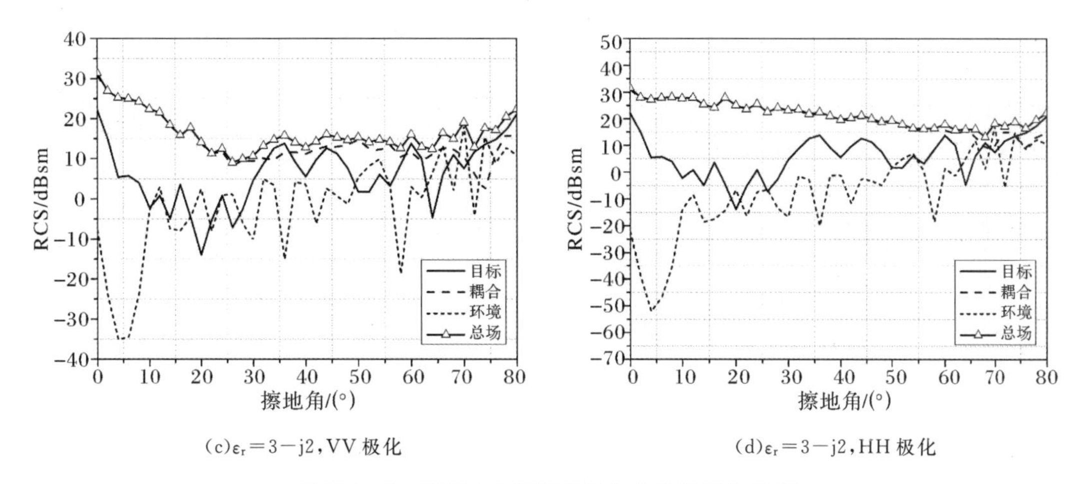

(c)$\varepsilon_r = 3-j2$,VV 极化

(d)$\varepsilon_r = 3-j2$,HH 极化

续图 2.45 模型 4 不同极化时复合散射后向 RCS

【算例 2.31】将图 2.1(e)模型 5 置于环境面上方。目标高度 H_T 为 5 m。设定单站入射角度设置为方位 0°,擦地角 0°~90°。环境面轮廓均方根高度 $H=0.001$ m,相关长度 $L_x=0.6$ m,小起伏均方根高度 $h=0.001$ m,相关长度 $l_x=0.6$ m,环境面大小为 2 000 m×2 000 m,工作频率在 X 波段。计算天线与目标中心距离为 2 000 m 时的 VV 和 HH 极化下的单站复合散射。

从图 2.46 的计算结果可以看出:耦合散射在 VV 极化下,$\varepsilon_r=6-j4$ 时擦地角为 20°附近,$\varepsilon_r=3-j0.000\,024$ 时擦地角为 30°附近耦合散射存在一个局部最小值。这些局部最小值与相对介电常数下环境布儒斯特角的理论值是对应的。当相对介电常数的虚部较小时,布儒斯特角的深度更深,耦合散射的布儒斯特效应更明显。

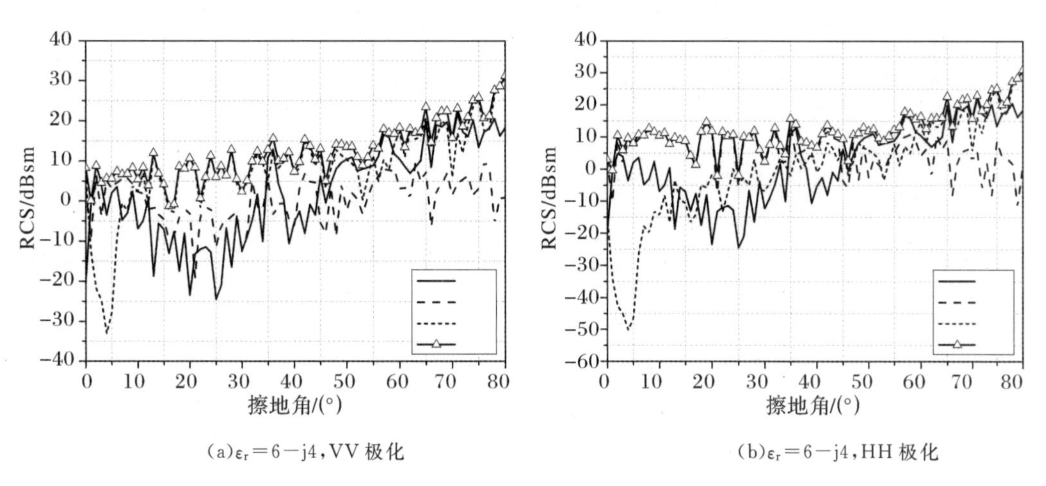

(a)$\varepsilon_r = 6-j4$,VV 极化

(b)$\varepsilon_r = 6-j4$,HH 极化

图 2.46 模型 5 不同极化时复合散射后向 RCS

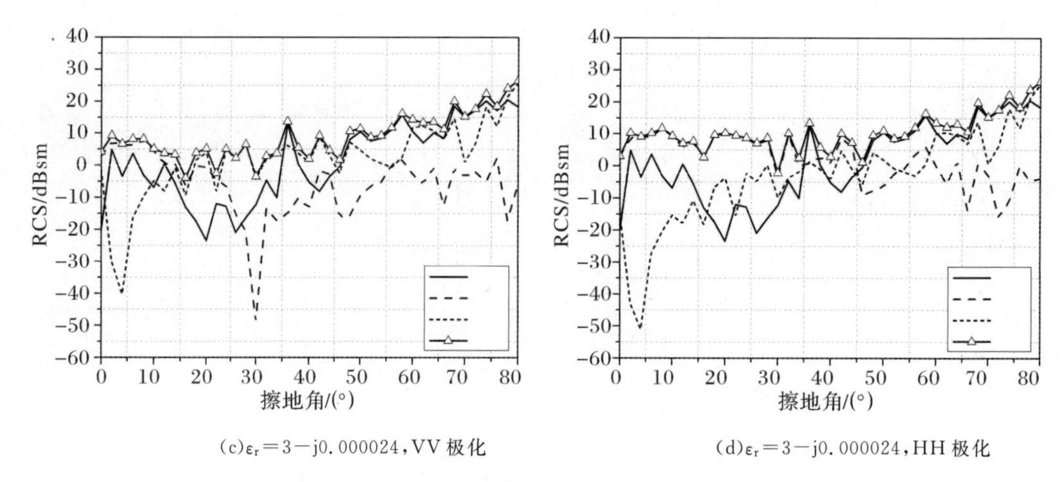

(c)ε_r=3−j0.000024,VV 极化　　(d)ε_r=3−j0.000024,HH 极化

续图 2.46　模型 5 不同极化时复合散射后向 RCS

(4)复合散射全空域的 RCS。为了显示复合散射计算方法的计算能力,下面来看一算例。

【算例 2.32】目标模型选用图 2.1(c)模型 3,即直升机模型,工作频率在 X 波段,入射和接收均为 V 极化,海面风速 2 m/s,海面风向相对入射波主波束照射方向为 0°。设定雷达与目标之间的距离为 100 m,后向散射的计算角度范围覆盖擦地角 0°～90°,方位角 0～360°的上半球面,结果采用二维图形式来显示。

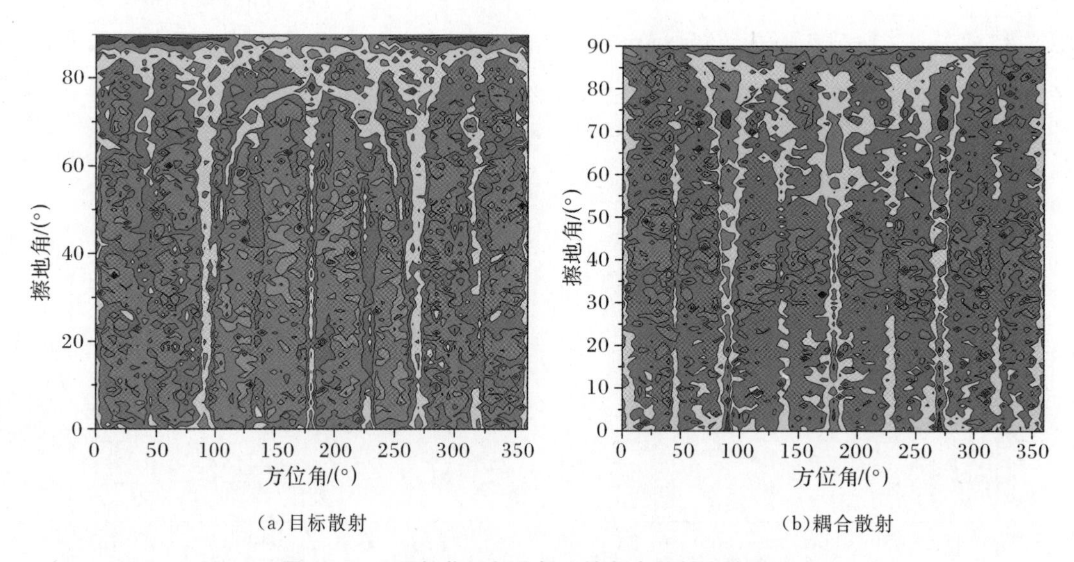

(a)目标散射　　(b)耦合散射

图 2.47　VV 极化近场目标环境复合散射空域 RCS

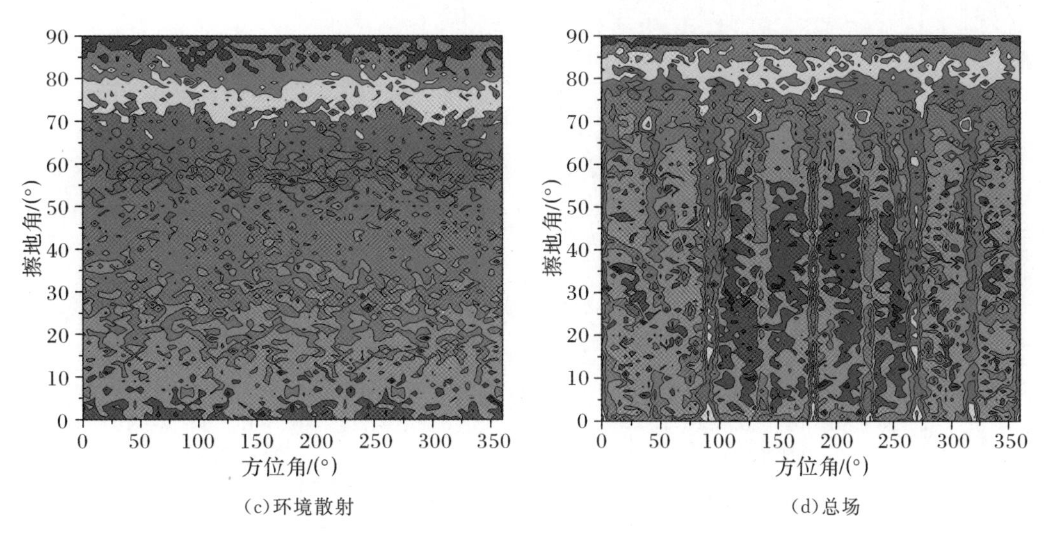

(c)环境散射　　(d)总场

续图 2.47　VV 极化近场目标环境复合散射空域 RCS

从图 2.47 的计算结果可以看出：目标散射比较强的在擦地角为 90°，即天顶附近，以及方位角为 90°和 180°方向，即正侧向；耦合散射比较强的方向集中在正侧向；环境散射比较强的方向集中在天顶附近；复合散射集中反映了三者的合成。

(5)复合散射特性随目标参数变化的规律。

【算例 2.33】随目标类型变化。环境面位于 xOy 面内，目标高度 H 为 5 m。设定入射和接收天线均为 VV 极化，单站入射角度设置为方位 0°，擦地角 0°～90°。环境相对介电常数 $\varepsilon_r = 6 - j4$，环境面均方根高度 $h = 0.001$ m，相关长度 $l_x = 1$ m，环境面大小为 2 000 m×2 000 m，工作频率在 X 波段，天线与目标中心距离为 100 m。分别计算直径 30 cm 的导体球、图 2.1 中模型 1、模型 3 及模型 4 与环境复合散射的结果。

从图 2.48 的计算结果可以看出：由于环境参数不变，模型下的环境散射基本相同。不同目标类型下的复合散射差异很大。当目标尺寸较小时，总场中环境散射占据主要贡献；当目标尺寸变大时，目标散射和耦合散射变强占据主要贡献。

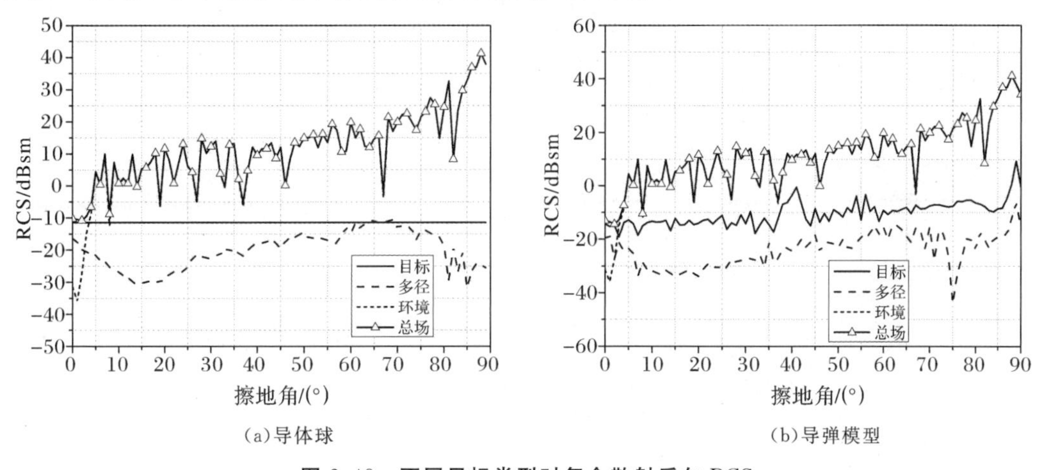

(a)导体球　　(b)导弹模型

图 2.48　不同目标类型时复合散射后向 RCS

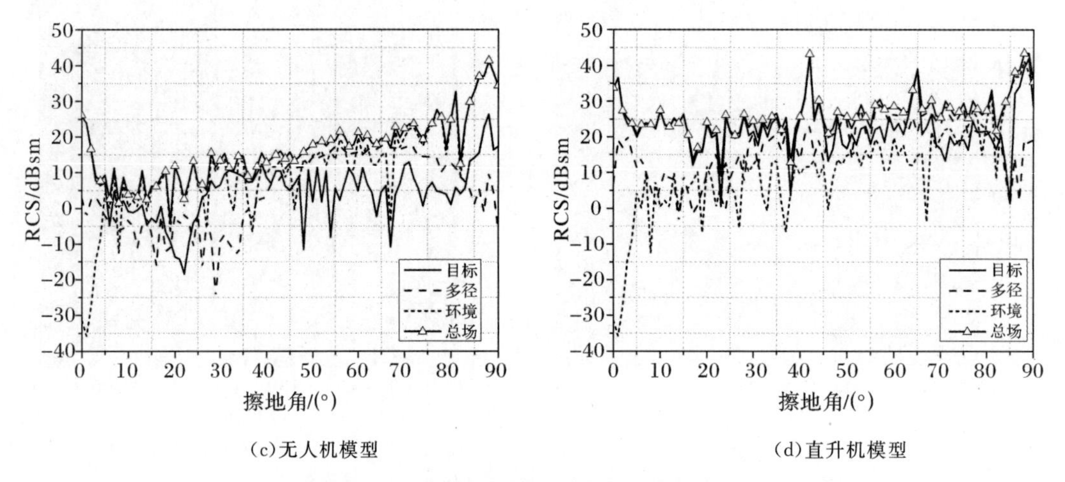

(c)无人机模型　　　　(d)直升机模型

续图 2.48　不同目标类型时复合散射后向 RCS

目标类型对于耦合散射的计算结果也就有比较大的影响。总体而言，目标外形对耦合散射的影响比较明显。另外，目标与天线相对姿态也会对耦合散射产生比较大的影响。还可以看出的是：目标与环境面之间的耦合散射，大约在 20°左右均存在局部最小值，布儒斯特效应比较明显，但是随着目标形状的不同，该角的位置会发生一些偏移。可见，耦合散射的这一特性与目标类型种类紧密相关。

【算例 2.34】随目标高度变化。目标模型为模型 1，环境面位于 xOy 面内。设定入射和接收天线均为 VV 极化，单站入射角度设置为方位 0°，擦地角 0°～90°。环境相对介电常数 $\varepsilon_r=6-j4$，环境面均方根高度 $h=0.001$ m，相关长度 $l_x=1$ m，环境面大小为 2 000 m×2 000 m，工作频率在 X 波段。计算天线与目标中心距离为 500 m 时的单站耦合散射。

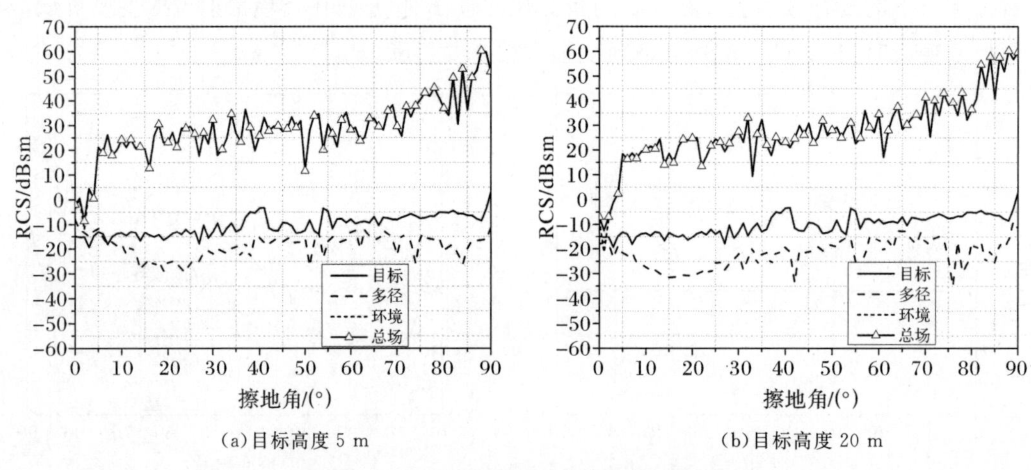

(a)目标高度 5 m　　　　(b)目标高度 20 m

图 2.49　不同目标高度时复合散射后向 RCS

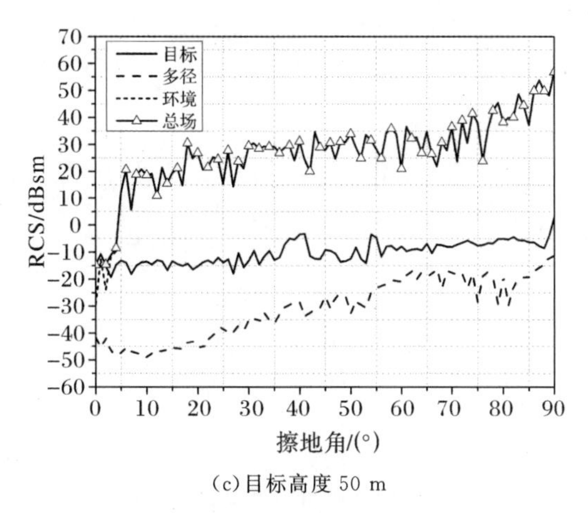

(c)目标高度 50 m

续图 2.49　不同目标高度时复合散射后向 RCS

从图 2.49 的计算结果可以看出：随着目标高度的增加，目标散射变化不大，主要是因为目标与天线的相对位置关系并未发生改变。环境散射略微有所下降，这主要是因为天线与环境距离变大，导致环境散射有所减小。耦合散射的强度主要在擦地角较小时变化比较大，会有所减小。

(6)复合散射特性随环境参数变化的规律。

【算例 2.35】随环境介电常数变化。目标模型为图 2.1(a)模型 1，环境面位于 xOy 面内，目标高度 H 为 5 m。设定入射和接收天线均为 VV 极化，单站入射角度设置为方位 0°，擦地角 0°～90°。环境面均方根高度 h=0.001 m，相关长度 l_x=1 m，环境面大小为 2 000 m×2 000 m，工作频率在 X 波段，天线与目标中心距离为 100 m 时的单站耦合散射。计算不同介电常数下的复合散射结果。

从图 2.50 的计算结果可以看出：介电常数绝对值增加，耦合散射及环境散射会增加，复合散射也会随之增强，布儒斯特角的角度会减小。介电常数虚部绝对值相对实部绝对值大，耦合散射局部最小值的深度越大，布儒斯特效应越明显。

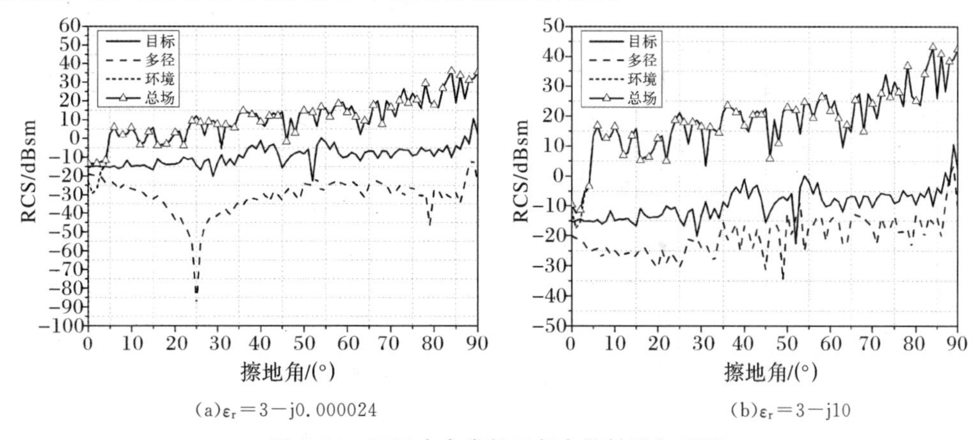

(a)ε_r=3－j0.000024　　(b)ε_r=3－j10

图 2.50　不同介电常数下复合散射后向 RCS

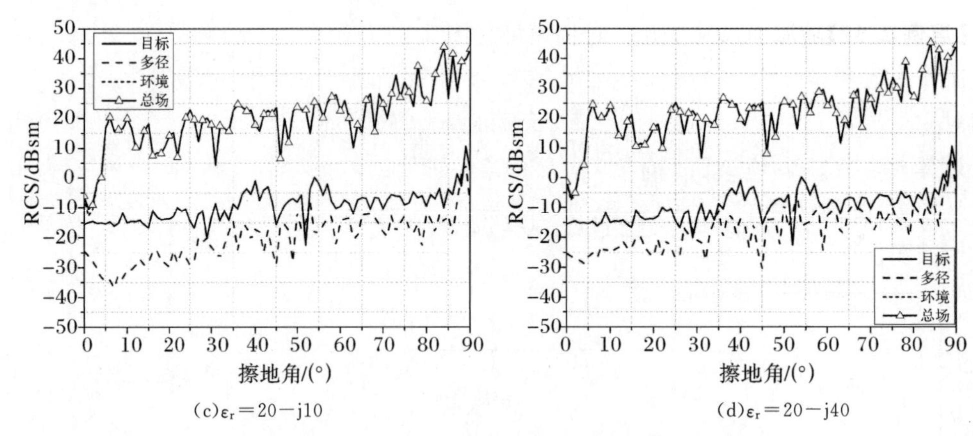

(c)ε_r=20－j10　　(d)ε_r=20－j40

续图 2.50　不同介电常数下复合散射后向 RCS

【算例 2.36】随环境均方根高度变化。目标模型为图 2.1(a)模型 1,环境面位于 xOy 面内。设定入射和接收天线均为 VV 极化,单站入射角度设置为方位 0°,擦地角 0°～90°。环境相对介电常数 ε_r=3－j0.000024,环境面相关长度 l_x=0.6 m,环境面大小为 2 000 m×2 000 m,工作频率在 X 波段。计算天线与目标中心距离为 100 m 时的单站耦合散射。

从图 2.51 的计算结果可以看出:随着环境均方根高度的增加,环境面的粗糙度增加,环境散射会增加,而耦合散射会减小。

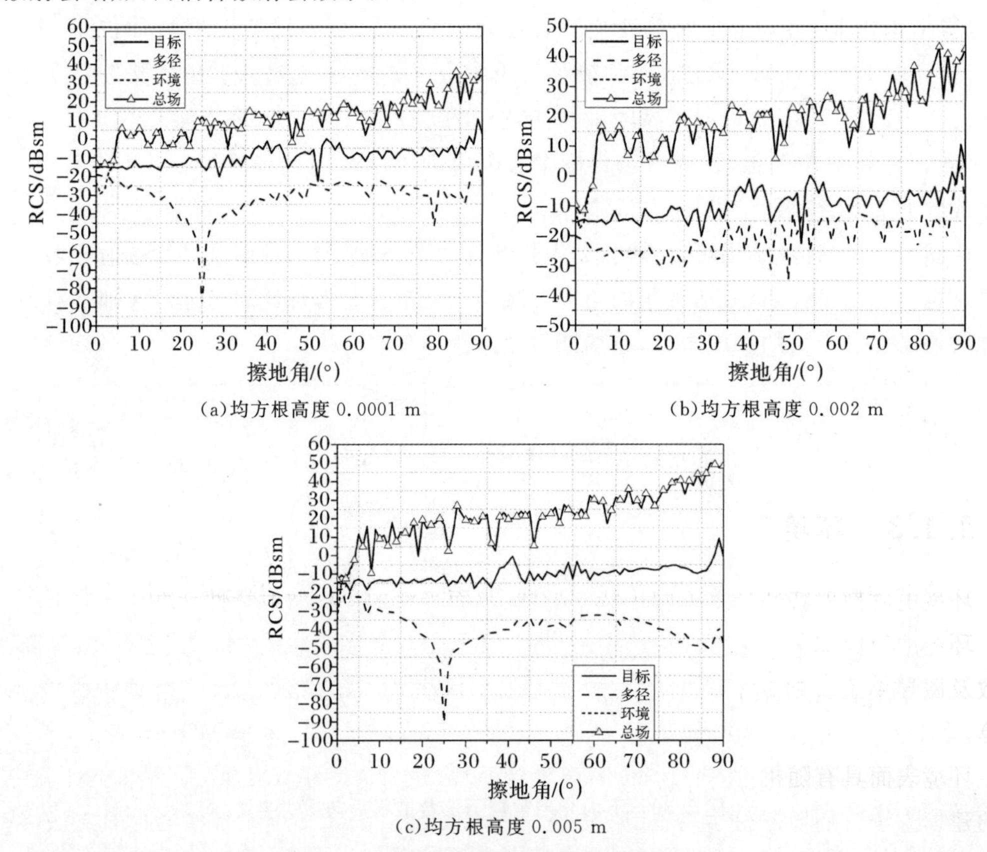

(a)均方根高度 0.0001 m　　(b)均方根高度 0.002 m

(c)均方根高度 0.005 m

图 2.51　不同均方根高度复合散射后向 RCS

【算例 2.37】随海面风速变化。目标模型为图 2.1(a)模型 1，海面模型位于 xOy 面内。设定工作入射和接收天线均为 VV 极化，单站入射角度设置为方位 0°，擦地角 0°～90°。环境相对介电常数 $\varepsilon_r=42-j40$，风向为 0°，环境面大小为 2 000 m×2 000 m，工作频率在 X 波段。计算天线与目标中心距离为 100 m 时的单站耦合散射。

从图 2.52 的计算结果可以看出：随着风速的增加，海面粗糙度增加，后向散射增强，耦合散射减弱。

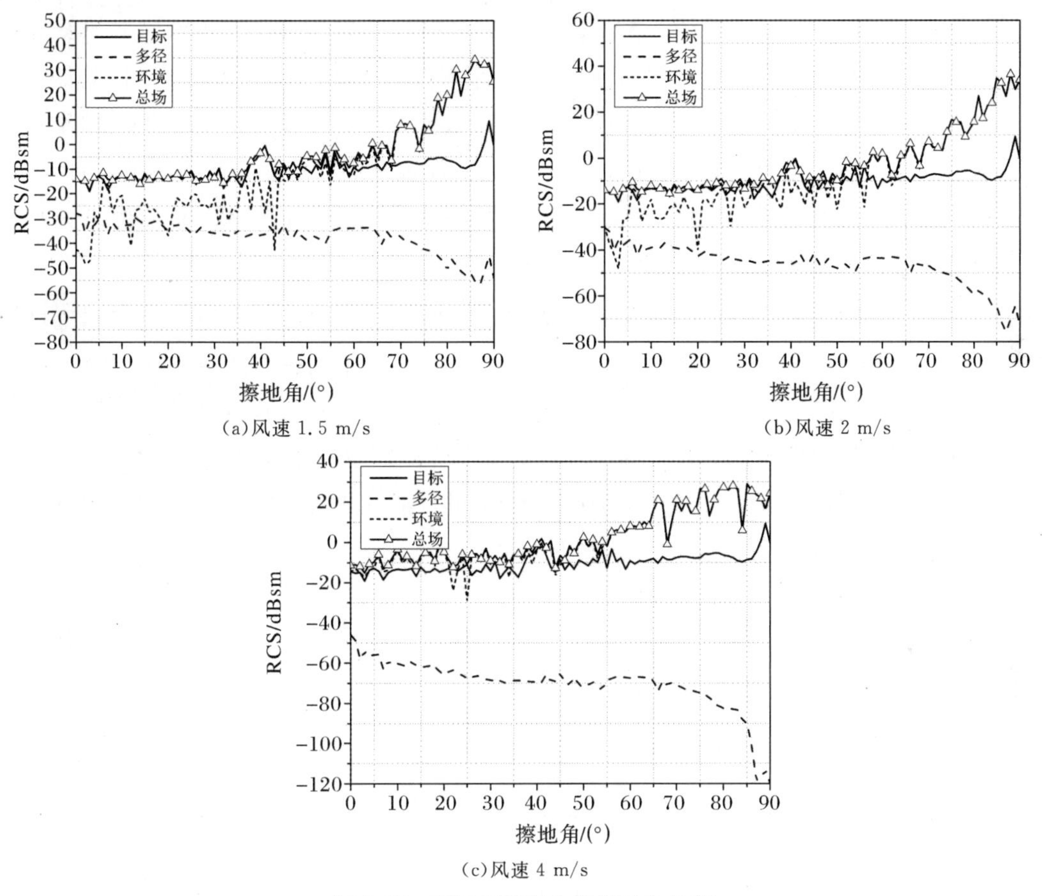

图 2.52　不同风速复合散射后向 RCS

2.1.3　环境散射

环境电磁散射特性计算不同于特定形状、表面光滑的目标散射特性计算。

环境的组成成分决定了环境的电磁参数，实际环境电磁参数差别很大，主要反映在介电常数及磁导率上。根据实验测得的电磁参数结果拟合出经验公式能够方便电磁参数的计算。

环境表面具有随机性、时变性及某种统计特性，这就决定了环境面的建模不同于目标模型的建模方法。环境散射建模采用的是地理信息测绘及统计参量测量相结合的方法，从而获得环境高程的统计分布特性及表面各处相关函数的分布特性公式，用傅里叶变换的方法获得各类型环境面的谱密度分量，再按照不同的谱密度分布特征并结合随机理论确定各分量的大小，最后利用线性滤波的方法对主要谱密度分量进行截选并进行逆傅里叶变换，就能获得实际环境面的随机样本。这样生成的环境面是一组外形不同但是满足一定统计特性规律的随机粗糙面。

环境面的随机性及复杂表面起伏特性使得原本适用于目标散射的计算方法失效，究其原因是环境表面难以用某种基本图形对其进行离散，也就无法用传统的电磁计算方法进行计算。工程应用中可以采用实验数据采集结合统计经验公式拟合相结合的方法。这样获取的电磁散射计算结果较为真实可信，但普遍适用性不强。还可以采用基于电磁散射计算方法和统计分析相结合的方法推导出解析计算公式，这类方法的计算精度较高，与实验结果对比也证实了其有效性。为了能够将这些方法应用于后面介绍的环境杂波的生成，还应当考虑照射天线与环境面距离有限时，天线方向图对环境散射系数的加权。

1. 随机粗糙面建模

(1)线性滤波法。环境面具有随机统计特性，其建模方式与目标建模不同。环境面的起伏具有随机性，不同类型环境面的功率谱密度函数不同。大量的研究结果表明：功率谱密度与环境面高程点的相关函数 $C(r-r')$ 是一对傅里叶变换对。功率谱密度中空间谱分量反映的是环境面空间频率与角度分布特征。为了模拟出环境面的轮廓，需要通过线性滤波的方式对功率谱密度进行截断，然后对模拟的谱分量进行随机数的加权，最后用逆傅里叶变换(IFFT)得到环境面的模型

$$f(x,y)=\frac{1}{L_xL_y}\sum_{m=-\frac{N_x}{2}+1}^{\frac{N_x}{2}}\sum_{n=-\frac{N_y}{2}+1}^{\frac{N_y}{2}}b_{mn}\mathrm{e}^{\mathrm{j}K_xx}\mathrm{e}^{\mathrm{j}K_yy} \tag{2.33}$$

式中：L_x 和 L_y 为 x 和 y 方向上的长度；$K_x=2\pi m/L_x$ 和 $K_y=2\pi n/L_y$ 为离散的空间谱分量；N_x 和 N_y 分别表示 x 方向和 y 方向上的离散点数；b_{mn} 为谱分量对应的幅度值，表达式为

$$b_{mn}=2\pi\sqrt{L_xL_yW(K_x,K_y)}\begin{cases}\dfrac{N(0,1)+\mathrm{j}N(0,1)}{\sqrt{2}},m\neq 0,\dfrac{N_x}{2};n\neq 0,\dfrac{N_y}{2}\\[2ex] N(0,1),m=0,\dfrac{N_x}{2}\;;n=0,\dfrac{N_y}{2}\end{cases} \tag{2.34}$$

式中：$N(0,1)$ 为高斯随机数；$W(K_x,K_y)$ 表示谱函数，它的定义为随机粗糙面起伏高度相关函数的傅里叶变换，反映的是环境面的空间谱分量相对于空间波数与方位分布，是一种二阶统计量。其统计参数可以通过大量观测数据进行拟合得到。

(2)谱函数。功率谱密度能够反映环境面空间谱分量的统计特性。这里介绍几种典型的功率谱密度函数，分别适用于陆地的高斯谱、指数谱和适用于海洋面的 PM 谱、Elfouhaily 谱。

1)高斯谱。高斯谱密度的表达式为

$$W(K_x,K_y)=\frac{l_xl_yh^2}{4\pi}\exp\left(-\frac{K_x^2l_x^2}{4}-\frac{K_y^2l_y^2}{4}\right) \tag{2.35}$$

式中：l_x 和 l_y 分别为 x 和 y 方向上的相关长度；h 表示环境面的均方根高度。其表面相关函数为

$$C(x,y)=h^2\exp\left[-\left(\frac{x^2}{l_x^2}+\frac{y^2}{l_y^2}\right)\right] \tag{2.36}$$

高斯谱密度能够用来模拟陆地环境，公式简洁，广泛用在对陆地环境参数的分析与反演中。然而高斯谱密度不能很好地体现环境表面小尺度的特征，实际应用也表明，高斯谱密度很难真实体现实际环境的纹理特征。但是，高斯粗糙面具有极为简单的表示形式，应用于许多的解析方法中甚至能够获得简单代数式的解析解形式，这十分有利于遥感中环境参数的分析与反演。

当选用高斯谱时可以用来生成陆地随机粗糙面模型，这种粗糙面模型用的统计参数为环境起伏的均方根高度 h 和相关长度 l。图 2.53 给出了不同参数下的几种随机粗糙面。可以看出：当均方根增大时，环境起伏变大；当相关长度变小时，环境面横向变化更加剧烈，斜率变化较快，相邻两点之间的相关性变弱，等效于环境面更加粗糙。

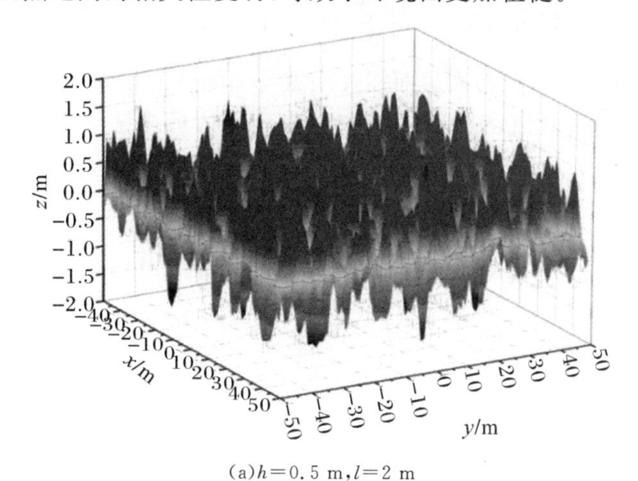

(a)$h=0.5$ m，$l=2$ m

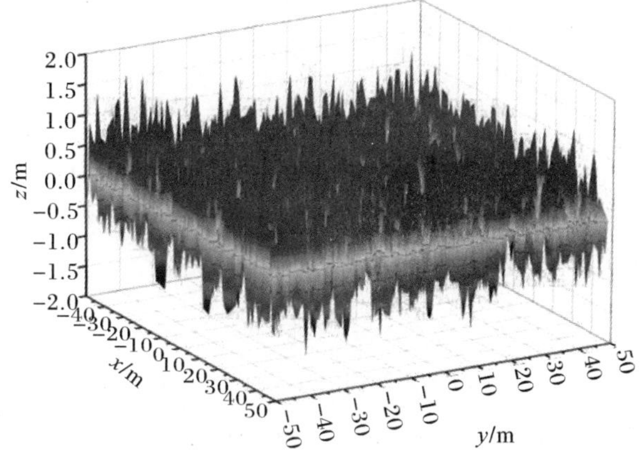

(b)$h=0.5$ m，$l=1$ m

图 2.53　高斯谱生成的陆地粗糙面模型

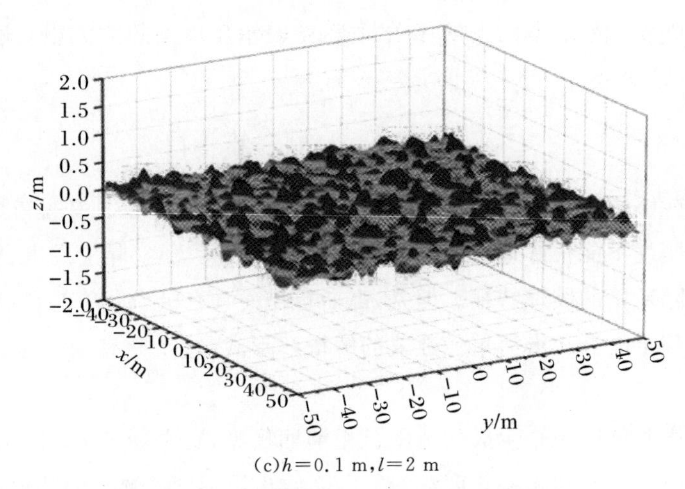

(c)$h=0.1$ m,$l=2$ m

续图 2.53　高斯谱生成的陆地粗糙面模型

2)指数谱。指数谱的表达式为

$$W(K_x,K_y)=\frac{l_x l_y h^2}{2\pi}\left[1+(K_x^2+K_y^2)l_x l_y\right]^{-\frac{3}{2}} \tag{2.37}$$

利用指数谱密度生成的粗糙面表面相关函数与高斯谱的相同。指数谱密度常常用来模拟土壤表面,并且采用指数谱密度用来计算土壤环境的后向散射系数与实测结果也更为接近。

3)PM 谱。PM 谱的表达式为

$$W_{\mathrm{PM}}(K,\Phi)=\frac{\alpha}{2K^4}\exp\left(-\frac{\beta g^2}{K^2 U_{19.5}^4}\right)\Phi(\varphi) \tag{2.38}$$

式中:$\alpha=8.1\times10^{-3}$;$\beta=0.74$;g 是重力加速度,$U_{19.5}$ 是海面上方 19.5 m 高度处的风速;$\Phi(\varphi)$为角度分布函数,即

$$\Phi(\varphi)=\cos^2\left(\frac{\varphi-\varphi_{\mathrm{w}}}{2}\right) \tag{2.39}$$

式中:φ 表示观察方向;φ_{w} 表示风向相对观察方向的角度。不同风速的 PM 谱如图 2.54 所示,从图中可以看出:风速越大,低频谱分量所占比重增加,且幅度也增大,反映在海面模型上就是海浪高,且变化剧烈。

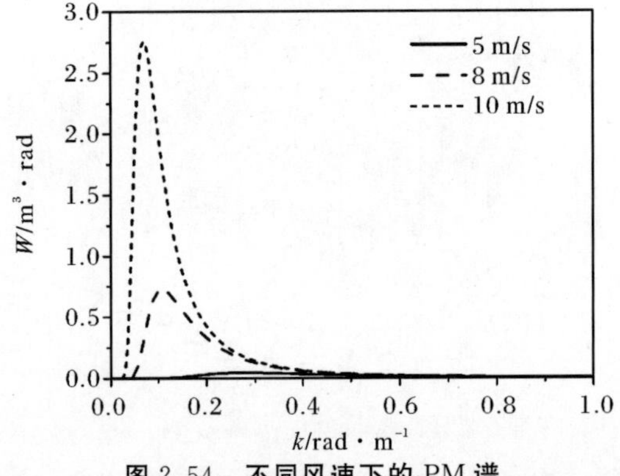

图 2.54　不同风速下的 PM 谱

4)Elfouhaily 谱。Elfouhaily 谱综合了 JONSWAP、PM、Phiilips 等波谱的特性，是一种统一的海谱表达式，简称 E 谱，二维 E 谱可表示为

$$S_{EL}(K,\varphi)=\frac{1}{K}S_{EL}\Phi(K,\varphi-\varphi_w) \tag{2.40}$$

式中：$\Phi_E(K,\varphi)$为 E 谱角度分布函数；S_{EL}为 E 谱关于空间波数的函数。$\Phi_E(K,\varphi)$表达式为

$$\Phi_E(K,\varphi)=\frac{1}{2\pi}\{1+\Delta(K)\cos[2(\varphi-\varphi_w)]\} \tag{2.41}$$

式中：

$$\Delta(K)=\tanh\left\{\frac{\ln 2}{4}+4\left[\frac{c(K)}{c(K_p)}\right]^{2.5}+0.13\left[\frac{u_f}{c(K_m)}\right]\left[\frac{c(K_m)}{c(K)}\right]^{2.5}\right\} \tag{2.42}$$

另外，S_{EL}包含了海面中的重力波与张力波的贡献，其表达式为

$$S_{EL}(K)=\frac{B_L+B_H}{K^3} \tag{2.43}$$

式中：$B_L(K)$表示低频部分(重力波)；$B_H(K)$表示高频部分(张力波)。两者的表达式分别为

$$\begin{aligned}B_L&=0.5a_pF_pc(K_p)/c(K)\\B_H&=0.5a_mF_mc(K_m)/c(K)\end{aligned} \tag{2.44}$$

式中：$\alpha_p=0.006\sqrt{\Omega}$；$\Omega=u_{10}/c(K_p)$表示逆波龄；$K_p=g\Omega^2/u_{10}^2$表示海谱峰值出的波数；$g$ 是重力加速度，$c(K)=\sqrt{g(1+K^2/K_p^2)}$为相速度，$K_m=370$ rad/m，F_p 及对应参数具体表示形式为

$$F_p=\gamma^{\Gamma}\cdot\exp[-5(K_p/K)^2/4]\cdot\exp\{-\Omega[(K/K_p)^{1/2}-1]/\sqrt{10}\} \tag{2.45}$$

式中：γ 和 Γ 的表达式分别为

$$\gamma=\begin{cases}1.7, 0.84<\Omega\leqslant 1\\1.7+6\ln\Omega, 1<\Omega\leqslant 5\end{cases} \tag{2.46}$$

$$\Gamma=\exp\left\{-\frac{[(k/k_p)^{1/2}-1]^2}{2[0.08(1+4/\Omega^3)]^2}\right\} \tag{2.47}$$

关于 B_H 的参数表达式，其中 F_m 为

$$F_m=\exp\left[-\frac{1}{4}\left(1-\frac{K}{K_m}\right)^2\right] \tag{2.48}$$

另外，α_m 为张力波的平衡距离参数

$$\alpha_m=0.01\begin{cases}1+\ln\left[\dfrac{u_f}{c(K_m)}\right], u_f\leqslant c(K_m)\\1+3\ln\left[\dfrac{u_f}{c(K_m)}\right], u_f>c(K_m)\end{cases} \tag{2.49}$$

式中：$c(K_m)$为波数 K_m 下的最小相速度。u_f 为海表面摩擦风速，它同海面上方 h 处的风速 U_h 具有如下的关系

$$U_h=(u_f/0.4)\ln\left(\frac{h}{0.684/u_f+4.28\times10^{-5}u_f^2-0.0443}\right) \tag{2.50}$$

图 2.55 为不同风速下的 Elfouhaily 海谱与 PM 谱的比较。可以发现 E 谱与 PM 谱在

低频部分没有明显区别,其不同主要存在于高频区域。E 谱能够体现出不同风速下海面张力波的影响,而随风速的改变,PM 谱随高频部分几乎没有变化。随着风速的增加,海面中的张力波(高频部分)对电磁波散射效应也会增强。总之,E 谱能够反映海面中重力波与张力波对电磁散射的影响,因而在海面电磁散射的计算中得到了广泛应用。

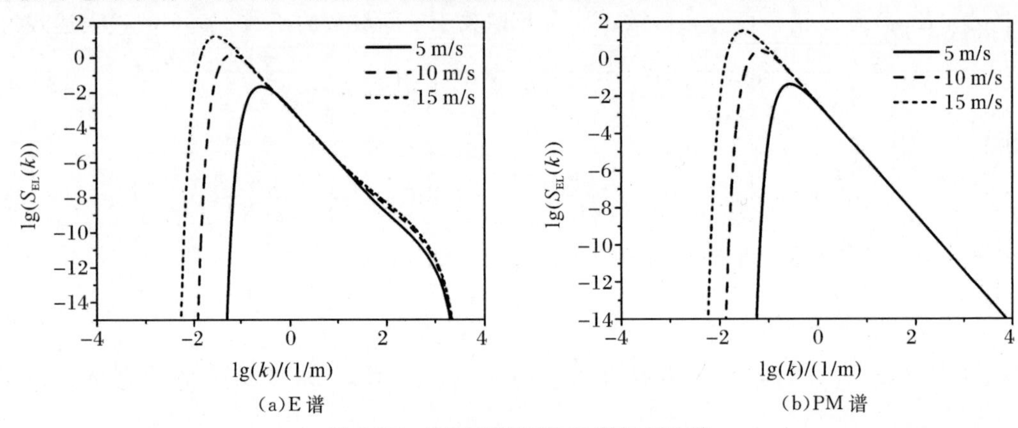

(a)E 谱　　(b)PM 谱

图 2.55　**不同风速下的** E **谱与** PM **谱**

接着给出了基于 E 谱生成的海洋面模型,从图 2.56 中可以明显观察到海洋起伏的方向性。当风速增大时,海洋起伏也更加剧烈,大尺度波的波长显著增大。同时可以观察到 Elfouhaily 谱海洋面的小尺度波更为明显。

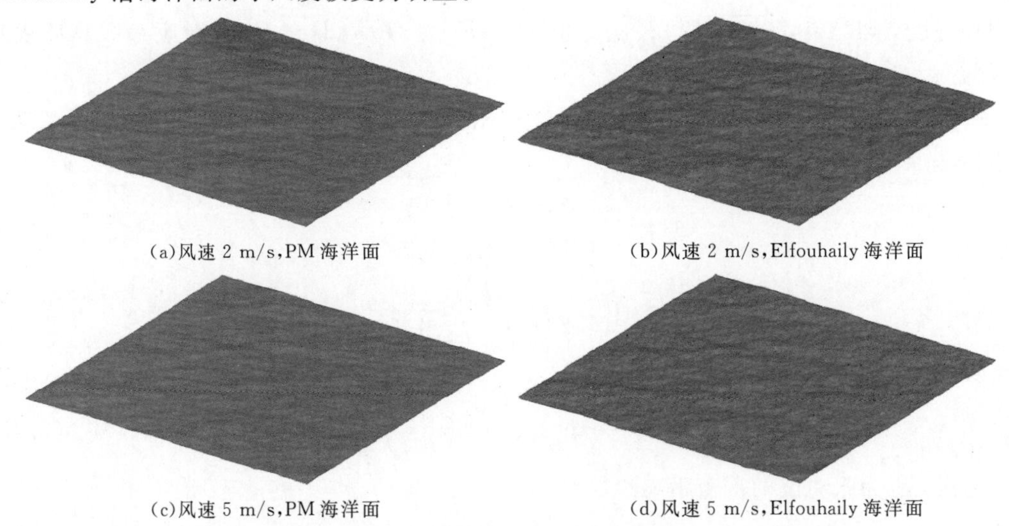

(a)风速 2 m/s,PM 海洋面　　(b)风速 2 m/s,Elfouhaily 海洋面

(c)风速 5 m/s,PM 海洋面　　(d)风速 5 m/s,Elfouhaily 海洋面

图 2.56　PM **与** Elfouhaily **海洋面**

5)分形谱。谱密度函数为自相关函数的傅里叶变换,经过复杂的推导分形表面的谱密度函数表达式为

$$W(K)=S_0K^{-\alpha} \tag{2.51}$$

式中:S_0 为谱幅度,单位为 m^{2-2H};α 称为谱斜率,其具体分别为

$$S_0=2^{2H+1}\Gamma^2(1+H)\sin(\pi H)s^2 \tag{2.52}$$

$$\alpha=2+2H=8-2D \tag{2.53}$$

式中:$K=\sqrt{K_x^2+K_y^2}$ 为空间域波数。根据 H 的取值限制知 $0<H<1$,那么就有 $2<\alpha<4$,式

(2.52)、式(2.53)表现了分形粗糙面谱域参数 S_0 与 α 和空间域参数 $H(D)$ 与 s 的关系。

采用面介绍的方法生成分形粗糙面，粗糙面尺寸为 1.5 m×1.5 m，$k_0=5.71$，图2.57(a)(b)(c)中 $B=0.011$，分形维 D 分别为 2.05，2.2，2.3，图 2.57(d)分形维为 $D=2.3$，$B=0.005$。

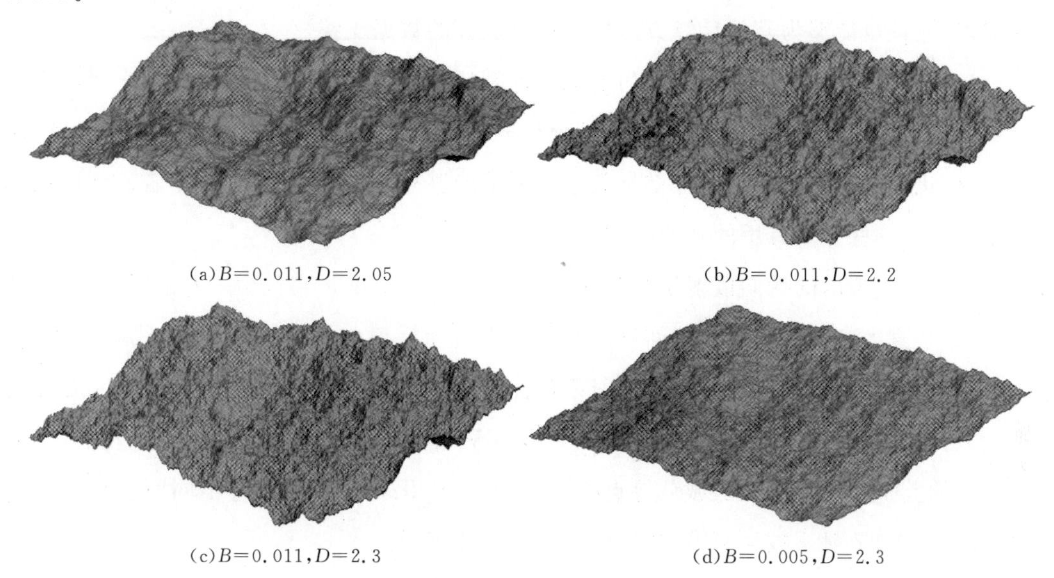

(a)$B=0.011,D=2.05$　(b)$B=0.011,D=2.2$

(c)$B=0.011,D=2.3$　(d)$B=0.005,D=2.3$

图 2.57　不同参数下的分形粗糙面

由图 2.57 可以发现随着分形维数的增加，粗糙表面变的更加粗糙，小尺度部分更加明显。相同的分形维数，B 越小，粗糙表面起伏越平缓。相比高斯粗糙面，分形粗糙面也具有十分显著的小尺度特征，几何轮廓更加符合真实自然环境。

分形粗糙面既可以模拟地面环境又可以模拟海洋环境。对于地面土壤环境，其分形维一般大于 2，小于 2.5，其谱域参数 S_0 为 $10^{-7}\sim10^{-3}\ \mathrm{m}^{2-2H}$，比如文献中研究表明岩石环境表面的分形维为 2.35，S_0 为 $3.57\times10^{-4}\ \mathrm{m}^{2-2H}$。对于海洋面，文献中指出海面摩擦风速 0.37 m/s 时，其分形维为 2.25，$s^2=1.14\times10^{-2}\ \mathrm{m}^{2-2H}$。研究表明相比前面根据高斯谱、指数谱以及海谱函数并结合线性滤波法生成的地/海面，分形粗糙面能够更好的表征自然环境表面的特征。其仿真结果远远优于高斯粗糙面，某些情况下甚至优于指数谱土壤面与海谱生成的海洋面。然而环境建模只是环境电磁散射问题一部分，对于电磁散射计算模型，现有针对分形粗糙面的散射计算方法十分有限。由于分形函数数学上的特点，某些传统方法如 KA(Kirchhoff Approximation，基尔霍夫近似)在某些情况下都不能获得收敛的解析解，文献做了一些有意义的尝试。从电磁散射方法来看分形粗糙面的电磁模型远不如传统粗糙面丰富，对其特性的认识还存在一些差距，值得研究的工作还有不少。

本节介绍了用于生成粗糙面的谱密度模型，从基于不同谱密度函数生成的随机粗糙面模型可以看出：环境面的随机粗糙面模型具有随机性，这也使得在求解其散射时用到的方法与计算目标的不同。数值方法导出矩阵的性态非常依赖于面元结构，当相邻剖分面元的斜率发生很大变化时，这样导出的矩阵在迭代求解时收敛速度变慢，甚至无法收敛，以致得不到结果。这就要选取其他适宜的求解方法。

2. 环境散射系数经验模型

国内外学者和机构通过大量的测试实验获得环境散射随环境参数及工作频率的数据，进而通过公式拟合以获得环境散射系数的计算模型。这些计算模型能够满足特定条件下的计算需求，并且也能够为其他计算方法提供模型验证的数据支撑。

(1)地杂波后向散射系数模型。为了能够计算环境杂波的后向散射，国内外学者做了大量的测试试验来采集环境散射结果。通过统计分析可知，环境后向散射系数与工作频率、地物植被、极化、粗糙度、照射角度等都有关系。为了能够充分利用试验结果，学者们利用统计的方法获得了一些比较有用的经验公式。

经验公式模拟出的后向散射系数效果大体如图 2.58 所示。它包含了三个区域，即准镜面反射区、平直区和干涉区。准镜面反射区以相干镜面反射为主，散射系数曲线斜率较大，平直区以非相干散射即漫反射为主，散射系数曲线斜率较小，变化较为缓慢，干涉区的曲线斜率变大。从不同极化散射系数曲线可以看出，VV 极化的后向散射强于 HH 极化的，交叉极化之间的差别较小。三个区域分界点随入射频率、极化和地面参数等不同而变化。因此建立地杂波后向散射系数经验模型时，应当满足上述特征。

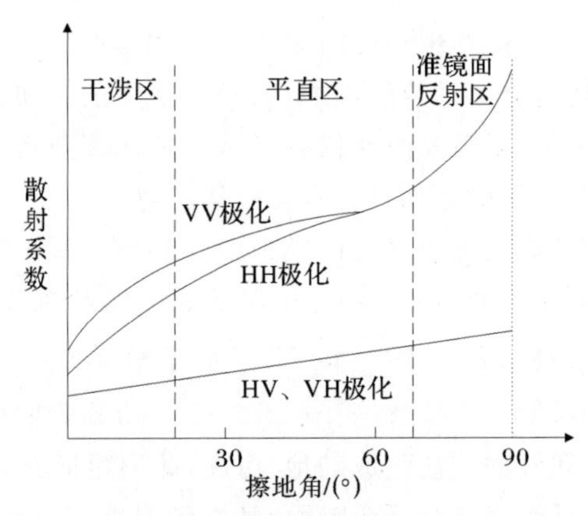

图 2.58　后向散射系数随入射角变化示意图

这里给出地杂波后向散射系数的几个经验模型，分别是 Morchin 模型，GIT(Georgia Institute of Technology mode)模型和 Ulaby 模型等。

1)Morchin 模型。

$$\sigma^0=\frac{A\sigma_c^0\sin\theta_g}{\lambda}+\mu\cot^2\beta_0\exp\left\{\frac{-\tan^2(B-\theta_g)}{\tan^2\beta_0}\right\} \tag{2.54}$$

式中：θ_g 为擦地角；λ 为雷达工作波长；$\mu=\sqrt{f}/4.7$，f 为工作频率(GHz)；$\sigma_c{}^0=\theta_g/\theta_c$；$\theta_c$ 为低擦地角临界点，$\theta_c=\arcsin(\lambda/(4\pi h_e))$，$h_e\approx9.3\beta_0{}^{2.2}$；$A,B,\beta_0$ 为常数，且与地形地貌有关。表 2-1 给出了几种典型地貌时各参数的取值。

表 2-1　不同地貌是系数 A,B,β_0 和 $\sigma_c{}^0$ 的取值

地貌	A	B	β_0	$\sigma_c{}^0$
沙漠	0.001 26	$\pi/2$	0.14	θ_g/θ_c
农田	0.004	$\pi/2$	0.2	1
丘陵	0.012 6	$\pi/2$	0.4	1
高山	0.04	1.24	0.5	1

2)GIT 模型。国外从 20 世纪 70 年代以后针对不同的地面类型、雷达频率、擦地角进行了大量的测试实验。佐治亚理工大学提出了常用的 GIT 模型

$$\sigma_0 = A\,(\theta_g + C)^B \exp\left[\frac{-D}{1+\dfrac{0.1\sigma_h}{\lambda}}\right] \tag{2.55}$$

式中:θ_g 为擦地角(rad);σ_h 为地表的标准偏差(cm);λ 为雷达波长。该模型能够用于计算沙地、草地、农田、树林、城市、湿雪及干雪等 7 种地形的环境散射,频率覆盖范围从 3～100 GHz;A,B,C 和 D 是根据经验获得的常数。

3)Ulaby 模型。美国密歇根大学的 F. T. Ulaby 等根据大量的试验结果提出了 Ulaby 模型。该模型能够计算多种地物地貌环境在不同频段下的后向散射系数。其表达式为

$$\sigma_{dB}^0 = P_1 + P_2\exp(-P_3\theta) + P_4\cos(P_5\theta + P_6) \tag{2.56}$$

式中:θ 表示入射角;$P_1 \sim P_6$ 与地物类型、频段和极化有关,需要通过拟合实验数据确定。该模型能够用于土壤、树林、草地、雪地等几种类型的散射系数,该模型与之前两个经验公式模型的不同是其能够区分不同极化的强弱。

(2)海杂波后向散射系数模型。海杂波的强弱受多方面因素影响,主要包括工作频率、极化、入射角度、海况等。通过试验结果同样能拟合出海杂波后向散射系数经验公式,下面介绍几种典型经验公式。

1)Morchin 模型。其表达式为

$$\sigma^0 = \frac{4\times10^{-7}\times10^{0.6(ss+1)}\sigma_c^0\sin\theta_g}{\lambda} + \cot^2\beta_0\exp\left[\frac{-\tan^2\left(\dfrac{\pi}{2}-\theta_g\right)}{\tan^2\beta}\right] \tag{2.57}$$

式中:θ_g 为擦地角;λ 为雷达工作波长,$\theta_c = \arcsin[\lambda/(4\pi h_e)]$,与式(2.54)中的一致;$ss$ 表示海清的级数,$h_e \approx 0.025 + 0.046ss^{1.72}$,$\beta = [2.44(ss+1)^{1.08}]/57.29$;$\sigma_c{}^0 = 1$。

表 2-2 给出了从 0 到 7 级海情对应的海面参数。仔细观察就能发现,该公式的计算结果反映的某种海况下的平均值,而从表 2-2 也能看出,实际海况对应的海面风速与浪高是具有一定范围的,该公式不能很好地反映风速、浪高等参数对散射系数的影响。这也从侧面说明经验公式若要反映具体海面外形参数和电磁参数对散射结果的影响,就应当在公式中增加变化参量以体现海面参数的贡献。

表 2-2 从 0 到 7 级海况

道格拉斯海况	平均浪高/m	风速/(m/s)
1	0～0.254	0～3.084
2	0.254～0.762	3.084～6.168
3	0.762～1.27	6.168～7.71
4	1.27～2.032	7.71～10.28
5	2.032～3.048	10.28～12.85
6	3.048～5.08	12.85～15.42
7	5.08～10.16	15.42～25.7

2)TSC 模型。其表达式为

$$\sigma_{HH}^{0}=10\lg_{10}[1.7\times10^{-5}\theta_g^{0.5}G_uG_WG_A/(3.2808\lambda+0.05)^{1.8}] \tag{2.58a}$$

$$\sigma_{VV}^{0}=\begin{cases}\sigma_{HH}^{0}-1.73\ln(8.225\sigma_z+0.05)+3.76\lambda+2.46\ln(\sin\theta_g+0.0001)+24.2672, f<2\\ \sigma_{HH}^{0}-1.05\ln(8.225\sigma_z+0.05)+1.09\lambda+1.27\ln(\sin\theta_g+0.0001)+10.945, f\geqslant2\end{cases} \tag{2.58b}$$

式中：θ_g 为擦地角；f 为工作频率(GHz)；σ_{HH}^0 和 σ_{VV}^0 分别水平和垂直极化(dB)；其他参数，包括 σ_z，G_u，G_W 和 G_A 的具体定义可以参看文献。这个模型能够适用于低擦地角海杂波的近似计算，相较上一模型的改进是增加了风向对散射结果的影响。

3. 环境散射系数解析模型

实际的环境往往是多尺度的，比较典型的是复合双尺度，即大的轮廓上叠加着小的起伏，如图 2.59 所示，如果不能将多种尺度的散射机理均计入在内，计算结果的误差就很大。根据前述的随机粗糙面理论，环境面复合双尺度结构产生的原因是由于功率谱密度所占范围很宽，且均有贡献。生成随机粗糙面时用到了线性滤波法，这相当于对功率谱进行了截断，只包含了低频部分，因此严格来讲，随机粗面生成的只是环境面大的轮廓和起伏。若将功率谱的贡献均计入其中，计算量会非常大。

图 2.59 复合双尺度环境模型

结合图 2.58 所知，散射系数的曲线按照特征分为三个区域，每个区域的散射机理是不同的，如果能够针对每一部分采用不同的计算方法，那么计算结果就更加精确，也就能很好地与试验结果相吻合。

从图 2.54 谱分布特征可以看出，环境面包含了高低频空间谱分量，它们的散射贡献是不同的，正好对应散射系数变化的各个区域，大体上低频分量对应环境面的大起伏外部轮廓形状，高频分量对应环境面的小起伏局部轮廓特征。这也说明散射计算模型可以从这个方面进行设计，将环境面高低频空间谱的贡献计入其中，这也是双尺度模型的本质思想。这种计算模型主要应用于具有较大空间尺度范围的粗糙面。

在该模型中，大尺度部分采用 KA，小尺度部分则利用 SPM 来求解。作为对 KA 与 SPM 的结合，双尺度模型已经广泛应用于多尺度粗糙面的散射，总的散射截面可认为是两部分结合，即小尺度部分受大尺度部分的倾斜调制。

图 2.60 表示了入射方向，接收方向和环境面之间的位置关系，其中环境的均值面位于 xOy 面上。由 KA 方法能够计算某一大面片上镜向方向±20°方向内的散射，计算公式为

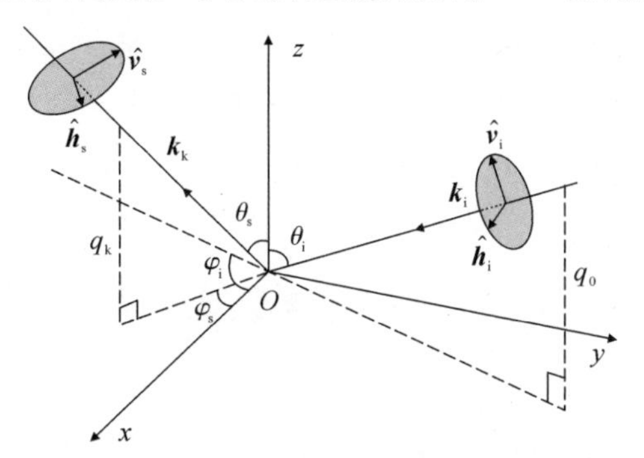

图 2.60　环境散射坐标示意图

$$\gamma_{mn}^{\mathrm{KA}}=\frac{\pi k_0^2\ |\boldsymbol{q}|^2}{q_z^4}|U_{mn}^{\mathrm{KA}}|^2\Pr(z_x,z_y) \tag{2.59}$$

式中：$\boldsymbol{q}=k_0(\hat{\boldsymbol{k}}_i-\hat{\boldsymbol{k}}_i)=q_x\hat{\boldsymbol{x}}+q_y\hat{\boldsymbol{y}}+q_z\hat{\boldsymbol{z}}$；$z_x=-q_x/q_z$；$z_y=-q_y/q_z$；$\Pr(z_x,z_y)$是关于环境面倾斜斜率的概率；$U_{mn}^{\mathrm{KA}}$是与反射系数和极化相关的因子，具体表达式为

$$U_{\mathrm{VV}}^{\mathrm{KA}}=\frac{q|q_z|[R_{\mathrm{V}}(\hat{\boldsymbol{v}}_s\cdot\hat{\boldsymbol{k}}_i)(\hat{\boldsymbol{v}}_i\cdot\hat{\boldsymbol{k}}_s)+R_{\mathrm{H}}(\hat{\boldsymbol{h}}_s\cdot\hat{\boldsymbol{k}}_i)(\hat{\boldsymbol{h}}_i\cdot\hat{\boldsymbol{k}}_s)]}{[(\hat{\boldsymbol{h}}_s\cdot\hat{\boldsymbol{k}}_i)^2+(\hat{\boldsymbol{v}}_s\cdot\hat{\boldsymbol{k}}_i)^2]k_0q_z} \tag{2.60a}$$

$$U_{\mathrm{VH}}^{\mathrm{KA}}=\frac{q|q_z|[R_{\mathrm{V}}(\hat{\boldsymbol{v}}_s\cdot\hat{\boldsymbol{k}}_i)(\hat{\boldsymbol{h}}_i\cdot\hat{\boldsymbol{k}}_s)-R_{\mathrm{H}}(\hat{\boldsymbol{h}}_s\cdot\hat{\boldsymbol{k}}_i)(\hat{\boldsymbol{v}}_i\cdot\hat{\boldsymbol{k}}_s)]}{[(\hat{\boldsymbol{h}}_s\cdot\hat{\boldsymbol{k}}_i)^2+(\hat{\boldsymbol{v}}_s\cdot\hat{\boldsymbol{k}}_i)^2]k_0q_z} \tag{2.60b}$$

$$U_{\mathrm{HV}}^{\mathrm{KA}}=\frac{q|q_z|[R_{\mathrm{V}}(\hat{\boldsymbol{h}}_s\cdot\hat{\boldsymbol{k}}_i)(\hat{\boldsymbol{v}}_i\cdot\hat{\boldsymbol{k}}_s)-R_{\mathrm{H}}(\hat{\boldsymbol{v}}_s\cdot\hat{\boldsymbol{k}}_i)(\hat{\boldsymbol{h}}_i\cdot\hat{\boldsymbol{k}}_s)]}{[(\hat{\boldsymbol{h}}_s\cdot\hat{\boldsymbol{k}}_i)^2+(\hat{\boldsymbol{v}}_s\cdot\hat{\boldsymbol{k}}_i)^2]k_0q_z} \tag{2.60c}$$

$$U_{\mathrm{HH}}^{\mathrm{KA}}=\frac{q|q_z|[R_{\mathrm{V}}(\hat{\boldsymbol{h}}_s\cdot\hat{\boldsymbol{k}}_i)(\hat{\boldsymbol{h}}_i\cdot\hat{\boldsymbol{k}}_s)+R_{\mathrm{H}}(\hat{\boldsymbol{v}}_s\cdot\hat{\boldsymbol{k}}_i)(\hat{\boldsymbol{v}}_i\cdot\hat{\boldsymbol{k}}_s)]}{[(\hat{\boldsymbol{h}}_s\cdot\hat{\boldsymbol{k}}_i)^2+(\hat{\boldsymbol{v}}_s\cdot\hat{\boldsymbol{k}}_i)^2]k_0q_z} \tag{2.60d}$$

式中：R_{V} 和 R_{H} 分别为菲涅尔反射系数

$$R_{\mathrm{V}}=\frac{\varepsilon_r\cos\theta_i-\sqrt{\varepsilon_r-\sin^2\theta_i}}{\varepsilon_r\cos\theta_i+\sqrt{\varepsilon_r-\sin^2\theta_i}} \tag{2.61a}$$

$$R_{\mathrm{H}}=\frac{\cos\theta_i-\sqrt{\varepsilon_r-\sin^2\theta_i}}{\cos\theta_i+\sqrt{\varepsilon_r-\sin^2\theta_i}} \tag{2.61b}$$

由 SPM 方法计算大面元内部的非相干散射时的计算公式为

$$\gamma_{mn}^{\mathrm{SPM}}=8k_0^4\ \cos^2\theta_i\cos^2\theta_s\ |\alpha_{mn}|^2W[k_0\sin(\theta_s)\cos(\varphi_s-\varphi_i)-k_0\sin\theta_i,k_0\sin\theta_s\sin(\varphi_s-\varphi_i)] \tag{2.62}$$

式中：$W(\cdot)$为式(5.51)中介绍的功率谱密度；α_{mn}表示极化因子，表达式为

$$\alpha_{\mathrm{VV}}=\frac{(\varepsilon_{\mathrm{r}}-1)[\varepsilon_{\mathrm{r}}\sin\theta_{\mathrm{i}}\sin\theta_{\mathrm{s}}-(\varepsilon_{\mathrm{r}}-\sin^2\theta_{\mathrm{i}})^{0.5}(\varepsilon_{\mathrm{r}}-\sin^2\theta_{\mathrm{s}})^{0.5}\cos\varphi_{\mathrm{s}}]}{[\varepsilon_{\mathrm{r}}\cos\theta_{\mathrm{i}}+(\varepsilon_{\mathrm{r}}-\sin^2\theta_{\mathrm{i}})^{0.5}][\varepsilon_{\mathrm{r}}\cos\theta_{\mathrm{s}}+(\varepsilon_{\mathrm{r}}-\sin\theta_{\mathrm{s}})^{0.5}]} \tag{2.63a}$$

$$\alpha_{\mathrm{VH}}=\frac{-(\varepsilon_{\mathrm{r}}-1)(\varepsilon_{\mathrm{r}}-\sin^2\theta_{\mathrm{s}})^{0.5}\sin\varphi_{\mathrm{s}}}{[\cos\theta_{\mathrm{i}}+(\varepsilon_{\mathrm{r}}-\sin^2\theta_{\mathrm{i}})^{0.5}][\varepsilon_{\mathrm{r}}\cos\theta_{\mathrm{s}}+(\varepsilon_{\mathrm{r}}-\sin^2\theta_{\mathrm{s}})^{0.5}]} \tag{2.63b}$$

$$\alpha_{\mathrm{HV}}=\frac{(\varepsilon_{\mathrm{r}}-1)(\varepsilon_{\mathrm{r}}-\sin^2\theta_{\mathrm{i}})^{0.5}\sin\varphi_{\mathrm{s}}}{[\varepsilon_{\mathrm{r}}\cos\theta_{\mathrm{i}}+(\varepsilon_{\mathrm{r}}-\sin^2\theta_{\mathrm{i}})^{0.5}][\cos\theta_{\mathrm{s}}+(\varepsilon_{\mathrm{r}}-\sin^2\theta_{\mathrm{s}})^{0.5}]} \tag{2.63c}$$

$$\alpha_{\mathrm{HH}}=\frac{-(\varepsilon_{\mathrm{r}}-1)\cos\varphi_s}{[\cos\theta_{\mathrm{i}}+(\varepsilon_{\mathrm{r}}-\sin^2\theta_{\mathrm{i}})^{0.5}][\cos\theta_{\mathrm{s}}+(\varepsilon_{\mathrm{r}}-\sin\theta_{\mathrm{s}})^{0.5}]} \tag{2.63d}$$

值得指出的是，SPM方法是定义在大面元上局部坐标系内的。SPM求解的是环境面小起伏，即功率谱高频部分的贡献，因此就需要对式(3.62)中$W(\cdot)$函数进行截断，截选其高频部分，截断波数用k_c表示。

以上介绍的双尺度方法是针对某一面元的散射系数，若要计算整个粗糙面总的散射系数，可以采用如下公式

$$\gamma_{mn}=\sum_{P=1,Q=1}^{N_x,N_y}(\gamma_{PQ,mn}^{\mathrm{KA}}+\gamma_{PQ,mn}^{\mathrm{SPM}})g_{\mathrm{s}}^2(\hat{\boldsymbol{k}}_{\mathrm{i}})g_{\mathrm{T}}^2(\hat{\boldsymbol{k}}_s) \tag{2.64}$$

式中：N_x和N_y分别为两个方向上大面元的个数；$g_{\mathrm{s}}(\hat{\boldsymbol{k}}_{\mathrm{i}})$和$g_{\mathrm{T}}(\hat{\boldsymbol{k}}_s)$分别为照射天线和接收天线的方向图函数。可以看出，双尺度组合方法只需要在大面元上进行解析计算，然后进行叠加，计算量主要受制于大面元的数量，大面元剖分大小的变化并不会改变最后散射系数的大小。

4. 算法有效性验证

(1)造波池后向散射验证实验。造波池后向散射实验是利用造波池近似模拟不同风速下海面，利用造波装置推动造波池内水的运动以模拟海风吹动水面形成波浪的效果，通过改变造波推动装置的推力方向便能模拟出不同风向驱动海水的效果。造波池内的海水介电常数可以通过控制池水内含盐量的多少来实现，而池水内的含盐量可以通过人为撒盐并搅拌来调节。

实际的测试中，将天线和接收信号装置安装在造波池上方对实验数据进行采集。调节发射和接收装置的水平和高度位置便能模拟不同照射角度，采集中应当始终保持波束中心对准造波池的中心位置不变，且收发装置与中心位置的距离也应保持不变。通过对实验数据的采集并整理就能得到不同海况下的后向散射系数。

【算例2.37】采集实验如图2.61所示，波池大小约为300 m×50 m。分别测量了收发天线在X波段和Ku波段下的散射结果。设定方位角为0°且保持不变，即沿造波池长边方向，水面驱动装置也沿该方向，即风向0°。擦地角的变化范围为5～60°。收发装置距离水面中心的距离为100 m，工作频率在X波段时，海水相对介电常数$\varepsilon_{\mathrm{r}}=61-\mathrm{j}33$；工作频率在Ku

波段时，海水相对介电常数 $\varepsilon_r=45-j38$。模拟三种风速，分别为 2 m/s，4 m/s，5 m/s。仿真采用双尺度模型，仿真结果与实测结果的对比如图 3.62 和图 3.63 所示。

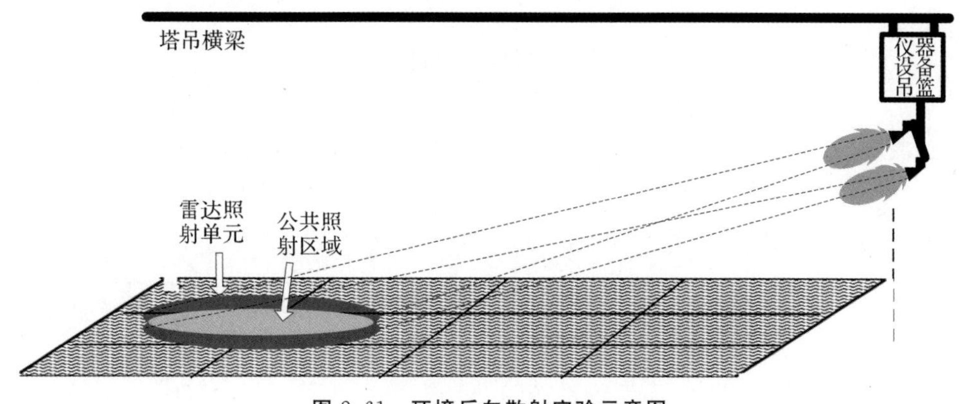

图 2.61　环境后向散射实验示意图

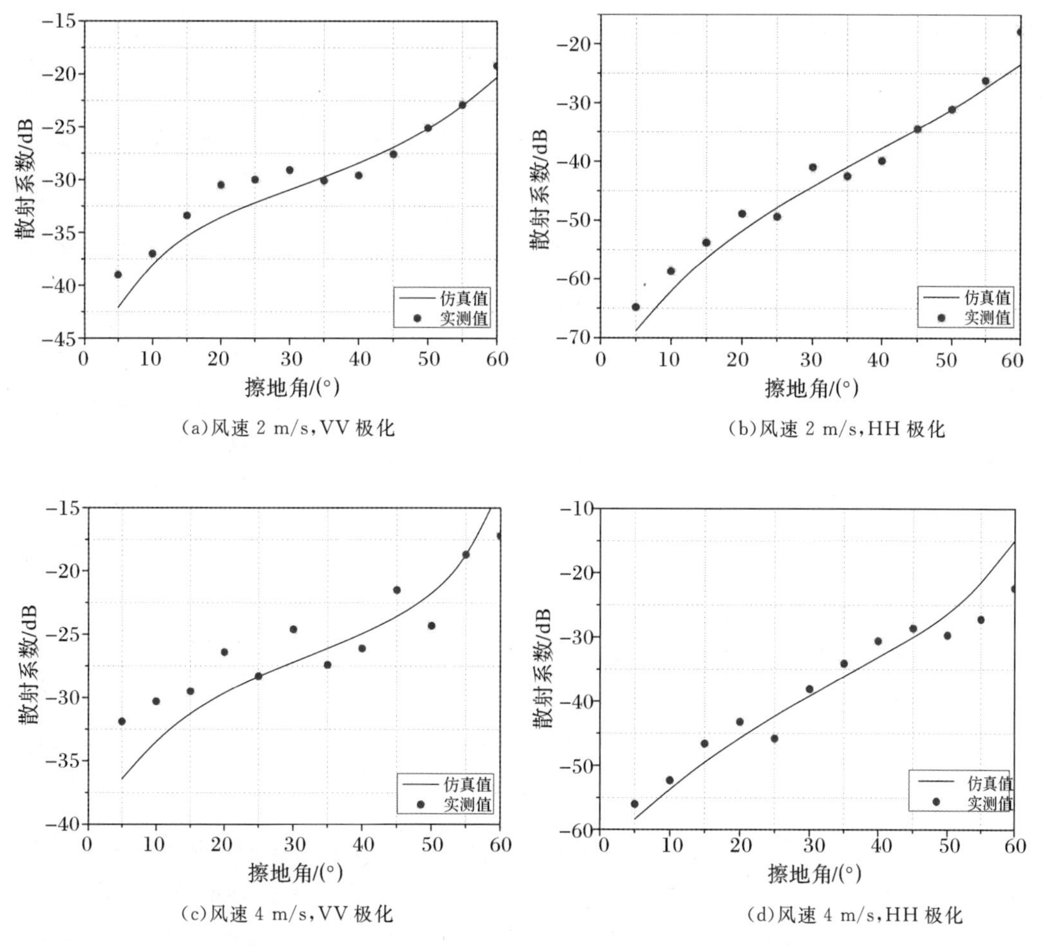

(a)风速 2 m/s，VV 极化

(b)风速 2 m/s，HH 极化

(c)风速 4 m/s，VV 极化

(d)风速 4 m/s，HH 极化

图 2.62　X 波段，VV/HH 极化下海面后向散射系数对比

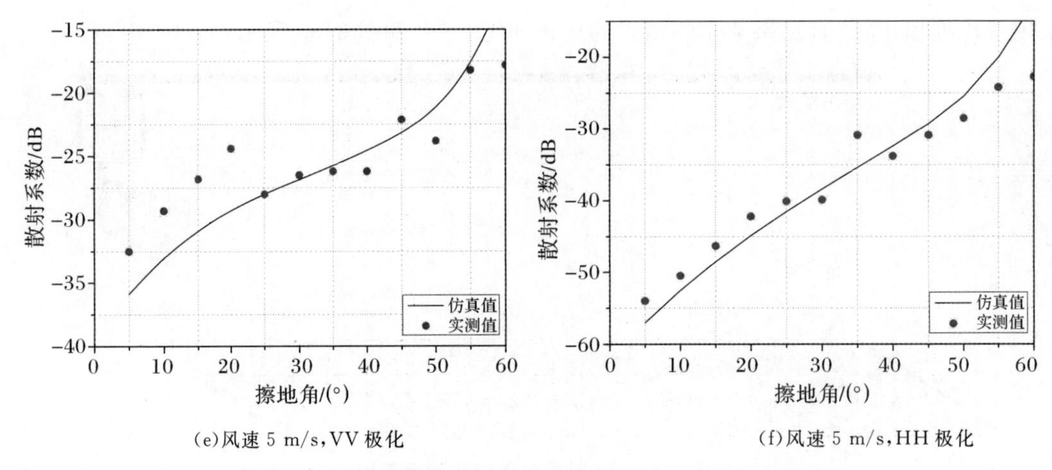

(e)风速 5 m/s,VV 极化

(f)风速 5 m/s,HH 极化

续图 2.62　X 波段,VV/HH 极化下海面后向散射系数对比

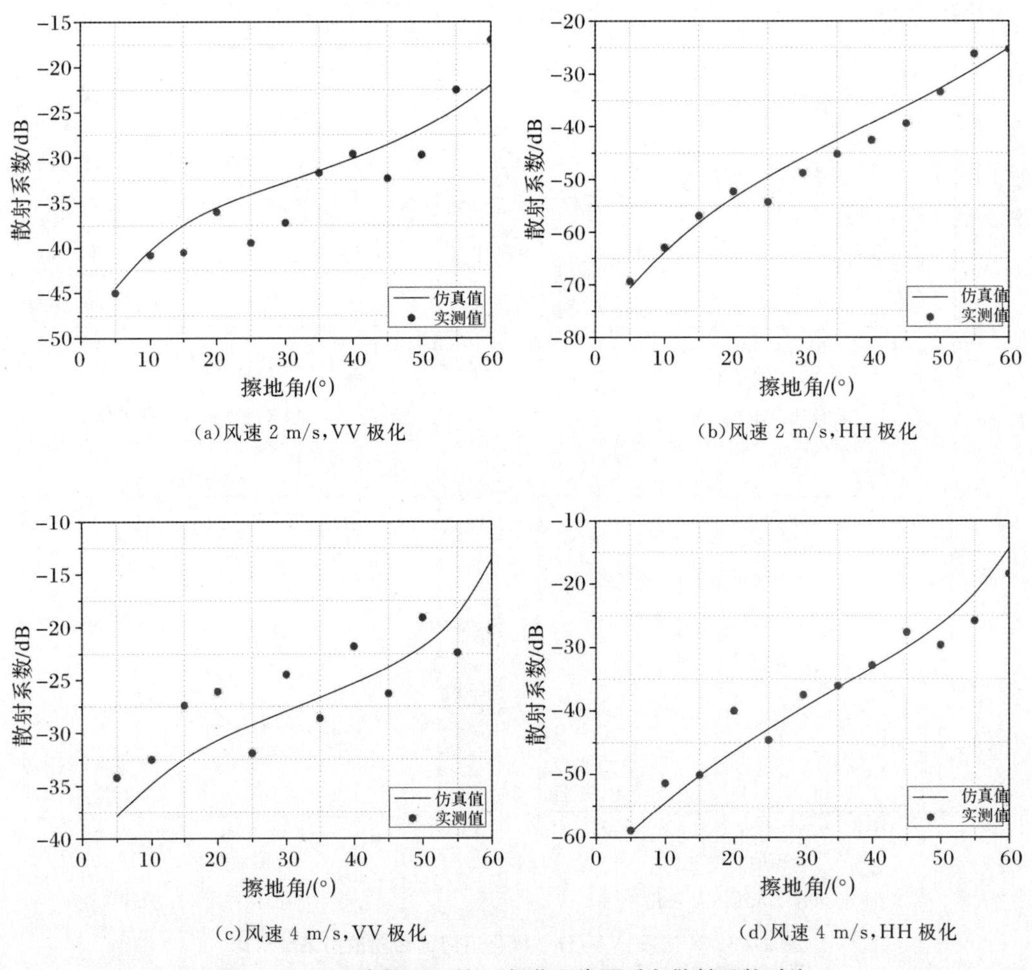

(a)风速 2 m/s,VV 极化

(b)风速 2 m/s,HH 极化

(c)风速 4 m/s,VV 极化

(d)风速 4 m/s,HH 极化

图 2.63　Ku 波段,VV/HH 极化下海面后向散射系数对比

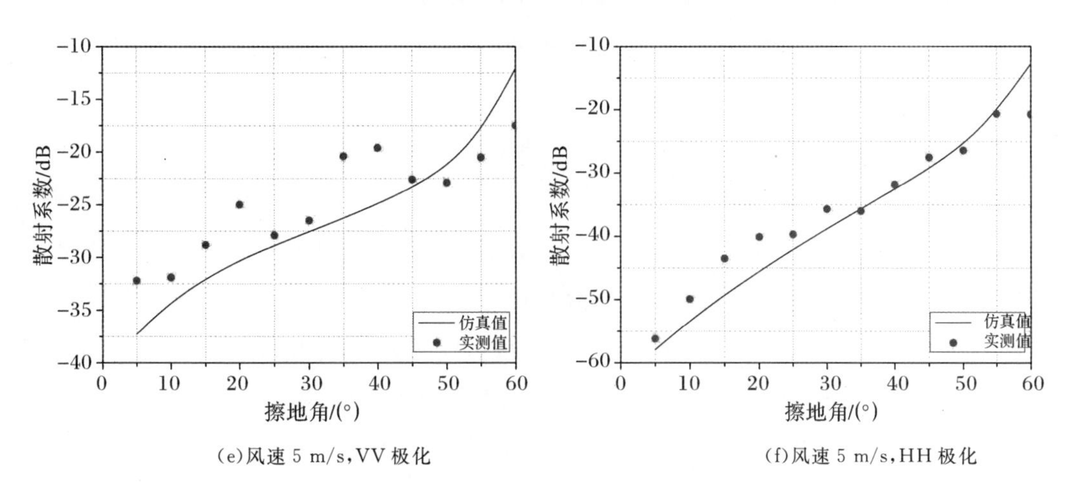

续图 2.63　Ku **波段**,VV/HH **极化下海面后向散射系数对比**

从图中可以看出:不同风速下,VV 极化和 HH 极化下的仿真散射系数曲线均能与实测结果相吻合。每组实测结果的曲线存在一定跳动和起伏是因为测试的样本较少,仿真曲线是对 50 次样本计算值的平均。仿真结果与实验测试结果的均方根误差不大于 4 dB。该算例验证了双尺度模型在计算环境后向散射系数时的精度。

(2)土壤后向散射验证实验。

【算例 2.38】以土壤环境模型作为测试模型,环境的均方根高度 $h=0.2$ m,相关长度$l=0.6$ m,设置工作频率在 X 波段,设置相对介电常数 $\varepsilon_r=3-j0.000\ 024$,方位角为 0°,计算擦地角 20～80°时,HH、VV 极化下的后向散射系数。雷达与环境面中心距离均为 200 m。计算结果如图 2.64 所示。结果表明:后向散射系数与实测结果数据在整个计算范围内的均方根误差小于 2.5 dB,算法的有效性得到了验证。

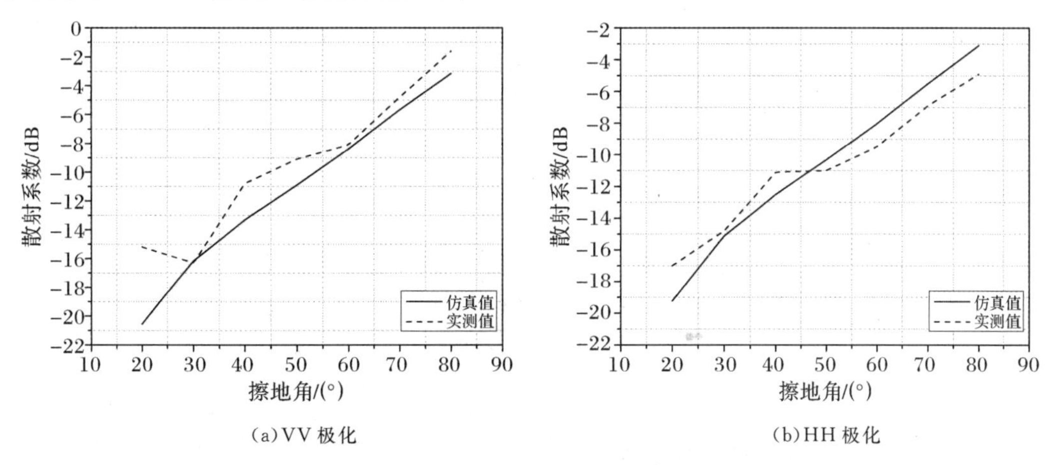

图 2.64　X **波段**,VV/HH **极化下土壤后向散射系数对比**

5. 算法应用

环境后向散射系数与环境的电磁参数和外形参数都有关系,而本章介绍的经验公式给出的是某些特殊条件下的平均值，本节利用双尺度模型对散射系数随环境各参数的变化进行计算，并总结规律。

(1)环境后向散射系数随小起伏均方根高度的变化规律。

【算例 2.39】雷达与环境面中心距离均为 2 km，相对介电常数 $\varepsilon_r=5.93-j4.05$，环境轮廓均方根高度 $H=0.2$ m，相关长度 $L_x=0.6$ m，小起伏相关长度 $l_x=0.5$ m，方位角为 0°，计算擦地角 5°～70°时，VV 极化下的后向散射系数。

从图 2.65 的计算结果看出：当小起伏均方根高度变大时，环境面变得粗糙，漫反射变大，后向散射系数变强。随着工作频率的增高，散射系数也会整体变大，这是因为频率的升高，环境粗糙度的电长度也随之增加，从而导致后向散射系数变大。

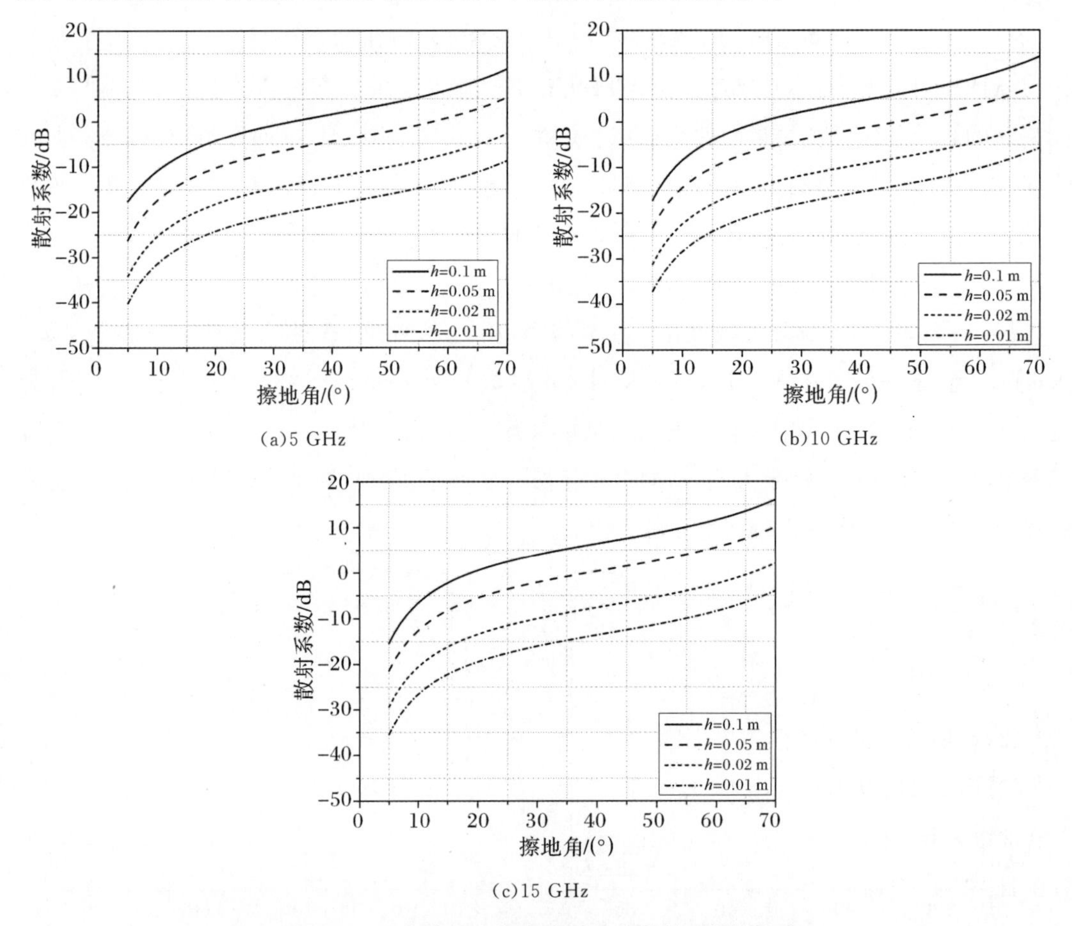

图 2.65　小起伏均方根高度对后向散射系数的影响

(2)环境后向散射系数随小起伏相关长度的变化规律。

【算例 2.40】雷达与环境面中心距离均为 2 km，相对介电常数 $\varepsilon_r=5.93-j4.05$，环境轮廓均方根高度 H 为 0.2 m，相关长度 L_x 为 0.6 m，小起伏均方根高度 $h=0.1$ m，方位角为 0°，计算擦地角 5°～70°时，VV 极化下的后向散射系数。

从图 2.66 的计算结果看出：当相关长度变小大时，环境面变得粗糙，漫反射变大，后向散射系数变强。当频率升高时，环境均方根高度的电长度会增加，环境散射系数会增加，同时，相关长度的电长度会增加，这会使得环境散射系数减小，综合的效果表示为散射系数增强，说明均方根高度变化带来的贡献要大于相关长度变化带来的贡献。

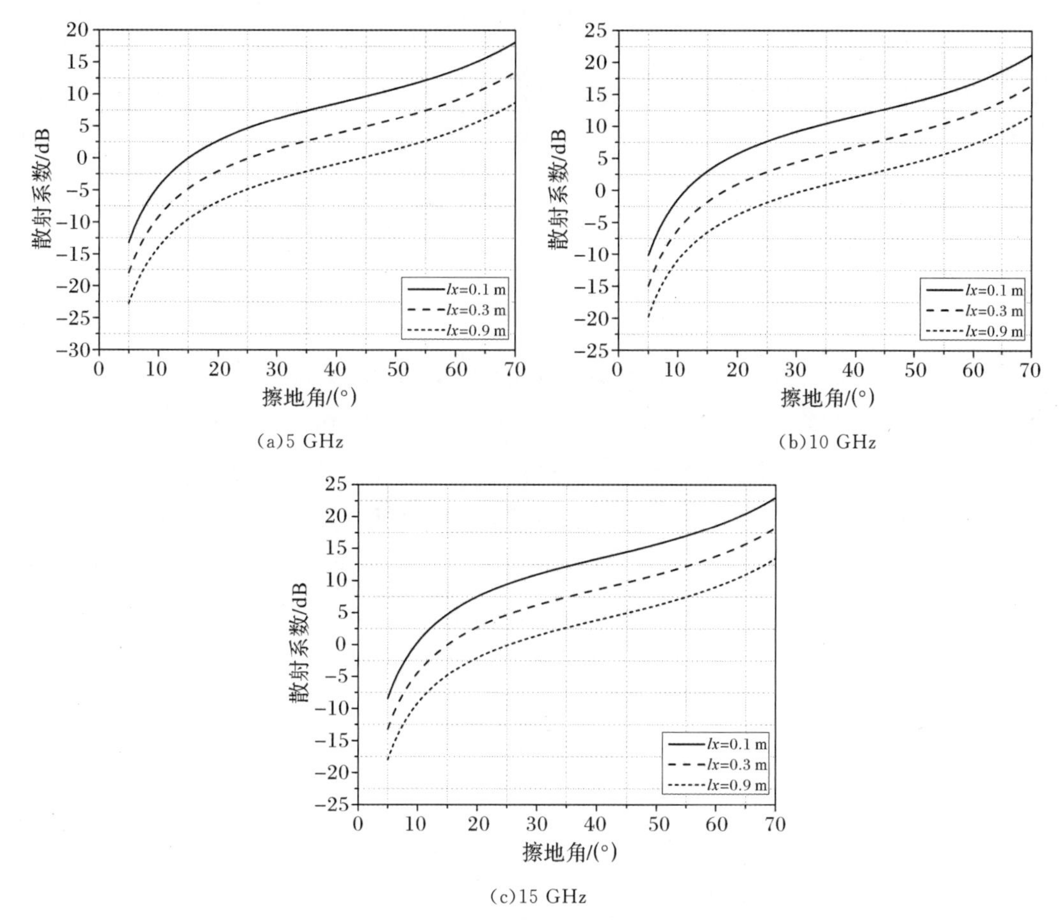

(a)5 GHz　(b)10 GHz　(c)15 GHz

图 2.66　小起伏相关长度对后向散射系数的影响

(3)环境后向散射系数随工作频率的变化规律。

【算例 2.41】以小起伏相关长度为参量。设定雷达与环境面中心距离均为 2 km，相对介电常数 $\varepsilon_r=5.93-j4.05$，环境轮廓均方根高度 H 为 0.2 m，相关长度 L_x 为 0.6 m，方位角为 0°，计算小起伏均方根高度 $h=0.01$ m，擦地角 30°照射下后向散射系数在不同极化照射下随工作频率变化的曲线。

从图 2.67 的计算结果可以看出：VV 极化下的后向散射系数总体要比 HH 极化下的要高。随着频率的增加，环境均方根高度的电长度变大，后向散射系数会变大，而相关长度的电长度也会变大，后向散射系数会变小，两者与散射系数变化的关系正好相反，而图示中显示最终的后向散射系数增强。这说明环境均方根高度的影响强于相关长度的影响。由图

2.67 还可以看出:同一频率下,环境均方根高度相同,相关长度越大,环境面的曲率便越大,也就显得更加平坦,由此导致后向散射系数越小。

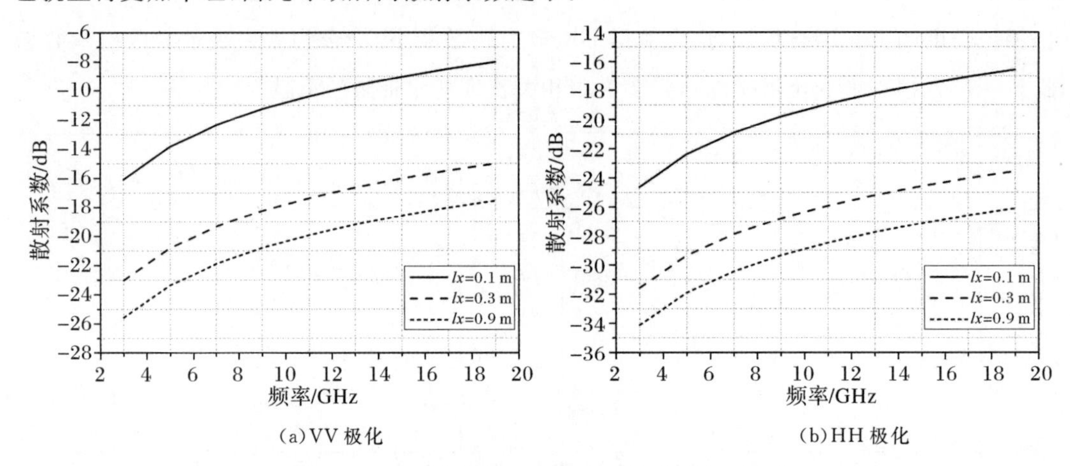

(a)VV 极化　　(b)HH 极化

图 2.67　小起伏相关长度对后向散射系数的影响

【算例 2.42】以小起伏均方根高度为参量。设定雷达与环境面中心距离均为 2 km,相对介电常数 $\varepsilon_r=5.93-j4.05$,环境轮廓均方根高度 $H=0.2$ m,相关长度 $L_x=0.6$ m,方位角为 0°,计算小起伏相关长度 $l_x=0.5$ m,擦地角 60°照射下后向散射系数在不同极化照射下随工作频率变化的曲线。

从图 2.68 的计算结果可以看出:随着频率的增加,均方高度变化的影响要强于相关长度的影响。

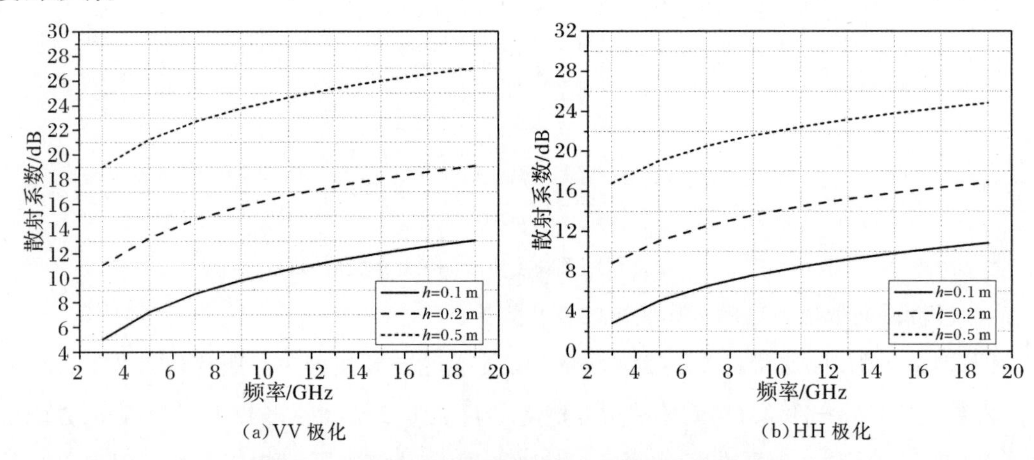

(a)VV 极化　　(b)HH 极化

图 2.68　小起伏均方根高度对后向散射系数的影响

【算例 2.43】以擦地角为参量。设定雷达与环境面中心距离均为 2 km,相对介电常数 $\varepsilon_r=5.93-j4.05$,方位角为 0°,计算环境轮廓均方根高度 $H=0.2$ m,相关长度 $L_x=0.6$ m,小起伏均方根高度 $h=0.4$ m,相关长度 $l_x=0.4$ m,后向散射系数在不同极化照射下随工作频率变化的曲线。

从图 2.69 的计算结果可以看出:后向散射系数随频率变化的曲线在大擦地角,也就是在近垂直入射时更加靠近环境的准镜面反射区，其散射系数的整体量级就高，这也符合环境面散射的基本规律。

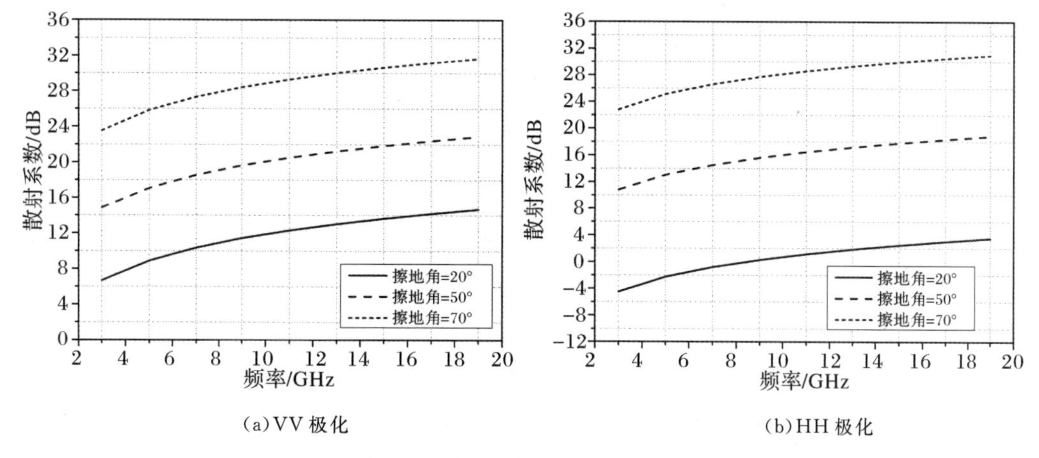

(a)VV极化　(b)HH极化

图2.69　入射擦地角对后向散射系数的影响

(4)环境后向散射系数随相对介电常数的变化规律。

【算例2.44】雷达与环境面中心距离均为2 km，工作频率在X波段，环境轮廓均方根高度 $H=0.2$ m，相关长度 $L_x=0.6$ m，小起伏均方根高度 $h=0.1$ m，相关长度 $l_x=0.1$ m，方位角为0°，计算擦地角5°～70°时，不同极化下的后向散射系数。

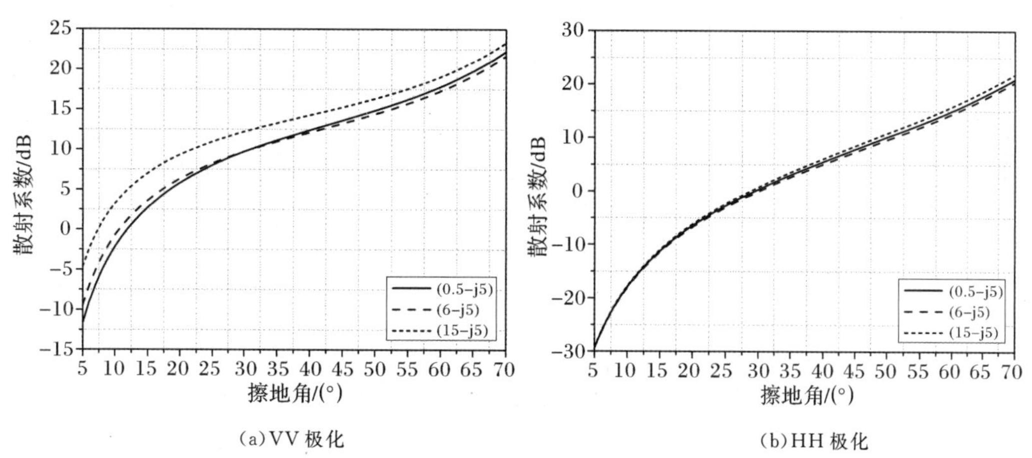

(a)VV极化　(b)HH极化

图2.70　相对介电常数实部对后向散射系数的影响

从图2.70的计算结果可以看出：当相对介电常数的实部增大时，VV极化下的后向散射系数会增强，HH极化下的散射系数变化不明显。

从图2.71的计算结果可以看出：当相对介电常数的虚部的绝对值增大时，VV和HH极化下的后向散射系数均会增加，且变化相对于实部情况下的会比较明显。环境相对介电常数的虚部比较大，说明介质的导电特性会比较好。该算例也说明从环境散射系数的极化特征能够作为分析环境组成材质如含水量、矿物质量、盐分等的一个依据。

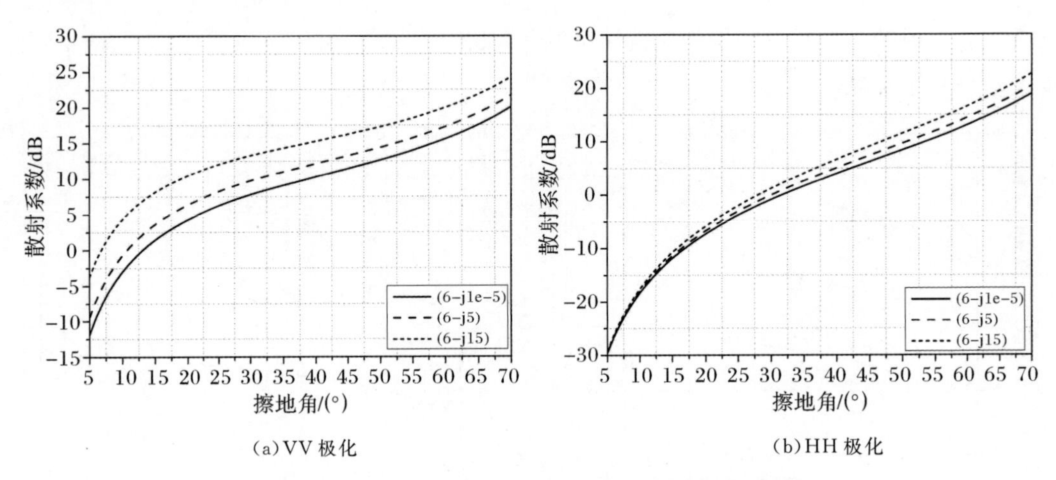

(a)VV 极化　　(b)HH 极化

图 2.71　相对介电常数虚部对后向散射系数的影响

(5)环境后向散射系数随大起伏均方根高度的变化规律。

【算例 2.45】雷达与环境面中心距离均为 2 km,工作频率在 X 波段,环境轮廓相关长度 L_x=0.6 m,小起伏均方根高度 h=0.01 m,相关长度 l_x=0.05 m,方位角为 0°,计算擦地角 5°~70°时,不同极化下的后向散射系数。

从图 2.72 的计算结果可以看出:环境轮廓均方根高度增加,后向散射系数仍然会增加,并且 HH 极化下的散射系数比 VV 极化的在小擦地角时相差较大。

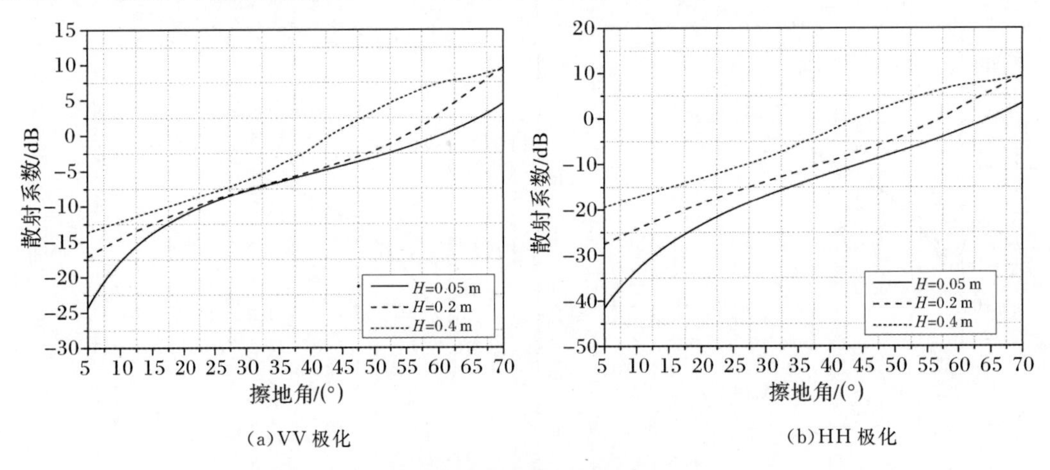

(a)VV 极化　　(b)HH 极化

图 2.72　大起伏均方根高度对后向散射系数的影响

(6)环境后向散射系数随大起伏相关长度变化规律。

【算例 2.46】雷达与环境面中心距离均为 2 km,工作频率在 X 波段,环境轮廓均方根高度 H=0.2 m,小起伏均方根高度 h=0.01 m,相关长度 l_x=0.05 m,方位角为 0°,计算擦地角 5°~70°时,不同极化下的后向散射系数。

从图 2.73 的计算结果可以看出:环境轮廓相关长度增加,环境表面的起伏变缓,类镜面结构比较明显,后向散射系数会减小,HH 极化下的散射系数比 VV 极化下的要小。

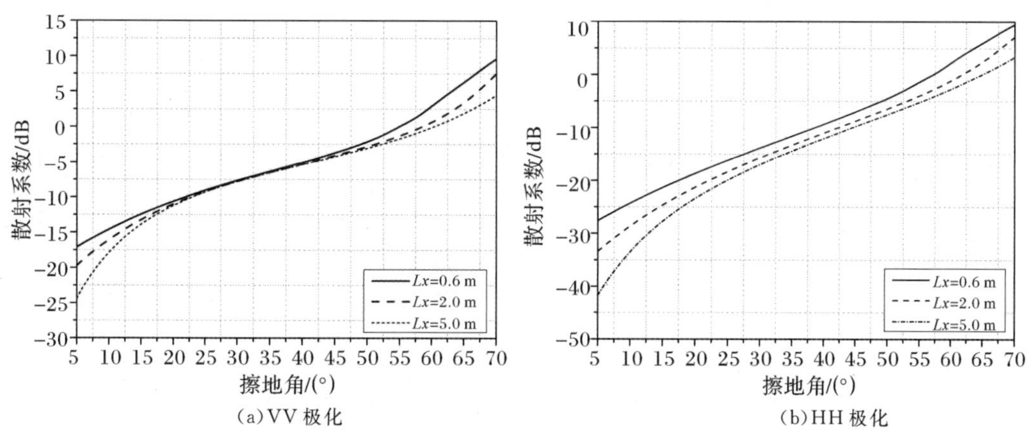

(a)VV 极化　(b)HH 极化

图 2.73　大起伏相关长度对后向散射系数的影响

(7)海环境后向散射系数随风速的变化规律。

【算例 2.46】雷达与环境面中心距离均为 2 km,工作频率为 5 GHz、10 GHz 及14 GHz,相对介电常数 $\varepsilon_r=42.08-j39.45$,风向 0°,计算擦地角 5°～70°时,不同极化下的后向散射系数。

从图 2.74 的计算结果可以看出:当海面风速增大时,海面后向散射系数会变大,且 VV 极化比 HH 极化在擦地角较小时的计算结果要大。随着频率的增加,海面的粗糙度变大,海面的后向散射会变强,尤其在小擦地角的条件下。

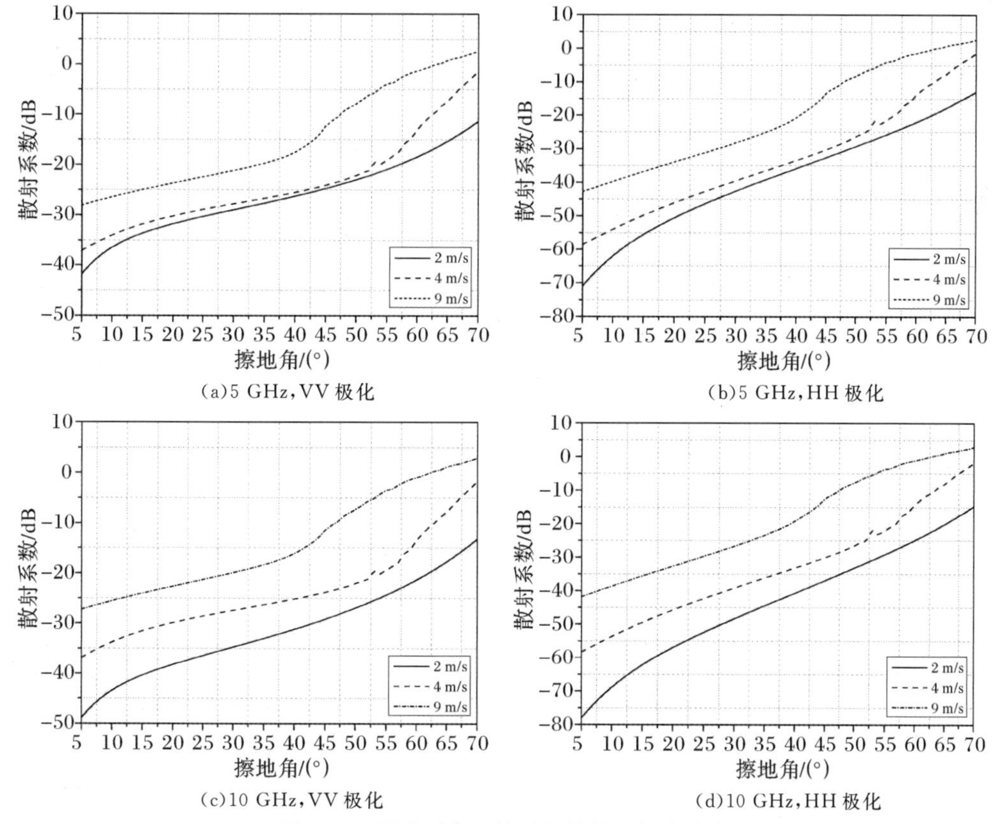

(a)5 GHz,VV 极化　(b)5 GHz,HH 极化

(c)10 GHz,VV 极化　(d)10 GHz,HH 极化

图 2.74　风速对海环境后向散射系数的影响

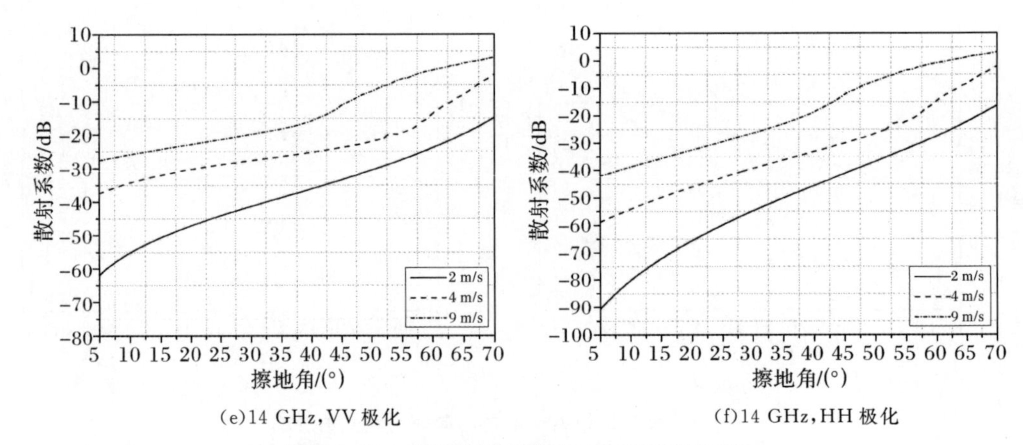

(e)14 GHz,VV 极化　　　(f)14 GHz,HH 极化

续图 2.74　风速对海环境后向散射系数的影响

(8)海环境后向散射系数随风向的变化规律。

【算例 2.47】雷达与环境面中心距离均为 2 km,工作频率在 X 波段,相对介电常数 $\varepsilon_r = 42.08 - j39.45$,风速 5 m/s,计算擦地角 5°～70°时,不同极化下不同风向变化的后向散射系数。

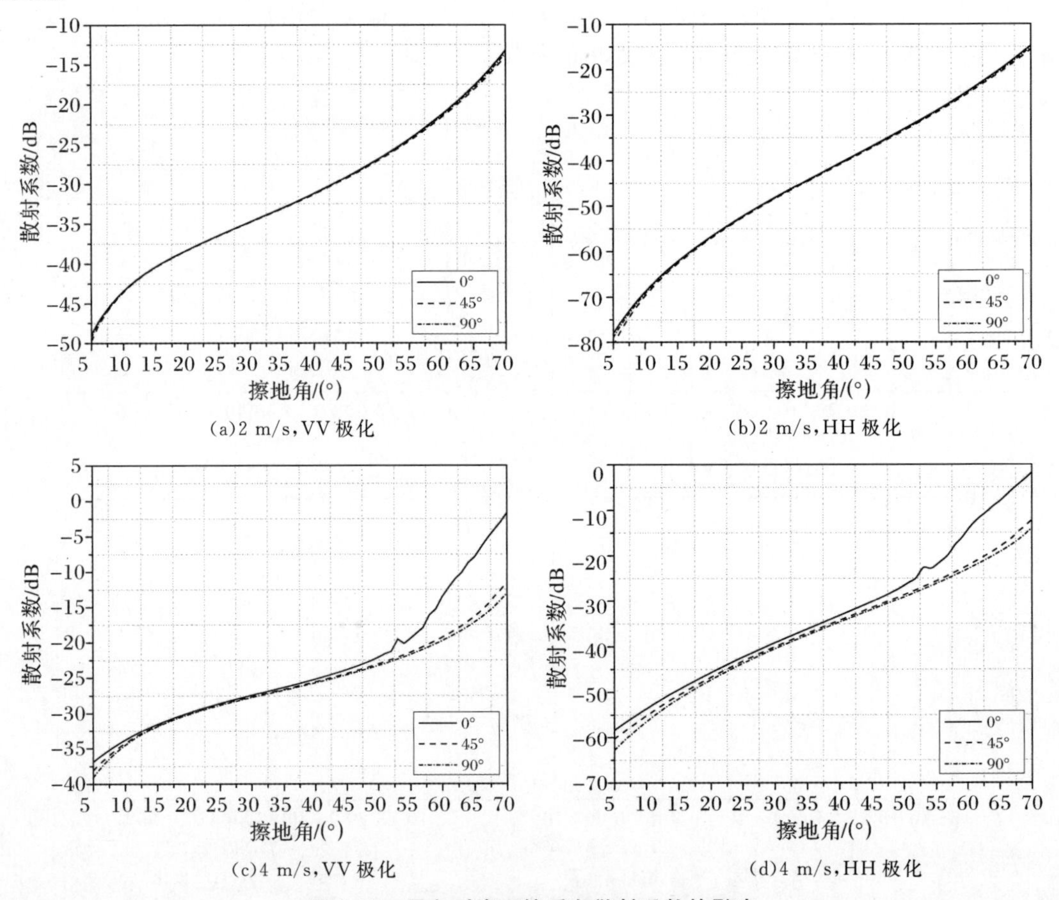

(a)2 m/s,VV 极化　　　(b)2 m/s,HH 极化

(c)4 m/s,VV 极化　　　(d)4 m/s,HH 极化

图 2.75　风向对海环境后向散射系数的影响

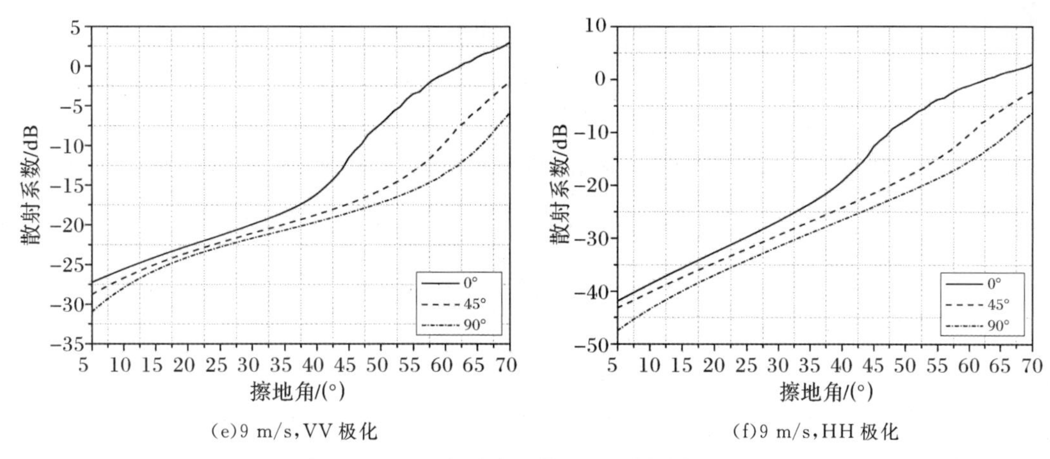

(e)9 m/s,VV 极化　　(f)9 m/s,HH 极化

续图 2.75　风向对海环境后向散射系数的影响

从图 2.75 的计算结果可以看出:当风速较小时,风向变化对后向散射的影响较弱,而风速较大时,风向变化主要影响在大擦地角时的散射。VV 极化与 HH 极化相比,后向散射系数的差别主要在小擦地角的区域。

2.2　雷达导引头超低空回波信号生成

雷达是武器系统中实现目标探测、跟踪及制导的一个重要分系统。不同体制的武器系统通过发射天线将一定信号形式的电磁波向目标所在方向辐射出去,目标在照射信号的感应下产生散射回波,雷达天线接收来自雷达回波,接收机将雷达回波通过放大器、混频器、增益控制等变为基带信号,并送至信号处理机,信号处理机在一定处理时间内通过距离和速度滤波器得到目标距离-速度二维信息,并通过信号检测得到信号中包含的距离信息、速度信息及角误差信息,并利用角误差信息通过波束控制调整雷达天线对准信号最大方向,利用距离及速度信息实现距离跟踪和角度跟踪功能。

1. 雷达导引头下视示意图

雷达处于运动平台上,如图 2.76 所示,平台速度矢量方向为 $\boldsymbol{v}_r$,天线主轴方向为 $\hat{\boldsymbol{k}}_i$,目标速度矢量方向为 $\boldsymbol{v}_t$,镜像目标速度矢量方向为 $\boldsymbol{v}'_t$,$\hat{\boldsymbol{k}}_t$ 为平台中心到目标中心处的矢量方向,$\hat{\boldsymbol{k}}_{mt}$为平台中心到镜像目标中心处的矢量方向。$\Delta R$ 表示由雷达最小距离分辨力确定的距离环大小,$\hat{\boldsymbol{k}}_{sn}$表示平台中心到某一环境散射单元的矢量方向。

雷达平台上的天线通常是由若干天线单元组成的相控阵天线,通过机械或电控调节的方式改变天线主轴方向使其对准目标方向。根据目标中心处的矢量方向偏离天线主轴的角度就可以确定该位置处的入射波幅度大小;根据天线主轴方向及天线方向图的主波束宽度就可以确定平台天线在环境面上的有效照射区域,天线主瓣照射区域产生的是主瓣杂波,旁瓣产生的是旁瓣杂波,平台正下方产生的是高度线杂波。根据平台与目标、镜像目标及环境单元之间的相对运动会引起多普勒频率,如图 2.76 所示,它们分别为

$$\left.\begin{aligned} f_{\mathrm{dt}} &= 2(\boldsymbol{v}_{\mathrm{r}}-\boldsymbol{v}_{\mathrm{t}})\cdot\hat{\boldsymbol{k}}_{\mathrm{t}}/\lambda \\ f_{\mathrm{dmt}} &= 2(\boldsymbol{v}_{\mathrm{r}}-\boldsymbol{v}'_{\mathrm{t}})\cdot\hat{\boldsymbol{k}}_{\mathrm{mt}}/\lambda \\ f_{\mathrm{dct}} &= 2\boldsymbol{v}_{\mathrm{r}}\cdot\hat{\boldsymbol{k}}_{\mathrm{sn}}/\lambda \end{aligned}\right\} \tag{2.65}$$

式中：λ 表示入射电磁波的辐射频率。通常，目标环境都是由许多散射中心组成的，也可以采用式(2.65)进行计算，只是需要用到各散射中心的速度矢量。

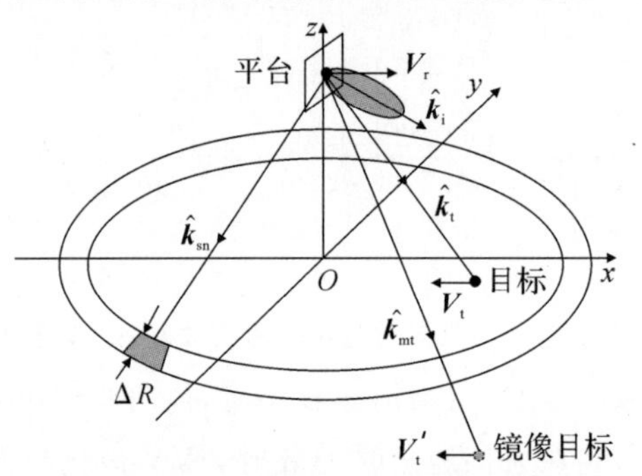

图 2.76　雷达超低空下视几何关系图

2. 阵列天线

雷达在探测超低空目标时，会接收到来自波束照射范围内所有的回波信号，这些信号都是经过天线方向图加权的。因此，雷达导引天线建模对雷达回波建模非常重要。雷达内的天线应当具有高增益，高定向性且具有波束扫描能力。采用阵列天线能够兼顾高增益和波束扫描。有效辐射口径面的面积决定了天线增益的大小，因此应当选用大口径面的天线，而口径面受制于雷达横截面的大小。波束扫描可以采用机械扫描或电扫描的方式，电扫描相对机械扫描的优势在：实时性好；不需要转动装置，也就降低了设计难度，提高了设备的稳定性，为天线口径面的设计提供了更大空间。阵列天线可以通过阵列优化技术得到低旁瓣的辐射方向图，这能够降低来自旁瓣的干扰。

令 d_x 为 x 向的阵元间距，d_y 为 y 向的阵元间距，$\hat{\boldsymbol{k}}_{\mathrm{r}}(\theta,\varphi)$ 为空间某一方向矢量，θ 和 φ 分别为 $\hat{\boldsymbol{k}}_{\mathrm{r}}$ 在坐标系中的俯仰角和方位角。另外，$\hat{\boldsymbol{k}}_{\mathrm{r}}$ 与 xOz 面的夹角为 θ_{E}，其与 yOz 的夹角为 θ_{A}，并且有 $\sin\theta_{\mathrm{E}}=\sin\theta\sin\varphi$ 和 $\sin\theta_{\mathrm{A}}=\sin\theta\cos\varphi$。根据阵列综合理论，可以得到 $\hat{\boldsymbol{k}}_{\mathrm{r}}(\theta,\varphi)$ 这一方向上的辐射方向图表达式

$$\left.\begin{aligned} f(\theta_{\mathrm{E}},\theta_{\mathrm{A}}) &= f_0(\theta_{\mathrm{E}},\theta_{\mathrm{A}})f_xf_y \\ f_x &= \sum_{m=1}^{N_x} I_m^x \exp\left(\mathrm{j}\,\frac{2\pi}{\lambda}md_x\sin\theta_{\mathrm{A}}+\mathrm{j}\varphi_m\right) \\ f_y &= \sum_{n=1}^{N_y} I_n^y \exp\left(\mathrm{j}\,\frac{2\pi}{\lambda}nd_y\sin\theta_{\mathrm{E}}+\mathrm{j}\varphi_n\right) \end{aligned}\right\} \tag{2.66}$$

式中：$f_0(\theta_{\mathrm{E}},\theta_{\mathrm{A}})$ 表示阵元辐射方向图，通常其波束宽度较宽；f_x 和 f_y 分别为 x 和 y 向上的阵因子；N_x 和 N_y 为 x 和 y 向上的阵元数；I_m^x 和 I_n^y 分别表示各阵元沿 x 和 y 方向上归一化的幅度；而 φ_m 和 φ_n 为各阵元的初始相位，当 φ_m 和 φ_n 均为 0 时，天线的最大辐射方向为 z 轴方向，通过改变阵元的相位就能实现波束扫描。

下面给出一均匀阵列天线的参数，假定阵元方向图 $f_0(\theta_{\mathrm{E}},\theta_{\mathrm{A}})$ 为 $\cos\langle\hat{\boldsymbol{k}}_{\mathrm{r}},\hat{\boldsymbol{e}}_z\rangle$，$\cos\langle\hat{\boldsymbol{k}}_{\mathrm{r}}$，

$\hat{e}_z$>为最大辐射方向即 z 轴方向与观察方向 $\hat{\boldsymbol{k}}_r$ 之间夹角的余弦，阵元初始相位均为 0，归一化幅度均为 1，即各单元的幅度相位均相同，d_x 和 d_y 均为 0.5λ。图 2.77 给出了 $\theta_E=0°$ 平面内天线方向图。可以看出，天线的旁瓣电平为-13 dB。

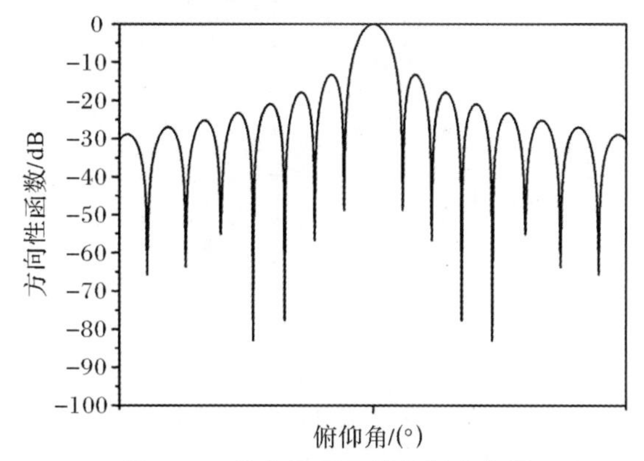

图 2.77　均匀阵列天线辐射方向图

实际使用中，往往对天线的旁瓣电平提出要求，使其能够降至所设定的值。为了满足降低旁瓣设计值，可以采用阵列优化方法，如契比雪夫阵列优化方法。该优化方法能够根据预先设定好的旁瓣电平优化阵列单元的幅度，这样就得到了低旁瓣的契比雪夫阵列天线。具体参数为：阵元初始相位均为 0°，d_x 和 d_y 均为 0.5λ，旁瓣电平为－20 dB。下面给出了优化得到的 $\theta_E=0°$ 平面内天线方向图，由图 2.78 可以看出：优化得到的天线方向图，旁瓣电平满足要求。

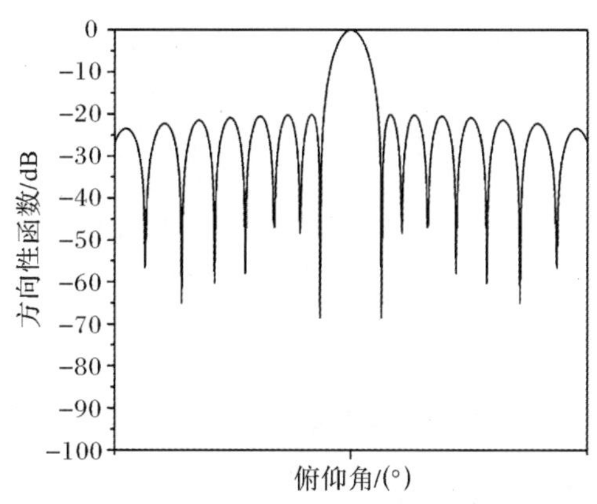

图 2.78　契比雪夫阵列天线辐射方向图

3. "四象限"天线模型

雷达上的天线会随着雷达的运动而运动，天线的指向也会随之发生改变，这对于雷达探测跟踪目标是非常不利的。为了能够让雷达的天线始终对准需要指向的目标方向并持续跟踪目标，就需要将波束的调整与雷达运动相互隔离，实现解耦。这能为天线的建模带来了方便，不用考虑雷达姿态的变化而只需要将阵面天线波束指向始终对准目标。基于这样的考虑，天线模型坐标系建立的方式为：将天线的主波束方向定义为 z 轴，x 轴与水平方向平行

且指向 z 轴的右侧，y 轴则由此确定，如图 2.79 所示。因为不需要考虑雷达姿态变化对天线坐标系的影响，所以可以令 x 轴始终平行于环境面，沿着方位向，令 y 轴沿着俯仰向。

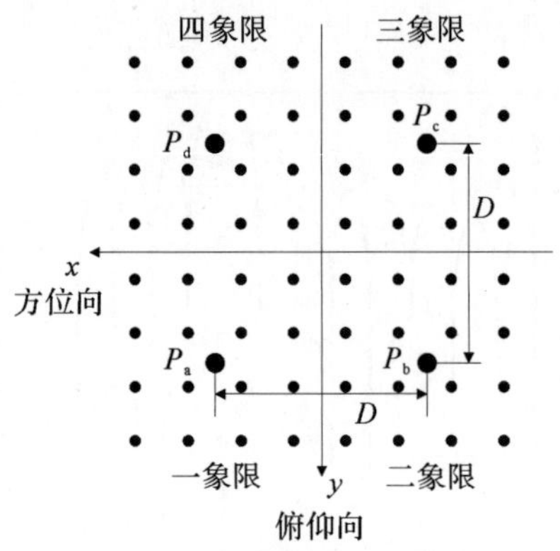

图 2.79 “四象限”天线模型

雷达天线为了实现角度跟踪就需要构造和差波束，为此天线模型可采用“四象限”模型。它可以看作是由四个阵列天线按照正方形排列构成的。图 2.79 中 P_a，P_b，P_c 和 P_d 是每个象限的等效相位中心，其相互的间距为 D。“四象限”天线模型可以看作是四个阵列天线的又一次阵列合成。f_Σ 表示和波束方向图，$f_{\Delta 1}$ 表示俯仰向差波束方向图，$f_{\Delta 2}$ 表示方位向差波束方向图。其表达式为：

$$f_\Sigma(\theta_E,\theta_A)=f_\phi(\theta_E,\theta_A)\cos\left(\frac{\pi D}{\lambda}\sin\theta_A\right)\cos\left(\frac{\pi D}{\lambda}\sin\theta_E\right) \tag{2.67a}$$

$$f_{\Delta 1}(\theta_E,\theta_A)=f_\phi(\theta_E,\theta_A)\cos\left(\frac{\pi D}{\lambda}\sin\theta_A\right)\sin\left(\frac{\pi D}{\lambda}\sin\theta_E\right) \tag{2.67b}$$

$$f_{\Delta 2}(\theta_E,\theta_A)=f_\phi(\theta_E,\theta_A)\sin\left(\frac{\pi D}{\lambda}\sin\theta_A\right)\cos\left(\frac{\pi D}{\lambda}\sin\theta_E\right) \tag{2.67c}$$

式中：$f_\phi(\theta_E,\theta_A)$ 表示契比雪夫分布阵列方向图。为了能够直观地了解和差波束，这里给出了一个例子，其中“四象限”天线的间距 D 为 0.5λ，如图 2.79 所示。

4. 目标模型的坐标变换

目标模型相对照射和接收天线的位置、姿态均会发生变化，尤其在雷达探测超低空目标时，目标的轴线会随着运动参数的变化而发生偏转。这就需要对目标模型按照轴向进行变换。

图 2.80 是目标变换的示意图。图中目标的局部坐标系 x' 沿着目标的轴线，y' 与水平面平行指向轴线的左侧，z' 与它们两个的方向构成右手螺旋关系。θ_α 表示目标轴线与水平面的仰角，φ 表示天线轴线水平投影方向与 x 之间的夹角。当目标轴线的矢量方向由(1,0,0)变到($\sin\theta_\alpha\cos\varphi$，$\sin\theta_\alpha \mathrm{sins}\varphi$，$\cos\theta_\alpha$)，且模型沿着轴向旋转角度 θ_β，目标模型上的坐标点(a_x，a_y，a_z)就会变到($a_x{}'$，$a_y{}'$，$a_z{}'$)。为了能够实现这样的坐标变换。下面给出这三种变换，分别为滚转变换、俯仰变换、方位变换。总的变换公式可以写为

$$\begin{bmatrix} a'_x \\ a'_y \\ a'_z \end{bmatrix} = \begin{bmatrix} \cos\varphi\cos\theta_\alpha - \cos\varphi\sin\theta_\alpha\sin\theta_\beta - \sin\varphi\cos\theta_\beta & \sin\varphi\sin\theta_\beta - \cos\varphi\sin\theta_\alpha\cos\theta_\beta \\ \sin\varphi\cos\theta_\alpha - \sin\varphi\sin\theta_\alpha\sin\theta_\beta + \cos\varphi\cos\theta_\beta - \cos\varphi\sin\theta_\beta - \sin\varphi\sin\theta_\alpha\cos\theta_\beta \\ \sin\theta_\alpha \quad \cos\theta_\alpha\sin\theta_\beta \quad \cos\theta_\alpha\cos\theta_\beta \end{bmatrix} \begin{bmatrix} a_x \\ a_y \\ a_z \end{bmatrix} \tag{2.68}$$

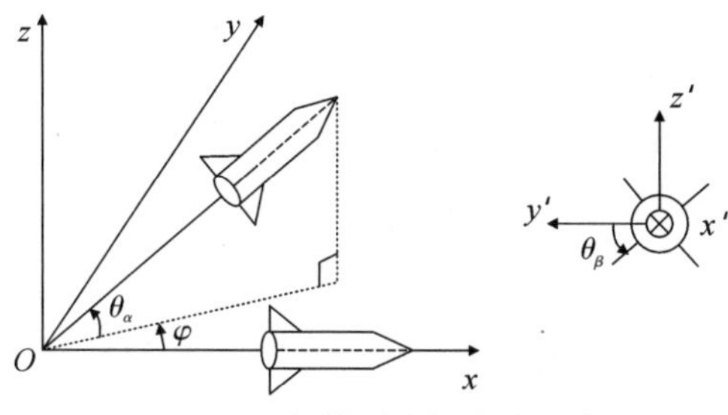

图 2.80　目标模型坐标变换示意图

设一导弹模型的轴线方向与 x 轴正向重合，对其进行变换，具体参数为：滚转角 $\theta_\beta = -40°$，$\theta_\alpha = 20°$，$\varphi = 30°$。变换后的模型如图 2.81 所示。该图说明：目标坐标变换能够根据目标轴线的变换及时调整目标模型的姿态变化，为目标散射的电磁计算带来方便，也能够按照目标运动的轨迹和运动矢量及时调整目标轴线的指向，也就在目标原始模型和运动参数模型之间建立了联系。实际中的目标散射是在目标坐标系即局部坐标系下完成的，而雷达运动模型是在全局坐标系下建立的，目标相对雷达的相对运动必然引起天线入射到目标的方向不断发生。坐标变换便能够为目标电磁散射的计算建立必要的天线目标相互位置关系。

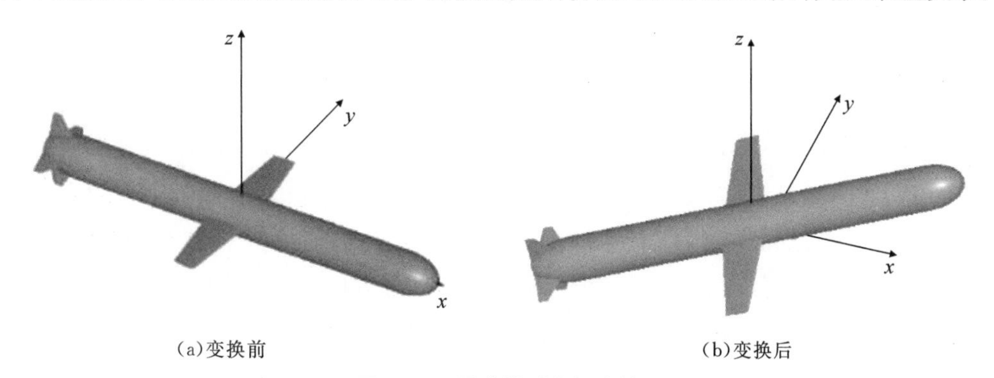

图 2.81　导弹模型坐标变换

5. 线性调频信号

当前，应用广泛的脉冲体制雷达中多采用线性调频(Linear Frequency Modulation, LFM)信号。它是在载频 f_0 上调制调频带宽为 B 的 LFM 信号。LFM 信号能够很好地平衡雷达作用距离与雷达最小分辨力这一对指标的矛盾。实际使用中，选用宽脉冲能够保证雷达辐射的平均功率尽可能大，也就保证了雷达大的作用距离；同时脉冲内部由于采用了线性调频信号，接收时用匹配滤波进行脉冲压缩获得等效的窄脉冲，这就保证了雷达具有小的距离分辨力。LFM 信号的数学表达式为

$$s(t) = A(t)\exp(\mathrm{j}2\pi f_c t) \tag{2.69}$$

式中：f_c 为载波频率；$A(t)=\mathrm{rect}(t/\tau)\exp(\mathrm{j}\pi Kt^2)$表示 LFM 信号的复包络，$K=B/\tau$ 表示调频斜率，B 为调频带宽，$\mathrm{rect}(t/\tau)$为矩形信号，表达式为

$$\mathrm{rect}\left(\frac{t}{\tau}\right)=\begin{cases}1, & \left|\frac{t}{\tau}\right|\leqslant 1\\ 0, & \left|\frac{t}{\tau}\right|>1\end{cases}\tag{2.70}$$

这样，信号的瞬时相位为 $\mathrm{j}2\pi(f_c t+Kt^2/2)$，瞬时频率为 $f_c+Kt(-\tau/2\leqslant t\leqslant\tau/2)$。LFM 信号复包络 $A(t)$的时频特性为如图 2.82 所示。

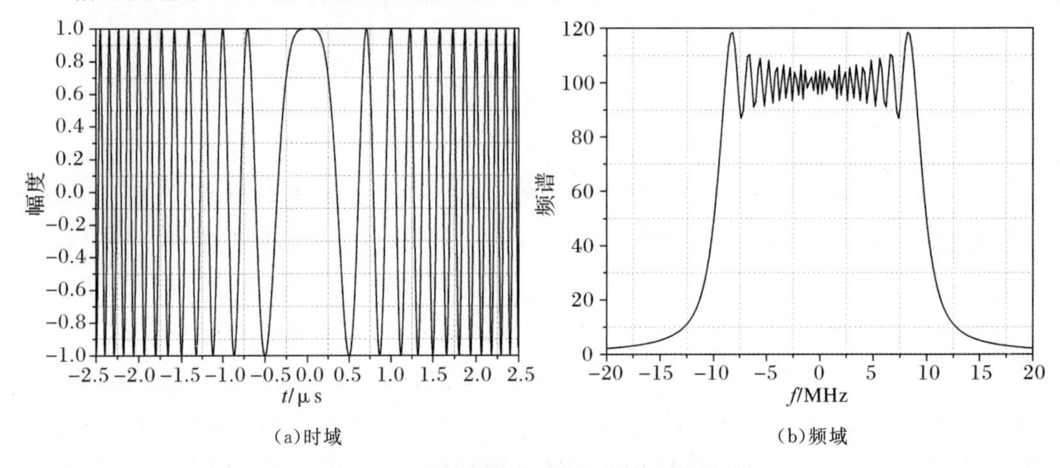

(a)时域　　(b)频域

图 2.82　线性调频信号复包络的时频特性

6. 空时分解方法

(1)空间分解。雷达天线在下视探测超低空目标时，天线照射区域非常大，不能简单将目标环境模型当作一个等效散射中心，而应当对其在空间上进行划分，使其每个散射单元内部的天线增益、多普勒频移、雷达俯仰角、杂波反射率等为一常数，从而保证每个散射单元信号没有相干性。考虑到雷达探测信号波形在脉冲内部采用了 LFM 调制，其最小距离分辨力相对窄带或不调制的纯脉冲信号的分辨力要小得多。方位分辨力与脉冲重复频率及相关处理时间都有关。理论上，散射单元划分的越小其计算精度越高，但是计算量将变得不可承受。这里采用基于距离分辨力的空间划分方法。如图 2.83 所示，图中的目标环境模型首先根据与天线的不同距离而被划分成若干等距离环，距离环间隔为 ΔR，方位向依据多普勒频率而被划分为间隔为 $\Delta\theta$ 的条带，最终得到若干 $\Delta R\times\Delta\theta$ 的单元。其中，距离环间隔 ΔR 是由脉冲 LFM 信号的距离分辨力决定，这样就可以得到

$$\left.\begin{aligned}\Delta R&=\frac{c\tau'}{2}=\frac{c}{2B}\\ \Delta\theta&\approx\frac{\lambda f_{\mathrm{prf}}}{2N_{\mathrm{p}}v_{\mathrm{r}}\left|\sin\langle\hat{\boldsymbol{k}}_{\mathrm{r}},\boldsymbol{v}_{\mathrm{r}}\rangle\right|}\end{aligned}\right\}\tag{2.71}$$

式中：f_{prf}表示脉冲重复频率；N_{p} 表示相干处理时间(Coherent Processing Interval，CPI)内的脉冲数；v_{r} 表示雷达速度大小；$\sin\langle\hat{\boldsymbol{k}}_{\mathrm{r}},\boldsymbol{v}_{\mathrm{r}}\rangle$表示雷达速度矢量与入射波方向之间的夹角

的正弦。实际使用中,$\Delta\theta$ 最小值的选定可以适当放宽。

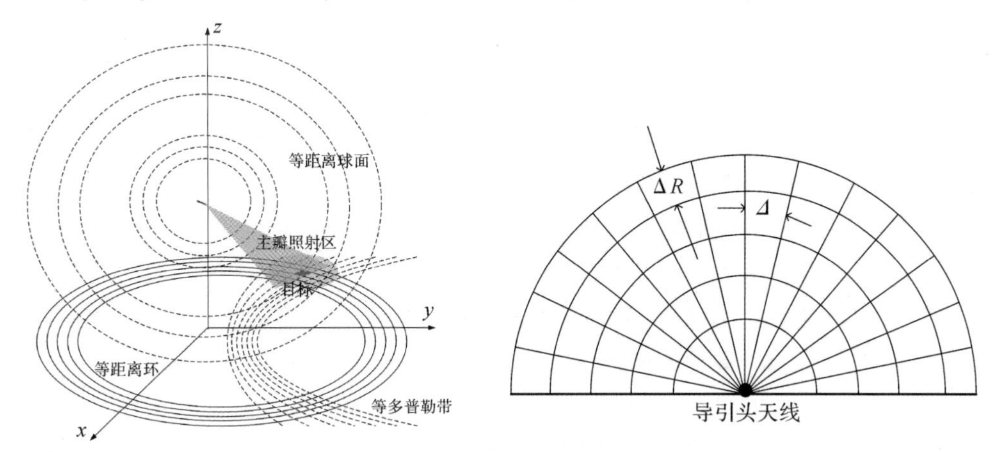

图 2.83 空间划分方法

(2)时间分解。雷达探测目标过程中,目标环境及雷达均处于运动过程,这就决定了雷达的回波是一种动态回波。在脉冲体制下,雷达发射与接收系统需要对一定相干时间(CPI)内接收到的多个脉冲进行实时的回波信号处理。因为发射脉冲信号是宽时脉冲线性调频信号,经过脉冲压缩后的等效脉冲宽度为 $\tau'=1/B$,即单个脉冲含有多个子脉冲分辨单元,信号建模时不能像常规雷达信号模型那样以脉冲为单元进行建模,而是需要对脉冲进一步细分,采用时间分解的方法,将宽时脉冲信号分解成多个窄脉冲信号,发射信号可重新写为

$$s_{\mathrm{t}}(t)=\sum_{i=0}^{N_{\mathrm{b}}-1}\exp[\mathrm{j}2\pi(f_0t+Kt^2/2)]\mathrm{rect}\left(\frac{t-i\tau'}{\tau'}\right),0\leqslant t\leqslant\tau \tag{2.72}$$

式中:τ'为子脉冲宽度;N_{b} 为宽脉冲分解得到的窄脉冲个数。

根据时间分解得到的窄脉冲,求得每一散射单元在这些窄脉冲上的回波响应。在窄脉冲时间内,可以采用准静态法,即假设空间分解的各目标环境散射中心单元的相对位置不变,从而获得每一散射单元在窄时间信号上的回波响应。最后,将各散射单元在宽时脉冲信号激励下的响应回波进行叠加以获得总的回波,整个过程如图 2.84 所示。

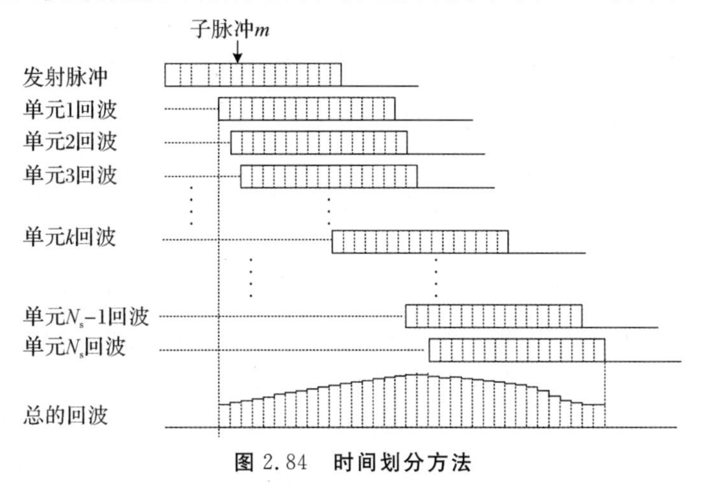

图 2.84 时间划分方法

7. 雷达杂波频谱构成

由上述的空时分解方法可以看出，各环境散射单元相对于雷达存在径向速度，不同空间方向的散射点的相对速度不同，考虑到雷达运动速度很高，雷达工作波长短，因此雷达杂波的多普勒频谱大大展宽。根据杂波相对雷达天线波束照射区的位置不同，通常将机载雷达杂波分为主瓣杂波、旁瓣杂波和高度线杂波。

(1)主瓣杂波。某一时刻，雷达的主波束照射在地面的一个区域，在此区域内，各个散射体的回波具有不同的多普勒频移，幅度按天线方向图加权。因此，那些不同的环带相对于雷达就有不同的径向速度，并分别产生了不同多普勒频移的杂波，这些杂波的总和就构成了主瓣杂波。杂波谱中主瓣杂波功率最强，对雷达动目标回波的干扰也最显著。主瓣杂波的强度与发射机的功率、天线主波束的增益、地物对电波的反射能力、导弹与地面的高度等因素都有关，其强度可以比雷达接收机的噪声高 70～90 dB。主瓣杂波在频谱上的位置是由天线主波束指向与雷达速度矢量间的夹角决定，频谱宽度由空间夹角和主波束宽度决定。

雷达天线主波束中心位置的多普勒频率为

$$f_{\mathrm{t}}=\frac{2v_{\mathrm{r}}}{\lambda}\cos\varphi \tag{2.73}$$

式中：角度 φ 表示载机速度矢量方向与主波束之间的夹角；v_{r} 为载机速度；λ 为发射信号波长。当脉冲多普勒雷达使用均匀脉冲串信号时，其频谱的幅度受 $\sin(x)/x$ 函数调制。定义主波束两个零点之间的宽度为主瓣宽度，当波束主瓣扫描角为 Ψ_0 时，得主瓣的多普勒频率的范围为

$$\begin{aligned}|f_{\mathrm{d}}|&=\frac{2v_{\mathrm{r}}}{\lambda}\left|\cos(\Psi_0+\theta_{\mathrm{main}}/2)-\cos(\Psi_0-\theta_{\mathrm{main}}/2)\right|\\&\approx\frac{2v_{\mathrm{r}}}{\lambda}\left|\sin(\Psi_0)\theta_{\mathrm{main}}\right|\end{aligned}\tag{2.74}$$

式中：θ_{main}表示主波束宽度。可见，多普勒宽度随扫描角的变化而变化，当主波束扫描角在一定范围内时，对于高重频雷达，主杂波多普勒频率宽度与最大不模糊频率相比较小，这就决定了目标检测可以在速度维进行。

(2)旁瓣杂波。脉冲多普勒雷达天线若干个旁瓣波束照射到地面上时产生的回波就构成旁瓣杂波。雷达天线的旁瓣波束增益通常要比主波束增益低很多，超低旁瓣技术是抑制从旁瓣波束区域产生杂波的有效方法。因为旁瓣杂波的强度也与平台的高度、地物的反射特性、载机的速度、天线的参数等因素有关，所以旁瓣杂波多普勒频谱表达式与式(2.73)的相同。当雷达运动时，旁瓣杂波与主瓣杂波就分别分布在不同的频率位置上。对于雷达系统，由于导弹运动速度很高，主波束和旁瓣波束相对平台速度的夹角是不同的，其相对雷达运动平台的运动速度也不同，因此在频率域上主瓣杂波和旁瓣杂波是分开的，并且旁瓣杂波往往覆盖的频带宽度较宽，旁瓣杂波谱范围理论上可达$-(2v_{\mathrm{r}})/\lambda \sim (2v_{\mathrm{r}})/\lambda$。对于落入旁瓣杂波多普勒区域的目标信号将会与杂波竞争，因而目标的检测性能将取决于旁瓣杂波强度。微弱目标将会被杂波所淹没。低旁瓣天线设计可以大大提高目标的检测性能。

(3)高度线杂波。对于下视雷达,当天线方向图中的某个旁瓣垂直照射地面时,由于与速度矢量的夹角 $\Psi=90°$,因此可得地物回波多普勒频率为0。通常把下视PD雷达的地面杂波中 $f_d=0$ 位置上的杂波叫作高度线杂波。高度线杂波是旁瓣杂波的一种特殊情况,它除了无多普勒频率以外其他特征与旁瓣杂波相同,其频谱的中心频率位于载频上,且高度线杂波距离雷达很近,垂直入射产生的反射很强,所以在任何时候,在零多普勒频率处总有一个较强的杂波出现。

2.2.1 目标回波建模

1. 发射信号表达式

前面介绍了天线的模型,发射信号采用的是脉内调制的LFM信号,在相干处理时间内包含 N 个脉冲,这样发射信号的形式可以写为

$$s_{inc}(t)=\mathrm{rect}\left(\frac{t-nT_r}{\tau}\right)\exp(\mathrm{j}2\pi f_c t+\mathrm{j}\pi K\,(t-nT_r)^2) \tag{2.75}$$

式中:$(nT_r-\tau/2)\leqslant t-nT_r\leqslant(nT_r+\tau/2)$;$n$ 表示信号的脉冲序号,满足 $0\leqslant n\leqslant N$;T_r 表示脉冲周期。

2. 目标散射单元传递函数

目标由其自身的实际尺寸和雷达分辨单元的大小可分为点目标和扩展目标。当目标径向尺寸小于雷达最小距离分辨力时,可以将目标看作点目标,等效散射中心可以取作目标几何中心,RCS为所有面元复平方根RCS的矢量和;当目标径向尺寸大于最小距离分辨力时,目标在径向上被分割成多个散射单元,每一散射单元可以看作是一个等效散射中心,其RCS可以用该散射单元内目标面元复平方根RCS的矢量和求得。

上述介绍到:散射单元距离向的尺寸是根据雷达的距离分辨力确定的,而目标散射计算依赖的目标面元是与波长一个量级的。面元尺寸通常较散射单元尺寸小很多,这样就需要将目标面元以散射单元进行分组。于是,第 m 个散射单元在时间分解窄带信号激励下的传递函数可以表示为

$$h_m^{\mathrm{T}}(t)=\sum_{i=1}^{N_f}\sqrt{\sigma_i}\exp(\mathrm{j}\varphi_i)\delta\left(t-\frac{R_{iS}+R_{iT}}{c}\right) \tag{2.76}$$

式中:N_f 表示散射单元内目标面元个数;相位 φ_i 表示目标面元相对相位零点处即发射天线,由路径差产生的相位;R_{iS} 和 R_{iT} 分别表示目标面元相对发射天线及接收天线的距离;c 表示光速。

可以看出:与传统单一散射中心模型相比,基于散射计算获得的目标散射中心单元的传递函数利用了目标与天线的位置关系,考虑了雷达信号参数、目标不同姿态等因素的影响,计算获得的目标散射单元传递函数更加贴近某一时刻目标散射产生的传递函数。

3. 散射单元回波响应表达式

由目标的传递函数形式可以看出,它们均利用了前面介绍的目标-环境散射高效计算方

法，传递函数中的时间延迟恰好等于发射信号从发射天线到传播，最终回到接收天线的总时间延迟。结合雷达与目标相对运动产生的多普勒频率，将各散射单元的传递函数与发射信号进行卷积，就可以得到各散射单元的回波响应。

第 n 个目标散射单元的回波响应为

$$
\begin{aligned}
T_n(t) &= \left[\sqrt{\frac{P_t G_t G_r \lambda^2}{(4\pi)^3 R_{tn}^2 R_{rn}^2}} s_{inc}(t)\exp(\mathrm{j}2\pi f_{dn} t)\right] \otimes h_n^T(t) \\
&= \sum_{i=1}^{N_f} \sqrt{\frac{P_t G_t G_r \lambda^2}{(4\pi)^3 R_{iS}^2 R_{iT}^2}} s_{inc}\left(t - \frac{R_{iS}+R_{iT}}{c}\right)\exp\left(\mathrm{j}2\pi f_{dn}\left(t - \frac{R_{iS}+R_{iT}}{c}\right) + \mathrm{j}\varphi_i\right)\sqrt{\sigma_i}
\end{aligned}
\tag{2.77}
$$

式中：P_t 表示发射功率；G_t 和 G_r 分别表示发射天线和接收天线的增益；R_{tn} 表示散射单元与发射天线之间的距离；R_{rn} 表示散射单元与接收天线之间的距离；R_{iS} 表示第 i 个散射单元与发射天线的距离；R_{iT} 表示第 i 个散射单元与接收天线的距离；$s_{inc}(t)$ 为线性调频信号；f_{dn} 表示第 n 各散射单元对应的多普勒频率；$\otimes$ 是卷积符号。

2.2.2 镜像回波建模

目标与环境耦合散射是镜像回波产生的基础，耦合散射也可以看成是目标的镜像，高阶耦合散射对应高阶镜像。这样镜像散射就能够看作以目标镜像为等效散射源产生的散射，以镜像散射为基础产生的回波就是镜像回波。

1. 镜像散射传递函数

镜像散射本质上就是目标与环境之间的耦合散射，前面介绍的 SBR 法能够计算出每条射线照射下产生的耦合散射 RCS。第 m 个散射单元内包含有多个目标面元与环境面元，这些面元上存在射线照射产生耦合的感应电流。这些多径散射在窄带信号激励下的传递函数为

$$
h_m^C(t) = \sum_{k=1}^{N_f}\sum_{i=1}^{N_k}\sqrt{\sigma_{ki}}\exp(\mathrm{j}\varphi_{ki})\delta\left(t - \frac{R_{ki}}{c}\right) \tag{2.78}
$$

式中：N_f 表示散射单元内由射线照射的目标与环境面元的个数；N_k 表示经过若干次弹跳到达面元的射线总数；$\sqrt{\sigma_{ki}}$ 表示第 k 个面元上由第 i 条射线照射下计算得到的 RCS；相位 φ_{ki} 表示面元上每条射线第 1 次弹跳点处相对相位零点处，由路径差产生的相位；R_{ki} 表示射线从发射天线出发，经过弹跳最终到达接收天线的总路径长度。

由多径散射传递函数的公式可以看出，每个散射单元中可能既包含目标面元也可能包含杂波单元，这是因为耦合散射的本质是在目标与环境表面均产生了耦合电流。还可以看出，入射射线经过多次弹跳后才能最终离开目标环境模型，这样使得计算量变得难以承受。实际中还可以采用最大弹跳次数截断的方式以减小高次耦合产生的弱耦合影响，以提高运算效率。

2. 多径散射单元多普勒频率的计算

为了计算各散射单元的回波响应,应当考虑雷达与目标之间由于存在相对运动产生的多普勒频率,如图2.85所示。最终将各散射单元的传递函数与发射信号进行卷积,就可以得到各散射单元的回波响应。目标散射单元和杂波散射单元的多普勒频率已经由式(2.65)给出,多径回波的多普勒频率应当考虑射线下弹跳点相互之间的运动。这样,每条射线在n次弹跳后产生的多普勒频率就应当表示为

$$f_{\mathrm{d}}=\frac{(\boldsymbol{v}_{\mathrm{t}}-\boldsymbol{v}_{1})\cdot\hat{\boldsymbol{k}}_{1}}{\lambda}+\sum_{i=2}^{n}\frac{(\boldsymbol{v}_{i-1}-\boldsymbol{v}_{i})\cdot\hat{\boldsymbol{k}}_{i}}{\lambda}+\frac{(\boldsymbol{v}_{n}-\boldsymbol{v}_{\mathrm{r}})\cdot\hat{\boldsymbol{k}}_{n}}{\lambda} \tag{2.79}$$

式中:n表示每条射线最大弹跳次数。

第n个多径散射单元的回波响应为

$$\begin{aligned}C_{n}(t)&=\left[\sqrt{\frac{P_{\mathrm{t}}G_{\mathrm{t}}G_{\mathrm{r}}\lambda^{2}}{(4\pi)^{3}R_{\mathrm{t}n}^{2}R_{\mathrm{r}n}^{2}}}s_{inc}(t)\exp(\mathrm{j}2\pi f_{\mathrm{d}n}t)\right]\otimes h_{n}^{\mathrm{C}}(t)\\&=\sum_{k=1}^{N_{\mathrm{f}}}\sum_{i=1}^{N_{k}}\sqrt{\frac{P_{\mathrm{t}}G_{\mathrm{t}}G_{\mathrm{r}}\lambda^{2}}{(4\pi)^{3}R_{i\mathrm{S}}^{2}R_{i\mathrm{T}}^{2}}}s_{inc}\left(t-\frac{R_{ki}}{c}\right)\exp\left[\mathrm{j}2\pi f_{\mathrm{d}ki}\left(t-\frac{R_{ki}}{c}\right)+\mathrm{j}\varphi_{ki}\right]\sqrt{\sigma_{ki}}\end{aligned} \tag{2.80}$$

式中:P_{t}表示发射功率;G_{t}和G_{r}分别表示发射天线和接收天线的增益;其中,$s_{inc}(t)$为线性调频信号;R_{ki}表示散射单元与发射天线之间的距离;$R_{i\mathrm{S}}$表示第i条射线从发射天线到首次弹跳点的距离;$R_{i\mathrm{T}}$表示第i条射线从最后一次弹跳点到达接收天线的距离;$f_{d\mathrm{ki}}$表示第i条射线,第k个散射单元对应的多普勒频率;$\otimes$是卷积符号。

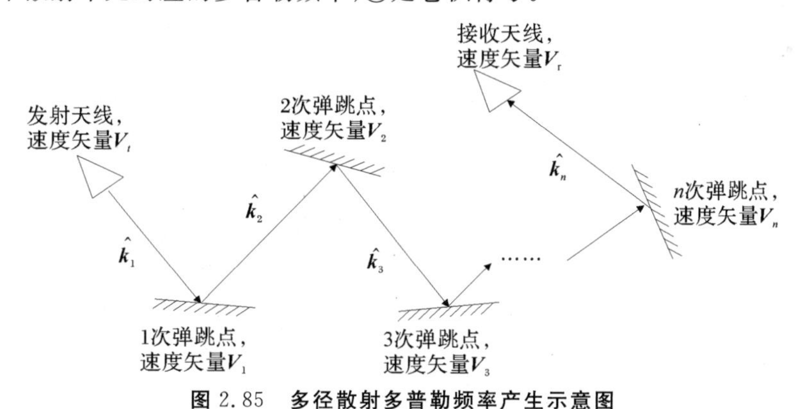

图2.85 多径散射多普勒频率产生示意图

2.2.3 环境杂波建模

1. 杂波散射单元传递函数

利用空时分解能得到某一大小为$\Delta R_i\times\Delta\theta_i$上的栅格,根据该栅格位置处的环境参数,再利用前面介绍的环境散射计算方法,可以获得其在宽时脉冲信号分解下,离散窄带信号激励的传递函数为

$$h_i^{\mathrm{S}}(t)=\sqrt{\gamma_i\Delta R_i\cdot R_i\Delta\theta_i}\delta\left[t-\frac{2(R_{i\mathrm{S}}+R_{i\mathrm{T}})}{c}\right] \tag{2.81}$$

式中：γ_i 表示该环境散射单元的散射系数；R_i 表示该散射单元到发射天线之间的距离；$R_{i\mathrm{S}}$ 和 $R_{i\mathrm{T}}$ 分别表示该散射单元相对发射天线及接收天线的距离。在杂波散射单元的内部，可以依据天线实际照射到的位置处的地理环境信息计算该处的环境杂波散射系数，而不需要在杂波单元内进行二次剖分或分组，极大地削减了计算量。而这也是前面介绍的双尺度组合方法的优势所在。这样做的好处还在于，一是该处杂波环境散射系数也可以通过前面介绍的环境散射系数公式或者其他方法获得的散射系数计算数据直接求解，方便验模；二是能够利用该处的地理环境信息，方便地实现超大区域杂波的模拟。

另外，杂波散射单元在窄带下的距离分辨力低，等效距离环的数量相比于宽带时的要少，这样，计算时间和计算效率很高。但是当需要建立宽带杂波的回波信号时，计算量将会很大，这可以根据雷达天线方向图将散射贡献小的区域进行剔除，以加快运算，实现杂波信号的快速生成。

2. 杂波散射单元回波响应表达式

发射信号与杂波散射单元传递函数相卷积就能得到杂波散射单元的回波相应。因此，第 n 个杂波散射单元的回波响应为

$$\begin{aligned}S_n(t)&=\left[\sqrt{\frac{P_{\mathrm{t}}G_{\mathrm{t}}G_{\mathrm{r}}\lambda^2}{(4\pi)^3R_{\mathrm{t}n}^2R_{\mathrm{r}n}^2}}s_{inc}(t)\exp(\mathrm{j}2\pi f_{\mathrm{d}n}t)\right]\otimes h_n^{\mathrm{S}}(t)\\&=\sqrt{\frac{P_{\mathrm{t}}G_{\mathrm{t}}G_{\mathrm{r}}\lambda^2}{(4\pi)^3R_{n\mathrm{S}}^2R_{n\mathrm{T}}^2}}s_{inc}\left[t-\frac{2(R_{n\mathrm{S}}+R_{n\mathrm{T}})}{c}\right]\exp\left[\mathrm{j}2\pi f_{\mathrm{d}n}\left(t-\frac{2(R_{n\mathrm{S}}+R_{n\mathrm{T}})}{c}\right)\right]\sqrt{\gamma_n\Delta R_n\cdot R_n\Delta\theta_n}\end{aligned} \tag{2.82}$$

式中：$R_{n\mathrm{S}}$ 表示第 n 个杂波单元与发射天线的距离；$R_{n\mathrm{T}}$ 表示第 n 个杂波单元与接收天线的距离，$f_{\mathrm{d}n}$ 表示第 n 个杂波散射单元对应的多普勒频率。

2.3 雷达导引头宽带信号变换

由空时分解得到的多个散射单元产生的回波组成了不同距离门内的回波，距离门的划分是依据各散射单元回波的回波延迟时间，即回波路程差来确定的。同一距离门内的目标回波是由该距离门内的散射单元回波组成的。同一距离门内的杂波散射单元相对于雷达平台的俯仰角相同，同一距离门的杂波单元在环境面上实际上是一条同心圆环带或同距离环，该距离门内的杂波就是处于该距离门内的、幅度受到调制的、多普勒频率不同的散射单元回波的叠加。同一距离门内的多径回波比较复杂，它是由射线路径相同的且处于该距离门内的多径散射单元回波的叠加。

对于脉冲多普勒体制雷达，其最大不模糊距离 R_m 为

$$R_m=\frac{cT_{\mathrm{r}}}{2} \tag{2.83}$$

式中：T_r 表示脉冲周期。

若散射单元与雷达距离为 R，则 $R=R_0+N_cR_m$，N_c 为距离模糊数，R_0 被称为距离-多普勒图中的视在距离。雷达回波信号由于存在距离模糊，落入同一距离门的回波信号，实际上是由若干个距离门回波信号共同叠加合成的，即相隔 R_m 整数倍的回波信号。而被雷达下视照射的环境面通常会跨越多个 R_m。因此落入同一距离门 M 内的杂波实际上应该为

$$S_M(t)=\sum_{m=0}^{N_c}\int_{-\pi/2}^{\pi/2}S_{m,n}(t,\theta)\mathrm{d}\theta \tag{2.84}$$

式中：$S_{m,n}(t,\theta)$ 表示第 m 个模糊周期，第 n 个不模糊视在距离门内，角度为 θ 的散射单元回波；积分表示同一距离环上不同方位处杂波的叠加，积分从 $-\pi/2\sim\pi/2$ 表示杂波杂波距离环的前半部分；N_c 表示最大杂波照射区域的最大不模糊数。

●和差信号的产生。结合本章中“四象限”天线模型就可以得到第 n 个散射单元在每个象限产生的回波，令 1、2、3 和 4 象限的回波信号为 $s_n^{\mathrm{A}}(t)$、$s_n^{\mathrm{B}}(t)$、$s_n^{\mathrm{C}}(t)$ 和 $s_n^{\mathrm{D}}(t)$，其表达式为

$$s_n^{\mathrm{A}}(t)=s_n(t)\exp\left(\mathrm{j}\,\frac{\pi D}{\lambda}\sin\theta_{\mathrm{A}}+\mathrm{j}\,\frac{\pi D}{\lambda}\sin\theta_{\mathrm{E}}\right) \tag{2.85a}$$

$$s_n^{\mathrm{B}}(t)=s_n(t)\exp\left(-\mathrm{j}\,\frac{\pi D}{\lambda}\sin\theta_{\mathrm{A}}+\mathrm{j}\,\frac{\pi D}{\lambda}\sin\theta_{\mathrm{E}}\right) \tag{2.85b}$$

$$s_n^{\mathrm{C}}(t)=s_n(t)\exp\left(-\mathrm{j}\,\frac{\pi D}{\lambda}\sin\theta_{\mathrm{A}}-\mathrm{j}\,\frac{\pi D}{\lambda}\sin\theta_{\mathrm{E}}\right) \tag{2.85c}$$

$$s_n^{\mathrm{D}}(t)=s_n(t)\exp\left(\mathrm{j}\,\frac{\pi D}{\lambda}\sin\theta_{\mathrm{A}}-\mathrm{j}\,\frac{\pi D}{\lambda}\sin\theta_{\mathrm{E}}\right) \tag{2.85d}$$

式中：θ_{A} 和 θ_{E} 分别表示在以接收天线中心为原点的坐标系中，第 n 个散射单元位置矢量相对于天线主轴方向的方位差和俯仰差。其他参数的定义已经在前面有说明，这里不再赘述。

雷达天线采用的是“四象限”天线，因此接收得到的四路信号还要合成三路信号，分别为：

和信号：

$$\begin{aligned}\Sigma(t)&=s_n^{\mathrm{A}}(t)+s_n^{\mathrm{B}}(t)+s_n^{\mathrm{C}}(t)+s_n^{\mathrm{D}}(t)\\&=s_n(t)4\cos\left(\frac{\pi D}{\lambda}\sin\theta_{\mathrm{A}}\right)\cos\left(\frac{\pi D}{\lambda}\sin\theta_{\mathrm{E}}\right)\end{aligned} \tag{2.86a}$$

俯仰差信号：

$$\begin{aligned}\Delta_1(t)&=s_n^{\mathrm{A}}(t)+s_n^{\mathrm{B}}(t)-s_n^{\mathrm{C}}(t)-s_n^{\mathrm{D}}(t)\\&=4\mathrm{j}s_n(t)\cos\left(\frac{\pi D}{\lambda}\sin\theta_{\mathrm{A}}\right)\sin\left(\frac{\pi D}{\lambda}\sin\theta_{\mathrm{E}}\right)\end{aligned} \tag{2.86b}$$

方位差信号：

$$\begin{aligned}\Delta_2(t)&=s_n^{\mathrm{A}}(t)-s_n^{\mathrm{B}}(t)+s_n^{\mathrm{C}}(t)-s_n^{\mathrm{D}}(t)\\&=4\mathrm{j}s_n(t)\sin\left(\frac{\pi D}{\lambda}\sin\theta_{\mathrm{A}}\right)\cos\left(\frac{\pi D}{\lambda}\sin\theta_{\mathrm{E}}\right)\end{aligned} \tag{2.86c}$$

由式(2.86)可以看出：当角误差 θ_{A} 和 θ_{E} 较小时，利用 $\sin\alpha\approx\alpha$ 可以推导出两路误差信号的表达式为

$$\left\{\begin{array}{l}\Delta_1(t)=s_n(t)\mathrm{j}\,\dfrac{4\pi D}{\lambda}\theta_\mathrm{E}\cos\left(\dfrac{\pi D}{\lambda}\sin\theta_\mathrm{A}\right)\\ \Delta_2(\mathrm{t})=s_n(t)\mathrm{j}\,\dfrac{4\pi D}{\lambda}\theta_\mathrm{A}\cos\left(\dfrac{\pi D}{\lambda}\sin\theta_\mathrm{E}\right)\end{array}\right\} \tag{2.87}$$

从三路信号的表示式可以看出，两路差信号与和信号是正交的，相差 90°，即

$$\left.\begin{array}{l}\Delta_1(t)=\mathrm{j}K_1\sum(t)\\ \Delta_2(t)=\mathrm{j}K_2\sum(t)\end{array}\right\} \tag{2.88}$$

式中：K_1 和 K_2 为比例系数。

上面的这个性质在角度测量时会用到。

2.4 超低空镜像与杂波特性

2.4.1 宽带镜像回波

首先通过一个算例介绍镜像回波随带宽变化的一般规律。该算例的模型原理图如图 2.86 所示。目标与环境位置相对固定。

【算例 2.48】设定计算条件如下：

运动参数：雷达位置矢量为 $\boldsymbol{S}_\mathrm{p}$(3 500 m，0 m，800 m)，速度矢量为 $\boldsymbol{V}_\mathrm{s}$(−300 m/s，0，0)；目标位置矢量为 $\boldsymbol{T}_\mathrm{p}$(0，0，50 m)，速度矢量为 $\boldsymbol{V}_t$(100 m/s，0，0)，目标雷达仰角为 θ_t。

雷达参数为：主动体制，旁瓣电平为 −20 dB，工作频率在 X 波段，积累脉冲数为 128 个，天线主波束指向目标中心，入射和接收均为 VV 极化。

目标环境复合模型：目标模型为直径 30 cm 的导体球，环境面轮廓起伏为 $H_x=1\times10^{-3}$ m，$L_x=0.6$ m，小尺度起伏为 $h=1\times10^{-4}$ m，$l_x=0.04$ m。地面相对介电常数为 $\varepsilon_\mathrm{r}=3-\mathrm{j}0.002\,4$。

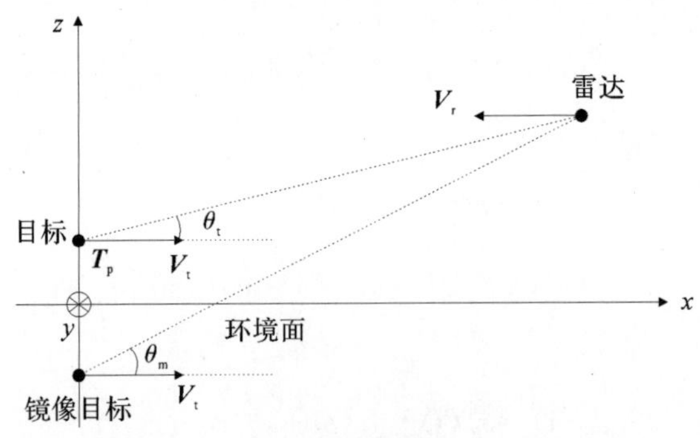

图 2.86 目标及镜像的相互位置关系

图 2.87 给出了调频带宽 B_w 为 95 MHz 时距离维上的目标及镜像的计算结果。由图 2.87 可以分析得出目标与雷达的不模糊距离为 0.579 km，镜像不模糊的大致距离为 0.6 km，大于目标的距离。这是因为镜像产生的原因是由多径效应引起的，不同路径的多

径效应产生相应的镜像作用,这就会导致在大于目标距离处出现相应的镜像回波。

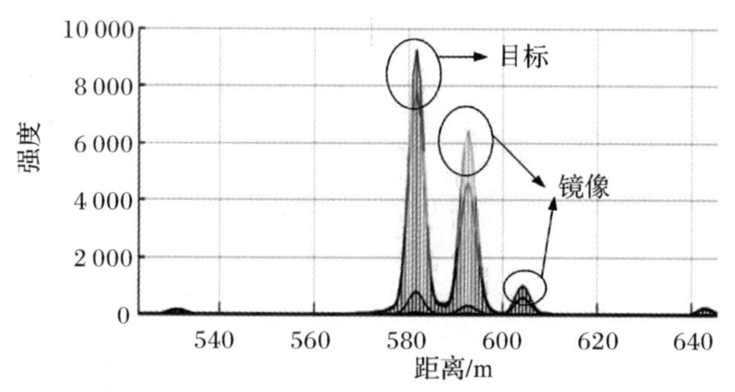

图 2.87 目标与镜像的分布

图 2.88 给出了目标及镜像随带宽变化的曲线,可以看出:

(1)随着带宽的变化,目标功率基本保持不变。这是因为目标与雷达的相互位置保持不变,并且目标是导体球,后向 RCS 保持不变,目标功率也会基本保持不变。

(2)随着带宽的增加,镜像功率缓慢增加,到一定带宽时,保持不变。这是因为镜像是由多径效应产生的,而多条多径对应的镜像不只一个,带宽较小时,后向 RCS 是多个镜像的矢量和,带宽较大时,雷达分辨力提高,多个镜像分布在不同的距离门内,镜像回波对应的后向 RCS 便是由少于总镜像个数的若干镜像的矢量和。

(3)从图中还可以看出:镜像回波总体小于目标回波。这是由于镜像回波的距离大于目标的距离,其回波功率小于目标功率。

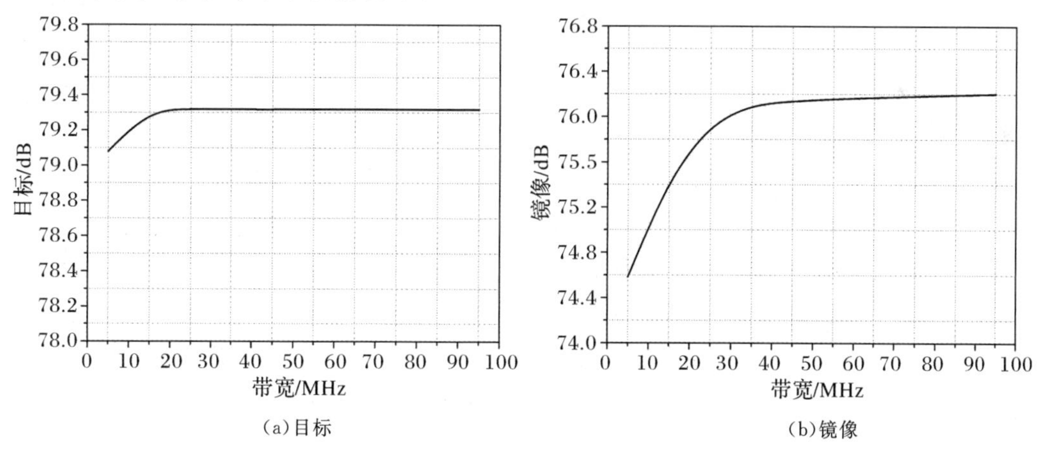

图 2.88 目标及镜像随带宽变化规律

1. 目标参数

【算例 2.49】目标类型。计算条件如下:

运动参数:雷达位置矢量为 $\boldsymbol{S}_p(3500\ m, 0\ m, 800\ m)$,速度矢量为 $\mathbf{V}_s(-300\ \mathrm{m/s}, 0, 0)$;目标位置矢量为 $\boldsymbol{T}_p(0, 0, 50\ \mathrm{m})$,速度矢量为 $\mathbf{V}_t(100\ \mathrm{m/s}, 0, 0)$,目标雷达仰角为 θ_t。

雷达参数为:主动体制,即发射和接收天线均在同一雷达内,且两种天线参数均相同,旁瓣电平为 -20 dB,工作频率在 X 波段,积累脉冲数为 128 个,天线主波束指向目标中心,入射和接收均为 VV 极化。

目标环境复合模型：环境面轮廓起伏为 $H_x=1\times10^{-3}$ m，$L_x=0.6$ m，小尺度起伏为 $h=1\times10^{-4}$ m，$l_x=0.04$ m。地面相对介电常数为 $\varepsilon_r=3-j0.0024$。

图 2.89 给出了三种目标类型即直径 30 cm 导体球、图 2.1(a)模型 1、图 2.1(b)模型 2 时，目标及镜像随带宽变化的曲线。从图 2.89 可以看出：

(1)当带宽增加时，目标功率基本保持不变，且径向长度越长的目标，目标回波功率会略有下降。目标为模型 1 时，后向 RCS 较大，其回波功率也会比较大，次之是导体球，最小的是模型 2。

(2)当带宽增加时，镜像功率也会随着发生变化，且镜像功率小于目标功率。对于不同的目标，镜像功率的变化趋势不同，导体球与模型 2 对应的镜像功率略微增加，模型 1 对应的镜像功率略微减小。这是由于对于带宽比较小时，镜像的矢量叠加的总 RCS 有可能小于单个镜像的 RCS，这样在带宽增加到足以分开镜像时，镜像回波功率就会大于带宽较小时的镜像回波功率。

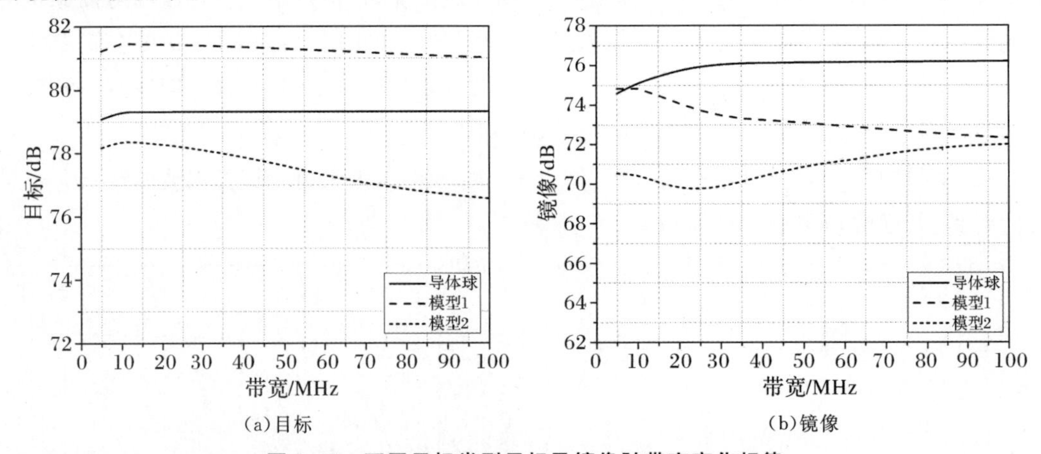

图 2.89　不同目标类型目标及镜像随带宽变化规律

【算例 2.50】目标高度。计算条件如下：

运动参数：雷达位置矢量为 $\boldsymbol{S}_p$(3500 m，0 m，800 m)，速度矢量为 $\boldsymbol{V}_s$(−300 m/s，0，0)；目标位置矢量为 $\boldsymbol{T}_p$(0，0，H)，速度矢量为 $\boldsymbol{V}_t$(100 m/s，0，0)，目标雷达仰角为 θ_t。

雷达参数为：主动体制，即发射和接收天线均在同一雷达内，且两种天线参数均相同，旁瓣电平为−20 dB，工作频率在 X 波段，积累脉冲数为 128 个，天线主波束指向目标中心，入射和接收均为 VV 极化。

目标环境复合模型：目标模型为直径 30 cm 的导体球，环境面轮廓起伏为 $H_x=1\times10^{-3}$ m，$L_x=0.6$ m，小尺度起伏为 $h=1\times10^{-4}$ m，$l_x=0.04$ m。地面相对介电常数为 $\varepsilon_r=3-j0.0024$。

图 2.90 给出了目标高度为 100 m、200 m 及 300 m 时，目标及镜像随带宽变化的曲线。从图 2.90 可以看出：

(1)当目标高度增加时，目标功率随带宽变化的曲线上移，即目标功率增加。这是由于目标 RCS 不变，雷达的位置也未变，目标高度的增加会使得雷达目标距离减小，目标功率增加。

(2)当目标高度增加时，镜像功率随带宽变化的曲线下移，即镜像功率减小。这是因为目标高度增加，镜像离目标的距离变大，镜像与雷达的距离变大，镜像功率变小。

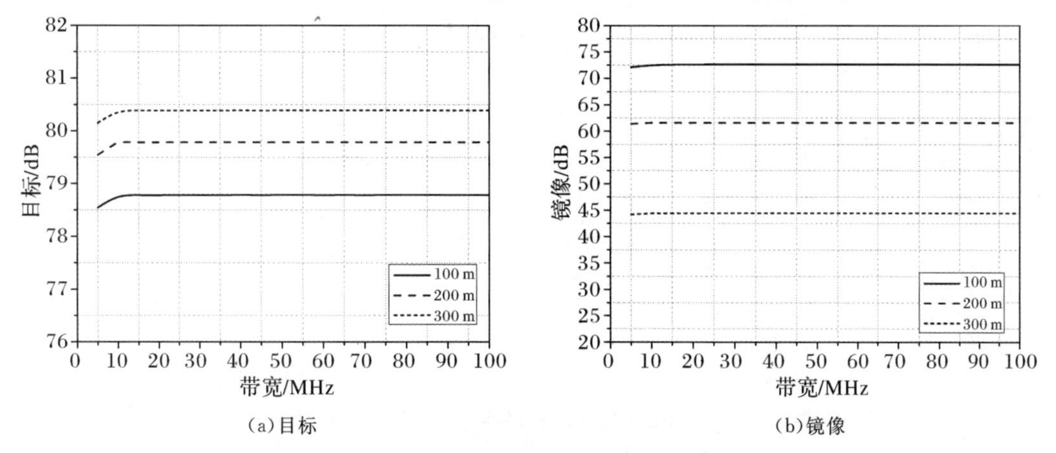

图 2.90　不同目标高度目标及镜像随带宽变化规律

【算例 2.51】雷达与目标距离。计算参数如下：

运动参数：雷达位置矢量为 $\boldsymbol{S}_{\mathrm{p}}(D\cos\theta_{\mathrm{t}}, 0\ \mathrm{m}, 50\ \mathrm{m}+D\sin\theta_{\mathrm{t}})$，速度矢量为 $\boldsymbol{V}_{\mathrm{s}}(-300\ \mathrm{m/s}, 0, 0)$；目标位置矢量为 $\boldsymbol{T}_{\mathrm{p}}(0, 0, 50\ \mathrm{m})$，速度矢量为 $\boldsymbol{V}_{\mathrm{t}}(100\ \mathrm{m/s}, 0, 0)$，目标雷达仰角 θ_{t} 为 15°。

雷达参数为：主动体制，即发射和接收天线均在同一雷达内，且两种天线参数均相同，旁瓣电平为－20 dB，工作频率在 X 波段，积累脉冲数为 128 个，天线主波束指向目标中心，入射和接收均为 VV 极化。

目标环境复合模型：目标模型为直径 30 cm 的导体球，环境面轮廓起伏为 $H_x=1\times10^{-3}$ m，$L_x=0.6$ m，小尺度起伏为 $h=1\times10^{-4}$ m，$l_x=0.04$ m。地面相对介电常数为 $\varepsilon_{\mathrm{r}}=6-\mathrm{j}4$。

图 2.91 中给出了雷达目标距离分别为 800 m、1 200 m 及 2 000 m 时，目标及镜像随带宽变化的曲线。从图 2.91 可以看出：

(1)当雷达目标之间的距离增加时，目标功率下降。这是由于目标功率与距离呈反比的关系。

(2)当雷达目标距离从 1 200 m 增加到 2 500 m 时，镜像回波功率下降，这是因为雷达目标距离的增加也导致雷达镜像距离的增加，镜像功率下降。而雷达目标距离为 800 m 时，镜像功率并不比其他距离的大，这是因为雷达目标仰角 θ_{t} 与雷达镜像仰角 θ_{m} 存在差异，其表达式为

$$\left.\begin{aligned}\theta_{\mathrm{t}}&=\arctan\left(\frac{H_{\mathrm{r}}-H_{\mathrm{t}}}{D_x}\right)\\\theta_{\mathrm{m}}&=\arctan\left(\frac{H_{\mathrm{r}}+H_{\mathrm{t}}}{D_x}\right)\end{aligned}\right\}\tag{2.89}$$

式中：H_{t} 表示目标高度；H_{r} 表示雷达高度；D_x 表示雷达与目标水平距离。当雷达目标距离较近时，θ_{m} 与 θ_{t} 相差大于天线主瓣宽度的一半，即镜像处于旁瓣中，这样就导致雷达目标距

离较近时镜像功率比 1 200 m 与 2 000 m 时的小，却比 2 500 m 时的大。

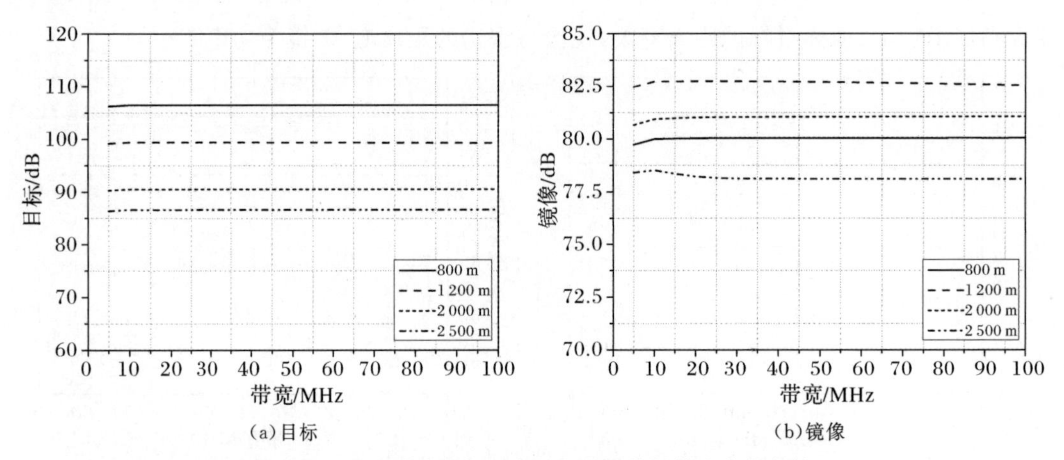

(a)目标　　(b)镜像

图 2.91　不同雷达目标距离目标及镜像随带宽变化规律

2. 环境参数

【算例 2.52】环境介电常数。计算参数如下：

运动参数：雷达位置矢量为 $\boldsymbol{S}_{\mathrm{p}}$(3500 m，0 m，800 m)，速度矢量为 $\boldsymbol{V}_{\mathrm{s}}$(－300 m/s，0，0)；目标位置矢量为 $\boldsymbol{T}_{\mathrm{p}}$(0，0，50 m)，速度矢量为 $\boldsymbol{V}_{\mathrm{t}}$(100 m/s，0，0)，目标雷达仰角为 θ_{t}。

雷达参数为：主动体制，旁瓣电平为－20 dB，工作频率在 X 波段，积累脉冲数为 128 个，天线主波束指向目标中心，入射和接收均为 VV 极化。

目标环境复合模型：目标模型为直径 30 cm 的导体球，环境面轮廓起伏为 $H_x=1\times10^{-3}$ m，$L_x=0.6$ m，小尺度起伏为 $h=1\times10^{-4}$ m，$l_x=0.04$ m。

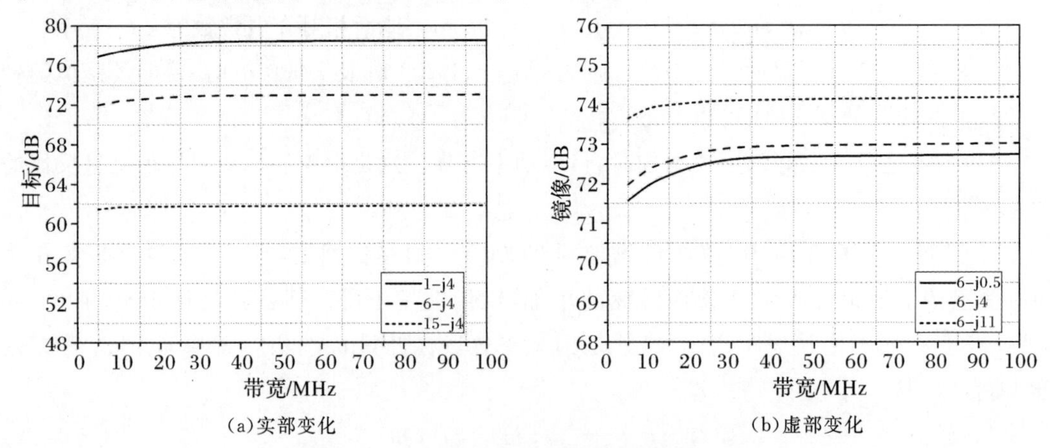

(a)实部变化　　(b)虚部变化

图 2.92　不同介电常数镜像随带宽变化规律

图 2.92 中给出了不同环境相对介电常数时镜像随带宽变化的曲线。从图 2.92 可以看出：

(1)当实部增大时，虚部保持不变，虚部与实部之比减小，镜像减小。

(2)当虚部增大时，实部保持不变，虚部与实部之比增大，镜像增大。

图2.92中曲线变化的规律是因为：自然界中导电性能越强，介电常数的虚部越大，介质的损耗越大，镜像效应越明显；自然界中介质损耗较小的环境，如含水量很小的沙漠、戈壁滩等介质损耗小，镜像效应越弱。

【算例2.53】环境均方根高度。计算参数如下：

运动参数：雷达位置矢量为$\boldsymbol{S}_{\mathrm{p}}$(3 500 m,0 m,800 m)，速度矢量为$\boldsymbol{V}_{\mathrm{s}}$(−300 m/s,0,0)；目标位置矢量为$\boldsymbol{T}_{\mathrm{p}}$(0,0,50 m)，速度矢量为$\boldsymbol{V}_{\mathrm{t}}$(100 m/s,0,0)，目标雷达仰角为$\theta_{\mathrm{t}}$。

雷达参数为：主动体制，旁瓣电平为−20 dB，工作频率在X波段，积累脉冲数为128个，天线主波束指向目标中心，入射和接收均为VV极化。

目标环境复合模型：目标模型为直径30 cm的导体球，环境面轮廓起伏为$L_x=0.6$ m，小尺度起伏为$h=1\times10^{-4}$ m，$l_x=0.04$ m，地面相对介电常数为$\varepsilon_{\mathrm{r}}=6-\mathrm{j}0.5$。

分别计算了环境面起伏H_x为0.001 m，0.01 m、0.05 m及0.1 m时镜像随带宽的变化。从图2.93可以看出：当环境面大均方根高度增加时，镜像曲线整体下移。这是由于环境面会随环境均方根高度的增加变得粗糙，镜像回波功率减小。

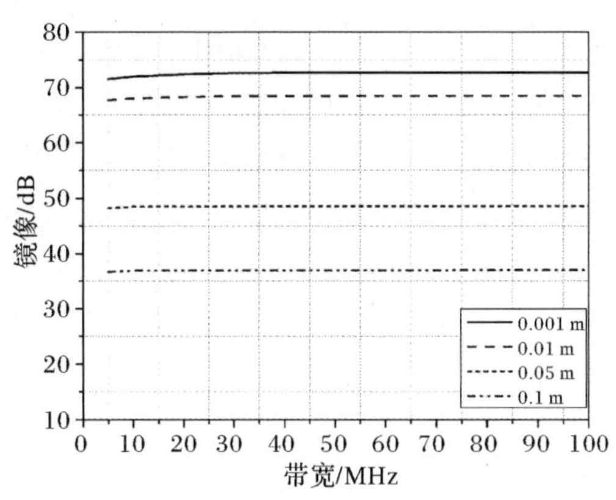

图2.93　不同H_x下镜像随带宽变化规律

【算例2.54】海面风速。计算参数如下：

运动参数：雷达位置矢量为$\boldsymbol{S}_{\mathrm{p}}$(3 500 m,0 m,800 m)，速度矢量为$\boldsymbol{V}_{\mathrm{s}}$(−300 m/s,0,0)；目标位置矢量为$\boldsymbol{T}_{\mathrm{p}}$(0,0,50 m)，速度矢量为$\boldsymbol{V}_{\mathrm{t}}$(100 m/s,0,0)。

雷达参数为：主动体制，即发射和接收天线均在同一雷达内，且两种天线参数均相同，旁瓣电平为−20 dB，工作频率在X波段，积累脉冲数为128个，天线主波束指向目标中心，入射和接收均为VV极化。

目标环境复合模型：目标模型为直径30 cm的导体球，环境面为海面，风向0°，海面相对介电常数为$\varepsilon_{\mathrm{r}}=42-\mathrm{j}39$。

分别计算了不同风速下镜像随仰角变化的曲线，从图2.94可以看出：当风速较低时，海面较平静，镜像功率较大，海面粗糙度较小，当风速增大时，海面变得粗糙，镜像效应不明显。

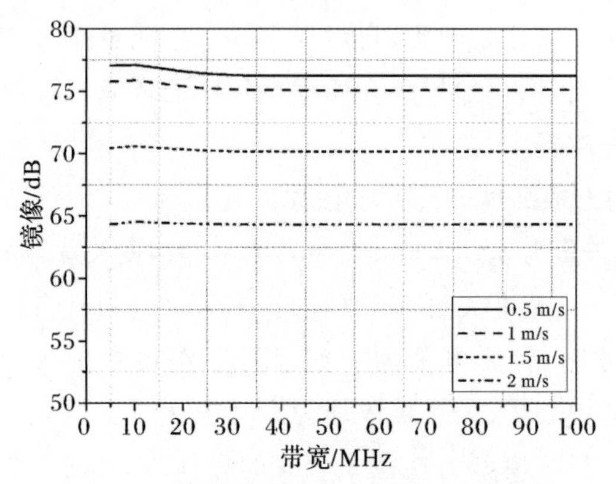

图 2.94　不同风速下镜像随带宽变化规律

3. 雷达参数

【算例 2.55】天线极化。计算参数如下：

运动参数：雷达位置矢量为 $\boldsymbol{S}_{\mathrm{p}}$(3500 m,0 m,800 m)，速度矢量为 $\boldsymbol{V}_{\mathrm{s}}$(−300 m/s,0,0)；目标位置矢量为 $\boldsymbol{T}_{\mathrm{p}}$(0,0,50 m)，速度矢量为 $\boldsymbol{V}_{\mathrm{t}}$(100 m/s,0,0)，目标雷达仰角为 θ_{t}。

雷达参数为：主动体制，即发射和接收天线均在同一雷达内，且两种天线参数均相同，旁瓣电平为−20 dB，工作频率在 X 波段，积累脉冲数为 128 个，天线主波束指向目标中心。

目标环境复合模型：目标模型为直径 30 cm 的导体球，环境面轮廓起伏为 $H_x=1\times10^{-3}$ m，$L_x=0.6$ m，小尺度起伏为 $h=1\times10^{-4}$ m，$l_x=0.04$ m，地面相对介电常数为 $\varepsilon_{\mathrm{r}}=6-\mathrm{j}0.5$。

分别计算了 VV 和 HH 极化下镜像随带宽变化的曲线，结果如图 2.95 所示，可以看出：VV 极化下的镜像存在局部最小值，HH 极化下镜像的局部最小值消失。这是由于环境反射系数最小值只在 VV 极化才存在导致的。

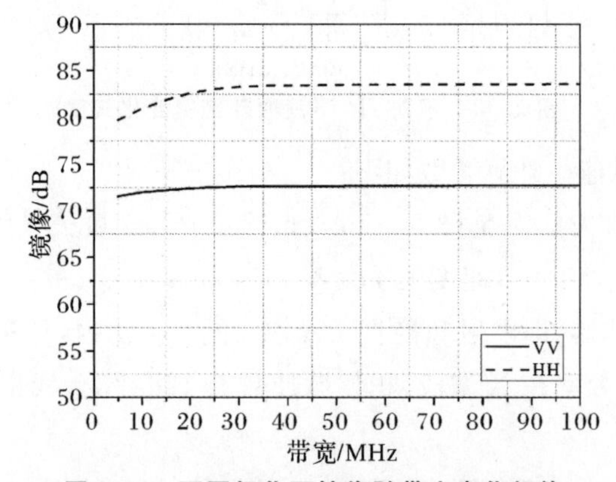

图 2.95　不同极化下镜像随带宽变化规律

2.4.2　宽带环境杂波

首先通过一个算例介绍目标及杂波随带宽变化的一般规律。该算例的模型原理图如图 2.96 所示。目标与雷达相互位置固定。

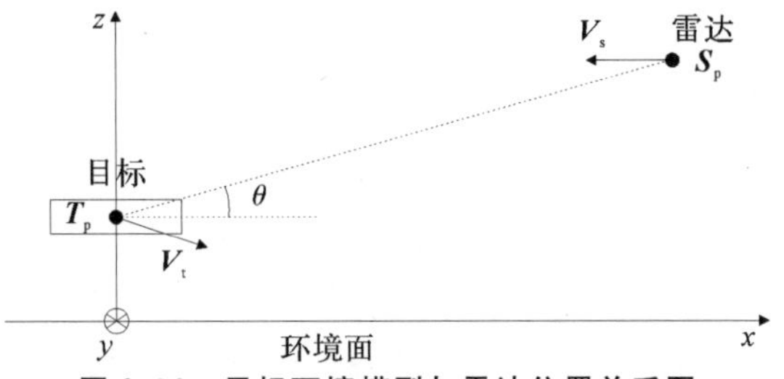

图 2.96　目标环境模型与雷达位置关系图

【算例 2.56】设定计算条件如下：

运动参数：雷达位置矢量为 $\boldsymbol{S}_p$(6 000 m,0 m,2 000 m)，速度矢量为 $\boldsymbol{V}_s$(−300 m/s,0,0)；目标位置矢量为 $\boldsymbol{T}_p$(0,0,50 m)，速度矢量为 $\boldsymbol{V}_t$(50 m/s,0,0)，目标雷达仰角为 θ。

雷达参数为：主动体制，旁瓣电平为 −20 dB，工作频率在 Ku 波段，积累脉冲数为 256 个，天线主波束指向目标中心，入射和接收均为 VV 极化。

目标与环境复合模型：目标模型为直径 30 cm 的导体球，环境面轮廓起伏为 $H_x=1\times 10^{-3}$ m，$L_x=0.6$ m，小尺度起伏为 $h=1\times 10^{-4}$ m，$l_x=0.04$ m。地面相对介电常数为 $\varepsilon_r=20-\mathrm{j}10$。

图 2.97 中给出了某一调频带宽下总回波的距离-多普勒二维图分布，杂波功率可以取最大值，也可以在目标周围取杂波的平均值，这一部分的杂波是处于或靠近目标速度门的杂波，也会包含速度模糊的杂波分量。

图 2.98 给出了目标、杂波随带宽变化的曲线，可以看出：

(1)随着调频带宽的增加，目标功率略微有所下降，这是由于目标能量有分散在不同距离门的趋势。

(2)杂波功率的最大值会随着带宽的增加而减小，这是因为随着雷达距离分辨力的增加，环境面上相参叠加的杂波单元尺寸也减小，杂波在距离维上的相关性减弱，反映在距离-多普勒图上的结果就是杂波最大值减小。

(3)杂波功率的平均值会随着带宽的增加而减小，说明目标周围的杂波平均功率在下降，这对目标检测是有利的。

(4)从杂波功率随带宽的变化上还能看出：随着带宽的增加，杂波随带宽的变化率在减小。这是由于雷达的分辨力为 $\Delta R=c/(2B)$，杂波的功率是与调频带宽呈反比关系，分辨力相对调频带宽的变化率在调频带宽较小时的变化率很大，而在调频带宽较大时则较小。

总之，从该算例能认识到带宽变化时目标及杂波变化的一般特性，后面不做说明，杂波功率均指的是最大值。

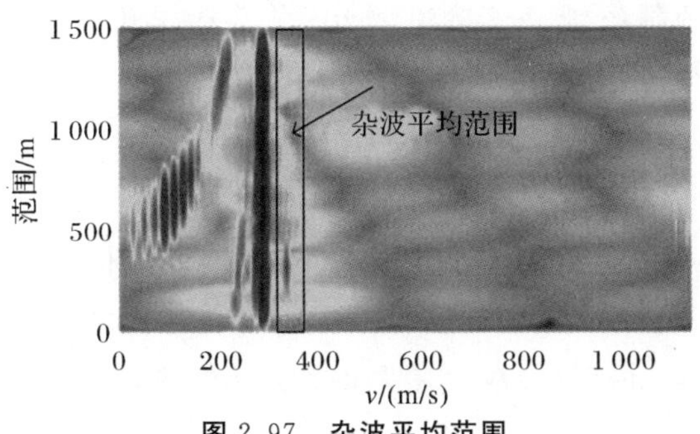

图 2.97　杂波平均范围

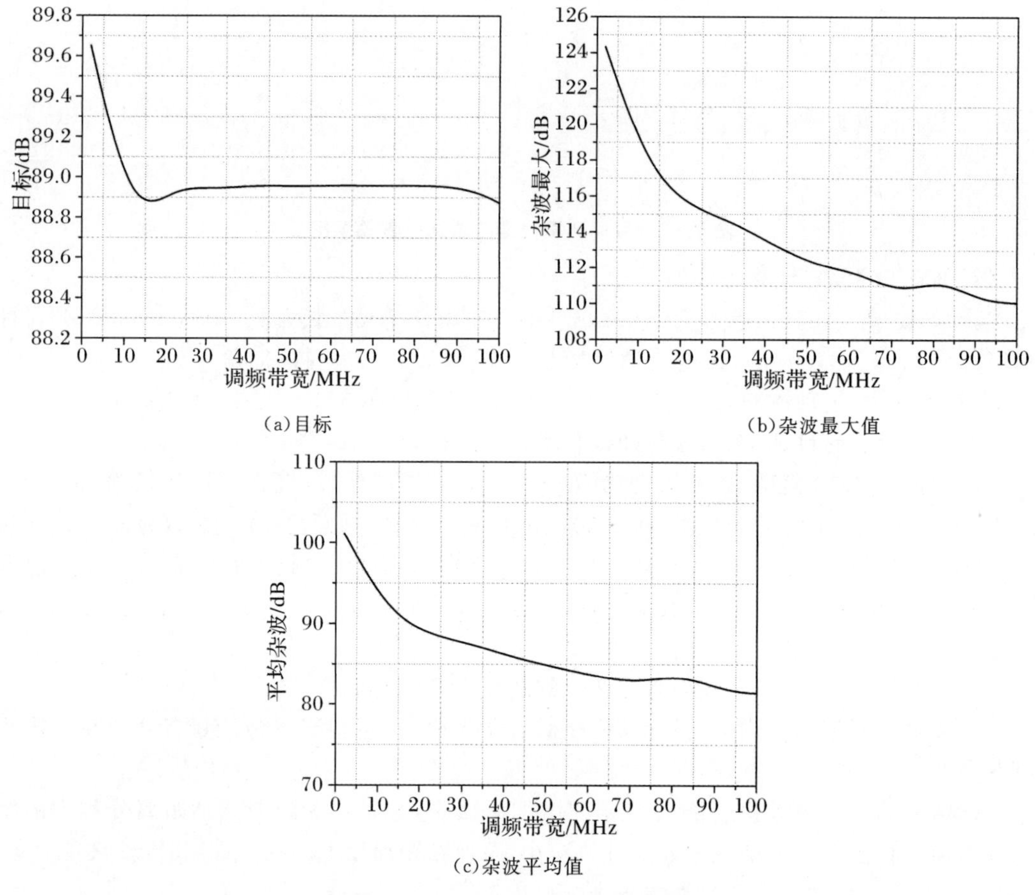

(a)目标

(b)杂波最大值

(c)杂波平均值

图 2.98　目标及杂波随带宽变化规律

1. 目标参数

【算例 2.57】目标类型。计算条件如下：

运动参数：雷达位置矢量为 $\boldsymbol{S}_\mathrm{p}$(6 000 m，0 m，2 000 m)，速度矢量为 $\boldsymbol{V}_\mathrm{s}$(−300 m/s，0，0)；目标位置矢量为 $\boldsymbol{T}_\mathrm{p}$(0，0，50 m)，速度矢量为 $\boldsymbol{V}_\mathrm{t}$(50 m/s，0，0)，目标主轴指向 x 轴正向，目标雷达仰角为 θ。

雷达参数为：主动体制，旁瓣电平为−20 dB，工作频率在 Ku 波段，积累脉冲数为 256 个，天线主波束指向目标中心，入射和接收均为 VV 极化。

目标环境复合模型：环境面轮廓起伏为 $H_x=1\times10^{-3}$ m，$L_x=0.6$ m，小尺度起伏为 $h=1\times10^{-4}$ m，$l_x=0.04$ m。地面相对介电常数为 $\varepsilon_\mathrm{r}=20-\mathrm{j}10$。

分别计算了直径为 30 cm 的导体球、图 2.1(b)模型 2 和图 2.1(d)模型 4。从图 2.99 的计算结果可以看出：三种目标回波中模型 4 的最大，导体球次之，模型 2 的最小。因为三种条件下的环境的位置关系和环境参数均未发生改变，所以杂波功率曲线基本保持不变。

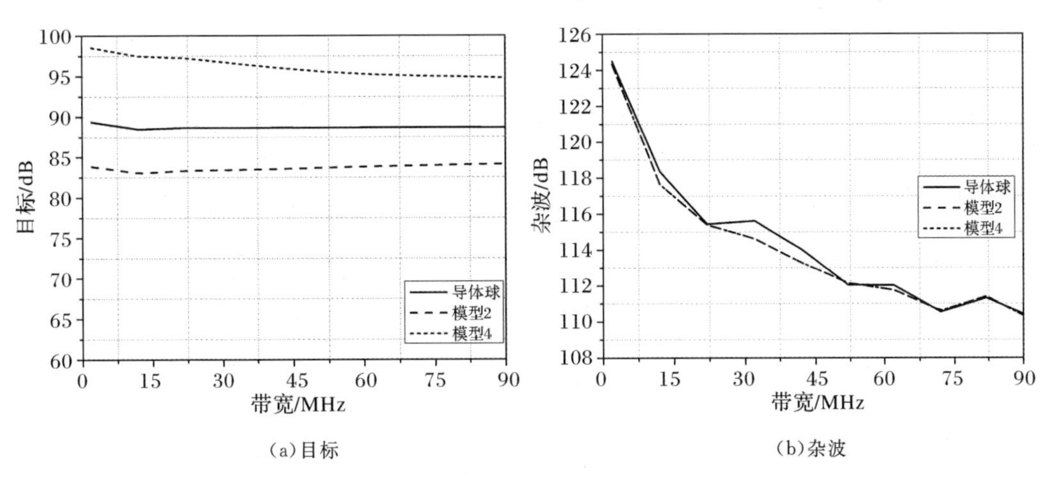

(a)目标　　(b)杂波

图 2.99　不同类型目标下目标及杂波随带宽变化规律

【**算例 2.58**】目标速度。计算条件如下：

运动参数：雷达位置矢量为 $\boldsymbol{S}_{\mathrm{p}}$(6 000 m,0 m,2 000 m)，速度矢量为 $\boldsymbol{V}_{\mathrm{s}}$(−300 m/s,0,0)；目标位置矢量为 $\boldsymbol{T}_{\mathrm{p}}$(0,0,50 m)，速度矢量方向为 $\boldsymbol{V}_{\mathrm{t}}$(1m/s,0,0)，目标主轴指向 x 轴正向，目标雷达仰角为 θ。

雷达参数为：主动体制，旁瓣电平为−20 dB，工作频率在 Ku 波段，积累脉冲数为 256 个，天线主波束指向目标中心，入射和接收均为 VV 极化。

目标环境复合模型：目标模型为模型 2，环境面轮廓起伏为 $H_x=1\times10^{-3}$ m，$L_x=0.6$ m，小尺度起伏为 $h=1\times10^{-4}$ m，$l_x=0.04$ m。地面相对介电常数为 $\varepsilon_{\mathrm{r}}=20-\mathrm{j}10$。

保持目标速度矢量方向不变，分别计算了目标速度大小 40 m/s、60 m/s 及 100 m/s 下目标及杂波功率随调频带宽变化的曲线，结果如图 2.100 所示。可以看出：

(1)当目标速度越大时，目标功率会出现下降，这是由于目标各处相对雷达的速度不同，功率会在速度维出现分散。

(2)杂波最大值在不同速度下随调频带宽的变化不明显，这是由于环境参数包括与雷达的位置关系未发生变化。

(3)杂波平均值时的信杂比在不同速度下随调频带宽的变化比较明显。这可以从图 2.101中可以看出：当目标速度较小时，目标更加靠近杂波，目标周围杂波的平均值较大，而目标速度增大，目标信号远离杂波区域，目标周围杂波的平均值会下降，这就导致了目标速度约小，信杂比的整体水平会下降。这也从侧面表明，脉冲多普勒体制下的目标检测对于目标速度非常敏感，高速目标的检测相对容易些，低速目标的检测将变得不稳定；这个例子还说明，如果目标速度较小时，可以通过增加调频带宽以减小杂波，进而提高目标的检测概率。

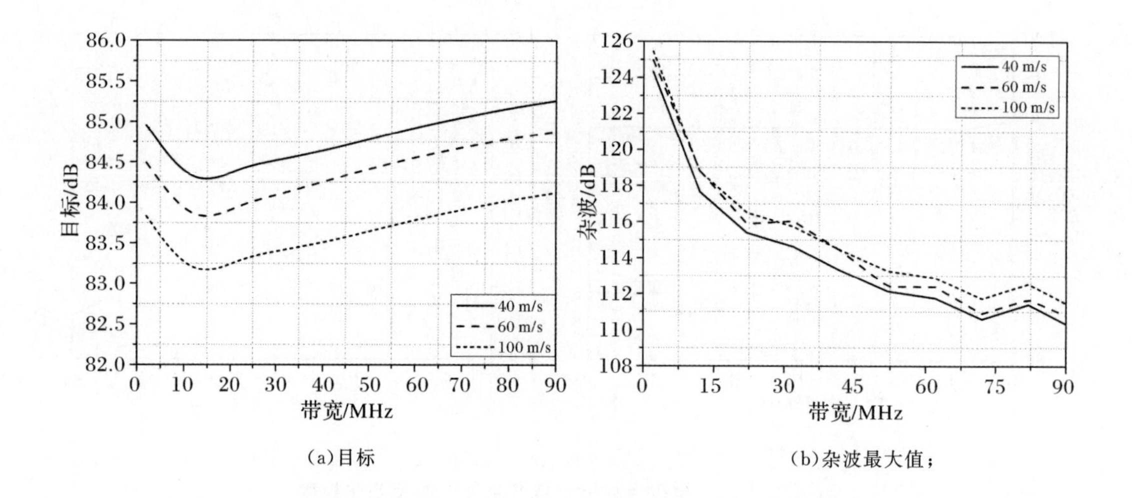

(a)目标　　(b)杂波最大值；

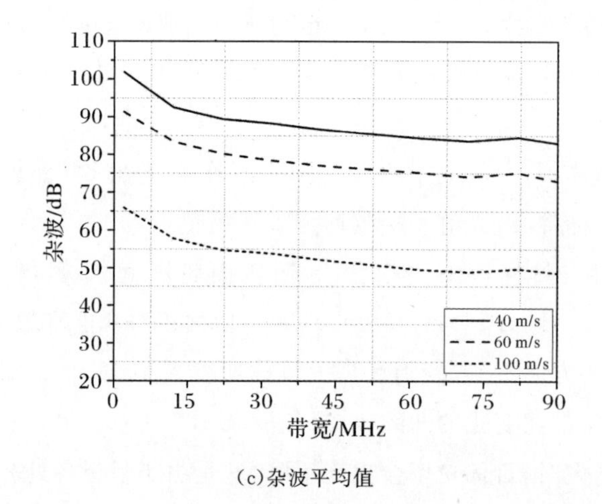

(c)杂波平均值

续图 2.100　不同目标速度下目标与杂波随带宽变化规律

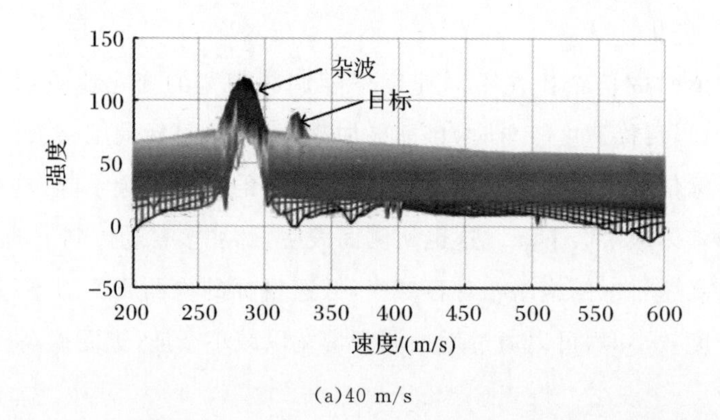

(a)40 m/s

图 2.101　调频带宽 10 MHZ 时，不同目标速度下目标与杂波分布

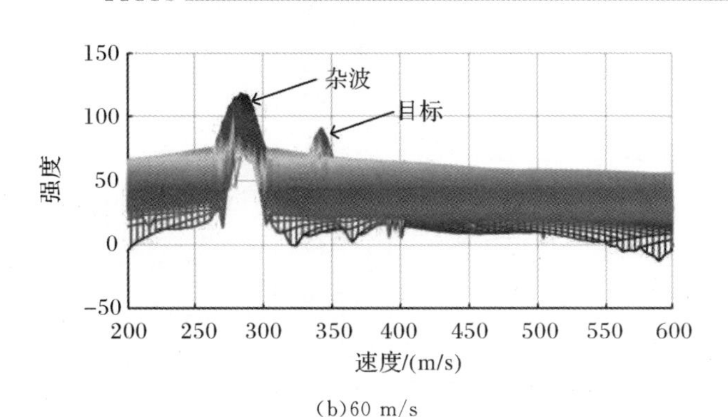

(b)60 m/s

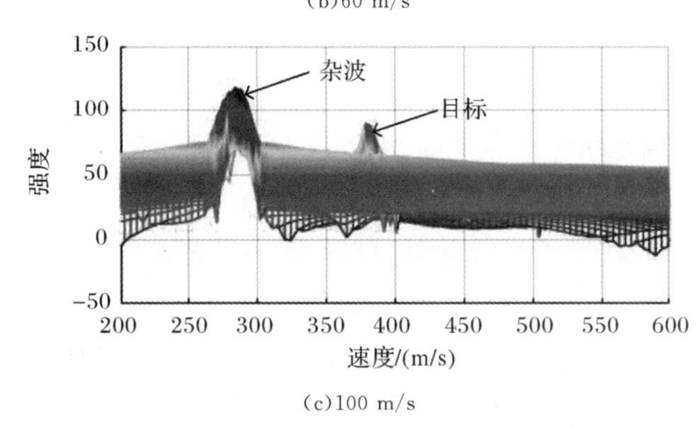

(c)100 m/s

续图 2.101　调频带宽 10M 时,不同目标速度下目标与杂波分布

【算例 2.59】目标速度方向。计算条件如下:

运动参数:雷达位置矢量为 $\boldsymbol{S}_p$(6 000 m,0,2 000 m),速度矢量为 $\boldsymbol{V}_s$(−300 m/s,0,0),目标位置矢量为 $\boldsymbol{T}_p$(0,0,50 m),目标雷达仰角为 θ。

雷达参数为:主动体制,旁瓣电平为−20 dB,工作频率在 Ku 波段,积累脉冲数为 128 个,天线主波束指向目标中心,入射和接收均为 VV 极化。

目标与环境复合模型:目标模型为直径 30 cm 导体球及图 2.1(b)模型 2,环境面轮廓起伏为 $H_x=1\times10^{-3}$ m,$L_x=0.6$ m,小尺度起伏为 $h=1\times10^{-4}$ m,$l_x=0.04$ m。地面相对介电常数为 $\varepsilon_r=20-\mathrm{j}10$。

计算中保持雷达与目标距离不变,分别计算了目标速度矢量为 $\boldsymbol{V}_1$(100 m/s,0,0)、$\boldsymbol{V}_2$(100 m/s,100 m/s,0),$\boldsymbol{V}_3$(100 m/s,173.2 m/s,0)时的信杂比曲线。其中,$\boldsymbol{V}_1$ 与 x 轴正向夹角为 0°,$\boldsymbol{V}_2$ 与 x 轴正向夹角为 45°,$\boldsymbol{V}_3$ 与 x 轴正向夹角为 60°。从图 2.102 的计算结果可以看出:

(1)当目标速度矢量发生改变时,模型 2 目标轴向也会随之改变,目标功率的大小呈现一定的变化,速度矢量为 45°方向时最大,60°次之,0°最小。而当目标为导体球时,目标是球对称的,速度矢量的改变并未对目标功率的大小产生影响,功率保持不变。这说明目标姿态与目标形状共同决定目标回波功率的大小。

(2)由于雷达波束指向与环境参数均未发生改变,因而杂波功率对应的曲线不发生改变。

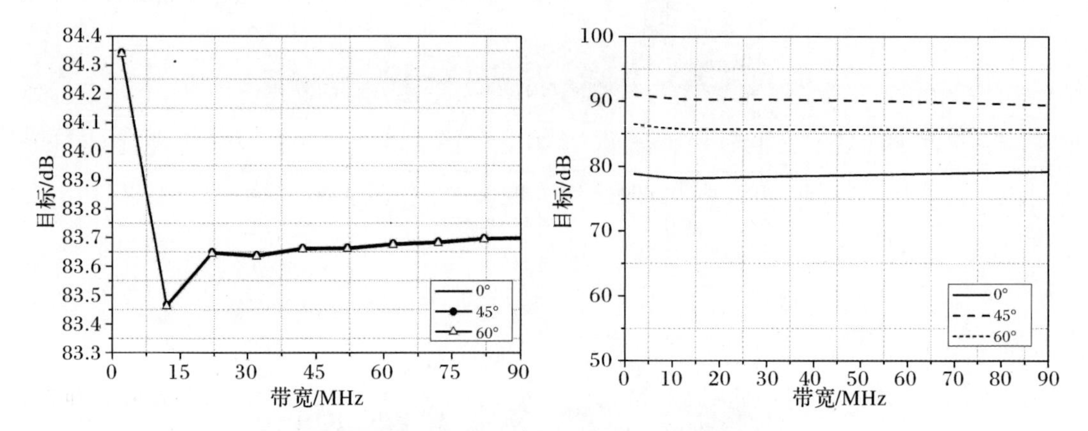

(a)导体球的目标功率；(b)模型 2 的目标功率；

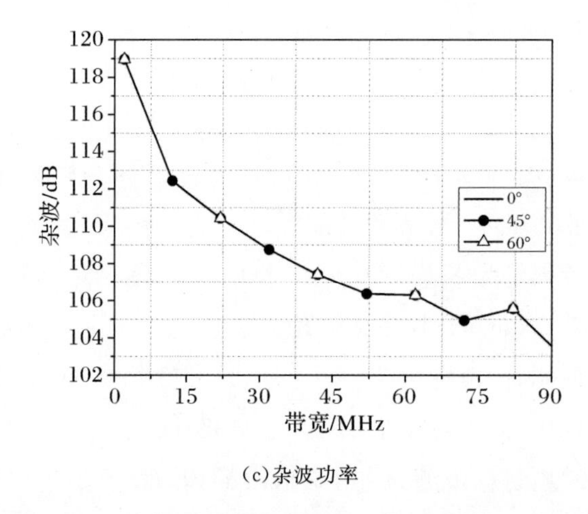

(c)杂波功率

图 2.102　不同速度矢量时目标及杂波随带宽变化规律

【算例 2.60】目标高度算例。计算条件如下：

运动参数：雷达位置矢量为 $\boldsymbol{S}_{\mathrm{p}}$(6 000 m，0 m，2 000 m)，速度矢量为 $\boldsymbol{V}_{\mathrm{s}}$(－300 m/s，0，0)；目标位置矢量为 $\boldsymbol{T}_{\mathrm{p}}(0,0,H_{\mathrm{t}})$，速度矢量为 $\boldsymbol{V}_{\mathrm{t}}$(100 m/s，0，0)。

雷达参数为：主动体制，旁瓣电平为－20 dB，工作频率在 Ku 波段，积累脉冲数为 256 个，天线主波束指向目标中心，入射和接收均为 VV 极化。

目标环境复合模型：目标模型为直径 30 cm 导体球，环境面轮廓起伏为 $H_x=1\times10^{-3}$ m，$L_x=0.6$ m，小尺度起伏为 $h=1\times10^{-4}$ m，$l_x=0.04$ m。地面相对介电常数为 $\varepsilon_{\mathrm{r}}=20-\mathrm{j}10$。

计算中保持雷达位置不变，改变目标高度 H_t，且保持雷达的波束方向始终对准目标中心，分别计算了 H_t 为 50 m、150 m 及 200 m 时目标及杂波随带宽的变化。结果如图 2.103 所示，可以看出：

(1)当目标高度增加时，目标功率随带宽的曲线会增加。目标高度的增加会使得目标处的入射波矢量方向发生改变，而算例选择的目标是导体球，其后向散射截面积并不会随入射角度的改变而变化。目标高度的增加还会使雷达与目标的距离减小，从而使得目标功率会增加。这是图 2.103(a)中目标功率曲线增加的原因。

(2)当目标高度增加时，主瓣波束对应的擦地角减小，后向散射系数减小，同时，主瓣杂波中心距离雷达的距离增大，杂波功率整体会减小，然而杂波等距离环间隔为 $\Delta R=c/(2B)$，该间隔其实是环境面间隔 $\Delta R'=\Delta R/\cos\theta$ 在入射方向的投影，θ 为入射方向的仰角。θ 变小，$\Delta R'$变大，杂波功率应当增加。综合的结果是杂波随目标高度的增加而减小。

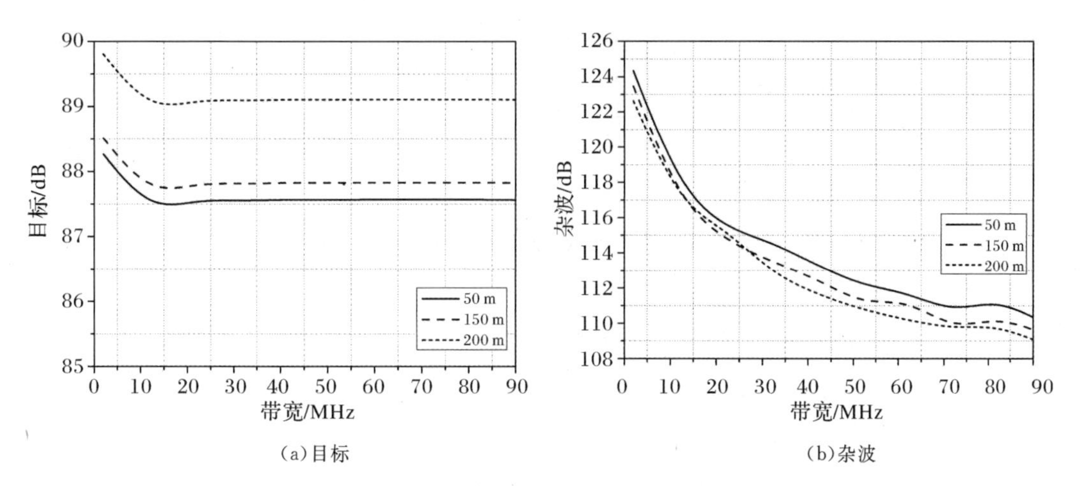

(a)目标　　(b)杂波

图 2.103　不同目标高度时目标与杂波随带宽变化规律

【算例 2.61】雷达与目标距离算例。计算条件如下：

运动参数：雷达位置矢量为($D_{st}\cos\theta$，0，$\boldsymbol{D}_{st}\sin\theta+50$)，单位 m，速度矢量为 V_s(−300 m/s，0，0)；目标位置矢量为 $\boldsymbol{T}_p$(0，0，50 m)，速度矢量为 $\boldsymbol{V}_t$(100 m/s，0，0)，目标主轴指向 x 轴正向，目标雷达仰角为 $\theta=20°$。

雷达参数为：主动体制，旁瓣电平为 −20 dB，工作频率在 Ku 波段，积累脉冲数为 256 个，天线主波束指向目标中心，入射和接收均为 VV 极化。

目标与环境复合模型：目标模型为模型 2，环境面轮廓起伏为 $H_x=1\times10^{-3}$ m，$L_x=0.6$ m，小尺度起伏为 $h=1\times10^{-4}$ m，$l_x=0.04$ m。地面相对介电常数为 $\varepsilon_r=20-\mathrm{j}10$。

计算中保持导目标雷达仰角不变，只是改变雷达与目标距离 D_{st}，分别计算了雷达与目标距离 D_{st}分别为 5 000 m、5 200 m 及 5 500 m 时的杂波随带宽的变化。结果如图 2.104 所

示,可以看出:

(1)当雷达目标距离增大时,目标功率随调频带宽变化的曲线整体是下降的。这是由于目标雷达的仰角并未发生改变,也就是目标处的照射波束矢量保持不变,只是目标回波的距离发生了变化,当距离增加时,目标功率会下降。

(2)当雷达目标距离增大时,杂波随调频带宽变化的曲线整体是下降的。原因是主瓣波束的照射角度并未发生改变,环境面上等距离环投影间隔 $\Delta R'$ 也未发生改变,当距离增加时,杂波功率也会随之缓慢减小。

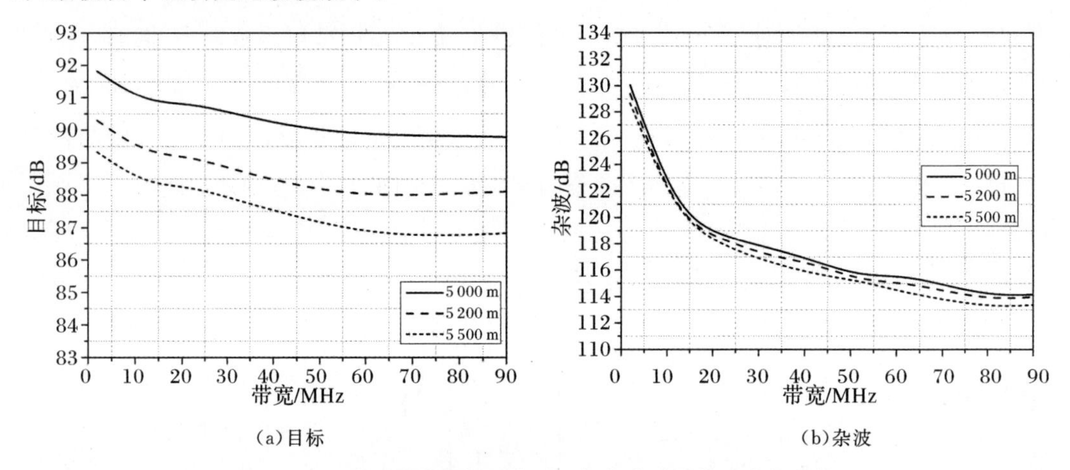

(a)目标　　(b)杂波

图 2.104　不同雷达目标距离时目标与杂波随带宽变化规律

【算例 2.62】擦地角算例。计算条件如下:

运动参数:雷达位置矢量为(5 000cosθ,0,5 000sinθ),单位 m,速度矢量为 $\boldsymbol{V}_{\mathrm{s}}$(−300 m/s,0,0);目标位置矢量为 $\boldsymbol{T}_{\mathrm{p}}$(0,0,50 m),速度矢量为 $\boldsymbol{V}_{\mathrm{t}}$(100 m/s,0,0),目标雷达仰角为 θ。

雷达参数为:主动体制,旁瓣电平为−20 dB,工作频率在 Ku 波段,积累脉冲数为 256 个,天线主波束指向目标中心,入射和接收均为 VV 极化。

目标环境复合模型:目标模型为直径 30 cm 导体球,环境面轮廓起伏为 $H_x=1\times10^{-3}$ m,L_x =0.6 m,小尺度起伏为 $h=1\times10^{-4}$ m,$l_x=0.04$ m。地面相对介电常数为 $\varepsilon_{\mathrm{r}}=20-\mathrm{j}10$。

计算中保持雷达与目标距离不变,分别计算了目标与雷达仰角 θ 分别为 15°、30°及 40°时的杂波随带宽的变化。结果如图 2.105 所示,可以看出:

(1)当仰角增大时,目标功率随带宽变化的曲线整体保持不变。这是由于目标为导体球,目标功率的差别非常小,不足 0.2 dB,计算误差主要是由信号的数字采样所形成的。

(2)当仰角增大时,杂波的曲线会上移。这是由于当仰角 θ 增大时,环境的后向散射系数增大,而环境面上等距离环投影间隔在减小,环境散射单元面积减小,同时,主瓣杂波距离雷达的距离略微会减小,综合的结果是杂波功率增加。说明仰角的增加使得进入到雷达内的杂波功率会增强。

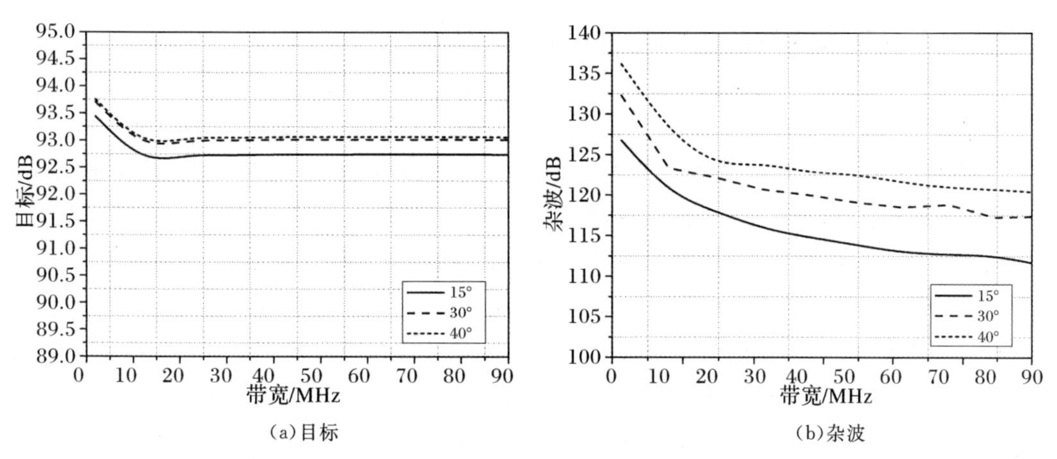

(a)目标　　(b)杂波

图 2.105　不同擦地角时目标与杂波随带宽变化规律

2. 环境参数

【算例 2.63】环境相对介电常数。计算条件如下：

运动参数：雷达位置矢量为(6 000 m,0,2 000 m)，速度矢量为 $\boldsymbol{V}_s$(－300 m/s,0,0)；目标位置矢量为 $\boldsymbol{T}_p$(0,0,50 m)，速度矢量为 $\boldsymbol{V}_t$(100 m/s,0,0)，目标雷达仰角为 θ。

雷达参数为：主动体制，旁瓣电平为－20 dB，工作频率在 Ku 波段，积累脉冲数为 256，天线主波束指向目标中心，入射和接收均为 VV 极化。

目标环境复合模型：目标模型为直径 30 cm 导体球，环境面轮廓起伏为 $H_x=1\times10^{-3}$ m，$L_x=0.6$ m，小尺度起伏为 $h=1\times10^{-4}$ m，$l_x=0.04$ m。

计算中保持雷达与目标相对位置不变，分别计算了环境介电常数 ε_r 分别为 3－j10、20－j10、40－j10 时的杂波随带宽的变化。结果如图 2.106 所示，可以看出：

(1)由于目标与雷达的相对位置及波束指向并未发生改变，目标功率随带宽变化的曲线并未发生改变。

(2)当环境相对介电常数发生变化时，环境的后向散射系数增加，环境散射单元的大小不变，每个单元的后向 RCS 增加，反映在距离-多普勒二维图中杂波功率就会增加。

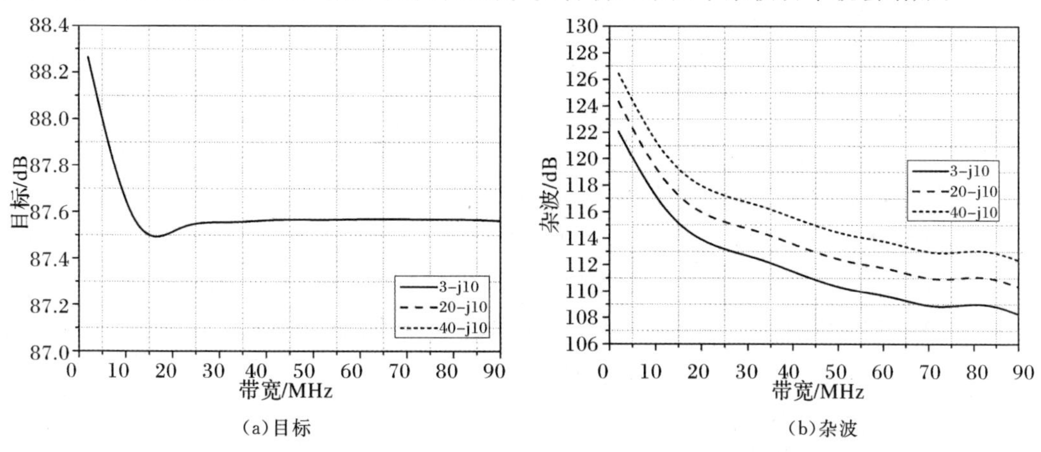

(a)目标　　(b)杂波

图 2.106　不同介电常数时目标与杂波随带宽变化规律

【**算例 2.64**】环境大均方根高度。计算条件如下：

运动参数：雷达位置矢量为(6 000 m,0,2 000 m)，速度矢量为 $\boldsymbol{V}_{\mathrm{s}}$(−300 m/s,0,0)；目标位置矢量为 $\boldsymbol{T}_{\mathrm{p}}$(0,0,50 m)，速度矢量为 $\boldsymbol{V}_{\mathrm{t}}$(100 m/s,0,0)，目标雷达仰角为 θ。

雷达参数为：主动体制，旁瓣电平为−20 dB，工作频率在 Ku 波段，积累脉冲数为 128 个，天线主波束指向目标中心，入射和接收均为 VV 极化。

目标环境复合模型：目标模型为直径 30 cm 导体球，环境面轮廓起伏为 L_x=0.6 m，小尺度起伏为 $h=1\times10^{-4}$ m，l_x=0.04 m，环境面相对介电常数为 $\varepsilon_{\mathrm{r}}=20-\mathrm{j}10$。

计算中保持雷达与目标相对位置不变，分别计算了环境面起伏 H_x 为 0.001 m，1 m 及 5 m 时的杂波随带宽的变化。结果如图 2.107 所示，可以看出：

(1)由于目标与雷达的相对位置及波束指向并未发生改变，三种情况下目标功率与算例 2.63 的结果类似。目标的绝对值低于算例 2.63 的结果，这是因为本算例的脉冲积累数少于前一算例的。

(2)当环境面的轮廓均方根高度变大时，环境面的起伏加大，环境后向散射系数增强，杂波单元的后向 RCS 随之增强，杂波功率也会增强。

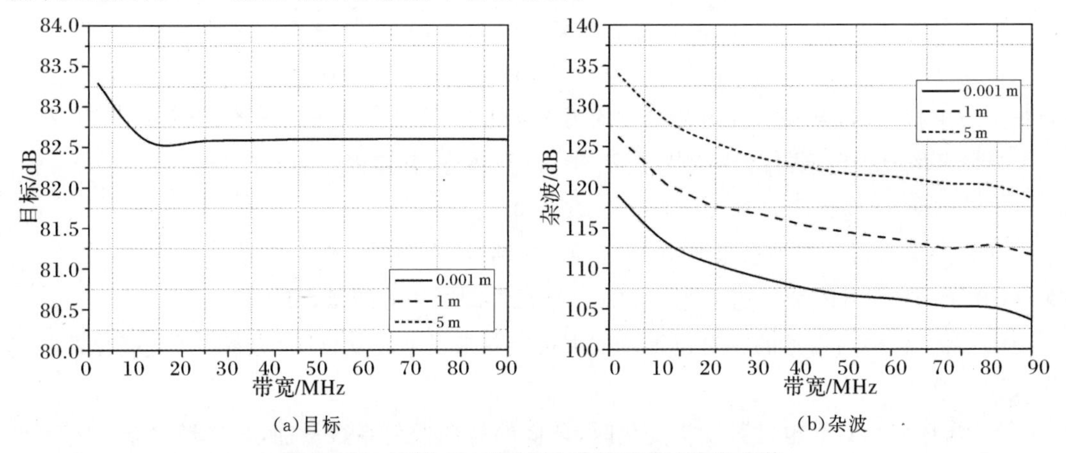

(a)目标　　(b)杂波

图 2.107　不同 H_x 时目标与杂波随带宽变化规律

【**算例 2.65**】环境大相关长度。计算条件如下：

运动参数：雷达位置矢量为(6 000 m,0,2 000 m)，速度矢量为 $\boldsymbol{V}_{\mathrm{s}}$(−300 m/s,0,0)；目标位置矢量为 $\boldsymbol{T}_{\mathrm{p}}$(0,0,50 m)，速度矢量为 $\boldsymbol{V}_{\mathrm{t}}$(100 m/s,0,0)，目标雷达仰角为 θ。

雷达参数为：主动体制，旁瓣电平为−20 dB，工作频率在 Ku 波段，积累脉冲数为 128，天线主波束指向目标中心，入射和接收均为 VV 极化。

目标环境复合模型：目标模型为直径 30 cm 导体球，环境面轮廓起伏为 H_x=1 m，小尺度起伏为 $h=1\times10^{-4}$ m，l_x=0.04 m，环境面相对介电常数为 $\varepsilon_{\mathrm{r}}=20-\mathrm{j}10$。

计算中保持雷达与目标相对位置不变，分别计算了环境面起伏相关长度为 L_x 为 0.6 m，2 m 及 6 m 时的杂波随带宽的变化。结果如图 2.108 所示，可以看出：

(1)由于目标与雷达的相对位置及波束指向并未发生改变，环境大相关长度变化时，目标功率不发生变化。

(2)当环境面轮廓的大相关长度变大时,环境面的起伏变缓,环境后向散射系数减小,杂波单元的后向 RCS 会随之减小,杂波功率会减弱。

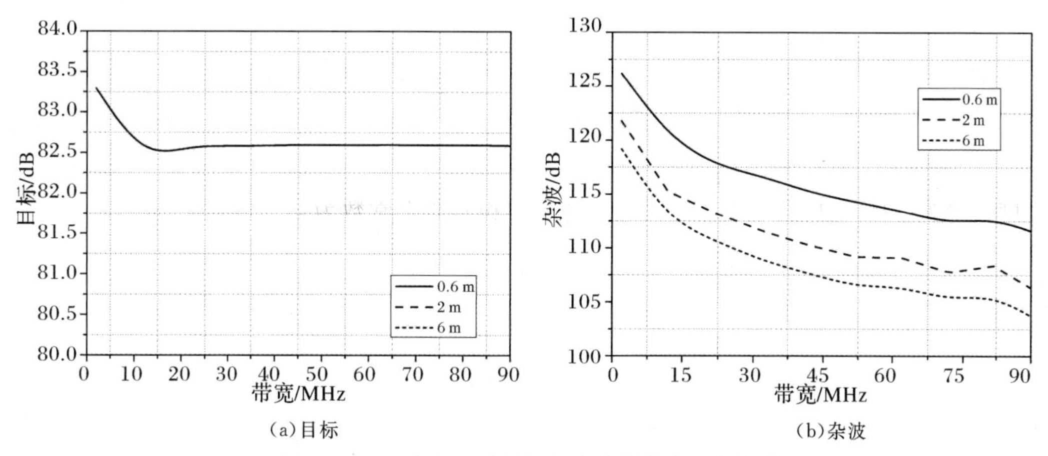

(a)目标　　　　(b)杂波

图 2.108　不同 L_x 时目标与杂波随带宽变化规律

【算例 2.66】环境小均方根高度。计算条件如下:

运动参数:雷达位置矢量为(6 000 m,0,2 000 m),速度矢量为 $\boldsymbol{V}_s$(−300 m/s,0,0);目标位置矢量为 $\boldsymbol{T}_p$(0,0,50 m),速度矢量为 $\boldsymbol{V}_t$(100 m/s,0,0),目标雷达仰角为 θ。

雷达参数为:主动体制,旁瓣电平为−20 dB,工作频率在 Ku 波段,积累脉冲数为 128 个,天线主波束指向目标中心,入射和接收均为 VV 极化。

目标环境复合模型:目标模型为直径 30 cm 导体球,环境面轮廓起伏为 $H_x=1\times10^{-3}$ m,$L_x=0.6$ m,小尺度起伏为 $l_x=0.04$ m,环境面相对介电常数为 $\varepsilon_r=20-\mathrm{j}10$。

计算中保持雷达与目标相对位置不变,分别计算了环境面起伏相关长度 h 为 0.01 m,0.001 m及 0.000 1 m 时的杂波随带宽的变化。目标功率变化情况与算例 2.65 类似,这里不再赘述。

从图 2.109 可以看出:当环境面的大起伏上叠加的小起伏均方根高度变大时,环境面的粗糙度增加,环境后向散射系数增大,杂波单元的后向 RCS 会随之变大,杂波功率会增强。

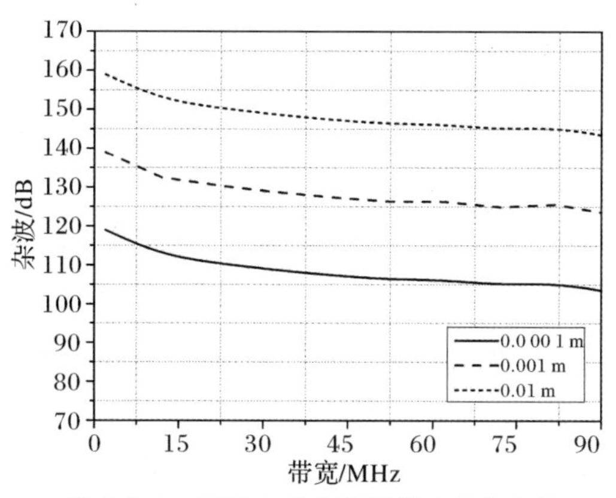

图 2.109　不同 h 时杂波随带宽变化规律

【算例 2.67】环境小相关长度。计算条件如下：

运动参数：雷达位置矢量为(6 000 m,0,2 000 m)，速度矢量为 $\boldsymbol{V}_s$(−300 m/s,0,0)；目标位置矢量为 $\boldsymbol{T}_p$(0,0,50 m)，速度矢量为 $\boldsymbol{V}_t$(100 m/s,0,0)，目标雷达仰角为 θ。

雷达参数为：主动体制，旁瓣电平为−20 dB，工作频率在 Ku 波段，积累脉冲数为 128 个，天线主波束指向目标中心，入射和接收均为 VV 极化。

目标环境复合模型：目标模型为直径 30 cm 导体球，环境面轮廓起伏为 $H_x=1\times10^{-3}$ m，$L_x=0.6$ m，小尺度起伏为 $h=1\times10^{-4}$ m，环境面相对介电常数为 $\varepsilon_r=20-j10$。

计算中保持雷达与目标相对位置不变，分别计算了环境面起伏相关长度为 l_x 为 0.01 m，0.04 m及 0.08 m 时的杂波随带宽的变化。目标功率变化情况与算例 2.66 类似。

从图 2.110 可以看出：当环境面的大起伏上叠加的小起伏相关长度变大时，环境面的局部起伏变化会减缓，也就是斜率变化更平缓，等效为粗糙度减小，后向散射系数减小，杂波单元的后向 RCS 会随之减小，杂波功率变弱。

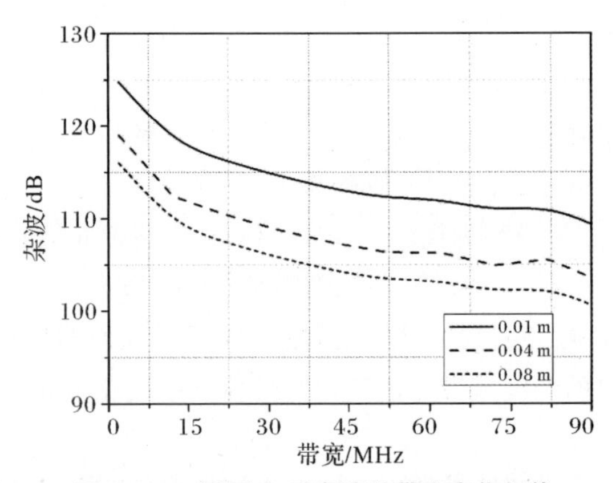

图 2.110　不同 l_x 时杂波随带宽变化规律

【算例 2.68】海面风速。计算条件如下：

运动参数：雷达位置矢量为(6 000 m,0,2 000 m)，速度矢量为 $\boldsymbol{V}_s$(−300 m/s,0,0)；目标位置矢量为 $\boldsymbol{T}_p$(0,0,50 m)，速度矢量为 $\boldsymbol{V}_t$(100 m/s,0,0)，目标雷达仰角为 θ。

雷达参数为：主动体制，旁瓣电平为−20 dB，工作频率在 Ku 波段，积累脉冲数为 128 个，天线主波束指向目标中心，入射和接收均为 VV 极化。

目标环境复合模型：目标模型为直径 30 cm 导体球，环境面为海面，风向 0°，也就是在图 2.96 中沿着 x 轴方向，海面相对介电常数为 $\varepsilon_r=42-j39$。

计算中保持雷达与目标相对位置不变，分别计算了海面风速分别为 2 m/s、3 m/s、6 m/s 时的杂波随带宽的变化。目标功率变化情况与算例 2.67 类似。

从图 2.111 可以看出：当海面的风速增大时，海面浪高变大，整体起伏也变大，海面的后向散射系数增大，杂波单元的后向 RCS 会随之增大，杂波功率变强。

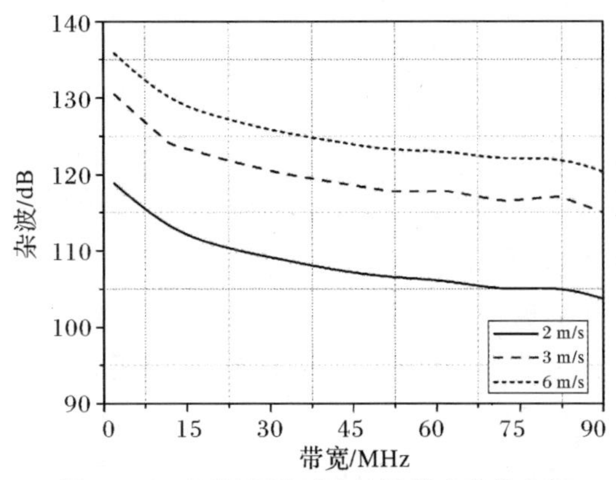

图 2.111　不同风速时杂波随带宽变化规律

【算例 2.69】海面风向。计算条件如下：

运动参数：雷达位置矢量为(6 000 m,0,2 000 m)，速度矢量为 $\boldsymbol{V}_s$(－300 m/s,0,0)；目标位置矢量为 $\boldsymbol{T}_p$(0,0,50 m)，速度矢量为 $\boldsymbol{V}_t$(100 m/s,0,0)，目标雷达仰角为 θ。

雷达参数为：主动体制，旁瓣电平为－20 dB，工作频率在 Ku 波段，积累脉冲数为 128 个，天线主波束指向目标中心，入射和接收均为 VV 极化。

目标环境复合模型：目标模型为直径 30 cm 导体球，环境面为海面，海面风速为 7 m/s，海面相对介电常数为 $\varepsilon_r=42-j39$。

计算中保持雷达与目标相对位置不变，分别计算了风速为 2 m/s 及 7 m/s 时，海面风向分别为 0°、45°、90°时的信杂比随带宽的变化。目标功率变化情况与算例 2.68 类似。由图 2.86 可知，雷达收发天线波束方向在 xOz 面内，在水平面的投影方向指向 x 轴正向。

计算结果如图 2.112 所示，可以看出：

(1)当海面的风向为 0°时，海面显得比较粗糙，当风向变为 45°时，海面的粗糙度下降，90°时更明显，也就是当风向增大时，海面的后向散射系数减小，杂波单元的后向 RCS 会随之减小，杂波功率变弱。

(2)当风速较小时，杂波整体会比风速较大时的要小，且风速较小时，风向对杂波功率的影响较风速较大时的影响要弱。

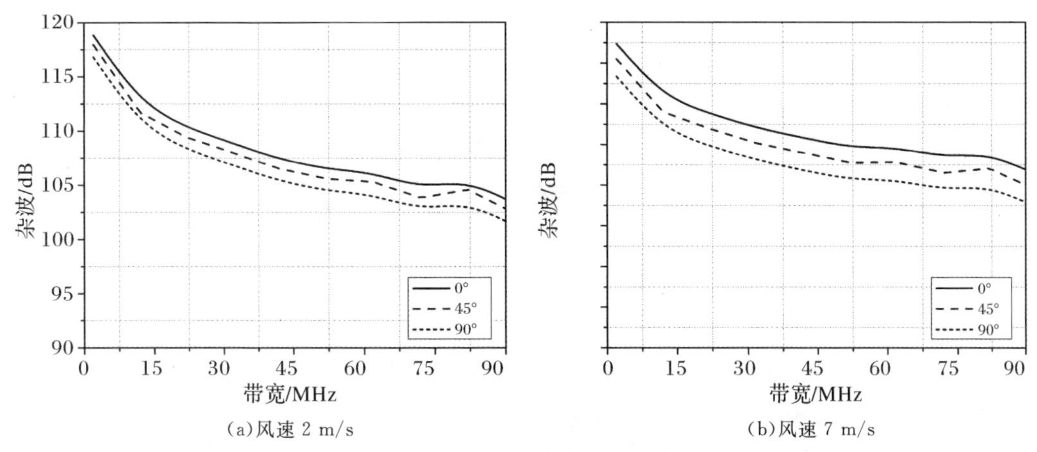

图 2.112　不同风向时杂波随带宽变化规律

3. 雷达参数

【算例 2.70】工作频率。计算条件如下：

运动参数：雷达位置矢量为(6 000 m,0,2 000 m)，速度矢量为 $\boldsymbol{V}_s$(−300 m/s,0,0)；目标位置矢量为 $\boldsymbol{T}_p$(0,0,50 m)，速度矢量为 $\boldsymbol{V}_t$(100 m/s,0,0)，目标雷达仰角为 θ。

雷达参数为：主动体制，旁瓣电平为−20 dB，积累脉冲数为 128 个，天线主波束指向目标中心，入射和接收均为 VV 极化。

目标环境复合模型：目标模型为直径 30 cm 导体球，环境面为海面，海面风速为 4 m/s，海面相对介电常数为 $\varepsilon_r=42-j39$。

计算中保持雷达与目标相对位置不变，分别计算了工作频率分别为 5 GHz，10 GHz 及 14 GHz 时，目标与杂波随带宽的变化。从图 2.113 的计算结果可以看出：

(1)当频率升高时，目标功率整体会增加。由于本算例选取的目标为直径 30 cm 的导体球。目标的 RCS 理论值为 πr^2，保持不变，其中，r 为导体球的半径。而根据雷达接收功率计算公式为

$$P_r=\frac{P_tG_t}{4\pi R_t^2}\frac{\sigma}{4\pi R_r^2}A_r=\frac{P_t}{R_t^2}\frac{\sigma}{4\pi R_r^2}\frac{A_rA_r}{\lambda^2} \tag{2.90}$$

式中：P_r 为接收功率；P_t 为发射功率；G_t 为发射天线增益；R_t 和 R_r 分别为发射天线、接收天线与目标距离；σ 为散射体的雷达 RCS；A_t 和 A_r 分别为发射天线、接收天线的有效辐射口径面积。并且 $G_t=4\pi A_t/\lambda^2$，该式表明，当散射体 RCS、发射功率、收发天线有效口径面积及收发天线与散射体距离不变时，工作频率增加，波长变小，接收功率变大。反映在图2.113(a)中就是目标功率增加。

(2)当频率升高时，环境面的等效粗糙度增加，环境单元 RCS 增加，杂波功率也会增加。当工作频率发生改变时，即使目标与环境相对位置不变，杂波功率最大值对应的杂波单元距离也是不固定的。

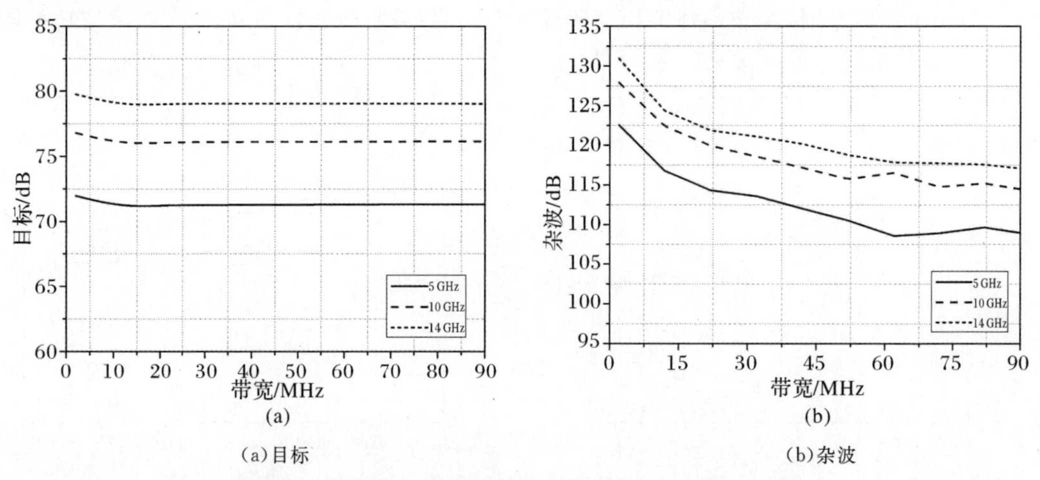

(a)目标　　(b)杂波

图 2.113　不同工作频率时目标与杂波随带宽变化规律

【算例 2.71】波束指向偏差。计算条件如下：

运动参数：雷达位置矢量为(6 000 m,0,2 000 m)，速度矢量为 $\boldsymbol{V}_s$(−300 m/s,0,0)；目标位置矢量为 $\boldsymbol{T}_p$(0,0,50 m)，速度矢量为 $\boldsymbol{V}_t$(100 m/s,0,0)，目标雷达仰角为 θ。

雷达参数为：主动体制，即发射和接收天线均在同一雷达内，且两种天线参数均相同，旁瓣电平为−20 dB，工作频率在 Ku 波段，入射和接收均为 VV 极化。

目标环境复合模型：目标模型为直径 30 cm 导体球，环境面轮廓起伏为 $H_x=1\times10^{-3}$ m，$L_x=0.6$ m，小尺度起伏为 $h=1\times10^{-4}$ m，相关长度 $l_x=0.04$ m，环境面相对介电常数为 $\varepsilon_r=20-\text{j}10$。

分别计算了天线波束偏离雷达目标连线一定角度的目标与信杂比曲线。这里仅仅考虑俯仰角度差。计算结果如图 2.114 所示，图上角度的偏差表明天线波束向天空方向偏转。从结果中可以看出：

(1)当波束角度偏差变大时，天线方向图在目标处的幅值会下降，反映在目标功率上就会下降。

(2)当波束角度偏差变大时，天线主波束仰角减小，主波束照射区域的杂波距离会增大。主波束仰角的减小会导致环境散射系数减小，杂波功率减小，杂波距离增大也会使得杂波功率减小。综合起来就是杂波功率减小。

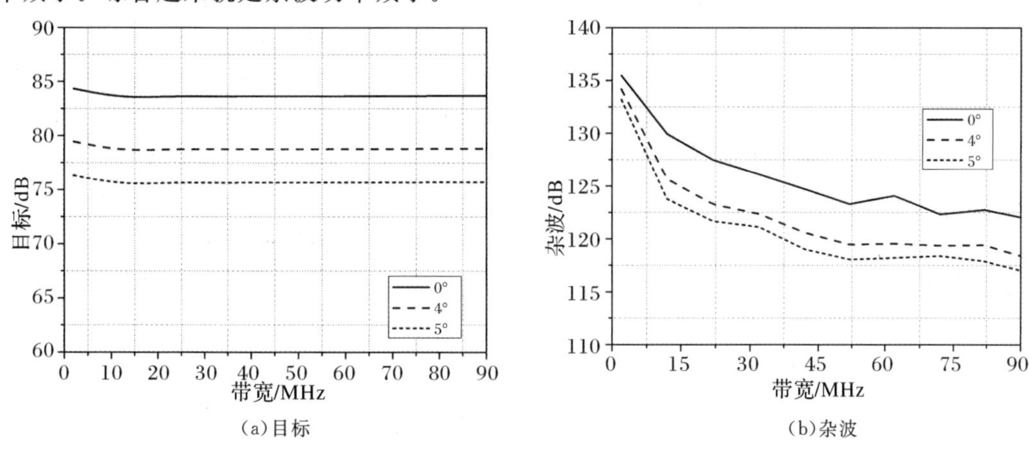

(a)目标　　(b)杂波

图 2.114　不同波束偏差时目标与杂波随带宽变化规律

【算例 2.72】脉冲积累数。计算条件如下：

运动参数：雷达位置矢量为(6 000 m,0,2 000 m)，速度矢量为 $\boldsymbol{V}_s$(−300 m/s,0,0)；目标位置矢量为 $\boldsymbol{T}_p$(0,0,50 m)，速度矢量为 $\boldsymbol{V}_t$(100 m/s,0,0)，目标雷达仰角为 θ。

雷达参数为：主动体制，旁瓣电平为−20 dB，工作频率在 Ku 波段，天线主波束指向目标中心，入射和接收均为 VV 极化。

目标环境复合模型：目标模型为直径 30 cm 导体球，环境面为海面，海面风速为 4 m/s，海面相对介电常数为 $\varepsilon_r=42-\text{j}39$。

计算中保持雷达与目标相对位置不变，分别计算了脉冲积累数为 128 个、256 个、512 个时，目标与杂波随带宽的变化。从图 2.115 的结果可以看出：

(1)随着脉冲积累数的增加，目标功率随带宽的曲线整体上移，说明积累数的增加有利于提高目标相参积累。

(2)脉冲积累数的增加使得杂波功率也增加。

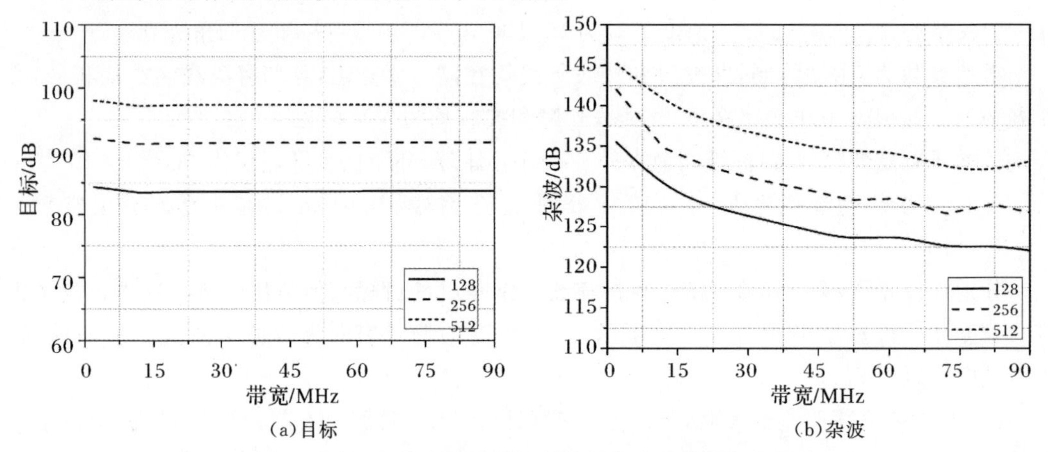

图 2.115　不同脉冲积累数时目标与杂波随带宽变化规律

【算例 2.73】主动与半主动体制。计算条件如下：

运动参数：接收雷达位置矢量为(4 000 m,0,1200 m)，速度矢量为 $\boldsymbol{V}_s$(300 m/s,0,0)；目标位置矢量为 $\boldsymbol{T}_p$(8 000 m,0,200 m)，速度矢量为 $\boldsymbol{V}_t$(−230 m/s,0,0)。半主动体制下照射雷达位置矢量为(0,0,15 m)，速度为 0。

雷达参数为：发射和接收天线均相同，旁瓣电平为−20 dB，工作频率在 Ku 波段，积累脉冲数为 128 个。照射雷达与接收雷达天线主波束均指向目标中心，入射和接收均为 VV 极化。

目标环境复合模型：目标为直径 30 cm 的导体球，环境面为海面，海面风速为 2 m/s，海面相对介电常数为 $\varepsilon_r = 42 - j39$。

当采用主动体制时，接收雷达兼有发射和接收两种功能，而半主动体制时，照射雷达位于靠近环境面且高度 15 m 处，分别计算了两种体制下杂波随带宽变换的曲线，结果如图 2.116所示。

可以看出：随着带宽的增加，半主动与主动体制下的杂波均减小，且主动下的杂波强于半主动的杂波，这因为半主动下照射雷达距离目标较远，而主动下照射雷达与接收雷达的位置是相同的，这就导致半主动下的杂波功率较小。

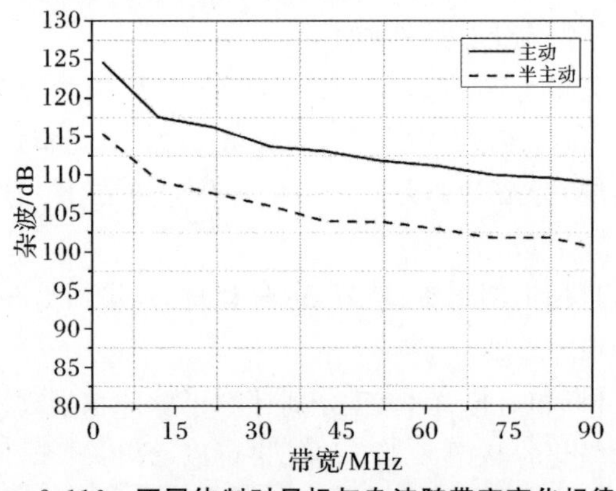

2.116　**不同体制时目标与杂波随带宽变化规律**

2.5 本章小结

本章主要介绍了雷达导引头宽带回波信号的生成方法及其随参数变化的特性。具体包括：

(1)介绍了超低空目标-环境复合散射计算方法。该混合方法包括对目标散射、环境散射及镜像散射的计算方法，各计算方法分别得到了实验结果的验证，随后对复合散射的特性和规律进行了分析。

(2)介绍了基于复合散射的宽带回波生成模型。该回波模型的优点包括：采用目标、环境、镜像分别建模再叠加的方法，方便验证与特性分析；天线模型采用四象限模式便于计算合成目标的角误差信息；利用回波模型得到的镜像回波及环境杂波计算结果复合实际信号的特征。

(3)分析计算了镜像回波及环境杂波随带宽的变化曲线，总结了两者虽参数变化的规律。结果显示：两者的特性与雷达参数、目标环境参数的关系很密切。

总之，利用本章基于复合散射，并结合雷达参数得到的宽带信号回波模型能够分别得到超低空宽带目标、镜像及杂波信号的回波序列。该宽带回波模型是分析雷达导引头宽带化体制下回波特性的基础，也能够为抑制对抗镜像及杂波提供理论支撑。该宽带回波模型的精度也得到实验数据的验证，这些将在后续章节中给出，这里不再赘述。

第3章　宽带信号自适应处理技术

现代超外差式雷达接收机功能框图如图3.1所示，一般由微波部分、中频部分、视频部分和数字部分(信号处理机)等组成，基本工作过程为：天线接收到雷达回波射频信号后，将射频信号经过混频、放大、滤波、检波、A/D采样等变换后送至信号处理机，获取目标距离、速度和角度等信息。

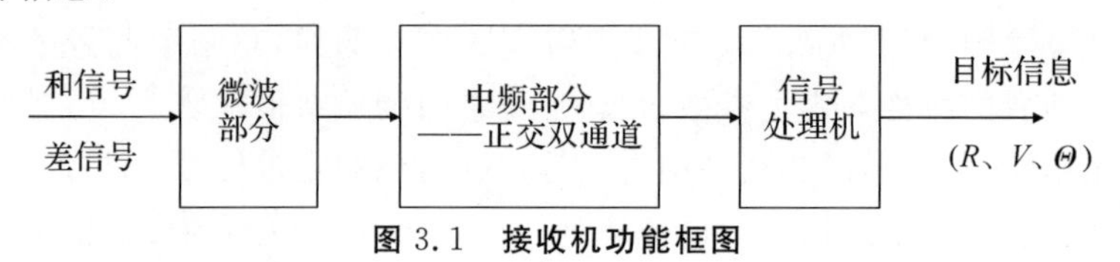

图3.1　接收机功能框图

信号处理机的核心是宽带信号自适应处理技术，原理框图如图3.2所示，包括宽带正交双通道解调方法、宽带信号处理方法、宽带自适应处理方法和目标测量与跟踪等四部分。本章分别介绍以上四种方法。

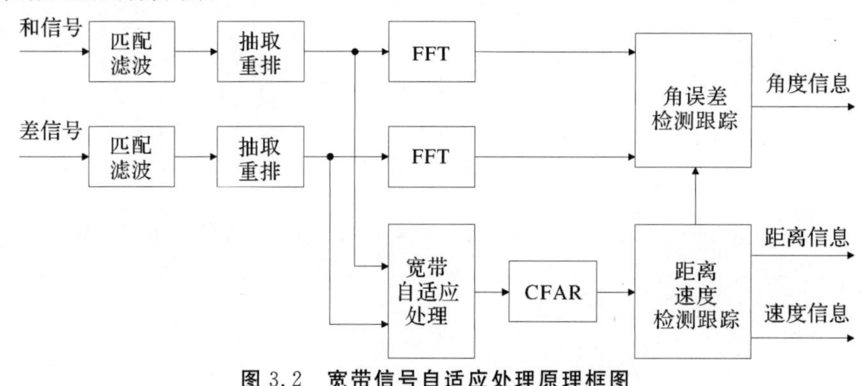

图3.2　宽带信号自适应处理原理框图

3.1　宽带正交双通道解调方法

雷达接收机接收到的射频信号经过接收机的混频、滤波和自动增益控制后就能够得到中频信号，中频信号是实数形式，只包含幅度信息，为了能够得到信号的幅度和相位信息，就需要将中频信号变成复数形式的视频信号，这就用到了正交通道解调。正交双通道解调方法原理框图如图3.3所示。

设输入中频信号为$s_i(t)$表达式为

$$s_i(t)=A(t)\cos[2\pi f_I t+\varphi(t)] \tag{3.1}$$

通过I支路，即同向支路时与同向本振信号 $\cos(2\pi f_I t)$ 混频并经过低通滤波器就能得到I支路输出信号 $A(t)\cos(\varphi(t))$，$s_i(t)$ 通过Q支路，即正交支路时与正交本振信号 $\sin(2\pi f_I t)$ 混频并经过低通滤波器后就能得到Q支路输出信号 $A(t)\sin(\varphi(t))$。将两支路信号组合就能得到输出信号：

$$s_o(t)=A(t)\exp[\mathrm{j}\varphi(t)] \tag{3.2}$$

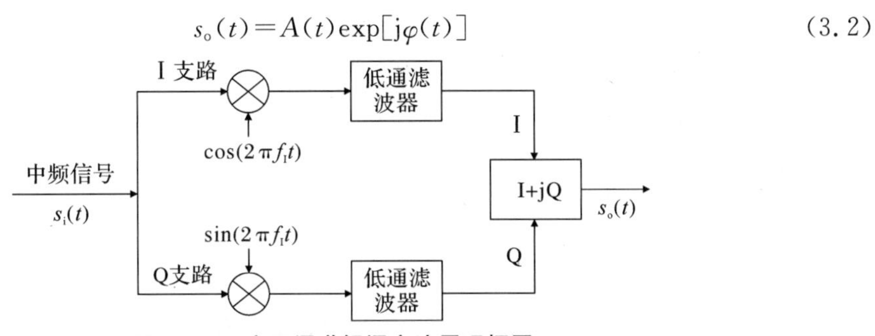

图3.3　正交双通道解调方法原理框图

该输出信号是复数形式，这样就能得到雷达回波的视频信号，该信号同时包含了回波信号的幅度和相位信息。

若输入信号为数字形式，其数据采样率为 f_s，图3.4所示为输入数字信号频谱图，f_I 为中频，B 为信号的调频带宽。阴影部分为输入信号 $s_i(t)=A(t)\cos(2\pi f_I t+\varphi(t))$ 未进行数字采样的的频谱图，该输入信号的实数形式决定了其频谱为双边谱。图中每一部分频谱的中心值可以表示为 $Nf_s\pm f_I$。为了保证混频后不发生频谱的混叠，采样率 f_s，中频 f_I 和调频带宽 B 应当满足：

$$(Nf_s-2f_I)\geqslant B \tag{3.3a}$$

$$f_s\geqslant 2B \tag{3.3b}$$

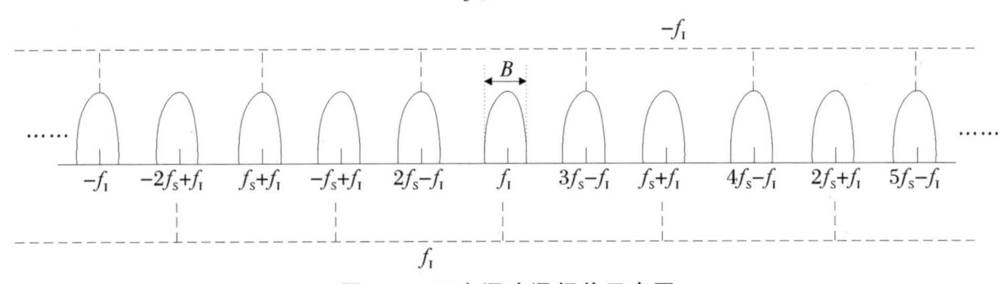

图3.4　正交通路混频前示意图

进一步推导可以得到：

$$f_I=(2N-1)f_s/4 \tag{3.4}$$

中频信号经过低通滤波器之后得到两路正交视频信号，对低通滤波器的要求是带外衰减要足够强，过渡段要尽量短，这样就能尽可能地避免频谱混叠所引起的镜像。如图3.5所示，当低通滤波器带外抑制能力比较强时，频谱中仍然有部分由于数字采样引起的频谱混叠，如矩形框所示。这部分混叠的频谱分量非常难以消除，这可以从选择发射信号包络的波形入手，使得其有效频谱尽量集中，边带成分尽量少。如可以选择高斯包络脉冲或者三角包络脉冲。

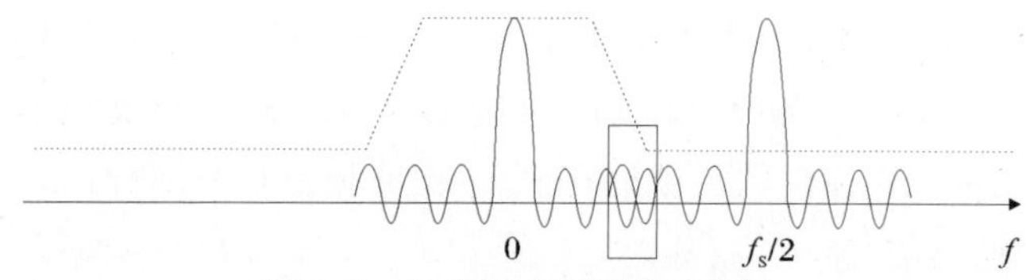

图 3.5　正交通路混频前示意图

下面分别给出了三种发射信号的表达式：

$$s_1(t)=\mathrm{rect}\left(\frac{t-0.5\tau}{\tau}\right),0\leqslant t\leqslant T_r \tag{3.5a}$$

$$s_2(t)=\mathrm{rect}\left(\frac{t-0.25\tau}{0.5\tau}\right)\frac{t}{0.5\tau}+\mathrm{rect}\left(\frac{t-0.75\tau}{0.5\tau}\right)\left(\frac{\tau-t}{0.5\tau}\right),0\leqslant t\leqslant T_r \tag{3.5b}$$

$$s_3(t)=\mathrm{rect}\left(\frac{t-0.5\tau}{\tau}\right)\exp\left[-\frac{(t-0.5\tau)^2}{2\sigma^2}\right],0\leqslant t\leqslant T_r \tag{3.5c}$$

式中：$s_1(t)$为矩形方波；$s_2(t)$为三角波；$s_3(t)$为高斯脉冲波。

设 $\tau=5\ \mu\mathrm{s}$，$T_r=25\ \mu\mathrm{s}$，$\sigma=0.75\ \mu\mathrm{s}$，并对其分别作 FFT 获得其频谱，如图 3.6 所示，可以看出，方波在时域的上升沿和下降沿都非常陡，反映在频谱上就是具有比较丰富的边带，这对于正交双通道解调是不利的，会导致数字检波中频谱的混叠，即便后端进行滤波或加窗的处理也不能剔除这部分混叠的成分；三角波在时域中的上升和下降沿均比较缓，频域中能够看出其边带成分大大降低，这就能够极大地削减频谱的混叠，从源头上抑制混叠带来的镜频成分；高斯脉冲的时域图与三角脉冲类似，然而高斯波的频谱在过渡段相对较长，虽也能抑制一部分频谱的混叠，但是高斯脉冲参数的选择应当格外注意。实际中若采用三角波或高斯脉冲形式，对于消除频谱混叠是具有一定潜在优势的，但是发射信号的功率将受到影响，因此实际中对于脉冲波形的选择应当综合权衡。

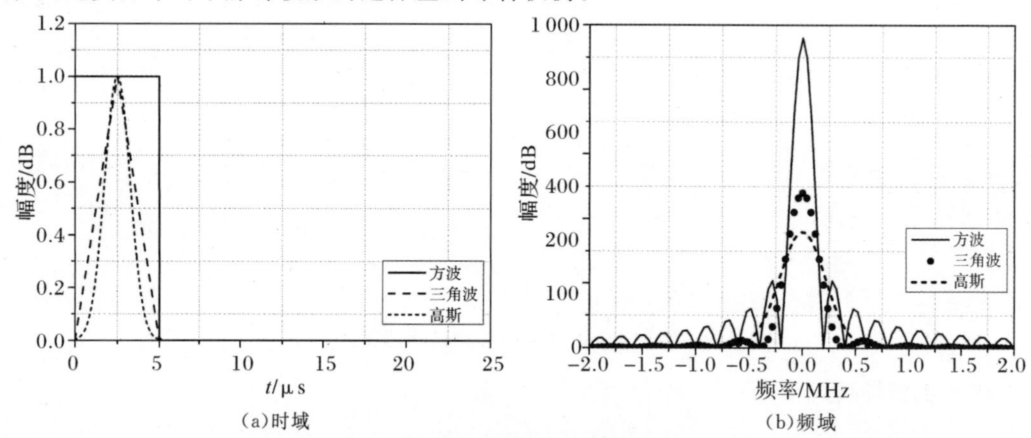

(a)时域　　(b)频域

图 3.6　正交通路混频前示意图

3.2　宽带信号处理方法

经过雷达接收机获得的和支路、俯仰差支路及方位差支路等三路信号送到雷达信号处理机处理。信号处理模型主要完成匹配滤波、相参积累、信号检测、单脉冲处理等任务，控制天线波束对准目标，实现雷达导引头对超低空目标的角跟踪。

3.2.1　匹配滤波

当中频信号经过正交通路解调后就能够得到不含载频的视频信号，为了能够实现高分辨力，就需要采取匹配滤波的方法对输入的信号进行脉冲压缩处理。这里就用到了匹配滤波器，它是雷达信号处理过程中一个重要的环节，图 3.7 所示为回波信号经匹配滤波处理的示意图。

根据匹配滤波原理，匹配滤波的传递函数时域为

$$h(t)=s*(t_0-t) \tag{3.6}$$

式中：$s(t)=\mathrm{rect}(t/\tau)\exp(\mathrm{j}\pi Kt^2)$为前面介绍的视频线性调频信号；$t_0$ 表示时延，这里取 0；$S(f)$为线性调频信号频域表达式，τ 为发射脉冲宽度。

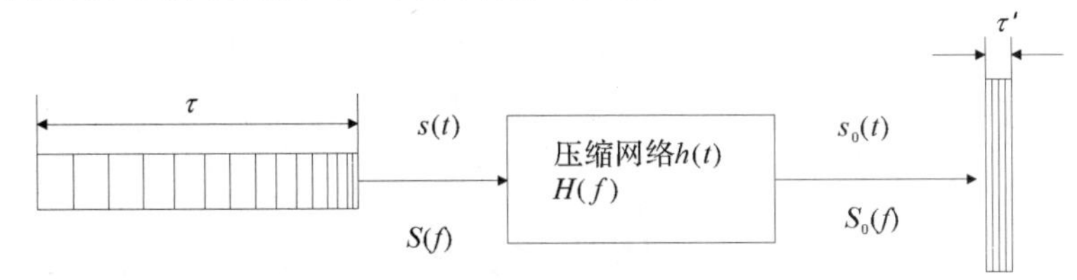

图 3.7　回波信号经匹配滤波处理示意图

当输入信号为视频线性调频信号 $A(t)s(t)$时[其中 $A(t)$为包络，这里以矩形包络为例]，则得出匹配滤波器的输出为

$$s_0(t)=[A(t)s(t)]\otimes h(t)=\frac{\tau}{2}\frac{\sin\left[\pi K\tau(1-\frac{|t|}{\tau})\right]}{\pi K\tau t}\mathrm{rect}\left(\frac{t}{2\tau}\right) \tag{3.7}$$

设调频带宽 B 取 20 MHz 时，匹配滤波器的输出如图 3.8 所示，给出了三种包络下的输出，可以看出：输出信号由宽脉冲信号变成了窄脉冲信号，其等效脉冲宽度为 $\tau'=1/B$，实现了窄脉冲压缩，压缩比为 100，匹配滤波器能够筛选出有用的目标信号，而削减掉干扰信号，保证目标信号获得能量集中的窄脉冲；方波输出信号的第一旁瓣相对最大值降低了 9 倍，三角波的则降低了约 20 倍，高斯脉冲的则降低了约 40 倍。这说明三角波与高斯脉冲包络有利于增强雷达在距离维上对于信号的识别和分辨。由匹配滤波器的输出还能看出，压缩后的信号还是有比较大的旁瓣，这其实增加了输出信号彼此之间的相关度，降低了匹配滤波器在距离维上对干扰信号滤波的效果。

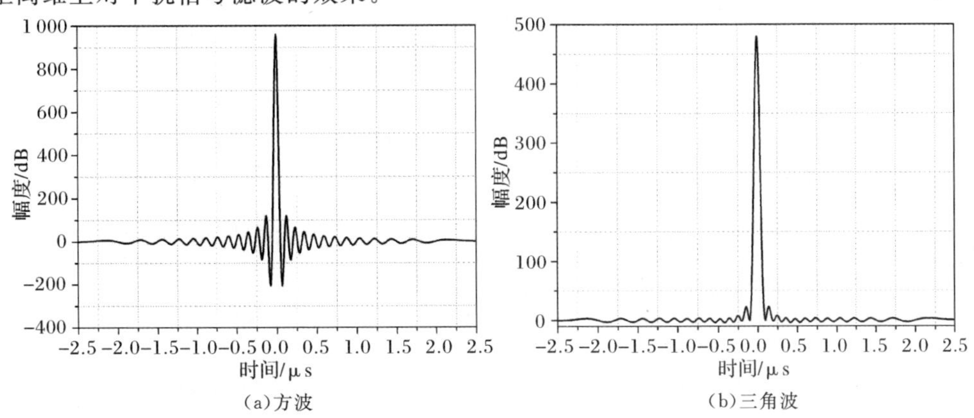

图 3.8　回波信号经过匹配滤波器之后的波形

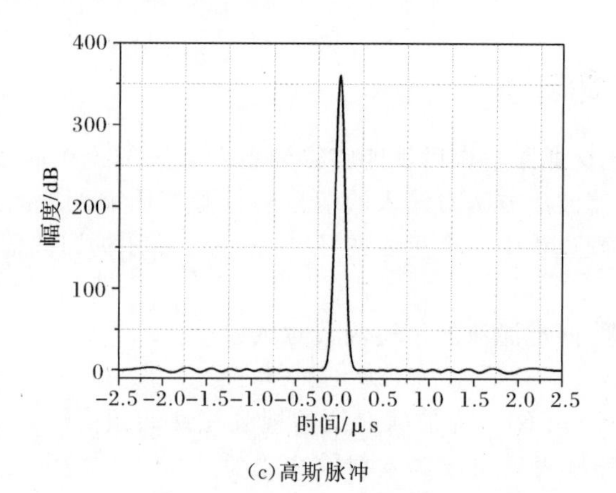

(c)高斯脉冲

续图 3.8　回波信号经过匹配滤波器之后的波形

为了降低方波压缩后输出信号的旁瓣，减少彼此之间的互扰，可以在传递函数上增加窗函数，即

$$h'(t)=h(t)*c(t) \tag{3.8}$$

式中：$c(t)$表示窗函数。这里以汉明窗为例，图 3.9 中显示的加窗效果非常明显。旁瓣得到了极大的降低。加窗处理后的信号距离门的划分更加接近理想情况，距离滤波效果非常明显，这样做也能给后续的信号检测带来便利。

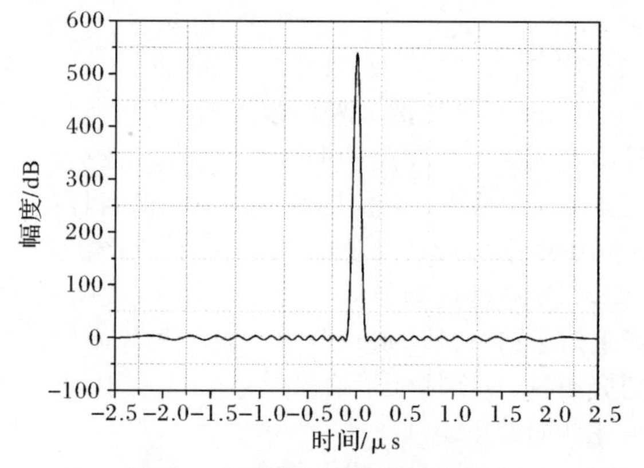

图 3.9　加窗之后匹配滤波器输出

输入匹配滤波器信号的时间间隔为 $t_s=1/f_s$，f_s 为采样频率，这样对应的最小距离采样间隔为

$$\Delta R_s=ct_s/2 \tag{3.9}$$

通常，为了减少数据的冗余，可以将经过匹配滤波器之后的信号进行再采样，将数据量减少至原来的 $1/N$，使得 ΔR_s 增加至 $\Delta R_s{}'$，其表达式为

$$\Delta R_s{}'=N\Delta R_s \tag{3.10}$$

使得 $\Delta R_s{}'$近似等于雷达距离分辨力 $\Delta R=c/(2B)$。这样接收机需要处理的数据量就会得到极大地减少。

3.2.2 相参积累

信号经过匹配滤波器的脉冲压缩处理之后，需要将回波序列做重排处理，变成二维回波，其中，每列对应同一距离门而采样时间间隔为一个脉冲重复周期的脉压回波数据。信号在相干处理时间内，同一距离门在这段时间不同脉冲周期上的采样数据就具有了一定的相关性，也就能够在这段时间上做相参积累。

如图 3.10 所示，重排后的数据需要对相同距离门内的不同序号的脉冲数据进行 FFT，完成相参积累。对相同距离门内的数据做处理相当于是在速度向或多普勒频率向做了一次滤波。多个 FFT 相当于是多个速度滤波器，这样就能够在不同速度间隔上对回波进行分类。

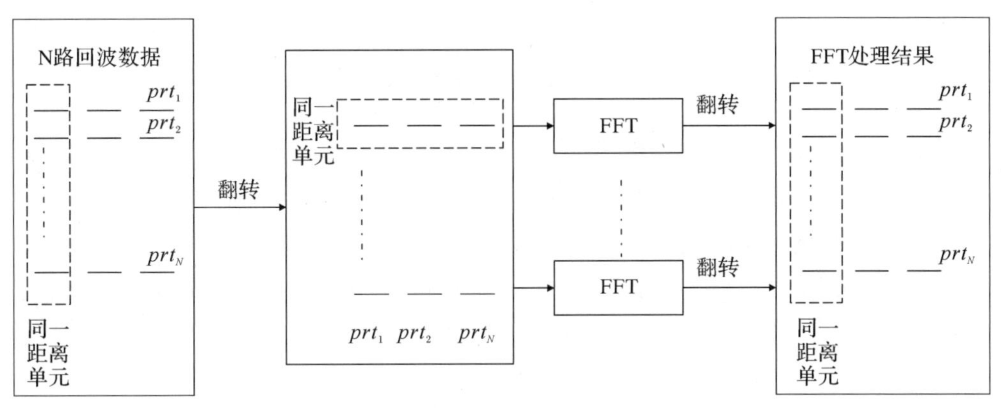

图 3.10 相参积累处理示意图

假设脉冲重复频率为 f_r，相参积累的脉冲数为 N_p，这样就能求得雷达的最小可分辨多普勒频率为

$$\Delta f = f_r / N_p \tag{3.11}$$

对应的最小可分辨速度为

$$\Delta v = \lambda \Delta f / 2 \tag{3.12}$$

经过相参积累便能得到雷达回波的距离-多普勒(速度)矩阵，如图 3.11 所示。雷达的时域回波信号是一维时间维或距离维，而经过相参积累处理后能够将速度维的信息在图中表示，这样不仅有利于后续二维信号检测，而且能够为距离跟踪和速度跟踪提供可能。在高动态的回波仿真中，雷达的时域回波中的目标信号通常淹没在非常强的干扰之中，如果不借助速度维的信息而想得到有用的目标信号是很困难的。图 3.11 中所示，S_1、S_2 及 S_3 表示距离-多普勒矩阵中待检测的回波信号，目标信号隐藏在这些信号之中。为了判定哪一个是目标信号，就需要借助一些先验的目标参数及雷达参数，并结合相应的信号检测方法。

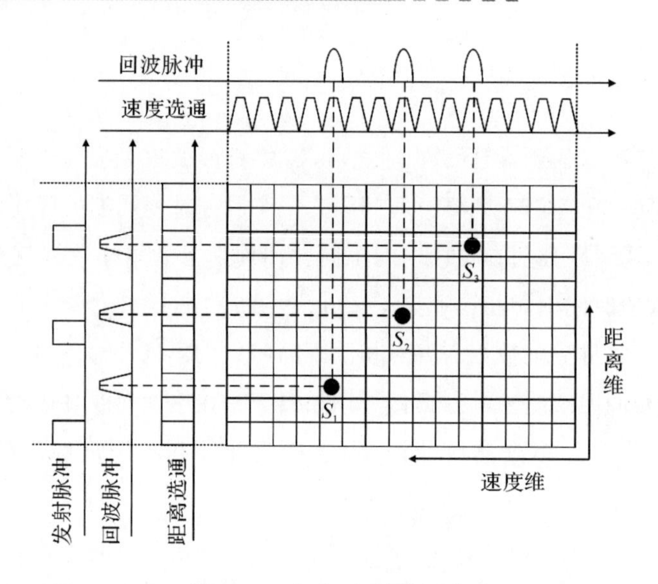

图 3.11 距离-多普勒矩阵图

3.2.3 宽带积累补偿

在宽带信号情况下，随着距离分辨率的提高，动目标可能会发生跨距离门走动现象。而由于常规 PD 处理是在一个距离单元内进行的目标积累，所以目标检测性能会因跨距离门走动而恶化。宽带积累补偿是在和通道信号做完脉压处理后进行的，机动目标信号脉压后的视频频率信号为

$$S_1(f,t)=\text{rect}\left(\frac{f}{\mu T_\text{p}}\right)w_\text{a}(t)\exp\left[-\text{j}\,\frac{4\pi}{c}(f+f_\text{c})(R_0+c_1t+c_2t^2+c_3t^3)\right] \tag{3.13}$$

距离走动就是式中视频频率 f 和慢时间 t 的耦合造成的，因此可以通过 Keystone 变换对慢时间坐标轴进行伸缩完成 f 和 t 的解耦，消除一阶距离走动项。

$$S_1(f,t)=\text{rect}\left(\frac{f}{\mu T_\text{p}}\right)w_\text{a}\left(\frac{f_\text{c}}{f+f_\text{c}}\text{t}\right)\exp\left[-\text{j}\,\frac{4\pi}{c}(f+f_\text{c})R_0\right]*$$

$$\exp\left[-\text{j}\,\frac{4\pi}{\lambda}(c_1t+c_2t^2+c_3t^3)\right]\exp\left[\text{j}\,\frac{4\pi}{c}c_2ft^2\right]\exp\left[\text{j}\,\frac{8\pi}{c}c_3ft^3\right] \tag{3.14}$$

然后再通过对机动参数(加速度 c_2，加速度 c_3)的搜索估计，在视频频率-慢时间域构造二维匹配滤波函数完成对残留耦合项(高阶机动)的补偿。

$$H_\text{match}(f,t;c_2,c_3)=\exp\left[\text{j}\,\frac{4\pi}{c}c_2(f_c-f)t^2\right]\exp\left[\text{j}\,\frac{4\pi}{c}c_3(f_c-2f)t^3\right] \tag{3.15}$$

最后再通过距离向 IFFT 和方位向 FFT 后，因距离走动散焦的目标将在距离-多普勒域重新完成聚焦。基于 Keystone 变换和速度滤波器组的方法可以把一个三维运动参数搜索过程转换成一个二维运动参数搜索过程，如图 3.12 所示。

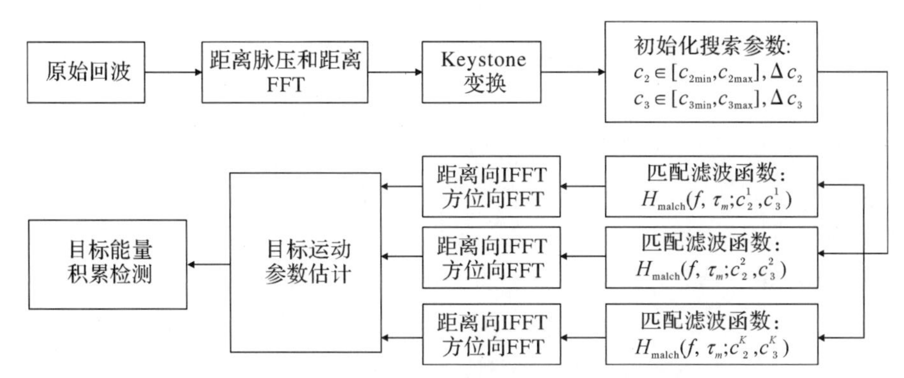

图 3.12　基于 Keystone 变换和速度滤波器组算法

图 3.13 给出了当弹目相对速度约为 1 km/s，雷达发射 LFM 信号，脉冲重频为 10 kHz，信号带宽为 30 MHz，相干脉冲数为 100 时，未经过宽带积累补偿处理和经过宽带补偿处理的对比图。图 3.13(a)是没有宽带补偿操作 PD 处理之后的数据，图 3.13(b)是经过宽带补偿操作 PD 处理之后的数据，对比发现，目标功率相差约为 2 dB。

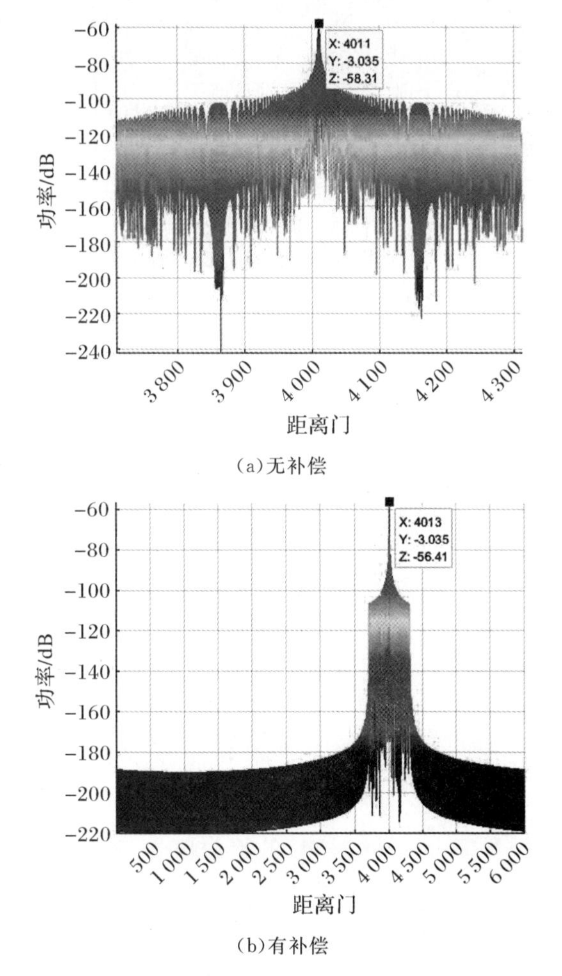

图 3.13　宽带积累补偿 PD 处理对比图

3.2.4 恒虚警概率下的8检测

恒虚警(Conitant Falie Alarm Rate,CFAR)处理是为了在变化的杂波和噪声背景下使虚警率保持恒定的一种信号处理方法。其通过自适应门限进行目标检测,即检测单元两侧多个单元的均值作为检测门限,此时门限随着杂波和噪声强度的变化而变化。有单元平均恒虚警(CA - CFAR),选大恒虚警(GO - CFAR)和顺序统计恒虚警(OS - CFAR)等方法。

采用选大恒虚警方法,它通过设置一个自适应门限来保持恒定的虚警率,该门限是通过对假设杂波的统计模型,用有限个邻近参考单元的值估计得到的。为了防止目标能量泄漏到相邻参考单元影响估计,为检测单元两侧设置一定保护单元个数。CFAR 检测原理框图如图 3.14 所示。

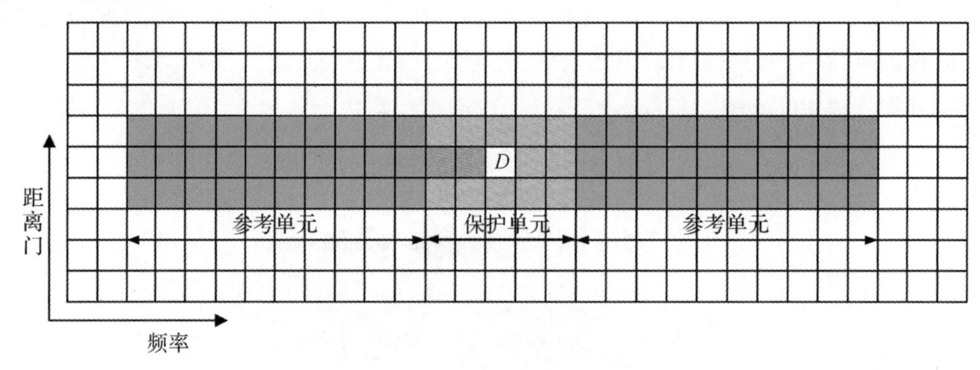

图 3.14 CFAR 检测原理框图

其中,D 为检测单元,设检测单元两侧的保护单元个数为 M,检测单元两侧参考单元个数为 L,则两侧参考单元值为 $x_i(i=1,\cdots,L)$ 和 $y_i(i=1,\cdots,L)$,则 GO - CFAR 检测过程可以表示为

$$Z_{\mathrm{GO}}=\max\left(\frac{1}{L}\sum_{i=1}^{L}x_i,\frac{1}{L}\sum_{i=1}^{L}y_i\right) \tag{3.16}$$

通过对不同距离门和速度门内的检测单元进行挑选,得到满足 CFAR 检测条件的检测单元,再通过逻辑判断就能求得目标的所在检测单元的检测单元。

3.3 空时自适应处理方法

由于雷达导引头杂波谱呈现很强的空时耦合特性,杂波在多普勒频率上扩展严重,目标会被旁瓣杂波所覆盖。空时自适应处理(Space Time Adaptive Processing,STAP)联合一个 CPI 内多个阵元(空域)和多个脉冲(时域)的接收信号,根据目标和杂波在角度-多普勒平面上的差异,实现杂波的抑制。STAP 理论上可以实现最优处理,但实际应用中至少存在两个问题:①对高维协方差矩阵求逆,计算量和设备需求量很大,无法实时处理;②通过统计平均估计协方差矩阵,至少需要 2 倍处理器维数的独立同分布的距离单元样本数据,这在实际杂波尤其是非均匀杂波中很难满足。为此,需要对 STAP 算法进行降维。

3.3.1 STAP 基本原理

空时自适应处理原理框图如图 3.15 所示。

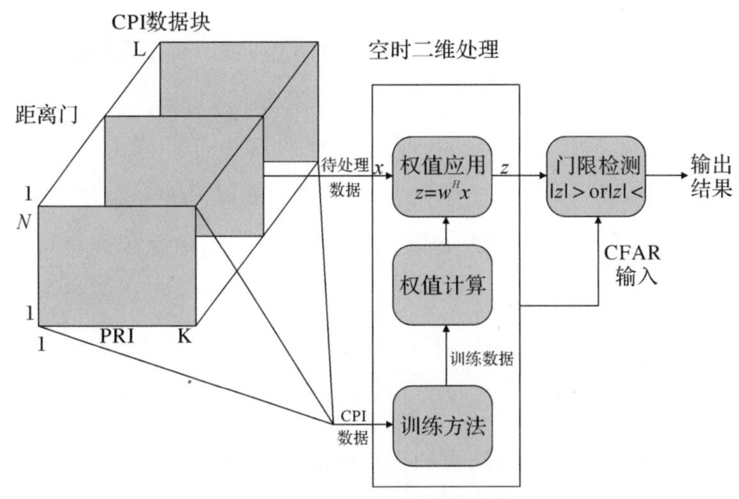

图 3.15　空时自适应处理原理框图

设阵列天线有 N 个通道组成。在一个相干处理间隔(CPI)内取脉冲数为 K,将第 n 个通道第 k 个脉冲的接收数据记为 x_{nk},第 k 个脉冲的阵列数据矢量记为 $\boldsymbol{x}_{\mathrm{s}}(k)$为

$$\boldsymbol{x}_{\mathrm{s}}(k)=[x_{1k},x_{2k},\cdots,x_{Nk}] \tag{3.17}$$

将 $\boldsymbol{x}_{\mathrm{s}}(k)(k=1,2,\cdots,K)$排成 $NK\times 1$ 的列矢量 $\boldsymbol{x}$,即

$$\boldsymbol{x}=[\boldsymbol{x}_{\mathrm{s}}^{\mathrm{T}}(1),\boldsymbol{x}_{\mathrm{s}}^{\mathrm{T}}(2),\cdots,\boldsymbol{x}_{\mathrm{s}}^{\mathrm{T}}(K)] \tag{3.18}$$

矢量 $\boldsymbol{x}$ 称为数据矢量。在 H_0(无目标信号,只有杂波和内部热噪声)和 H_1(既有目标信号,又有杂波和噪声)二元假设下,$\boldsymbol{x}$ 可以表示成如下简洁的形式:

$$\boldsymbol{x}=\begin{cases} b\boldsymbol{s}+\boldsymbol{c}+\boldsymbol{n}, & \mathrm{H}_1\ 假设 \\ \boldsymbol{c}+\boldsymbol{n}, & \mathrm{H}_0\ 假设 \end{cases} \tag{3.19}$$

式中:b 为目标回波复幅度,为一复标量;$\boldsymbol{c}$,$\boldsymbol{n}$ 分别为杂波和噪声矢量;$\boldsymbol{s}$ 为归一化信号空时导向矢量,即 $\boldsymbol{s}=\dfrac{\boldsymbol{s}_1}{\sqrt{\boldsymbol{s}_1^{\mathrm{H}}\boldsymbol{s}_1}}$,$\boldsymbol{s}_1$ 的表达式如下:

$$\begin{cases} \boldsymbol{s}_1=\boldsymbol{s}_{\mathrm{T}}(f_{\mathrm{d}})\otimes\boldsymbol{s}_{\mathrm{s}}(\boldsymbol{\Psi}_{\mathrm{s}}) \\ \boldsymbol{s}_{\mathrm{s}}(\boldsymbol{\Psi}_{\mathrm{s}})=[1,\mathrm{e}^{\mathrm{j}\varphi_{\mathrm{s}}(\boldsymbol{\Psi}_{\mathrm{s}})},\cdots,\mathrm{e}^{\mathrm{j}(N-1)\varphi_{\mathrm{s}}(\boldsymbol{\Psi}_{\mathrm{s}})}]^{\mathrm{T}} \\ \boldsymbol{s}_{\mathrm{T}}(f_{\mathrm{d}})=[1,\mathrm{e}^{\mathrm{j}\varphi_{\mathrm{T}}(f_{\mathrm{d}})},\cdots,\mathrm{e}^{\mathrm{j}(K-1)\varphi_{\mathrm{T}}(f_{\mathrm{d}})}]^{\mathrm{T}} \end{cases} \tag{3.20}$$

式中:$\otimes$表示 Kronecker 直积;$\varphi_{\mathrm{s}}(\boldsymbol{\Psi}_{\mathrm{s}})$,$\varphi_{\mathrm{T}}(f_{\mathrm{d}})$分别为阵元间和脉冲间在相应 $\boldsymbol{\Psi}_{\mathrm{s}}$ 和 f_{d} 时的相移。易知,输入信号与杂波加噪声功率之比(简称信杂噪比)为

$$\mathrm{SCNR}_{\mathrm{i}}=\frac{|b|^2}{\sigma_{ci}^2+\sigma_{ni}^2}=\frac{|b|^2}{(\mathrm{CNR}_{\mathrm{i}}+1)\sigma_{ni}^2} \tag{3.21}$$

式中：σ_{ci}^2 为输入杂波功率；σ_{ni}^2 为输入噪声功率；CNR_i 为输入杂噪比，$\text{CNR}_\text{i}=\frac{\sigma_{ci}^2}{\sigma_{ni}^2}$。

对于全空时自适应滤波器的结构，对 $\boldsymbol{x}$ 做自适应滤波，设其权矢量为 $\boldsymbol{w}$，此时滤波器输出为

$$y=\boldsymbol{w}^\text{H}\boldsymbol{x} \tag{3.22}$$

在 H_1 假设条件下，并且信号、杂波、噪声是两两独立的，那么输出的一阶、二阶统计量分别为

$$\begin{gathered} E(y)=b\cdot\boldsymbol{w}^\text{H}\boldsymbol{s} \\ Var(y)=E(|y|^2)-E^2(y)=\boldsymbol{w}^\text{H}\boldsymbol{R}_\text{x}\boldsymbol{w} \end{gathered} \tag{3.23}$$

式中：$\boldsymbol{R}_\text{x}=E(\boldsymbol{x}|_{\text{H}_0}\boldsymbol{x}|_{\text{H}_0}^{\text{H}})$ 为杂波加噪声的协方差矩阵，并假定杂波和噪声均为 0 均值的高斯分布。

输出信号与杂波加噪声功率之比（SCNR_0）为

$$\text{SCNR}_0=\frac{|E(y)^2|}{Var(y)}=\frac{|b|^2|\boldsymbol{w}^\text{H}\boldsymbol{s}|^2}{w^\text{H}\boldsymbol{R}_\text{x}\boldsymbol{w}} \tag{3.24}$$

最优权系数通过求解如下线性约束的最优化问题得到：

$$\begin{cases} \min\limits_{w} & \boldsymbol{w}^\text{H}\boldsymbol{R}_x\boldsymbol{w} \\ \text{s.t.} & \boldsymbol{w}^\text{H}\boldsymbol{s}=1 \end{cases} \tag{3.25}$$

物理意义为在保证系统对目标信号的增益不变（等于 1）的前提下，使系统输出的杂波功率剩余最小。式（3.25）的解为

$$\boldsymbol{w}_\text{opt}=\mu\boldsymbol{R}_\text{x}^{-1}\boldsymbol{s} \tag{3.26}$$

式中：$\mu=1(\boldsymbol{s}^\text{H}\boldsymbol{R}_\text{x}^{-1}\boldsymbol{s})$ 为归一化复常数。可见，权矢量由杂波协方差逆矩阵及目标导向矢量两部分构成，第一部分相当于对杂波进行白化，第二部分相当于对目标进行匹配滤波。

将 $\boldsymbol{w}_\text{opt}$ 代入式（3.24），得到最大输出信杂噪比为

$$\text{SCNR}_\text{opt}=\frac{b^2\cdot|\boldsymbol{w}^\text{H}\boldsymbol{s}|^2}{\boldsymbol{w}^\text{H}\boldsymbol{R}_\text{x}\boldsymbol{w}}=\frac{b^2\cdot\mu^2\cdot|\boldsymbol{s}^\text{H}\boldsymbol{R}_x^{-1}\boldsymbol{s}|^2}{\mu^2\cdot\boldsymbol{s}^\text{H}\boldsymbol{R}_\text{x}^{-1}\cdot\boldsymbol{R}_\text{x}\cdot\boldsymbol{R}_\text{x}^{-1}\boldsymbol{s}}=b^2\cdot s^\text{H}\boldsymbol{R}_\text{x}^{-1}\boldsymbol{s} \tag{3.27}$$

空时自适应滤波器输出为

$$y=\boldsymbol{w}^\text{H}\cdot\boldsymbol{x}=(\mu\boldsymbol{R}_\text{x}^{-1}\boldsymbol{s})^\text{H}\boldsymbol{x}=\frac{\boldsymbol{s}^\text{H}\boldsymbol{R}_\text{x}^{-1}\boldsymbol{x}}{\boldsymbol{s}^\text{H}\boldsymbol{R}_\text{x}^{-1}\boldsymbol{s}} \tag{3.28}$$

改善因子（输出端信杂噪比与输入端信杂噪比之比，Improvement Factor，IF）可以表示系统对目标检测性能的改善，表达式为

$$\begin{aligned} \text{IF}=\frac{\text{SCNR}_0}{\text{SCNR}_\text{i}}&=\frac{|\boldsymbol{w}_\text{opt}^\text{H}\boldsymbol{s}|^2(\text{SCNR}_\text{i}+1)\sigma_{ni}^2}{\boldsymbol{w}_\text{opt}^\text{H}\boldsymbol{R}_\text{x}\boldsymbol{w}_\text{opt}} \\ &=(\boldsymbol{s}^\text{H}\boldsymbol{R}_\text{x}^{-1}\boldsymbol{s})(\text{SCNR}_\text{i}+1)\sigma_{ni}^2 \end{aligned} \tag{3.29}$$

式中：σ_{ni}^2 为输入噪声功率；CNR_i 为输入杂噪比，$\text{CNR}_\text{i}=\frac{\sigma_{ci}^2}{\sigma_{ni}^2}$；$\sigma_{ci}^2$ 为输入杂波功率。

在理论上，如果协方差矩阵确知，全维空时处理可以获得很好的杂波抑制效果。实际中杂波的特性是未知的，协方差矩阵是由距离门数据样本估计得到。协方差矩阵的最大似然估计可以表示为

$$\hat{\boldsymbol{R}}_{\mathrm{x}}=\frac{1}{L}\sum_{l=1}^{L}\boldsymbol{x}_l\boldsymbol{x}_l^{\mathrm{H}} \tag{3.30}$$

式中：L 表示距离门样本数；$\boldsymbol{x}_l$ 表示第 l 个距离门的样本数据。由于用协方差矩阵的估计代替真实的协方差矩阵，会造成系统输出的信杂噪比下降。通常要求信杂噪比的下降小于3 dB，用来估计协方差矩阵的满足独立同分布条件的距离门样本数应大于2倍的系统自由度(NK)。通常目标信号能量很小，按式(3.30)平均后能量更小，因此对于训练样本可以直接将获取的各个距离门数据样本按式(3.30)求协方差矩阵，这样可以将全部距离门统一求得最优权进行处理，可以更好满足系统处理的实时性。

对于通常的相控阵雷达系统，N 和 K 一般各为几十，甚至上百，系统自由度 NK 的范围为数百到数千。从上面对全维空时处理的描述中可以看出，全维空时处理至少存在以下问题：

(1)需要 $2NK$ 个独立同分布的距离门样本数据，对于通常的脉冲重复间隔，很难获得如此之多的距离门数据；

(2)系统自由度为 NK，要计算如此高阶的协方差矩阵并求逆，其计算量和所需的硬件设备量及其带来的成本上升在目前条件下是难以接受的。

3.3.2 STAP 降维方法

1. 一般表达式

空时自适应处理时因接收信号维数很高，难以做到实时处理。降维 STAP 变换矩阵通常采用线性变换，通常将处理域分成阵元空间和波束空间、时间维处理也分为时域和频域，因而空时二维域可分为四大域(四大空间)，即阵元-脉冲域，阵元-多普勒域，波束-脉冲域，波束-多普勒域，相应地信号处理系统可分为4种类型。由于波束域是经过阵元域进行傅里叶变换得到的，多普勒域是经过脉冲域进行傅里叶变换得到的，因此这四大域相互间是紧密耦合的。既可将一个阵元看作全向波束，也可将一个脉冲看作一个全通频率响应，这样四大域的物理概念上是统一的，经过适当的变换，可以相互转换。因此，四大域处理模型是统一的。

实际雷达系统中，因阵元-脉冲域众多的空时二维单元数，等效的自适应算法和相关的计算复杂度代价很大，得不到足够的独立同分布(Independent and Identicelly Distributed，IID)数据单元。在此域内直接处理不能充分利用所有的信息，导致性能下降，常常需要形成波束来处理；又因子阵间随机误差不易通过后续的数字级加以校正，从而需要较多的空域可控单元。在空域采用多波束再联合时域进行自适应处理，可达到补偿空域误差的目的，此即波束-脉冲域处理方法的优点。在误差比较大的情况下，需要更多的波束，特别是时域分辨

率要求比较高时，要联合较多的时域脉冲，从而导致很大的运算量。时域形成“波束”可以减小可控单元数，因而可以先进行多普勒滤波，构成波束-多普勒处理系统。下面给出空时二维处理的统一模型。

设 x_{nk} 表示第 $n(n=1,2,\cdots,N)$ 个阵元第 $k(k=1,2,\cdots,K)$ 次快拍时刻的二维采样数据，令

$$\boldsymbol{x}_{sk}=(x_{1k},x_{2k},\cdots,x_{Nk})^{\mathrm{T}} \tag{3.31}$$

$$\boldsymbol{x}_{nT}=(x_{n1},x_{n2},\cdots,x_{nk})^{\mathrm{T}} \tag{3.32}$$

接收数据可以构成数据矢量 $vec(\boldsymbol{x})$，有

$$vec(\boldsymbol{x})=(\boldsymbol{x}_{\mathrm{s1}}^{\mathrm{T}},\boldsymbol{x}_{\mathrm{s2}}^{\mathrm{T}},\cdots,\boldsymbol{x}_{\mathrm{sk}}^{\mathrm{T}})^{\mathrm{T}} \tag{3.33}$$

对数据进行变换，设空域变换矩阵为 $\boldsymbol{Q}_{\mathrm{s}}(N\times N_1)$，时域变换为 $\boldsymbol{Q}_{\mathrm{t}}(K\times K_1)$，则可以得到变换后的数据

$$vec(\boldsymbol{y})=(\boldsymbol{Q}_{\mathrm{t}}\otimes\boldsymbol{Q}_{\mathrm{s}})^{\mathrm{H}}vec(\boldsymbol{x}) \tag{3.34}$$

接收数据矩阵的协方差矩阵为

$$\boldsymbol{R}_{\mathrm{s}}=E[vec(\boldsymbol{y})vec(\boldsymbol{y})^{\mathrm{H}}]=(\boldsymbol{Q}_{\mathrm{t}}\otimes\boldsymbol{Q}_{\mathrm{s}})^{\mathrm{H}}\boldsymbol{R}_{\mathrm{x}}(\boldsymbol{Q}_{\mathrm{t}}\otimes\boldsymbol{Q}_{\mathrm{s}}) \tag{3.35}$$

式中：$\boldsymbol{R}_{\mathrm{x}}=E[vec(\boldsymbol{x})vec(\boldsymbol{x})^{\mathrm{H}}]$；$\otimes$是 Kronecher 积。此时的空时二维导向矢量为

$$\boldsymbol{s}_{\mathrm{z}}=[\boldsymbol{Q}_{\mathrm{t}}^{\mathrm{T}}\boldsymbol{s}_{\mathrm{t}}(\omega_{tj})]\otimes[\boldsymbol{Q}_{\mathrm{s}}^{\mathrm{T}}\boldsymbol{s}_{\mathrm{s}}(\boldsymbol{\omega}_{\boldsymbol{si}})] \tag{3.36}$$

式中

$$\boldsymbol{s}_{\mathrm{s}}(\omega_{si})=[\omega_1,\omega_2\mathrm{e}^{\mathrm{j}\omega_{si}},\cdots,\omega_N\mathrm{e}^{\mathrm{j}(N-1)\omega_{si})}] \tag{3.37}$$

$$\boldsymbol{s}_{\mathrm{t}}(\omega_{tj})=[h_1,h_2\mathrm{e}^{\mathrm{j}\omega_{tj}},\cdots,h_K\mathrm{e}^{\mathrm{j}(K-1)\omega_{tj}}]^{\mathrm{T}} \tag{3.38}$$

式中：$\omega_{si}(i=1,2,\cdots,\mathrm{N})$，$\omega_{tj}(j=1,2,\cdots,K)$分别表示目标的空域和时域角频率；$\omega_i(i=1,2,\cdots,N)$和 $h_j(h=1,2,\cdots,K)$为空域和时域的静态权系数，通常为切比雪夫窗或汉明窗。

根据线性约束最小方差(Linearly Constraint Minimum Variance，LCMV)准则可知，在统一结构下计算空时二维自适应权 $\boldsymbol{w}_{st}(N_1K_1\times 1$ 维)的优化模型为

$$\begin{cases}\min & \boldsymbol{w}_{\mathrm{st}}^{\mathrm{H}}(\boldsymbol{Q}_{\mathrm{t}}\otimes\boldsymbol{Q}_{\mathrm{s}})^{\mathrm{H}}\boldsymbol{R}(\boldsymbol{Q}_{\mathrm{t}}\otimes\boldsymbol{Q}_{\mathrm{s}})\boldsymbol{w}_{\mathrm{st}} \\ \mathrm{s.\,t.} & \boldsymbol{w}_{\mathrm{st}}^{\mathrm{H}}\{[\boldsymbol{Q}_{\mathrm{t}}^{\mathrm{T}}\boldsymbol{s}_{\mathrm{t}}]\boldsymbol{Q}_{\mathrm{t}}\otimes[\boldsymbol{Q}_{\mathrm{s}}^{\mathrm{T}}\boldsymbol{s}_{\mathrm{s}}]\}=1\end{cases} \tag{3.39}$$

式(3.39)为统一的降维处理框架，基于这一框架，可以导出许多降维的空时处理结构或方法。这一框架也包含了 4 种典型的变换域处理系统。由拉格朗日乘子法可以求得最优权

$$\boldsymbol{w}_{\mathrm{st}}=\mu[(\boldsymbol{Q}_{\mathrm{t}}\otimes\boldsymbol{Q}_{\mathrm{s}})\boldsymbol{R}_{\mathrm{x}}(\boldsymbol{Q}_{\mathrm{t}}\otimes\boldsymbol{Q}_{\mathrm{s}})]^{-1}\{[\boldsymbol{Q}_{\mathrm{t}}^{\mathrm{T}}\boldsymbol{s}_{\mathrm{t}}]\boldsymbol{Q}_{\mathrm{t}}\otimes[\boldsymbol{Q}_{\mathrm{s}}^{\mathrm{T}}\boldsymbol{s}_{\mathrm{s}}]\} \tag{3.40}$$

式中：μ 为常数。式(3.40)为计算变换域自适应处理器权值的统一表达式。

假设当地杂波为高斯分布时，系统的性能通常有改善因子 IF 来衡量

$$\mathrm{IF}=\frac{|\boldsymbol{w}_{\mathrm{st}}^{\mathrm{H}}\boldsymbol{s}_{\mathrm{s}}|^2(\mathrm{CNR}_{\mathrm{i}}+1)\sigma_{\mathrm{n}}^2}{\boldsymbol{w}_{\mathrm{st}}^{\mathrm{H}}\boldsymbol{R}_{\mathrm{s}}\boldsymbol{w}_{\mathrm{st}}} \tag{3.41}$$

式中：$\mathrm{CNR}_{\mathrm{i}}$ 为输入杂噪比；σ_{n}^2 为噪声功率。

STAP 简化的关键是在目标检测性能损失的允许范围内对接收数据进行降维处理，核心是选择合适的降维变换矩阵。下面简要分析四大域处理器系统。

(1)阵元-脉冲域处理系统。对于给定的空域子阵处理,时域子阵处理以及空时二维子组处理,不难给出其变换矩阵 $\boldsymbol{Q}_{\mathrm{s}}$ 和 $\boldsymbol{Q}_{\mathrm{t}}$。在此域内,由于杂波自由度较大,不利于降维处理。

(2)波束-脉冲域处理系统。如果 $\boldsymbol{Q}_{\mathrm{s}}$ 选用傅里叶变换,并首先对空域形成波束,如为了检测某方向的目标,要形成指向该目标方向的波束,再进行时域处理,即为空时级联处理,这种方法由于缺乏空域自由度,存在较多的多普勒杂波的剩余能量,通过联合空域多个波束进行处理,则可以有效抑制杂波。

(3)波束-多普勒域处理系统。把接收的数据变换到波束-多普勒域数据,然后在二维频域内进行处理。选用变换矩阵

$$\boldsymbol{Q}_{\mathrm{s}}=[\boldsymbol{s}_{\mathrm{s}}(\omega_{\mathrm{s}i}),W_1\boldsymbol{s}_{\mathrm{s}}(\omega_{\mathrm{s}1}),W_2\boldsymbol{s}_{\mathrm{s}}(\omega_{\mathrm{s}2}),\cdots,W_{N_1-1}\boldsymbol{s}_{\mathrm{s}}(\omega_{\mathrm{s}N_1})]_{N\times N_1} \tag{3.42}$$

$$\boldsymbol{Q}_{\mathrm{t}}=[\boldsymbol{s}_{\mathrm{t}}(\omega_{\mathrm{t}j}),H_1\boldsymbol{s}_{\mathrm{t}}(\omega_{\mathrm{t}1}),H_2\boldsymbol{s}_{\mathrm{t}}(\omega_{\mathrm{t}2}),\cdots,H_{K_1-1}\boldsymbol{s}_{\mathrm{r}}(\omega_{\mathrm{r}K_1})]_{K\times K_1} \tag{3.43}$$

式中:$\omega_{\mathrm{s}i}$ 为第 i 个空间方向对应的空域角频率;$\omega_{\mathrm{t}j}$ 为第 j 个多普勒通道对应的时域角频率;$W_l(l=1,2,\cdots,N_1-1)$ 和 $H_m(m=1,2,\cdots,K_1-1)$ 分别为空域和时域的静态权系数,通常为切比雪夫窗。

降维处理后的空时导向矢量为

$$\boldsymbol{s}_{\mathrm{s}}=[\boldsymbol{Q}_{\mathrm{t}}^{\mathrm{T}}\boldsymbol{s}_{\mathrm{t}j}]\otimes[\boldsymbol{Q}_{\mathrm{s}}^{\mathrm{T}}\boldsymbol{s}_{\mathrm{s}i}]=[\alpha_1,\alpha_2,\cdots,\alpha_{N_1K_1}] \tag{3.44}$$

式中

$$\alpha_{l,m}=\boldsymbol{s}_{\mathrm{t}}^{\mathrm{H}}(\omega_{\mathrm{t}m})\boldsymbol{s}_{\mathrm{t}}(\omega_{\mathrm{t}j})\boldsymbol{s}_{s}^{\mathrm{H}}(\omega_{\mathrm{s}l})\boldsymbol{s}_{\mathrm{s}}(\omega_{\mathrm{s}i}) \tag{3.45}$$

若采用FFT,有

$$\alpha_{l,m}=\begin{cases}1,l=i,m=j,\text{二维主通道}\\0,l=i,m\neq j,\text{二维辅助通道}\end{cases} \tag{3.46}$$

式中:i,j 代表检测单元,其他为辅助单元。

(4)阵元-多普勒域处理系统。选用变换矩阵 $\boldsymbol{Q}_{\mathrm{t}}$ 为

$$\boldsymbol{Q}_{\mathrm{t}}=[\boldsymbol{s}_{\mathrm{t}}(\omega_{\mathrm{t}j}),\boldsymbol{s}_{\mathrm{t}}(\omega_{\mathrm{t}l}),\cdots,\boldsymbol{s}_{\mathrm{t}}(\omega_{\mathrm{t}m}),\cdots,\boldsymbol{s}_{\mathrm{t}}(\omega_{\mathrm{t}K_1})] \tag{3.47}$$

式中:$\omega_{\mathrm{t}j}$ 为当前检测多普勒通道对应的时域角频率;$m=1,2,\cdots,K_1$ 为辅助多普勒通道,且 $\boldsymbol{Q}_{\mathrm{s}}$ 为 $N\times N$ 单位矩阵。降维处理后的约束导向矢量为

$$\boldsymbol{s}_{\mathrm{s}}=\boldsymbol{s}_{\mathrm{s}}\otimes[\boldsymbol{Q}_{\mathrm{t}}^{\mathrm{T}}\boldsymbol{s}_{\mathrm{t}}(\omega_{\mathrm{t}j})]=\boldsymbol{s}_{\mathrm{N}}(\omega_{\mathrm{s}t})\otimes[\beta_1,\beta_1,\cdots,\beta_{K1}] \tag{3.48}$$

式中

$$\beta_m=\boldsymbol{s}_K^{\mathrm{H}}(\omega_{\mathrm{t}m})\boldsymbol{s}_K(\omega_{\mathrm{t}j}) \tag{3.49}$$

式中:辅助多普勒通道数 K_1 可选为2,即可达到较好的性能,继续增加通道数性能改善不明显,此即是3DT-SAP方法。对于1DT-SAP方法,$K_1=0$,可以使用MTI先对消主杂波,并且多普勒滤波处理应用超低旁瓣电平。联合多通道进行自适应处理时,选择辅助通道也有两种典型的形式,一是在主通道附近选取,二是在主杂波附近选取。

2. 3DT-SAP 方法

3DT-SAP处理算法流程如图3.16所示。N 个通道接收回波数据,经过混频、脉冲压缩,得到视频数据。DFT完成对天线接收数据的多普勒滤波,组合相邻3个多普勒通道的

输出数据进行 3DT－SAP 处理。假设在一个相干处理间隔(CPI)内的脉冲数为 K，将第 n 列第 k 个脉冲的接收数据记为 x_{nk}，第 k 个脉冲的阵列数据矢量 $\boldsymbol{x}_S(k)$ 为

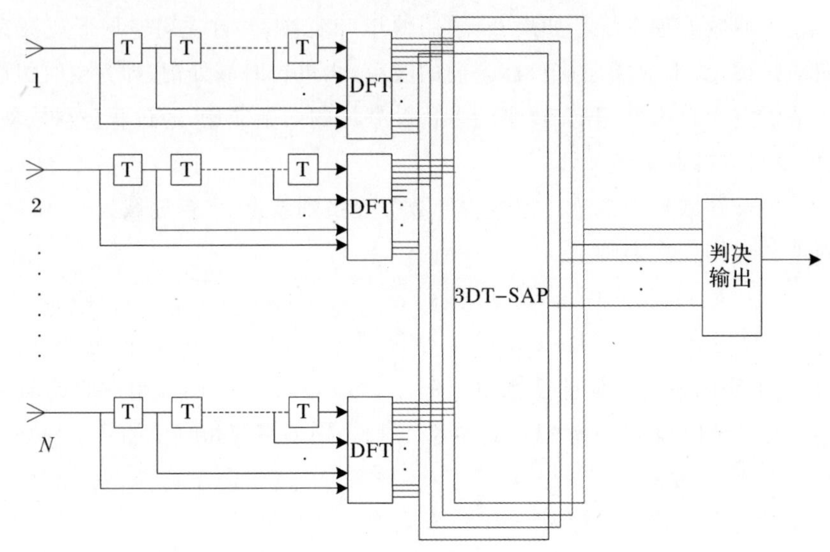

图 3.16　3DT－SAP 数据处理原理框图

$$\boldsymbol{x}_S(k)=[x_{1k},x_{2k},\cdots,x_{Nk}]^T \tag{3.50}$$

将 $\boldsymbol{x}_S(k)(k=1,2,\cdots,K)$ 排成 $NK\times1$ 的列矢量 $\boldsymbol{x}$，即

$$\boldsymbol{x}=[\boldsymbol{x}_S^T 1),\boldsymbol{x}_S^T(2),\cdots,\boldsymbol{x}_S^T(K)]^T \tag{3.51}$$

式中矢量 $\boldsymbol{x}$ 称为数据矢量。

假设 $\boldsymbol{y}(k)$ 和 $\boldsymbol{y}(A_j)$ 分别代表主通道和第 j 个辅助通道数据矢量($j=1,2$)，有

$$\boldsymbol{y}(k)=(\boldsymbol{w}_{tk}\otimes\boldsymbol{I}_N)^T\boldsymbol{x} \tag{3.52}$$

$$\boldsymbol{y}(\mathrm{A_j})=(\boldsymbol{w}_{tA_j}\otimes\boldsymbol{I}_N)^T\boldsymbol{x} \tag{3.53}$$

式中：$\boldsymbol{w}_{tk}$，$\boldsymbol{w}_{tA_j}(j=1,2)$ 分别表示第 k 个多普勒通道滤波权系数和第 A_j 个多普勒通道滤波权系数。

定义一个二次数据的新矢量：

$$\boldsymbol{z}(k)=[\boldsymbol{y}^T(k),\boldsymbol{y}^T(A_1),\boldsymbol{y}^T(A_2)] \tag{3.54}$$

于是，杂波协方差矩阵 $\boldsymbol{R}_z$ 可以表示为

$$\boldsymbol{R}_z=E[\boldsymbol{z}(k)\boldsymbol{z}(k)^H] \tag{3.55}$$

式中：上标 H 表示共轭转置。根据线性约束最小功率输出准则，可以将问题表示为

$$\left.\begin{aligned}&\min\quad \boldsymbol{w}_s^H\boldsymbol{R}_s\boldsymbol{w}_s\\&\mathrm{s.t.}\quad \boldsymbol{w}_s^H\boldsymbol{s}_s=1\end{aligned}\right\} \tag{3.56}$$

式中：$\boldsymbol{s}_s$ 为空时二维导向矢量，表示为

$$\boldsymbol{s}_z=[\boldsymbol{s}_s^T(\boldsymbol{\Psi}_0),g_1\boldsymbol{s}_s^T(\boldsymbol{\Psi}_0),g_2\boldsymbol{s}_s^T(\boldsymbol{\Psi}_0)]^T \tag{3.57}$$

式中：$g_j(j=1,2)$ 为常数，且有

$$g_j=\frac{\boldsymbol{w}_{tj}^{H}\boldsymbol{s}_{t}(f_{dk})}{\boldsymbol{w}_{tk}^{H}\boldsymbol{s}_{t}(f_{dk})} \tag{3.58}$$

由拉格朗日乘子法可得 3DT－SAP 方法的最优权

$$\boldsymbol{w}_{s}=\frac{\boldsymbol{R}_{s}^{-1}\boldsymbol{s}_{s}}{\boldsymbol{s}_{s}^{H}\boldsymbol{R}_{s}^{-1}\boldsymbol{s}_{s}} \tag{3.59}$$

图 3.17 给出了 3DT－SAP 降维处理之后与全维 STAP 处理的改善因子随多普勒变化的曲线对比图。可以看出，3DT－SAP 降维处理之后的性能比全维 STAP 处理性能降低了 2 dB 左右，但是运算量相比于全维 STAP 而言大大降低。

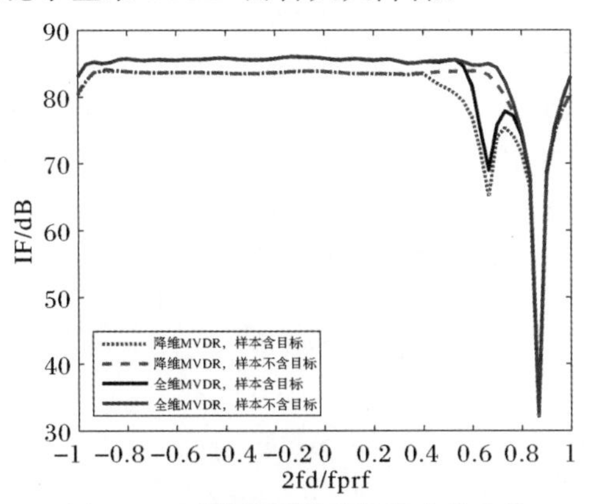

图 3.17　改善因子随多普勒变化曲线

3. 1DT－SAP **方法**

考虑到雷达导引头前视，主瓣杂波多普勒中心会不断发生变化，MTI 实现困难，因此考虑不进行 MTI 处理。基本方法：首先采用一组具有高带外衰减的多普勒滤波器(DFT 滤波系数)，对每个多普勒通道滤波，最后利用 LCMV 准则，对同一多普勒通道进行自适应空域处理，如图 3.18 所示，多普勒通道滤波处理后，待检测多普勒通道以外的杂波靠时域深加权进行抑制，此时的杂波主要为副瓣区杂波，然后进行空域自适应处理抑制副瓣杂波。图 3.18(b)为 1DT－SAP 处理结构。

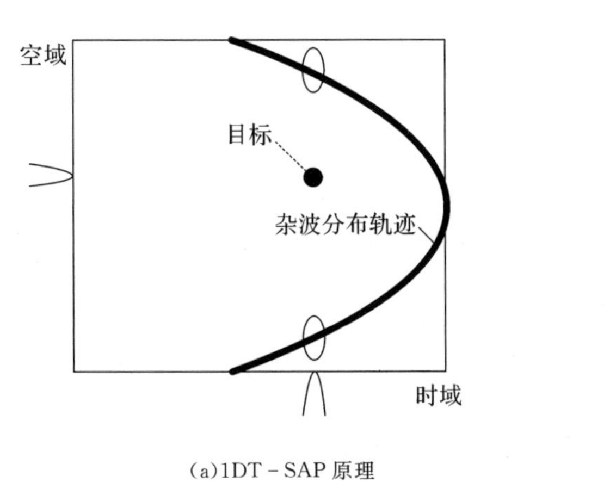

(a)1DT－SAP 原理

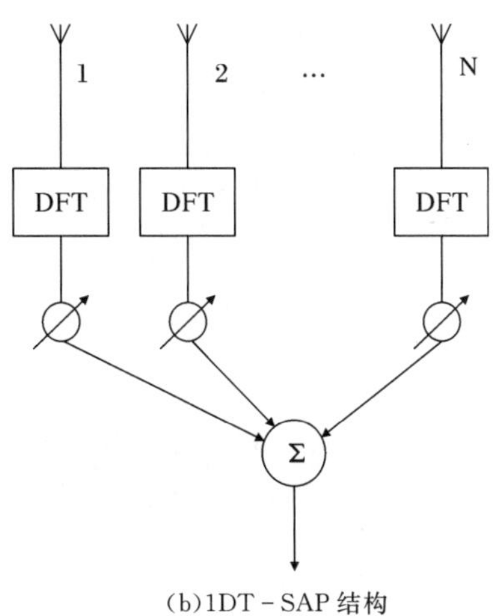

(b)1DT－SAP 结构

图 3.18　1DT－SAP 示意图

设 x_{nk} 表示第 n 个阵元第 k 次快拍时刻的二维采样数据

$$\boldsymbol{x}_{Sk}=(x_{1k},x_{2k},\cdots,x_{Nk})^{\mathrm{T}} \tag{3.60}$$

$$\boldsymbol{x}_{n\mathrm{T}}=(x_{n1},x_{n2},\cdots,x_{nk})^{\mathrm{T}} \tag{3.61}$$

将 $\boldsymbol{s}_{Sk}(k=1,2,\cdots,K)$ 排成 $NK\times1$ 的列矢量 $\boldsymbol{x}$，即

$$\boldsymbol{x}=(\boldsymbol{x}_{S1}^{\mathrm{T}},\boldsymbol{x}_{S2}^{\mathrm{T}},\cdots,\boldsymbol{x}_{SK}^{\mathrm{T}})^{\mathrm{T}} \tag{3.62}$$

$\boldsymbol{w}_{tk}$ 对应第 k 个多普勒通道中所加的多普勒滤波权系数，因此第 k 个多普勒通道的空域数据矢量为

$$\boldsymbol{y}_k=(\boldsymbol{w}_{tk}\otimes\boldsymbol{I})^{\mathrm{H}}\boldsymbol{x} \tag{3.63}$$

由此可以得到第 k 个多普勒通道的空域协方差矩阵

$$\boldsymbol{R}_k=E[\boldsymbol{y}_k\boldsymbol{y}_k^{\mathrm{H}}]=(\boldsymbol{w}_{tk}\otimes\boldsymbol{I})^{\mathrm{H}}\boldsymbol{R}(\boldsymbol{w}_{tk}\otimes\boldsymbol{I}) \tag{3.64}$$

式中：$\boldsymbol{R}=E[\boldsymbol{x}\boldsymbol{x}^{\mathrm{H}}]$ 为接收数据空时二维协方差矩阵。应用线性约束最小方差(LCMV)准则计算自适应空域权矢量，抑制杂波，空时二维优化模型为

$$\left.\begin{array}{ll}\min\limits_{\mathrm{w}} & \boldsymbol{w}^{\mathrm{H}}\boldsymbol{R}_k\boldsymbol{w} \\ \mathrm{s.t.} & \boldsymbol{w}^{\mathrm{H}}\boldsymbol{s}_{\mathrm{s}}(\Psi_0)=1\end{array}\right\} \tag{3.65}$$

可得最优权为

$$\boldsymbol{w}_{\mathrm{opt}}=\mu\boldsymbol{R}_k^{-1}\boldsymbol{s}_{\mathrm{s}}(\Psi_0) \tag{3.66}$$

式中：$\mu=\dfrac{1}{\boldsymbol{s}_{\mathrm{s}}^{\mathrm{H}}(\Psi_0)\boldsymbol{R}_k^{-1}\boldsymbol{s}_{\mathrm{s}}(\Psi_0)}$，$\boldsymbol{s}_{\mathrm{s}}(\Psi_0)$ 为空域导向矢量。

因此对应第 k 个多普勒通道，杂波抑制性能的改善因子为

$$\mathrm{IF}(\Psi_0)=\frac{\mathrm{SCNR}_0}{\mathrm{SCNR}_{\mathrm{i}}}=(\boldsymbol{s}_{\mathrm{s}}^{\mathrm{H}}(\Psi_0)\boldsymbol{R}_k^{-1}\boldsymbol{s}_{\mathrm{s}}(\Psi_0))\cdot(\mathrm{CNR}_{\mathrm{i}}+1)\cdot\sigma_{\mathrm{ni}}^2 \tag{3.67}$$

4. JDL 方法

JDL 算法首先将阵元-脉冲域数据通过二维 DFT 变换到波束-多普勒域，然后选取与待检测通道相邻的若干二维波束作部分自适应处理，图 3.19 以空域取 5 个波束，时域取 3 个波束为例，给出了 JDL 方法的结构框图，其原理示意图如图 3.20 所示。

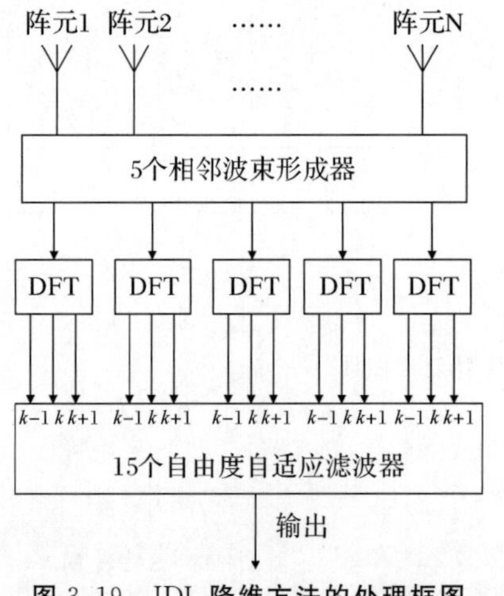

图 3.19 JDL 降维方法的处理框图

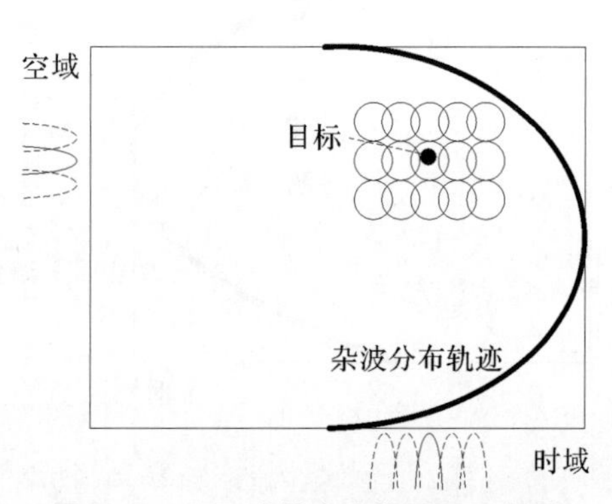

图 3.20 JDL 降维方法的原理示意图

设 $\boldsymbol{w}_{si}$ 和 $\boldsymbol{w}_{tj}$ 分别为第 i 个波束与第 j 个多普勒通道的权矢量，其中

$$\begin{aligned}\boldsymbol{w}_{si}&=\boldsymbol{w}_{q}\boldsymbol{S}_{s}(\Psi_{0})\\ \boldsymbol{w}_{tj}&=\boldsymbol{h}_{q}\boldsymbol{S}_{t}(f_{dj})\end{aligned}\tag{3.68}$$

其中，$\boldsymbol{w}_q$ 和 $\boldsymbol{h}_q$ 分别为空域和时域静态权矢量。

空时二维接收数据经二维 DFT 变换，输出的某个角度-多普勒单元(i,j)可以表示为

$$\boldsymbol{Y}(i,j)=(\boldsymbol{w}_{si}\otimes\boldsymbol{w}_{tj})^{\mathrm{H}}\boldsymbol{x}\tag{3.69}$$

故经二维 DFT 变换后二次数据构成的协方差矩阵可以表示为

$$\boldsymbol{R}_{Y}=(\boldsymbol{w}_{si}\otimes\boldsymbol{w}_{tj})^{\mathrm{H}}\boldsymbol{R}_{X}(\boldsymbol{w}_{si}\otimes\boldsymbol{w}_{tj})\tag{3.70}$$

则根据最小功率输出准则实施自适应处理，可得主波束指向为 Ψ_0、第 j 个多普勒通道的二维最优权矢量为

$$\boldsymbol{w}_{\mathrm{opt}}=\mu\boldsymbol{R}_{\mathrm{Y}}^{-1}\boldsymbol{S}\tag{3.71}$$

式中：μ 为常数；$\boldsymbol{S}$ 为空时二维导向矢量。

$$\mathrm{S}=\begin{bmatrix}\boldsymbol{W}_{\mathrm{S1}}\otimes\boldsymbol{W}_{\mathrm{t}j}\\ \boldsymbol{W}_{\mathrm{S1}}\otimes\boldsymbol{W}_{\mathrm{t}(j-1)}\\ \boldsymbol{W}_{\mathrm{S1}}\otimes\boldsymbol{W}_{\mathrm{t}(j+1)}\\ \vdots\\ \boldsymbol{W}_{\mathrm{S}L}\otimes\boldsymbol{W}_{\mathrm{tj}}\\ \boldsymbol{W}_{\mathrm{S}L}\otimes\boldsymbol{W}_{\mathrm{t}(j-1)}\\ \boldsymbol{W}_{\mathrm{S}L}\otimes\boldsymbol{W}_{\mathrm{t}(j+1)}\end{bmatrix}\tag{3.72}$$

图 3.21 给出了 JDL 降维处理之后与 STAP 处理的改善因子随多普勒变化的曲线对比图。可以看出，JDL 降维处理之后的性能比全维 STAP 处理性能降低了 3 dB 左右，比 3DT-SAP 略有下降，但是运算量相比于全维 STAP 而言大大降低。

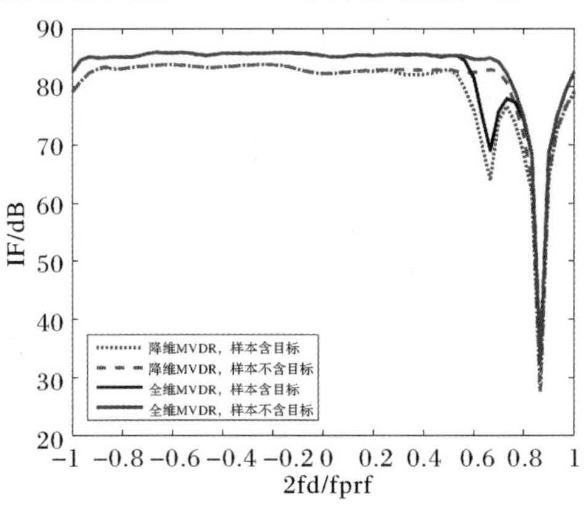

图 3.21　改善因子随多普勒变化曲线

5. 和差-STAP 方法

和差-STAP 方法就是直接对天线的和通道以及方位差通道和俯仰差通道进行 STAP 处理，是一种特殊的降维处理方法，它具有和波束支路、方位差波束支路、俯仰差波束支路等三个空域自由度，这三个支路也称为 Σ 支路、Δ_θ 支路、Δ_φ 支路。它利用了一般机载雷达都具有的和波束、差波束支路，不仅适用于相控阵雷达，也可以用于连续孔径雷达。

和差-STAP的空域导向矢量由目标的空间位置及和差波束天线方向图决定；时域导向矢量由目标的运动速度决定，表达式为

$$\boldsymbol{s}_1=\boldsymbol{s}_{\mathrm{s}}\otimes\boldsymbol{s}_{\mathrm{t}} \tag{3.73}$$

$$\boldsymbol{s}_{\mathrm{s}}=[\Sigma^2(\theta_0,\varphi_0)\quad \Sigma(\theta_0,\varphi_0)\Delta_\theta(\theta_0,\varphi_0)\quad \Sigma(\theta_0,\varphi_0)\Delta_\varphi(\theta_0,\varphi_0)] \tag{3.74}$$

$$\boldsymbol{s}_{\mathrm{t}}=[1\quad \mathrm{e}^{\mathrm{j}f_{\mathrm{d0}}}\cdots\mathrm{e}^{\mathrm{j}(K-1)f_{\mathrm{d0}}}]^{\mathrm{T}} \tag{3.75}$$

和差-STAP归一化的空时二维导向矢量为 $\boldsymbol{s}=\dfrac{\boldsymbol{s}_1}{\sqrt{\boldsymbol{s}_1^{\mathrm{H}}\boldsymbol{s}_1}}$。

式中：$\boldsymbol{s}_{\mathrm{s}}$ 为空域导向矢量；$\boldsymbol{s}_{\mathrm{t}}$ 为时域导向矢量；$\boldsymbol{s}$ 为空时二维导向矢量；$\Sigma(\theta,\varphi)$、$\Delta_\theta(\theta,\varphi)$ 和 $\Delta_\varphi(\theta,\varphi)$ 分别为和、方位差、俯仰差波束天线方向图；(θ_0,φ_0) 为目标所在的空间方位；f_{d0} 为目标归一化多普勒频率；$\otimes$表示 Kronecker 积。因此，和差-STAP最优处理的权矢量为

$$\boldsymbol{w}_{\mathrm{opt}}=\mu\boldsymbol{R}^{-1}\boldsymbol{s} \tag{3.76}$$

式中：μ 为标量常数。

雷达对动目标的检测性能通常用改善因子来衡量，它由输出信杂比与输入信杂比的比值确定。和差-STAP算法的系统改善因子为

$$\mathrm{IF}=\frac{\mathrm{SCNR}_{\mathrm{out}}}{\mathrm{SCNR}_{\mathrm{in}}}=\boldsymbol{s}^H\boldsymbol{R}^{-1}\boldsymbol{s}\,\frac{\mathrm{tr}(\boldsymbol{R})}{\boldsymbol{s}^H\boldsymbol{s}} \tag{3.77}$$

由于系统运算量及计算自适应权值所需的IID训练样本要求，全空时最优和差-STAP无法实时处理，必须研究降维和差-STAP算法。

和差差波束空域自由度仅为3，降维和差-STAP采用基于多普勒降维的和差-3DT算法，即先对和差差通道的输出信号加权FFT变换到多普勒域，然后联合检测多普勒单元及相邻两侧多普勒单元进行自适应处理，其信号处理流程图如图3.22所示，二维波束时域图如图3.23所示。

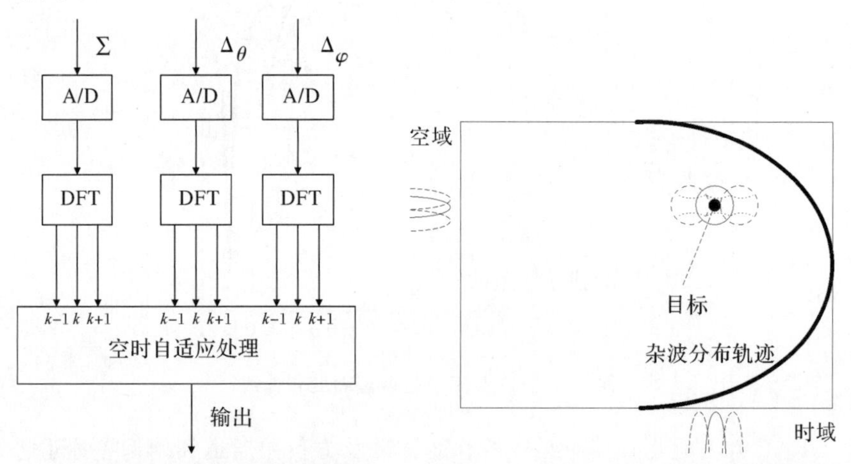

3.22 和差-3DT信号处理流程图　　图3.23 和差-3DT二维波束示意图

对于检测多普勒单元，输出杂波限于一窄的多普勒带。和差-3DT方案对检测单元及相邻多普勒单元进行联合域的空时自适应处理，系统自由度大于杂波自由度，因此可以获得

很好的杂波抑制效果。信号处理算法流程如下：

和差-3DT 方法的空域自由度为 3,时域自由度是 3 个相邻的多普勒通道,其中包括目标信号所在的多普勒通道,这些通道由脉冲域的数据经过深加权的 FFT 形成。通常按对称的原则,将目标的多普勒通道作为中间通道,在中间通道的两侧各放置一个辅助通道。

将和波束、方位差波束、俯仰差波束在 3 个多普勒通道的输出排成矢量记为

$$\boldsymbol{x}_{\Sigma}=[x_{\Sigma,1} \quad x_{\Sigma,2} \quad x_{\Sigma,3}]^{\mathrm{T}} \tag{3.78}$$

$$\boldsymbol{x}_{\Delta\theta}=[x_{\Delta\theta,1} \quad x_{\Delta\theta,2} \quad x_{\Delta\theta,3}]^{\mathrm{T}} \tag{3.79}$$

$$\boldsymbol{x}_{\Delta\varphi}=[x_{\Delta\varphi,1} \quad x_{\Delta\varphi,2} \quad x_{\Delta\varphi,3}]^{\mathrm{T}} \tag{3.80}$$

式中：$x_{\Sigma,i}$、$x_{\Delta\theta,i}$ 和 $x_{\Delta\varphi,i}$ 分别表示和通道、方位差通道、俯仰差通道在第 i 个多普勒通道上的输出($i=1,2,3$)。因此,整个自适应的数据矢量可以写成

$$\boldsymbol{x}=\begin{bmatrix}\boldsymbol{x}_{\Sigma}\\ \boldsymbol{x}_{\Delta\theta}\\ \boldsymbol{x}_{\Delta\varphi}\end{bmatrix}=[x_{\Sigma,1} \quad x_{\Sigma,2} \quad x_{\Sigma,3} \quad x_{\Delta\theta,1} \quad x_{\Delta\theta,2} \quad x_{\Delta\theta,3} \quad x_{\Delta\varphi,1} \quad x_{\Delta\varphi,2} \quad x_{\Delta\varphi,3}]^{\mathrm{T}} \tag{3.81}$$

目标信号的导向矢量也可按照同样的排列方式写成矢量形式,注意到理想情况下差波束支路在其指向方向上响应为零,导向矢量中的差支路部分分量均为零。

$$\begin{aligned}\boldsymbol{s}&=\begin{bmatrix}\boldsymbol{s}_{\Sigma}\\ \boldsymbol{s}_{\Delta\theta}\\ \boldsymbol{s}_{\Delta\varphi}\end{bmatrix}=[\boldsymbol{s}_{\Sigma,1} \quad \boldsymbol{s}_{\Sigma,2} \quad \boldsymbol{s}_{\Sigma,3} \quad \boldsymbol{s}_{\Delta\theta,1} \quad \boldsymbol{s}_{\Delta\theta,2} \quad \boldsymbol{s}_{\Delta\theta,3} \quad \boldsymbol{s}_{\Delta\varphi,1} \quad \boldsymbol{s}_{\Delta\varphi,2} \quad \boldsymbol{s}_{\Delta\varphi,3}]^{\mathrm{T}}\\ &=\begin{bmatrix}\boldsymbol{s}_{\Sigma}\\ \boldsymbol{0}\\ \boldsymbol{0}\end{bmatrix}=[\boldsymbol{s}_{\Sigma,1} \quad \boldsymbol{s}_{\Sigma,2} \quad \boldsymbol{s}_{\Sigma,3} \quad 0 \quad \cdots \quad 0]^{\mathrm{T}}\end{aligned} \tag{3.82}$$

其杂波的协方差矩阵可以写成

$$\boldsymbol{R}=E(\boldsymbol{x}\boldsymbol{x}^{\mathrm{H}})=E\left(\begin{bmatrix}\boldsymbol{x}_{\Sigma}\\ \boldsymbol{x}_{\Delta\theta}\\ \boldsymbol{x}_{\Delta\varphi}\end{bmatrix}[\boldsymbol{x}_{\Sigma}^{\mathrm{H}} \quad \boldsymbol{x}_{\Delta\theta}^{\mathrm{H}} \quad \boldsymbol{x}_{\Delta\varphi}^{\mathrm{H}}]\right)=\begin{bmatrix}\boldsymbol{R}_{\Sigma\Sigma} & \boldsymbol{R}_{\Sigma\Delta\theta} & \boldsymbol{R}_{\Sigma\Delta\varphi}\\ \boldsymbol{R}_{\Delta\theta\Sigma} & \boldsymbol{R}_{\Delta\theta\Delta\theta} & \boldsymbol{R}_{\Delta\theta\Delta\varphi}\\ \boldsymbol{R}_{\Delta\varphi\Sigma} & \boldsymbol{R}_{\Delta\varphi\Delta\theta} & \boldsymbol{R}_{\Delta\varphi\Delta\varphi}\end{bmatrix} \tag{3.83}$$

式中：$\boldsymbol{R}_{\Sigma\Sigma}=E(\boldsymbol{x}_{\Sigma}\boldsymbol{x}_{\Sigma}{}^{\mathrm{H}})$；$\boldsymbol{R}_{\Sigma\Delta\theta}=E(\boldsymbol{x}_{\Sigma}\boldsymbol{x}_{\Delta\theta}{}^{\mathrm{H}})$，$\boldsymbol{R}_{\Sigma\Delta\varphi}=E(\boldsymbol{x}_{\Sigma}\boldsymbol{x}_{\Delta\varphi}{}^{\mathrm{H}})$，$\boldsymbol{R}_{\Delta\theta\Sigma}=E(\boldsymbol{x}_{\Delta\theta}\boldsymbol{x}_{\Sigma}{}^{\mathrm{H}})$，$\boldsymbol{R}_{\Delta\theta\Delta\theta}=E(\boldsymbol{x}_{\Delta\theta}\boldsymbol{x}_{\Delta\theta}{}^{\mathrm{H}})$，$\boldsymbol{R}_{\Delta\theta\Delta\varphi}=E(\boldsymbol{x}_{\Delta\theta}\boldsymbol{x}_{\Delta\varphi}{}^{\mathrm{H}})$，$\boldsymbol{R}_{\Delta\theta\Sigma}=E(\boldsymbol{x}_{\Delta\varphi}\boldsymbol{x}_{\Sigma}{}^{\mathrm{H}})$，$\boldsymbol{R}_{\Delta\varphi\Delta\theta}=E(\mathrm{x}_{\Delta\varphi}\boldsymbol{x}_{\Delta\theta}{}^{\mathrm{H}})$，$\boldsymbol{R}_{\Delta\varphi\Delta\varphi}=E(\mathrm{x}_{\Delta\varphi}\boldsymbol{x}_{\Delta\varphi}{}^{\mathrm{H}})$。自适应处理的权系数矢量为

$$\boldsymbol{w}_{\mathrm{opt}}=\mu\boldsymbol{R}^{-1}\boldsymbol{s}=\begin{bmatrix}\boldsymbol{R}_{\Sigma\Sigma} & \boldsymbol{R}_{\Sigma\Delta\theta} & \boldsymbol{R}_{\Sigma\Delta\varphi}\\ \boldsymbol{R}_{\Delta\theta\Sigma} & \boldsymbol{R}_{\Delta\theta\Delta\theta} & \boldsymbol{R}_{\Delta\theta\Delta\varphi}\\ \boldsymbol{R}_{\Delta\varphi\Sigma} & \boldsymbol{R}_{\Delta\varphi\Delta\theta} & \boldsymbol{R}_{\Delta\varphi\Delta\varphi}\end{bmatrix}^{-1}\begin{bmatrix}\boldsymbol{s}_{\Sigma}\\ \boldsymbol{0}\\ \boldsymbol{0}\end{bmatrix} \tag{3.84}$$

图 3.24 为和差-3DT 的稳态改善因子曲线。降维处理后,处理器的稳态性能不可能超过全维处理器,但降维处理器的计算量要小于全维处理器,并且其收敛速度显著优于全维处理器。因此,在实际训练样本数有限的情况下,和差-3DT 的性能要优于和差-STAP。

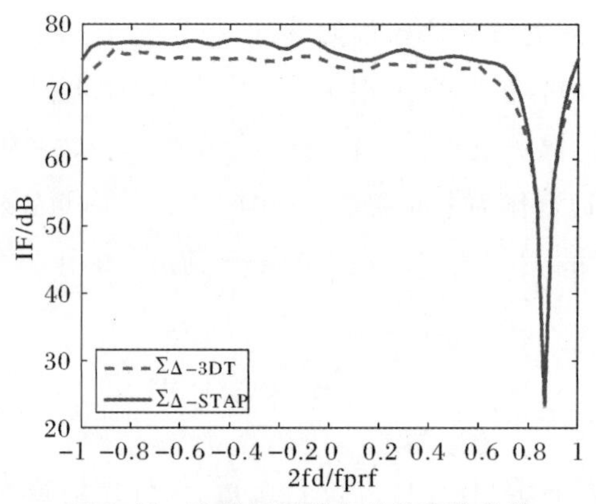

图 3.24 改善因子随多普勒变化曲线

图 3.25 给出了和差-STAP 处理与和差-3DT 处理的响应图对比。图 3.26 给出了它们的改善因子对比图。可以发现,虽然和差-3DT 处理的改善因子比和差-STAP 处理下降约 2 dB,但其计算量和所需样本数均降低很多。

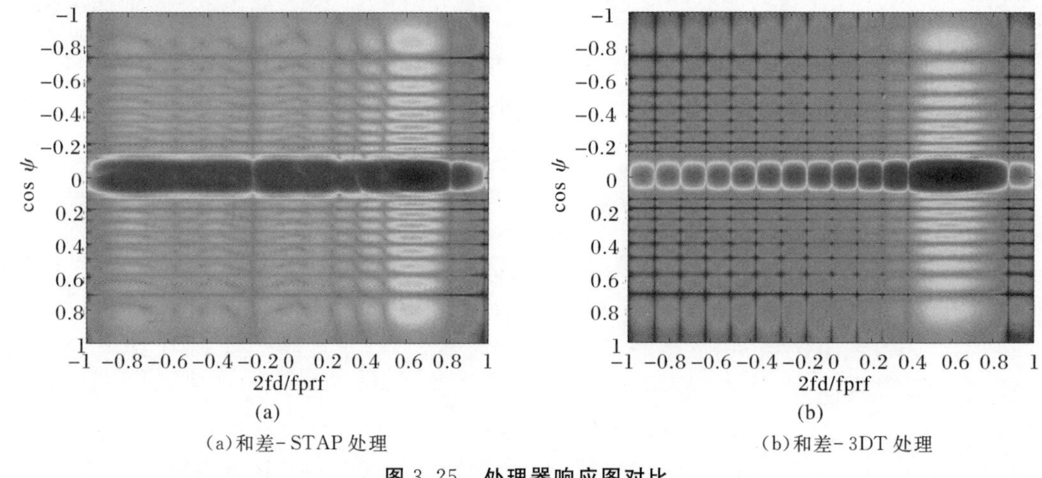

(a)和差-STAP 处理 (b)和差-3DT 处理

图 3.25 处理器响应图对比

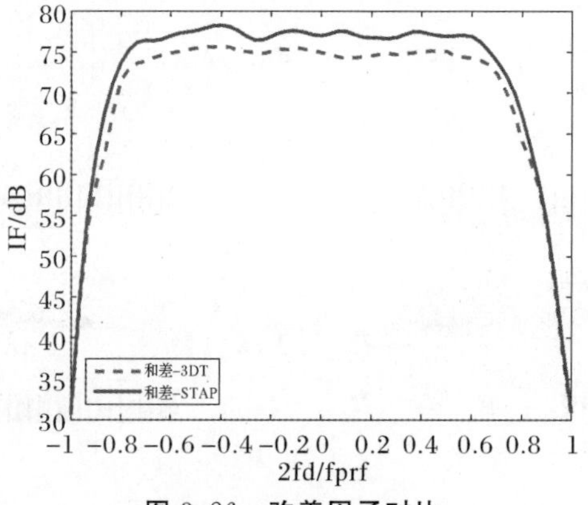

图 3.26 改善因子对比

6. 几种降维 STAP 方法的比较

3DT-SAP 方法是基于多波束结构,组合时域的 3 个多普勒通道,自适应对消强地杂波。接收的阵元天线数据先进行多普勒预滤波处理(杂波局域化处理)，然后再联合相邻3个多普勒通道自适应处理(3DT－SAP)，3DT－SAP的最优权是空时二维联合的，是空时不可分离的。如果仅采用一个多普勒通道进行STAP，即1DT－SAP方法，1DT－SAP通常先进行MTI抑制主杂波，然后通过深加权抑制旁瓣杂波，最后进行空域自适应处理。1DT－SAP方法的约束相当于一条直线，3DT－SAP则将约束扩展为一椭圆。当目标靠近主杂波时，1DT－SAP方法为了抑制主瓣杂波，需要在主瓣内形成零点，可通过主瓣在空域上适当移动来完成。而3DT－SAP不但具有上述特点，而且还能通过主瓣在时域上移动来避开杂波，因而更具有灵活性。这种方法比1DT－SAP方法具有更强的主瓣杂波抑制能力。尤其在靠近主杂波区，3DT－SAP有很好的杂波抑制性能，理论上，3DT－SAP处理性能上能接近最优，再增加多普勒通道数，系统性能改善不明显。局域联合处理(JDL)方法，首先将阵元-脉冲域数据通过二维DFT变换到波束-多普勒域，然后选取与待检测通道相邻的若干二维波束作部分自适应处理。和差波束STAP是一种特殊的降维处理方法，它只有和波束支路与差波束支路两个空域自由度，同时在时域上采用了mDT的降维方法，因此它可看作是JDL方法的一种推广，它利用通常脉冲多普勒雷达都具有的和差波束代替JDL方法中的左右辅助波束，从而使天线系统的结构大大简化，不仅适用于相控阵天线，也适用于连续孔径天线。

7. 试验数据处理

下面比较海面挂飞试验数据的PD处理与和差-STAP处理结果，设带宽为80 MHz，在单帧回波数据内截取128个脉冲作为子脉冲数据进行相干积累。

图3.27是第12帧和通道回波数据中第16个子脉冲数据的PD处理结果。图3.27(a)是距离脉压输出经过慢时间维傅里叶变换后的相干积累结果，图3.27(b)是图3.27(a)在距离-多普勒域内的俯视图。可以看到目标能量在对应第39个多普勒频率单元和第2 837个距离单元的位置上聚焦为清晰可辨的谱峰。另外，能量集中在多普勒维度上靠前位置的回波谱代表了包含高度杂波在内的近程杂波，杂波多普勒谱是随距离变化的，即反应了近程杂波的距离依赖性；能量集中在多普勒维度上靠后位置的回波谱代表了包含主瓣杂波在内的远程杂波，杂波多普勒谱几乎不随距离变化，即反应了远程杂波的独立同分布(IID)特性。

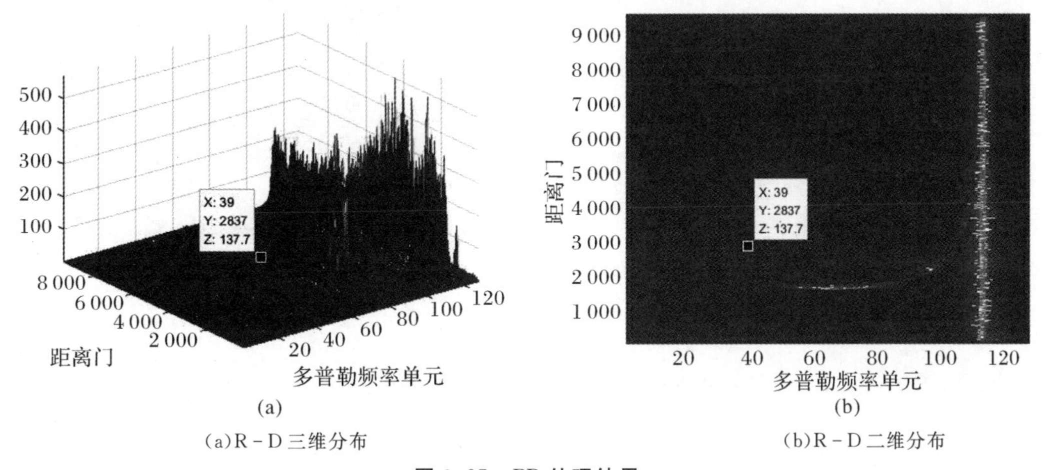

(a)R－D三维分布　　(b)R－D二维分布

图3.27　PD处理结果

图 3.28 是第 12 帧和差通道回波数据中第 16 个子脉冲数据的和差-STAP 输出结果。其中,和差-STAP 中目标保护单元数为 50,杂波训练样本数为 200,并且采用 7 个多普勒通道对和差-STAP 进行时域降维处理。图 3.28(a)是全距离维和差-STAP 输出结果,图 3.28(b)是图 3.28(a)在距离-多普勒域内的俯视图。可以看到远程杂波经过 STAP 滤波后可以被较好地抑制,而近程杂波由于上述距离依赖性问题导致样本不满足 IID 要求,因此并不能被很好地抑制。同时,目标能量经过自适应匹配滤波后在距离-多普勒域内聚焦为清晰可辨的谱峰。

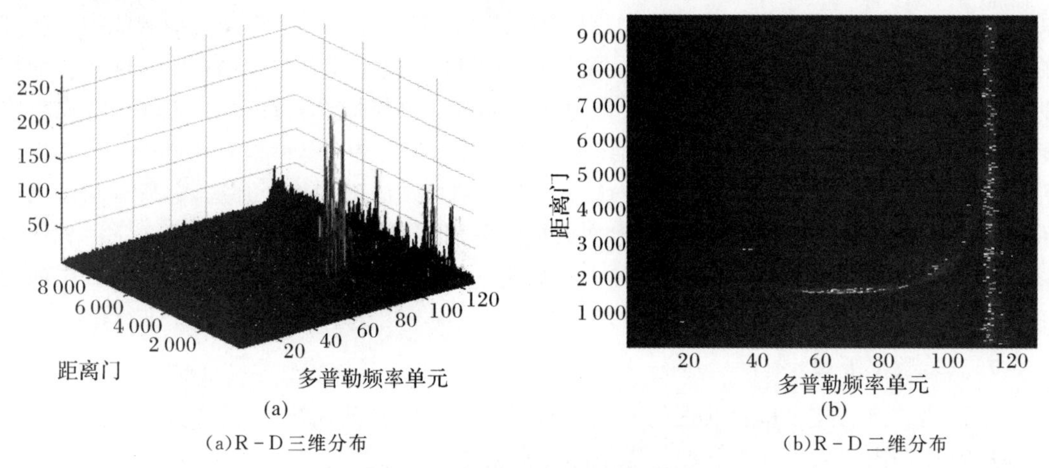

(a)R-D 三维分布　　(b)R-D 二维分布

图 3.28　和差-STAP 处理结果

为了更细致地观察 STAP 滤波后距离-多普勒域内目标谱峰的周围情况,只对距离维上包含目标的训练样本选取范围内回波数据重新进行和差-STAP,输出结果如图 3.29 所示,其中图 3.29(b)是图 3.29(a)对应的距离-多普勒域内的俯视图。可以看到目标谱峰附近存在多径干扰对应的谱峰,且其和目标存在着距离扩展和多普勒扩展的关系。

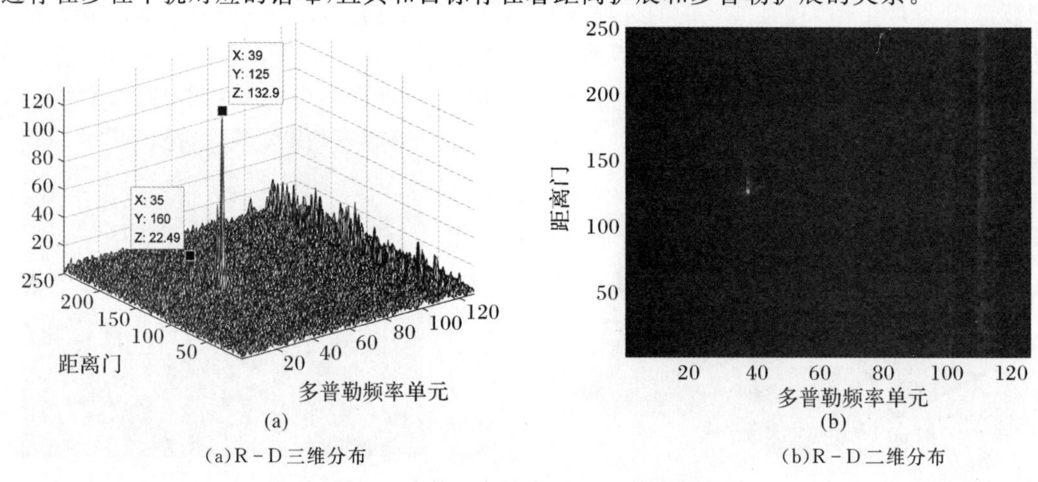

(a)R-D 三维分布　　(b)R-D 二维分布

图 3.29　第二次和差-STAP 输出结果

3.3.3 稳健 STAP

超低空目标的镜像问题导致多普勒扩展以及距离扩展。镜像问题的存在,将导致训练样本中参杂相干信号，进而会影响协方差矩阵的估计，发生信号相消现象。为了解决这一问题，考虑在信号及其临近的空间和时间二维域内多点采用幅度和相位的联合约束，使得它们的幅度响应超过单位响应，以达到主瓣保形，克服镜像目标引入的多普勒扩展而造成的性能损失，提高空时自适应处理稳健性。该方法通过在时域用不等式约束代替 LCMV 方法中的等式约束，同时在空域多点联合幅相约束，从而在不损耗自由度的前提下达到波束主瓣保形的目的。

该问题空域约束采用三点的联合幅相约束，时域上采用两点的二次约束：

$$\left.\begin{aligned}&\min_{w}\quad \boldsymbol{w}^{\mathrm{H}}\boldsymbol{R}_{\mathrm{x}}\boldsymbol{w}\\&\text{s. t.}\quad \begin{aligned}&\boldsymbol{w}^{\mathrm{H}}(\boldsymbol{s}_1,\boldsymbol{s}_0,\boldsymbol{s}_2)=(\alpha_1\mathrm{e}^{\mathrm{j}\beta_1},\alpha_0\mathrm{e}^{\mathrm{j}\beta_0},\alpha_2\mathrm{e}^{\mathrm{j}\beta_2})\\&|\boldsymbol{s}_0{}^{\mathrm{H}}\boldsymbol{w}|^2\geqslant 1\quad\text{and}\quad|\boldsymbol{s}_3{}^{\mathrm{H}}\boldsymbol{w}|^2\geqslant 1\end{aligned}\end{aligned}\right\}\tag{3.85}$$

式中：$\boldsymbol{s}_0$ 表示假设目标的空时二维导向矢量；$\boldsymbol{s}_1$ 和 $\boldsymbol{s}_2$ 分别为目标邻近空域两点的空时二维导向矢量；$\boldsymbol{s}_3$ 为目标邻近多普勒域一点的空时二维导向矢量。

对于时域约束问题，为使 $\boldsymbol{s}_0$ 和 $\boldsymbol{s}_3$ 之间目标到达角方向上的幅度响应均大于1，需要对协方差矩阵进行对角加载处理。为求解上述问题，将上式分解成空域和时域约束两部分来求解。对于空域优化问题：

$$\begin{cases}\min\limits_{w}\quad \boldsymbol{w}^{\mathrm{H}}\boldsymbol{R}_{x}\boldsymbol{w}\\ \text{s. t.}\quad \boldsymbol{w}^{\mathrm{H}}(\boldsymbol{s}_1,\boldsymbol{s}_0,\boldsymbol{s}_2)=(\alpha_1\mathrm{e}^{\mathrm{j}\beta_1},\alpha_0\mathrm{e}^{\mathrm{j}\beta_0},\alpha_2\mathrm{e}^{\mathrm{j}\beta_2})\end{cases}\tag{3.86}$$

可以解得

$$\begin{cases}\alpha_{\mathrm{i}}=|\boldsymbol{s}_0{}^{\mathrm{H}}\boldsymbol{s}_i|,i=0,1,2\\ \beta_{\mathrm{i}}=2\pi\dfrac{N-1}{2}\dfrac{d}{\lambda}\cos(\boldsymbol{\Psi}_i),i=0,1,2\end{cases}\tag{3.87}$$

时域优化问题为

$$\begin{cases}\min\limits_{w}\quad \boldsymbol{w}^{\mathrm{H}}\boldsymbol{R}_{\mathrm{X}}\boldsymbol{w}\\ \text{s. t.}\quad |\boldsymbol{s}_0{}^{\mathrm{H}}\boldsymbol{w}|^2\geqslant 1\quad\text{and}\quad|\boldsymbol{s}_3{}^{\mathrm{H}}\boldsymbol{w}|^2\geqslant 1\end{cases}\tag{3.88}$$

为了得到式(3.88)的一个解析解，式(3.88)重写约束问题如下：

$$\left.\begin{aligned}&\min_{w,\phi,\rho_0\geqslant 1,\rho_1\geqslant 1}\quad \boldsymbol{w}^{\mathrm{H}}\boldsymbol{R}_{\mathrm{x}}\boldsymbol{w}\\&\text{s. t.}\quad(\boldsymbol{s}_0,\boldsymbol{s}_3)^{\mathrm{H}}\boldsymbol{w}=\binom{\rho_0}{\rho_1\mathrm{e}^{\mathrm{j}\phi}}\end{aligned}\right\}\tag{3.89}$$

式中：ρ_0，ρ_1，ϕ 均是实数。

为求解式(3.89)，将其分成两部分。首先，假设 ρ_0，ρ_1，ϕ 是常数，求解 $\boldsymbol{w}$。求得的 $\boldsymbol{w}$ 将是关于 ρ_0，ρ_1，ϕ 的函数，然后将 $\boldsymbol{w}$ 代入目标函数，这样目标函数也是关于 ρ_0，ρ_1，ϕ 的函数。最后，通过选择合适的 ρ_0，ρ_1，ϕ 使得新的目标函数最小。通过拉格朗日乘子法可得

$$\boldsymbol{w}_0=\boldsymbol{R}_{\mathrm{x}}^{-1}\boldsymbol{S}(\boldsymbol{S}^{\mathrm{H}}\boldsymbol{R}_{\mathrm{x}}^{-1}\boldsymbol{S})(\rho_0\rho_1\mathrm{e}^{\mathrm{j}\phi})\tag{3.90}$$

式中　$\boldsymbol{S}=(\boldsymbol{s}_0,\boldsymbol{s}_3)$。

然后，求解 ρ_0，ρ_1，ϕ，记

$$(\boldsymbol{S}^{\mathrm{H}}\boldsymbol{R}_{\mathrm{x}}^{-1}\boldsymbol{S})=\begin{pmatrix} r_0 & r_2\mathrm{e}^{\mathrm{j}\beta} \\ r_2\mathrm{e}^{-\mathrm{j}\beta} & r_1 \end{pmatrix} \tag{3.91}$$

式中，r_0,r_1,r_2 为非负实数。将式(3.91)代入目标函数，得

$$\boldsymbol{w}_0^{\mathrm{H}}\boldsymbol{R}_{\mathrm{x}}\boldsymbol{w}_0=r_0\rho_0^2+r_1\rho_1^2+2\mathrm{Re}\{r_2\rho_0\rho_1\mathrm{e}^{\mathrm{j}(\beta+\phi)}\} \tag{3.92}$$

为使目标函数最小，取 $\phi=-\beta+\pi$，则有

$$\boldsymbol{w}_0^{\mathrm{H}}\boldsymbol{R}_{\mathrm{x}}\boldsymbol{w}_0=r_0\rho_0^2+r_1\rho_1^2-2r_2\rho_0\rho_1 \tag{3.93}$$

为进一步最小化目标函数，通过选择合适的 ρ_0 和 ρ_1

$$\min_{\rho_0\geqslant 1,\rho_1\geqslant 1} \quad r_0\rho_0^2+r_1\rho_1^2-2r_2\rho_0\rho_1 \tag{3.94}$$

式(3.94)可通过 KKT 条件求解：

$$\rho_0=\begin{cases} 1, & \dfrac{r_2}{r_0}\leqslant 1 \\ \dfrac{r_2}{r_0}, & \dfrac{r_2}{r_0}>1 \end{cases} \tag{3.95}$$

$$\rho_1=\begin{cases} 1, & \dfrac{r_2}{r_1}\leqslant 1 \\ \dfrac{r_2}{r_1}, & \dfrac{r_2}{r_1}>1 \end{cases} \tag{3.96}$$

在空域约束问题中，目标处的幅相约束条件为

$$\boldsymbol{w}^{\mathrm{H}}\boldsymbol{s}_0=\alpha_0\mathrm{e}^{\mathrm{j}\beta_0} \tag{3.97}$$

式中

$$\begin{cases} \alpha_0=|\boldsymbol{s}_0{}^{\mathrm{H}}\boldsymbol{s}_0| \\ \beta_0=2\pi\dfrac{M-1}{2}\dfrac{d}{\lambda}\cos(\Psi_0) \end{cases} \tag{3.98}$$

在时域约束问题中，目标处的幅相约束条件为

$$\boldsymbol{w}^{\mathrm{H}}\boldsymbol{s}_0=\rho_0 \tag{3.99}$$

为此，需将空域约束问题中目标处的约束条件转换成跟时域约束相同，为此将空域优化问题写成：

$$\left.\begin{aligned} &\min_{w} \quad \boldsymbol{w}^{\mathrm{H}}\boldsymbol{R}_{\mathrm{x}}\boldsymbol{w} \\ &\mathrm{s.t.} \quad \boldsymbol{w}^{\mathrm{H}}(\boldsymbol{s}_1,\boldsymbol{s}_0,\boldsymbol{s}_2)=\left[\alpha_1\frac{\rho_0}{\alpha_0}\mathrm{e}^{\mathrm{j}(\beta_1-\beta_0)},\rho_0,\alpha_2\frac{\rho_0}{\alpha_0}\mathrm{e}^{\mathrm{j}(\beta_2-\beta_0)}\right] \end{aligned}\right\} \tag{3.100}$$

所以式(3.100)的约束优化问题等效为

$$\left.\begin{aligned} &\min_{w} \quad \boldsymbol{w}^{\mathrm{H}}\boldsymbol{R}_{\mathrm{X}}\boldsymbol{w} \\ &\mathrm{s.t.} \quad \boldsymbol{w}^{\mathrm{H}}\boldsymbol{C}=\boldsymbol{u} \end{aligned}\right\} \tag{3.101}$$

式中：$\boldsymbol{C}=(\boldsymbol{s}_1,\boldsymbol{s}_0,\boldsymbol{s}_2,\boldsymbol{s}_3)$，$\boldsymbol{u}=\left(\alpha_1\dfrac{\rho_0}{\alpha_0}\mathrm{e}^{\mathrm{j}(\beta_1-\beta_0)},\rho_0,\alpha_2\dfrac{\rho_0}{\alpha_0}\mathrm{e}^{\mathrm{j}(\beta_2-\beta_0)},\rho_1\mathrm{e}^{\mathrm{j}\phi}\right)$。由此得到该优化问题的解为

$$\boldsymbol{w}_0\boldsymbol{R}_{\mathrm{x}}^{-1}\boldsymbol{C}(\boldsymbol{C}^{\mathrm{H}}\boldsymbol{R}_{\mathrm{x}}^{-1}\boldsymbol{C})^{-1}\boldsymbol{u} \tag{3.102}$$

仿真 1：空时处理器响应，表 3-1 给出了相应的仿真参数。

表 3-1　仿真参数

参数	数值	参数	数值
参考载频	10 GHz	脉冲重复频率	60 RHz
运动平台速度	400 m/s	杂波-噪声比	60 dB
目标速度	100 m/s	信号-噪声比	25 dB
运动平台高度	1 080 m	阵元数目	20 个
目标高度	80 m	阵元间距	0.015 m
目标斜距	4 km	脉冲数	16 个
目标方位角	0°		

图 3.30(a)(b)(c)(d)分别给出了理想情况、传统(Minimum Variance Distortion Response,MVDR)方法、传统 LCMV 方法以及所提的基于时域优化的多点联合幅相约束的 STAP 处理器的响应的仿真结果,图中五角星代表目标所在的位置。对比图 3.30 (a)理想的空时处理器响应图,由图 3.30 (b)可以看出,传统 MVDR 方法仅约束期望的目标角度和多普勒,由于在估计协方差矩阵的时候参杂了镜像干扰信号,且镜像目标信号与期望约束点不一致,导致了方向图的主瓣发生了明显的畸变,在镜像目标处发生了凹陷。由于镜像目标的多普勒频率和真实目标的多普勒频率相差较小,所以真实目标不可避免的被抑制。图 3.30 (c)是传统 LCMV 方法的响应图,可以看出,传统 LCMV 方法通过多个方向的点约束,使波束的主瓣展宽,并且更加平坦。但是,这种方法使用的等式约束消耗了过多的系统自由度,使得波束形成器对干扰和噪声的抑制能力减弱。图 3.30 (d)是基于时域优化的多点联合幅相约束 STAP 方法的响应图,从图中明显看出,处理器的主瓣形状得到有效的保形,在真实目标及镜像干扰处天线方向图都没有发生凹陷。因此,基于时域优化的多点联合幅相约束 STAP 方法能够有效的保持天线的主瓣,防止天线方向图的畸变。

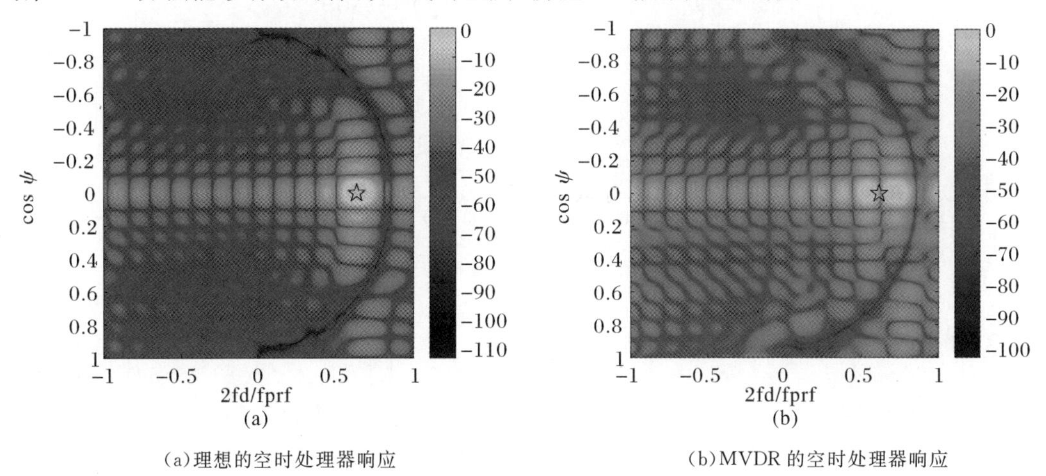

(a)理想的空时处理器响应　　(b)MVDR 的空时处理器响应

图 3.30　空时处理器响应

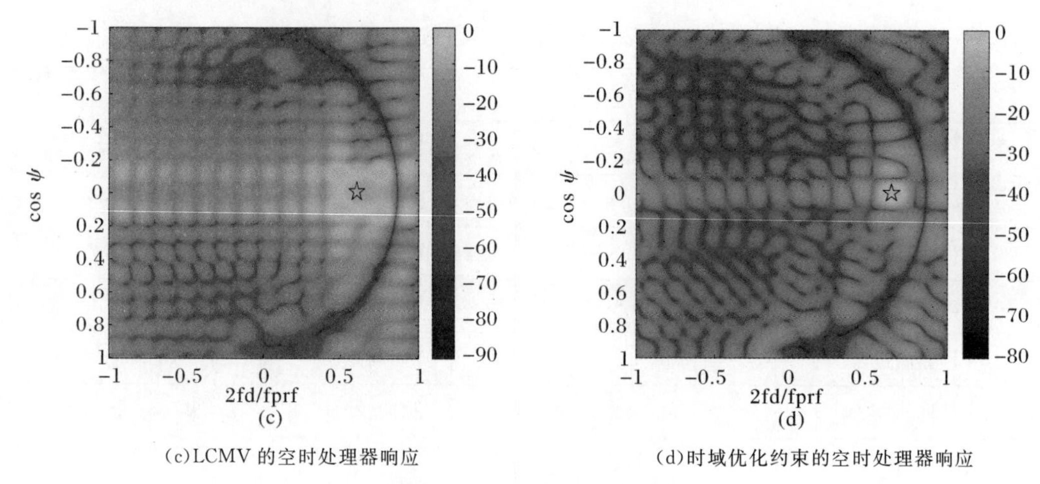

(c)LCMV 的空时处理器响应　　(d)时域优化约束的空时处理器响应

续图 3.30　空时处理器响应

仿真 2：目标检测性能分析。

图 3.31 给出了不同目标速度对应的改善因子随多普勒的变化曲线。由图 3.31 可以看出，MVDR 方法的改善因子较最优的改善因子严重下降，这是由于 MVDR 方法只有指向目标的单点约束，该约束与干扰失配，导致波束在干扰处凹陷，而目标与干扰相距较近，导致信号相消，性能下降。虽然传统的 LCMV 方法一定程度上减轻了信号相消现象，使该方法的改善因子比传统 MVDR 方法稍有提高，但是由于其幅度和相位约束跟目标信号不匹配，所以较最优性能仍存在较大损失。本书所提的基于时域优化的多点联合幅相约束 STAP 方法，在时域上用不等式约束代替 LCMV 的等式约束，在不损耗自由度的前提下达到波束主瓣保形的目的，并且幅度和相位约束均与目标信号相匹配，所以相比于传统 MVDR 方法性能改善较大，改善因子提高约为 10 dB，可见本方法性能要好于 LCMV 方法。

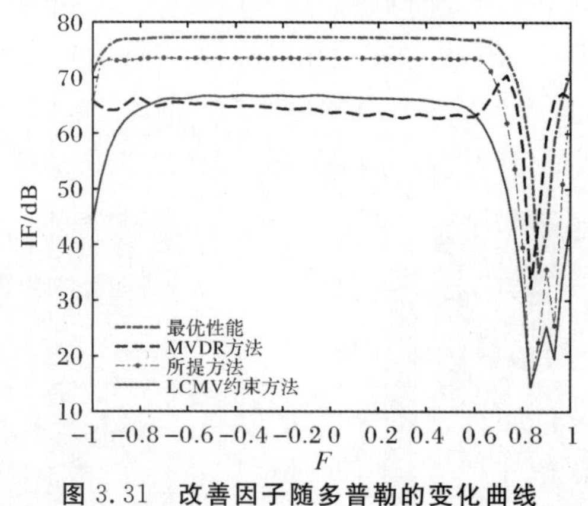

图 3.31　改善因子随多普勒的变化曲线

3.3.4　滑窗 STAP

在宽带雷达体制中，高速机动目标在 CPI 内的距离走动和多普勒频率走动会引起目标能量积累损失。我们通过滑窗处理技术将整个 CPI 划分为多个子相干处理时间(CPSIs)从而在较小的时间间隔内避免这样的目标能量积累损失。这些 CPSIs 通过图 3.32 所示的滑窗处理技术得到，其中滑窗间隔可以简单地设置为1个PRT。实际上，我们可以根据性能要求选择CPSIs之间的滑窗间隔。一方面，较大的滑窗间隔能够减少不同CPSIs之间的重叠，进而可以减少不同CPSIs噪声输出信号之间的相干性以及相应的第二级处理中的噪声能量积累。另一方面，随着滑窗间隔的增大，最大不模糊多普勒频率的减小可能会导致目标多普勒频谱跨越相邻多普勒频率模糊带宽以及残余杂波信号的多普勒频谱折叠问题，进而引起动目标检测性能的下降。值得注意的是，重叠更多的CPSIs对应的第二级处理输出SNR要比重叠较少的CPSIs对应的第二级处理输出SNR更大，这是因为相互重叠更多的CPSIs也包含了重叠较少的CPSIs，这意味着CPSIs之间更小的滑窗间隔降低了第二级处理中的目标能量积累效率而不是输出SNR性能。假设CPSI内包含了K_{sub}个脉冲，则整个CPI共划分出了$K-K_{\text{sub}}$个CPSIs。

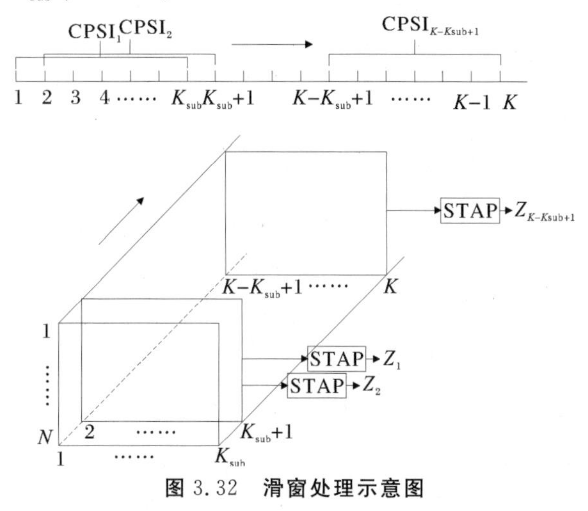

图3.32 滑窗处理示意图

通过上述滑窗处理规则从回波数据$\boldsymbol{X}$中提取相应的行数据构成第i个CPSI内的回波快拍数据$\boldsymbol{X}_i$，之后对每一个CPSI内的回波信号进行STAP处理完成杂波抑制和自适应匹配滤波。然而，即使在CPSIs内进行STAP处理以避免目标能量积累损失，不一致的二阶协方差矩阵导致的非线性相位响应也会破坏sub-CPI STAP输出之间目标信号的相位相干性。因此，在杂波特性时不变的前提下我们基于整个样本数据采用了样本挑选方案，并获得具有一致二阶相位响应特性的sub-CPI STAP，其中和$\boldsymbol{X}_i$对应的STAP权表示为

$$\boldsymbol{w}_i=\mu\boldsymbol{R}_{\text{sub}}^{-1}\boldsymbol{u}(\theta,v) \tag{3.103}$$

$\boldsymbol{R}_{\text{sub}}$是以一个代表性的CPSI内回波数据估计得到的杂波协方差矩阵（比如第$[(K-K_{\text{sub}}+1)/2]$个CPSI），$\boldsymbol{u}(\theta,v)$则是待检测目标的空时匹配导向矢量，u则是归一化系数。

$$\boldsymbol{R}_{\text{sub}}=\frac{1}{|\Omega|}\sum_{\tau\in\Omega}\boldsymbol{x}_i(\tau)\boldsymbol{x}_i(\tau)^{\mathrm{H}} \tag{3.104}$$

$$i=[(K-K_{\text{sub}}+1)/2] \tag{3.105}$$

式中：Ω代表训练样本的选择范围，上标H代表共轭转置运算；$\boldsymbol{R}_{\text{sub}}$代表由统计运算得到的杂波信号子空间，$\boldsymbol{R}_{\text{sub}}$的逆矩阵则代表相应的杂波信号正交子空间，其基于空时二维通道之间的相位相干性被用以杂波自适应抑制。通过在一个代表性的CPSI内进行杂波协方差矩阵估计，其中一个好处是减小的系统自由度增加了非均匀杂波环境下的算法稳健性。此外，

它也适用于超高速弹载平台以避免杂波距离走动导致的性能下降。

第 i 个 CPSI 内的目标信号导向矢量表示为

$$\boldsymbol{s}_{s-t,i}(\theta_0,v_0,a_0)=\Big[1,\mathrm{e}^{\mathrm{j}\frac{4\pi f_c(v_a\cos(\Psi_0)+v_0-a_0T(i-1))T}{c}}\mathrm{e}^{-\mathrm{j}\frac{2\pi f_c a_0 T^2}{c}},\cdots,$$

$$\mathrm{e}^{\mathrm{j}\frac{4\pi f_c(v_a\cos(\Psi_0)+v_0-a_0T(i-1))T(K_{\mathrm{sub}}-1)}{c}}\mathrm{e}^{-\mathrm{j}\frac{2\pi f_c a_0 T^2(K_{\mathrm{sub}}-1)^2}{c}}\Big]\otimes\boldsymbol{s}_s(\theta_0) \tag{3.106}$$

式中：$\otimes$代表 kronecker 积运算，式中的均匀相位项可以通过空时匹配导向矢量 $\boldsymbol{u}(\theta,v)$ 进行相应地补偿，其可以表示为

$$\boldsymbol{u}(\theta,v')=\Big[1,\mathrm{e}^{\mathrm{j}\frac{4\pi f_c v_a\cos(\Psi_0)r}{c}}\mathrm{e}^{\mathrm{j}\frac{4\pi f_c(v_0-a_0T(t-1))}{c}},\cdots,$$

$$\mathrm{e}^{\mathrm{j}\frac{4\pi f_c v_a\cos(\Psi_0)T(K_{\mathrm{sub}}-1)}{c}}\mathrm{e}^{\mathrm{j}\frac{2\pi f_c(v_0-a_0T(t-1))T(K_{\mathrm{sub}}-1)}{c}}\Big]^{\mathrm{T}}\otimes\boldsymbol{s}_s(\theta_0) \tag{3.107}$$

其中，$v'=v_a\cos(\Psi_0)+v_0-a_0T(i-1)$。经过相位补偿后，第 i 个 CPSI 对应的目标信号 STAP 输出可以表示为

$$Z_i=\boldsymbol{w}_i^{\mathrm{H}}\boldsymbol{s}_{s-t,i}(\theta_0,v_0,a_0)\phi_i=\frac{\boldsymbol{u}(\theta_0,v')^{\mathrm{H}}\boldsymbol{R}_{\mathrm{sub}}{}^{-1}\boldsymbol{s}_{s-tm,i}(\theta_0,v_0,a_0)}{\boldsymbol{u}(\theta_0,v')^{\mathrm{H}}\boldsymbol{R}_{\mathrm{sub}}{}^{-1}\boldsymbol{u}(\theta_0,v')}\phi_i \tag{3.108}$$

式中：ϕ_i 代表第 i 个 CPSI 内目标信号的初始相位项。假设目标信号子空间和杂波信号子空间完全正交，即 $\boldsymbol{S}_{\mathrm{sub}}\boldsymbol{u}(\theta_0,v')$，则式(3.108)可以进一步表示为

$$Z_i\approx\frac{\boldsymbol{u}(\theta_0,v')^{\mathrm{H}}\boldsymbol{s}_{s-t,i}(\theta_0,v_0,a_0)}{\|\boldsymbol{u}(\theta_0,v')\|_2^2}\phi_i=\frac{\phi_i}{K_{\mathrm{sub}}}\sum_{k=0}^{K_{\mathrm{sub}}-1}\mathrm{e}^{-\mathrm{j}\frac{2\pi f_c a_0 T^2 k^2}{c}} \tag{3.109}$$

实际上，由于$\frac{2\pi f_c}{c}a_0T^2$ 相对较小，我们可以根据性能要求来选择 CPSI 内的脉冲数。一方面，较大的脉冲数可以提供更多的系统自由度满足第一级处理后的 SCNR(Signal to Charrnel Noise Ratio，信号-信道噪声比)提升。另一方面，更多的系统自由度也会导致 STAP 更差的系统稳健性以及更大的计算复杂度。图 3.33 展示了一个特定情况下目标输出功率损失和脉冲数的关系，其中红色虚线代表了最大可允许的功率损失。该情况中，$a_0=50\ \mathrm{m/s^2}$，$T=500\ \mu\mathrm{s}$。我们可以看到当 CPSI 内脉冲数小于 66 时，目标输出功率损失小于 3 dB。相应地，由多普勒频率走动导致的 sub-CPI STAP 的失配在较小的 CPSI 内是可以忽略不计的。这也从另一个角度反映了多普勒频率走动会导致长时间能量相干积累较大的性能损失，因此我们在 STAP 后需要进行高效的 chirp 信号能量积累。

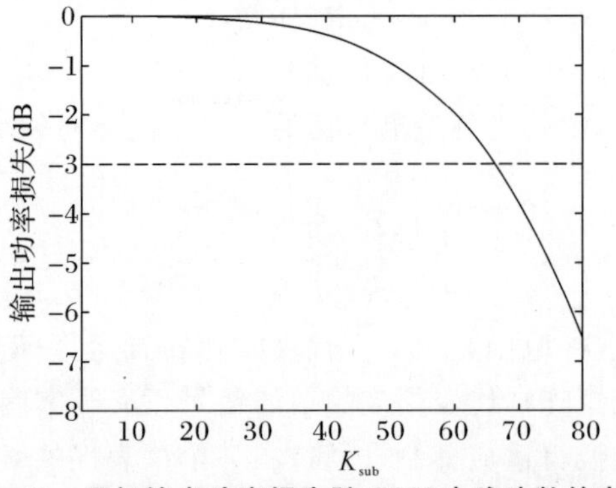

33　目标输出功率损失随 CPSI 内脉冲数的变化

3.4　目标测量与跟踪方法

3.4.1　距离测量与跟踪

距离跟踪完成对目标距离的精确测量，并使得距离波门始终对准目标回波。雷达距离跟踪系统原理框图如图3.34所示，它由距离误差产生器、滤波器、速度产生器、前后距离误差产生器等组成。用前波门与后波门分别测量波门内回波脉冲的面积并进行比较，可获得距离误差信息。

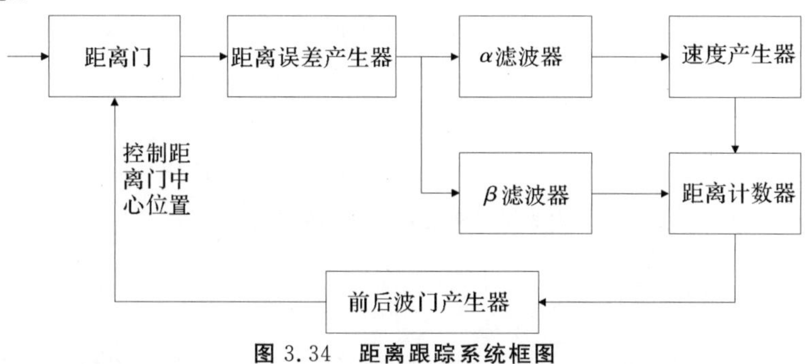

图3.34　距离跟踪系统框图

α滤波器和β滤波器把误差信号分别送至速度产生器和距离计数器，确保距离跟踪回路稳定工作。当目标运动时，距离计数器根据误差值和速度校正值不断进行调整，使距离门中心始终对准回波中心。通过检测获取弹-目径向速度和目标视在距离。利用不同重频获取的视在距离，通过解模糊算法获取真实弹-目距离。得到距离信息后，雷达自动进入抗遮挡距离跟踪，流程图如图3.35所示。

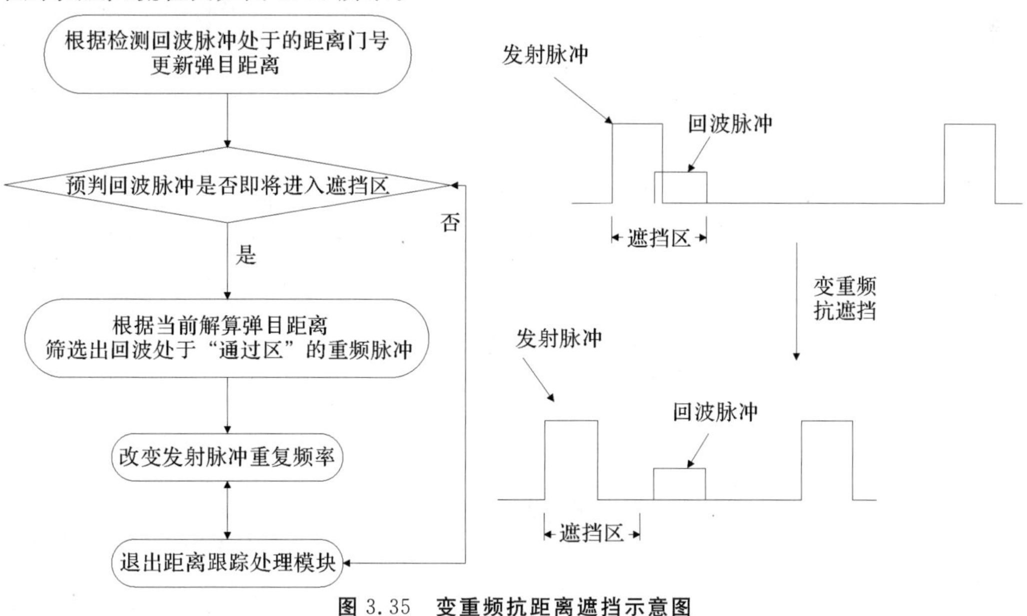

图3.35　变重频抗距离遮挡示意图

3.4.2 速度测量与跟踪

导弹-目标的径向速度由雷达的速度跟踪系统提取，它利用窄带跟踪滤波器，在跟踪多普勒频移的基础上解算出径向速度。速度跟踪可以选用在中频信号基础上采用自动频率调节电路实现速度跟踪。选用窄带放大器的通带构成速度门，当目标径向速度变化时，鉴频器输出的误差信号经低通滤波器后加到压控振荡器(Voltage Controlled Cscillator，VCO)上，调整 VCO 的振荡频率去跟踪回波信号的多普勒频移。这相当于误差信号控制一个速度门在频率轴上连续地移动，从而构成一个闭环的多普勒跟踪环路。速度跟踪环路的模型如图 3.36 所示。

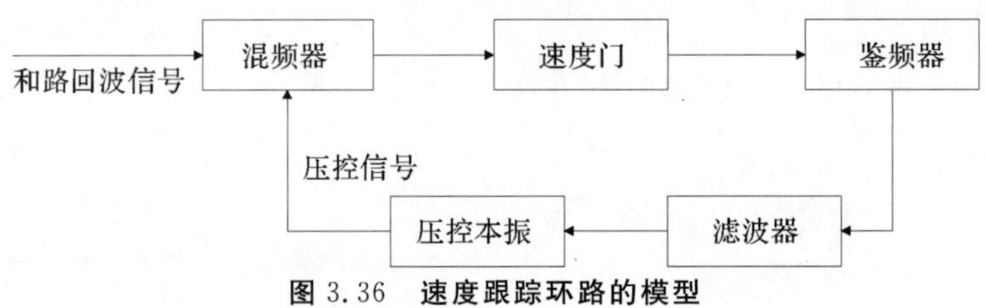

图 3.36 速度跟踪环路的模型

3.4.3 角度测量与跟踪

为了实现雷达对目标方向的检测，这里以等信号法为例，它既能确定目标偏离等信号线角度的大小，又能确定偏离的方向。等信号线是由天线的特性决定的。由天线接收到的目标回波信号经过变换得到与目标偏差角大小和方向成比例的角误差信号，由此误差信号确定误差角度，根据此误差角转动天线或者调整天线波束指向，使天线波束的等信号轴指向目标，从而实现对目标方向的自动跟踪。图 3.37 为角度测量框图。

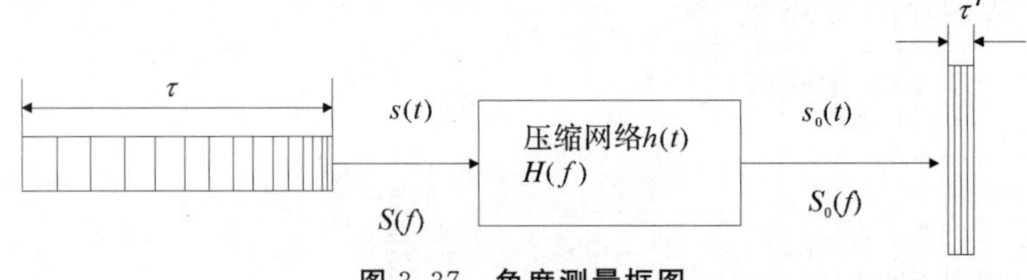

图 3.37 角度测量框图

通过 3.2 介绍的 CFAR 模型可以求出和通道模值最大的信号点，也就找到了对应的方位差和俯仰差通道的单元。角误差测量选取的是和通道模值最大的信号点，然后找到对应的方位差和俯仰差通道单元的信号，进行振幅和差式测角。在角误差测量中，和信号对差信号(方位差和俯仰差两路信号)进行归一化。

假设和路信号为

$$\Sigma=\Sigma_I+j\Sigma_Q \tag{3.110}$$

差路信号为

$$\Delta=\Delta_I+j\Delta_Q \tag{3.111}$$

利用前面介绍到的和路与差路信号相位相差 90°的性质，即 $K\Delta=j\delta\Sigma$，这样就能解得角误差 δ 为

$$\delta=K\frac{\Delta_I\Sigma_Q-\Sigma_I\Delta_Q}{\Sigma_I^2+\Sigma_Q^2} \tag{3.112}$$

式中：K 为定向斜率。如果解得方位角误差和方位角误差，则可以根据角度测量模型产生角度误差控制量，进而将天线波束调整至信号最大的方向，以便下一时刻回波的计算，相控阵波束调整过程如图 3.38 所示。

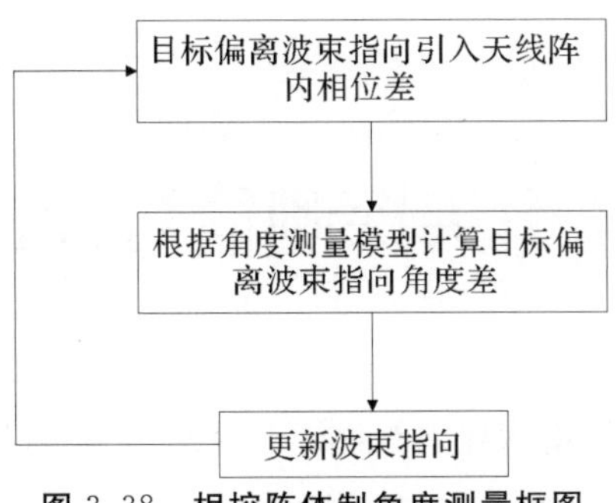

图 3.38　相控阵体制角度测量框图

3.5　本章小结

本章详细介绍了包括宽带正交双通道解调方法、宽带信号处理方法、宽带自适应处理方法等宽带信号自适应处理技术，以及雷达导引头超低空目标角度测量、距离跟踪和速度跟踪等基本原理；重点介绍了空时二维处理的基本理论和方法，1DT－SAP、3DT－SAP、JDL 和和差-STAP 等降维处理，以及稳健 STAP、滑窗 STAP 在目标检测与数据处理中的应用。

第4章　雷达导引头探测信号最佳带宽选择原则

工作波形与带宽的选择是雷达导引头设计时在信号体制方面需要考虑的重要因素，它决定了导引头的各项总体性能指标，如作用距离、分辨率和抗干扰性能等。一般雷达导引头采用的工作波形为载频固定的简单脉冲信号或连续波信号，主要通过提取目标的速度和角度信息对目标进行跟踪，这种窄带信号在工程上易于实现，数据量小，比较适用于完成常规中高空目标探测任务，但其距离分辨率较差，在超低空或下视攻击时难以检测旁瓣或主瓣杂波区内的目标，不能区分径向速度接近的波束内多个目标。而宽带波形因其工作带宽较宽，具有较高的距离分辨率，在雷达导引头中有着广阔的应用前景。宽带波形是近年来逐渐发展起来的距离高分辨波形，发射脉宽(发射波形带宽)，与传统的窄带信号相比，宽带信号在抗干扰、反截获、精确探测与跟踪、成像、目标识别等方面具有独特的优势。常见的宽带波形有线性调频波形、步进频波形和其他的复合调频波形等。本章首先给出宽带波形信号的基本概念、实现方法和特性，随后讨论线性调频、步进频及相位编码信号等常用的波形形式，最后讨论雷达导引头超低空探测时信号带宽的选择原则。

4.1　宽带信号波形

4.1.1　宽带信号的概念

雷达信号的时域形式可以表示为

$$s(t)=u(t)\cos[2\pi f_0 t+\varphi(t)] \tag{4.1}$$

式中：$u(t)$为信号的包络；$\varphi(t)$为相位调制。其复信号形式也可以写为

$$s(t)=u(t)\mathrm{e}^{\mathrm{j}\varphi(t)} \tag{4.2}$$

信号的频谱为其时域形式的傅里叶变换。

$$s(f)=\int_{-\infty}^{\infty}\mathrm{u(t)}e^{-j[2\pi(\mathrm{f}-\mathrm{f}_0)\mathrm{t}-\varphi(\mathrm{t})]}d\mathrm{t} \tag{4.3}$$

雷达信号的参数包括包络幅度、中心频率及带宽等，带宽是指信号占有的频率范围，常用符合 B 来表示。宽带信号的提法通常是相对窄带信号来说的，相对带宽可定义为

$$\frac{\Delta B}{2B}=\frac{f_H-f_L}{f_H+f_L} \tag{4.4}$$

式中：f_H 和 f_L 分别为包含一定百分比总信号能量的上下限，分别称为上限频率和下限频率。

在雷达领域，相对带宽大于 10％的信号即可称为宽带信号。信号波形与带宽的选择因素主要是考虑雷达的作用距离、多普勒频率范围、距离和多普勒副瓣电平、波形灵活性、干扰抑制性能和信噪比等。窄带雷达信号虽然在工程上更易于实现，且具有信号处理复杂度低、数据量小等优点，但传统窄带雷达信号的距离分辨率低、波形简单，无法满足现代雷达复杂环境中目标探测与识别的需求。现代宽带雷达信号包括线性调频信号、相位编码信号及步进频信号等，在复杂电磁环境下，这些信号体制可以实现更好的目标探测及抗干扰效果。上述这些常用的现代宽带波形信号都是采用脉冲压缩体制来实现的波形信号。脉冲压缩体制的信号是一种大时宽带宽积信号，可以同时实现远距离和高分辨率探测的雷达信号体制，通常采用调制发射脉冲和滤波接收回波达到这一目的。脉冲压缩使用长脉冲，通常以峰值功率发射，而在频率或相位上进行调制。这种调制脉冲或波形的设计，一方面能够为接收机完成检测和分辨提供足够的回波信号功率，另一方面对目标运动和外界干扰等因素具有较强的鲁棒性。波形参数的选择，如脉宽、带宽和调制方式需要考虑硬件决定的所有附加因素。

脉冲压缩是匹配滤波器系统的一种实际实现。接收机的压缩滤波器处理接收回波。压缩滤波器重新调整各频率分量的相对相位，从而得到窄脉冲或压缩脉冲。匹配滤波器的输出就是压缩脉冲，它等于信号频谱 $H(\omega)$ 和匹配滤波器响应 $H^*(\omega)$ 乘积的傅里叶反变换，即

$$y(t)=\frac{1}{2\pi}\int_{-\infty}^{+\infty}|H(\omega)|^2 e^{j\omega t}d\omega \tag{4.5}$$

匹配滤波器的输出由压缩脉冲组成，并伴有其他距离上的响应，也就是所谓的时间或距离副瓣。通常采用输出信号的频域加权来降低副瓣，这将导致失配，并使匹配滤波器的输出信噪比减小。若有多普勒频移，则需要采用匹配滤波器组，并且每个滤波器匹配不同的频率从而覆盖预期的多普勒频段。而当带宽足够宽使得信号距离分辨力小于目标物理尺寸时，回波信号被目标在距离上的扩展目标反射回波散焦而呈分布式结构，回波波形与目标的距离扩展大小有关，从最佳检测的角度来说，就难以针对整个回波波形设置最佳匹配滤波器而应对每个子波形设计匹配滤波器，这时在相当情景下，采用多散射体的回波积累处理可以使得宽带信号的探测性能优于窄带雷达。

地/海面环境等非兴趣目标产生的雷达回波称为杂波。当雷达接收机输出端的杂波信号远大于接收机噪声时，决定信号检测性能的就是信杂比(Signd to Clutter Ratio，SCR)而非无杂波时的信噪比(SNR)。应用宽带信号的一大优势也是改善杂波中目标的检测能力。而能达成这一目标的根本原理就是在雷达任一测量域(包括距离、多普勒、角度)中间小分辨单元尺寸，从而减小杂波有效反射面积。图 4.1 给出了天线照射杂波面积 A_c 与雷达天线波

束宽度以及波形带宽之间的关系。

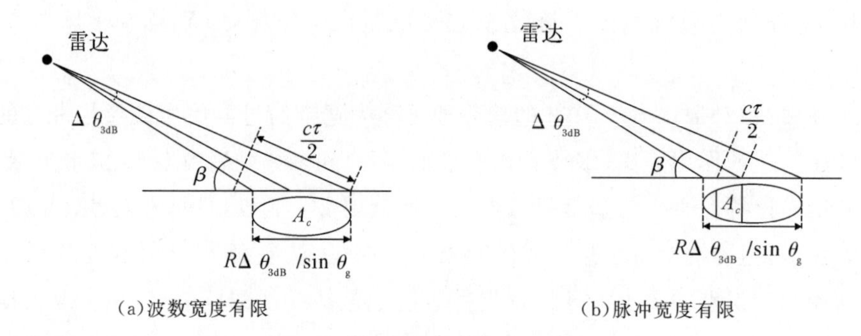

(a)波数宽度有限　　(b)脉冲宽度有限

图 4.1　不同带宽下杂波分辨单元

在相对带宽较小时,杂波面积主要取决于天线波束宽度,带宽较大时,杂波面积主要取决于距离分辨力,这时杂波的表面积的计算公式为

$$A_c = R\theta_g \frac{c\tau}{2}\sec\beta \tag{4.6}$$

式中:R 为雷达到杂波表面的距离;c 为光速;τ 为脉冲宽度(脉冲压缩后);θ_g 为雷达波束宽度;β 为波束入射擦地角。

宽带信号的模糊函数也可以反映其特性。模糊函数是进行雷达波形设计和分析信号处理系统性能的重要工具,主要由发射波形决定,根据雷达信号的模糊函数,可以确定雷达发射波形的分辨能力、测量精度、模糊情况以及杂波干扰抑制的能力。

雷达模糊函数表示匹配滤波器的输出,描述目标的距离和多普勒频移对回波信号的影响,信号 $s(t)$ 的雷达模糊函数通常被定义为二维互相关函数的模的平方 $|\chi(\tau,\omega_d)|^2$。具体表达式为

$$|\chi(\tau,\omega_d)|^2 = \left|\int_{-\infty}^{+\infty} s(t)s^*(t+\tau)e^{j2\pi\omega_d t}dt\right|^2 \tag{4.7}$$

模糊函数关于多普勒频率 ω_d 和延迟时间 τ 的三维图形称为雷达的模糊图。对于一种给定的波形,其模糊图可以确定该波形的一些特征,同时也可以用某个时间或者频率门限值来切割三维模糊图得到模糊等高图。模糊图的原点处模糊函数的值等于与感兴趣目标反射的信号理想匹配时的匹配滤波器的输出,非零时的模糊函数值表示与感兴趣目标有一定距离和多普勒的目标回波。

4.1.2　典型宽带波形及特性

1. 线性调频信号

线性调频信号是雷达中最常用的宽带信号,时域表达式为

$$s(t) = \mathrm{rect}\left(\frac{t}{T_p}\right)e^{j2\pi f_0 t + j\pi K_r t^2} \tag{4.8}$$

式中：f_0 为载波频率；T_p 为线性调频信号的时宽；$K_r=B/T_p$ 则表示调频斜率；B 是信号带宽；$\mathrm{rect}(t/T_p)$为矩形信号，表达式为

$$\mathrm{rect}\left(\frac{t}{T_p}\right)=\begin{cases}1, & \left|\frac{t}{T_p}\right|\leqslant 0.5\\ 0, & \text{其他}\end{cases} \tag{4.9}$$

信号的瞬时频率为 $f_0+K_r t(-T_p/2\leqslant t\leqslant -T_p/2)$，频率随时间变化的曲线如图 4.2 所示。

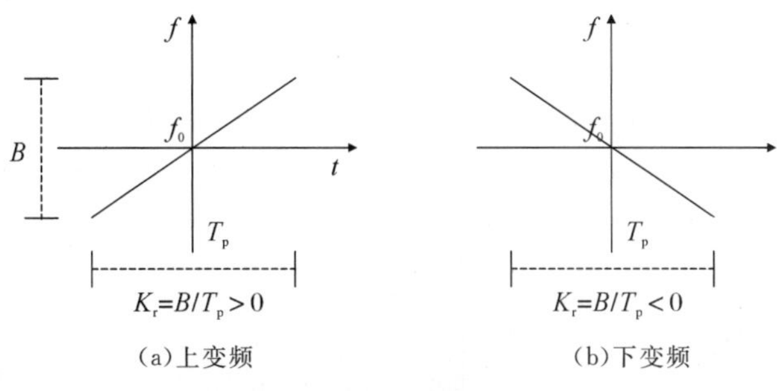

(a)上变频　　(b)下变频

图 4.2　线性调频信号频率随时间变化

线性调频信号的频谱可通过傅里叶变换得到，其时域信号与频谱如图 4.3 所示。

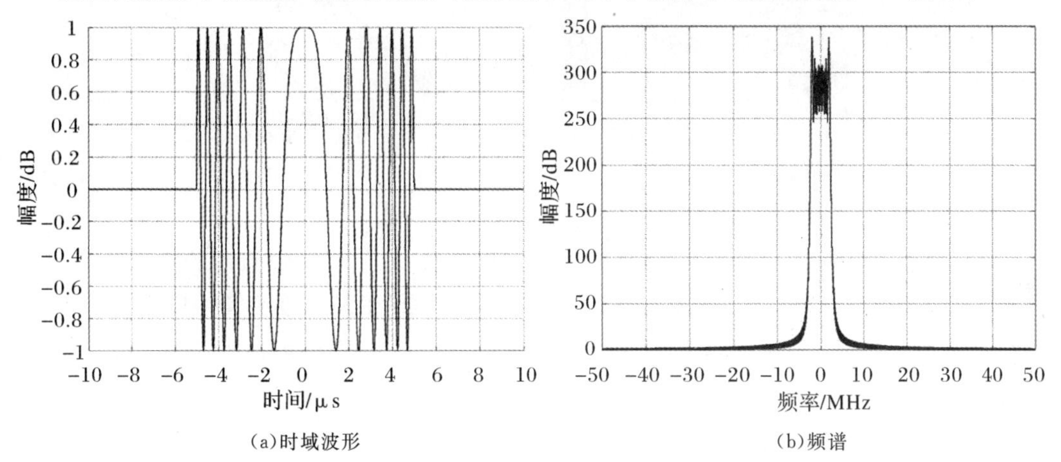

(a)时域波形　　(b)频谱

图 4.3　线性调频信号及频谱

LFM 信号的有效带宽等于信号的带宽与信号的时宽无关；有效时宽等于信号脉冲宽度 T_p，与信号的带宽无关。因此，只要取较大的带宽和脉冲宽度就可以得到高的距离分辨率和高的速度分辨力。由于带宽和脉冲宽度可以独立选取，所以 LFM 信号可以同时得到高的距离分辨率和高的速度分辨率。在满足大的时宽带宽积条件下，线性调频信号的幅度在频域上近似于一个矩形，其相位谱是频率的二次函数。如果通过一个匹配滤波器，其相位谱校正为频率的一次函数，再对其进行傅里叶逆变换，就可以得到很窄的 sinc 包络，即为脉冲压缩过程。对脉压后的窄脉冲进行相参或非相参处理即可提取目标信息。

线性调频信号的模糊函数为

$$|\chi(\tau,\omega_d)|^2=\left|\frac{\sin\pi(\omega_d-K_r\tau)(T_p-|\tau|)}{\pi(\omega_d-K_r\tau)(T_p-|\tau|)}(T_p-|\tau|)\right|^2 \tag{4.10}$$

在多普勒轴上切割，即当 $\omega_d=0$ 可得

$$|\chi(\tau,0)|=T_p\left|\frac{\sin\pi K_r\tau(1-|\tau|/T_p)}{\pi K_r\tau}\right| \tag{4.11}$$

这是近似 sinc 函数的形式，近似程度随 T_p 的增大而更加逼近。

对模糊图在时间轴上的切割，即当 $\tau=0$ 可得

$$|\chi(0,\omega_d)|=T_p\left|\frac{\sin\pi\omega_d T_p}{\pi\omega_d T_p}\right| \tag{4.12}$$

这是一个辛格函数的形式。

图 4.4 给出了线性调频信号的归一化模糊函数图和等高图。

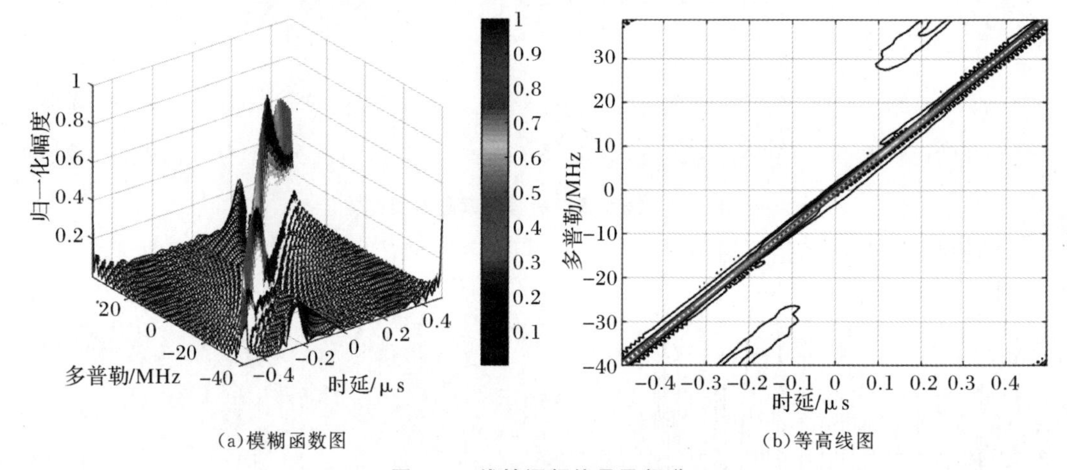

(a)模糊函数图　(b)等高线图

图 4.4　线性调频信号及频谱

由仿真图可以看出，线性调频信号的模糊函数图是刀刃形的，但刀刃和轴线不重合，为倾斜刀刃形，且基面有较大起伏波纹，随着远离峰值而逐渐衰减。模糊图的体积大部分集中在平面的主峰内，而刀刃的斜率反应了调频斜率。图 4.5 给出了模糊图在时间和多普勒域的切割图。

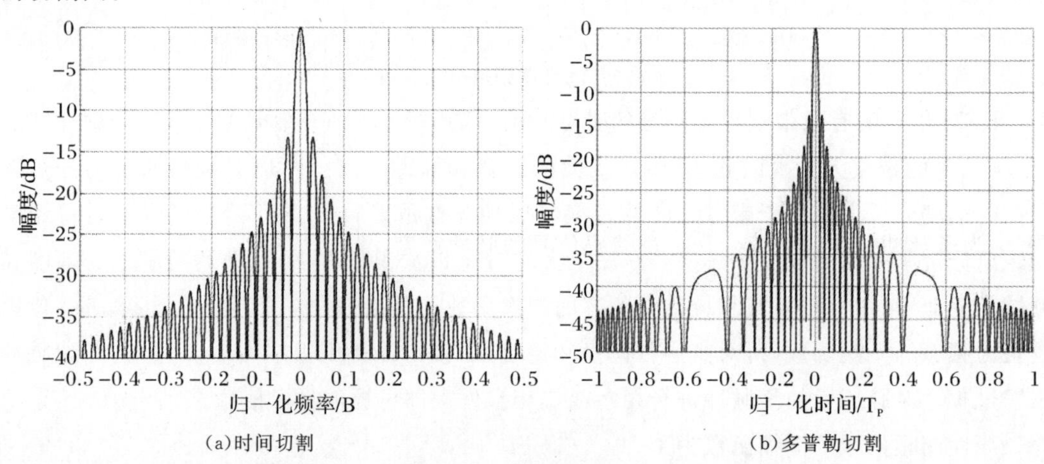

(a)时间切割　(b)多普勒切割

图 4.5　模糊图切割

不同多普勒切割的图形，相比于多普勒为零的情况，其他有多普勒偏移切割图形的主峰峰值降低，同时产生了时移，而切割图形与辛格函数相比有一定的失真，主峰有一定程度的加宽，这些变化的程度都与多普勒大小有关。

2. 相位编码信号

相位编码波形具有恒定的射频频率，在脉冲持续时间内绝对相位以固定的间隔在两个或多个确定的值之间切换。若相位在两个值之间切换，是二相编码信号，典型的二相编码信号有巴克码(Barker)和 m 序列等；在多个相位之间切换，则是多相编码信号。

发射的复信号可以写为

$$s(t)=u(t)\mathrm{e}^{\mathrm{j}2\pi f_0 t+\varphi_{\mathrm{k}}} \tag{4.13}$$

式中：φ_{k} 是根据相位编码类型随时间变化的相位调制函数。在一个编码周期内，连续波信号被移相 N 次，相位 φ_{k} 每隔 t_{b} 按照一个特定的编码序列移动一次，t_{b} 为子码周期，最终的编码周期 $T=Nt_{\mathrm{b}}$，编码速率 $R_{\mathrm{c}}=1/(Nt_{\mathrm{b}})(\mathrm{Hz})$。

当 $0\leqslant t\leqslant T$ 时，信号表示为

$$u_{\mathrm{T}}=\sum_{k=1}^{N}u_k[t-(k-1)t_{\mathrm{b}}] \tag{4.14}$$

其余的为 0。

当 $0\leqslant t\leqslant T$ 时，复包络为

$$u_k=\exp\{\mathrm{j}\varphi_{\mathrm{k}}\} \tag{4.15}$$

目标的回波信号经数字化后，在接收机中采用一个匹配(未加权)或失配(加权)的滤波器进行相关处理，以聚集目标的能量并产生一个时间分辨力为子码周期 t_{b}、高度为 N 的脉冲。因此，相位编码单元数 N 被称为压缩比。最初常见采用二相编码信号，其复包络为

$$u(t)=a(t)\mathrm{e}^{\mathrm{j}\varphi(t)}=\begin{cases}\dfrac{1}{\sqrt{P}}\sum\limits_{k=0}^{P-1}c_{\mathrm{k}}u_1(t-kt_{\mathrm{b}}), & 0<t<Pt_{\mathrm{b}}\\ 0, & \text{其他}\end{cases} \tag{4.16}$$

式中：$a(t)=1/\sqrt{Pt_{\mathrm{b}}}$，$0<t<Pt_{\mathrm{b}}$ 为信号包络；$\varphi(t)$ 为相位调制函数，对于二相编码信号，只有 0 和 π 二种取值，对应二元序列用 $c_k=\{1,-1\}$ 表示。$u_1(t)$ 为子脉冲函数，P 为脉冲个数，t_{b} 为子脉冲宽度，$T=Pt_{\mathrm{b}}$ 为二相编码信号的脉冲宽度。

利用 δ 函数的性质，二相编码信号的复包络可改写为

$$u(t)=u_1(t)\otimes\frac{1}{\sqrt{P}}\sum_{k=0}^{P-1}c_k\delta(t-kt_{\mathrm{b}})=u_1(t)\otimes u_2(t) \tag{4.17}$$

式中：$\otimes$为卷积符号；信号 $u_1(t)=\sqrt{1/t_{\mathrm{b}}}$，$0<t<t_{\mathrm{b}}$ 的模糊函数 $\chi_1(\tau,\omega_{\mathrm{d}})$ 表达式为

$$\chi_1(\tau,\omega_{\mathrm{d}})=\mathrm{e}^{\mathrm{j}\pi\omega_{\mathrm{d}}(t_{\mathrm{b}}-\tau)}\frac{\sin\pi\omega_{\mathrm{d}}(t_{\mathrm{b}}-|\tau|)}{\pi\omega_{\mathrm{d}}(t_{\mathrm{b}}-|\tau|)}\left(\frac{t_{\mathrm{b}}-|\tau|}{t_{\mathrm{b}}}\right),\ |\tau|<t_{\mathrm{b}} \tag{4.18}$$

二相编码脉冲函数 $u_2(t)$ 的表达式为

$$u_2(t)=\frac{1}{\sqrt{P}}\sum_{k=0}^{P-1}c_k\delta(t-kt_b) \tag{4.19}$$

信号 $u_2(t)$ 的模糊函数 $\chi_2(mt_b,\omega_d)$ 表达式为

$$\chi_2(mt_b,\omega_d)=\begin{cases}\dfrac{1}{P}\sum\limits_{k=0}^{P-m-1}c_kc_{k+m}e^{j\omega_d kt_b}, & 0\leqslant m\leqslant P-1\\ \dfrac{1}{P}\sum\limits_{k=-m}^{P-1}c_kc_{k+m}e^{j\omega_d kt_b}, & -(P-1)\leqslant m\leqslant 0\end{cases} \tag{4.20}$$

二相编码信号模糊函数为

$$x(\tau,\omega_d)=\sum_{m=-(P-1)}^{P-1}\chi_1(\tau-mt_b,\omega_d)\chi_2(mt_b,\omega_d) \tag{4.21}$$

二相编码信号复包络的模糊函数的表达式为

$$|x(\tau,\omega_d)|^2=\left|\frac{1}{P}\sum_{m=1}^{P-1}e^{j2\pi\omega_d mt_b}\chi_1(\tau+mt_b,\omega_d)\sum_{k=0}^{P-m-1}c_kc_{k+m}e^{j2\pi\omega_d kt_b}+\right.$$
$$\left.\frac{1}{P}\sum_{m=0}^{P-1}\chi_1(\tau-mt_b,\omega_d)\sum_{k=-m}^{P-1}c_kc_{k+m}e^{j2\pi\omega_d kt_b}\right|^2 \tag{4.22}$$

式(4.22)表明二相编码信号的模糊函数与编码形式 c_k 有关，常用的二相编码形式有巴克码、m 序列等。二进制巴克序列已知的长度主要有 $N=2$、3、4、5、7、11、13 几种。码长为 N 的巴克码的非周期自相关系数为

$$\gamma_k=\sum_{j=1}^{n-k}c_jc_{j+k}=\begin{cases}N, & k=0\\ 0;\pm1, & k\neq0\end{cases} \tag{4.23}$$

巴克码是一种特殊的二进制相位编码，具有理想的非周期自相关特性，巴克码的自相关峰值与旁瓣始终为 N 和 1。

当二相编码信号为 13 位巴克码时，得到的就是巴克码的模糊函数。图 4.6、图 4.7 给出了 13 位巴克码的时域波形及频谱模糊函数图和等高图。

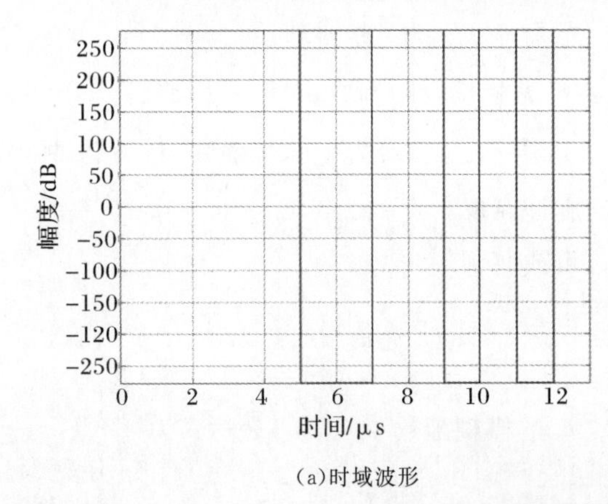

(a)时域波形

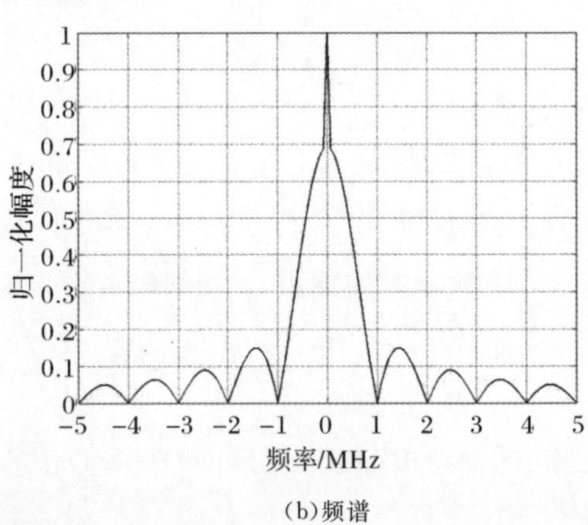

(b)频谱

图 4.6　13 位巴克码信号时域波形及频谱

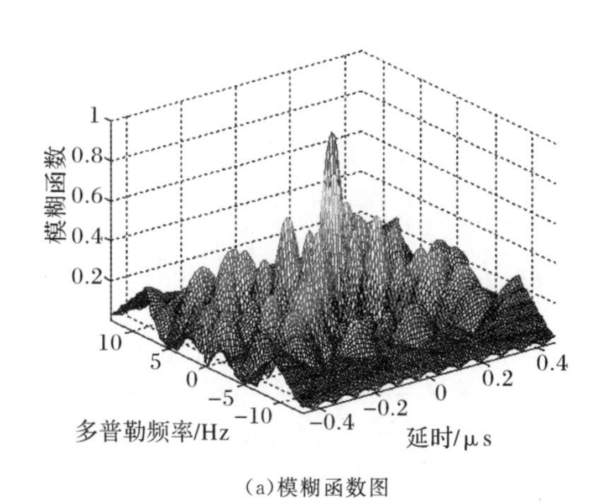

(a)模糊函数图

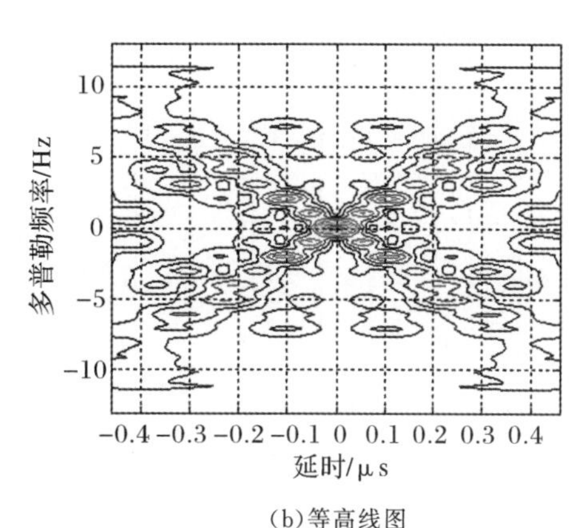

(b)等高线图

图 4.7　13 位巴克码的模糊函数和等高线图

可以看出，巴克码信号的模糊函数呈近似的图钉型，速度分辨率较高，且时宽带宽积越大，越接近图钉型，同时由于波形的相位编码随机捷变，具有较好的抗截获性能。

另一种二相编码形式是 m 序列，这是一种二元伪随机序列，其统计特性与白噪声的统计特性相近，可由最长线性反馈移位寄存器产生，实现框图如图 4.8 所示。

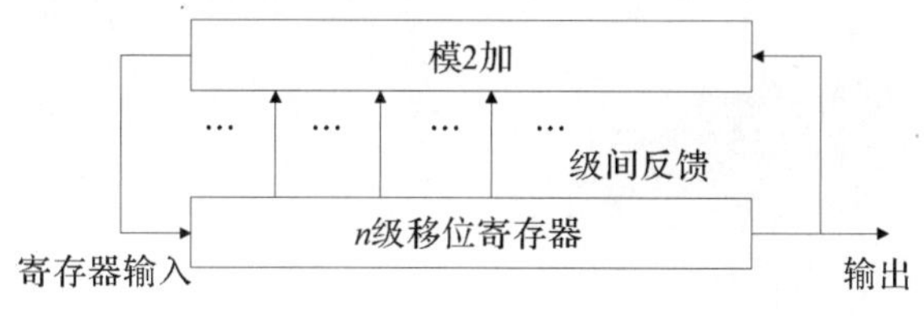

图 4.8　m 序列实现框图

一般来说一个 n 级反馈移位寄存器可能产生的最长周期为 2^n-1，反馈电路需要满足一定的条件才能得到最长序列。在 m 序列的一个周期中，“0”“1”数目基本相等，“1”比“0”多一个。序列中取值相等的那些相继元素合称为一个“游程”，游程中元素的个数称为游程的长度。长度为 k 的游程占总游程数的 2^{-k}，且连 0 连 1 的游程数各占一半。

序列 $X=\{x_1,x_2,\cdots,x_n\}$，$x_i\in\{+1,-1\}$循环自相关函数定义为

$$R_x(k)=\frac{1}{n}\sum_{i=1}^{N}x_i x_{[i+k]N} \tag{4.24}$$

若 $x_i=1-2a_i$，其中 a_i 是 m 序列的输出，则 $x_i x_j=1-2(x_i\oplus x_j)$，由于 m 序列的移位相加仍得到 m 序列，因此

$$R_x(k)=\begin{cases}1, & k=0\\ -\dfrac{1}{N}, & k=1,2,\cdots,N-1\end{cases} \tag{4.25}$$

当 N 很大时，m 序列的自相关趋于冲激函数。图 4.9、图 4.10 给出了 31 位 m 序列信号时域波形同频谱、模糊函数图和等高线图。

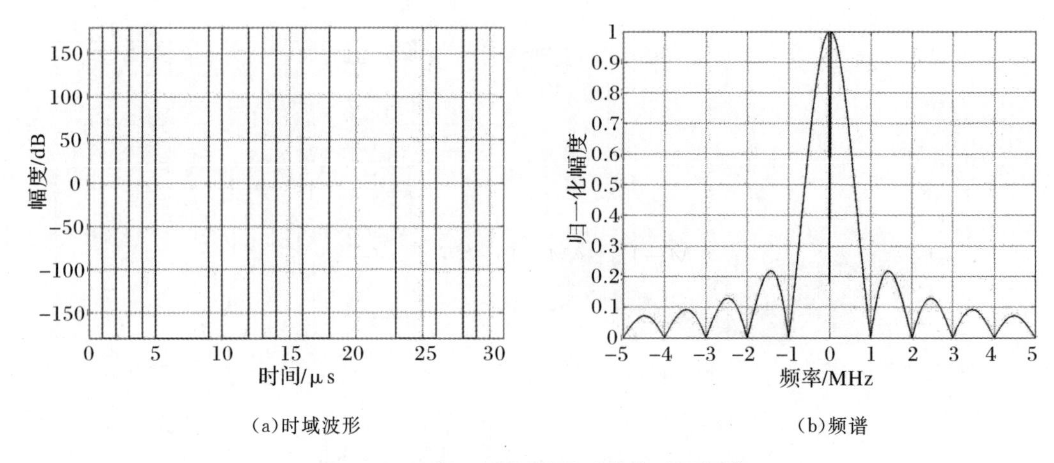

(a)时域波形　　(b)频谱

图 4.9　31 位 m 序列信号时域波形及频谱

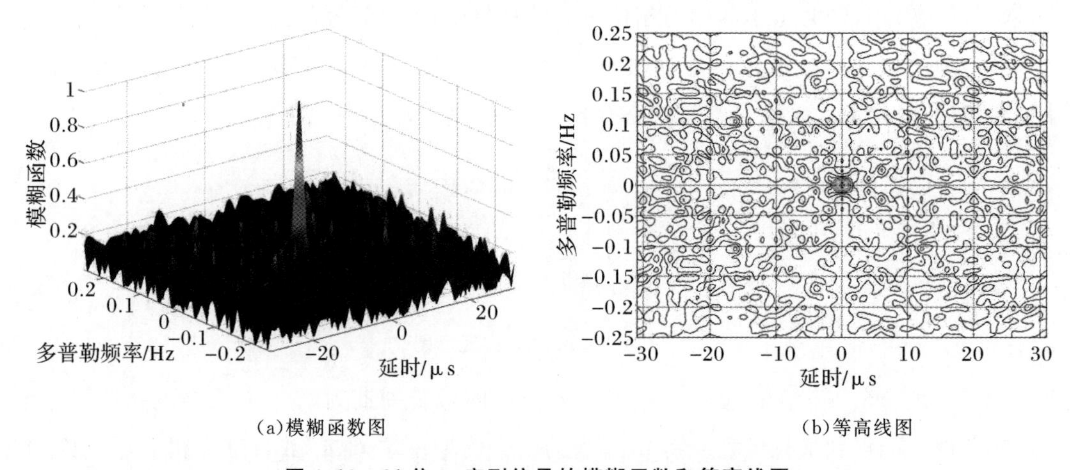

(a)模糊函数图　　(b)等高线图

图 4.10　31 位 m 序列信号的模糊函数和等高线图

m 序列的模糊图有明显的“图钉”形状，m 序列的周期重复可以得到理想的双电平自相关函数，因此周期 m 序列作为连续波雷达是非常合适的，具有很高的测距精度和良好的距离分辨能力。二相编码序列的非周期自相关都不是特别理想，因此近些年来人们也开始使用多相编码信号。多相编码信号是指子脉冲的相位在多个数值之间变化。这里以 Frank 编码为例进行展示。

Frank 编码是一种与线性调频和巴克码相关的多相码。它采用 M 个步进频率且每个步进 M 个采样点对线性调频波进行阶梯近似得到的。Frank 编码的长度或处理增益为 $N=M^2$。如果 i 为给定频点的采样点数，j 为步进数，则第 j 个步进的第 i 个采样点的相位为

$$\varphi_{ij}=\frac{2\pi}{M}(i-1)(j-1) \tag{4.26}$$

式中：$i=1,2,3,\cdots,M$；$j=1,2,3,\cdots,M$。Frank 码也可以写为一个 $M\times M$ 的矩阵，即

$$\begin{bmatrix} 0 & 0 & 0 & \cdots & 0 \\ 0 & 1 & 2 & \cdots & M-1 \\ 0 & 2 & 4 & \cdots & 2(M-1) \\ \vdots & \vdots & \vdots & \vdots & \vdots \\ 0 & M-1 & 2(M-1) & \cdots & (M-1)^2 \end{bmatrix} \tag{4.27}$$

式中的数值为基本相位角 $2\pi/M$ 的乘性系数。

图 4.11 所示的是以 2π 为模的信号相位，说明 Frank 编码在编码中间段采样点间的相位增量最大。因此当 Frank 编码通过雷达接收机中的带通放大器时，波形中间段的编码衰减最为严重。该衰减使得 Frank 编码自相关函数(Auto Correlation Function，ACF)的旁瓣增加。MATLAB 仿真 100 位 Frank 码的相位值以及自相关波形如图 4.12 所示。

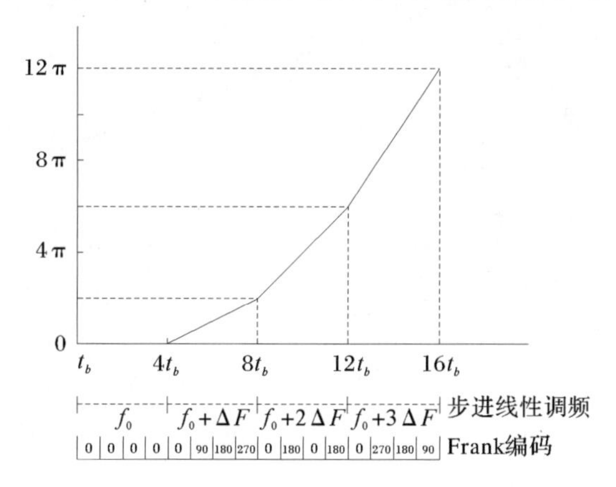

图 4.11　$M=4$ 的线性调频和 Frank 编码信号之间的相位关系

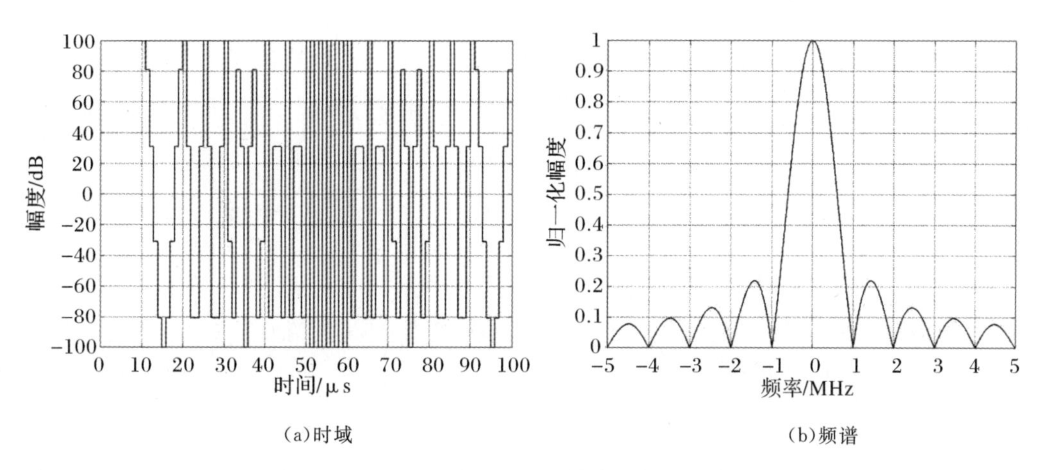

图 4.12　31 位 m 序列信号的模糊函数和等高线图

Frank 序列具有理想的自相关特性，Frank 码的模糊函数如图 4.13 所示。

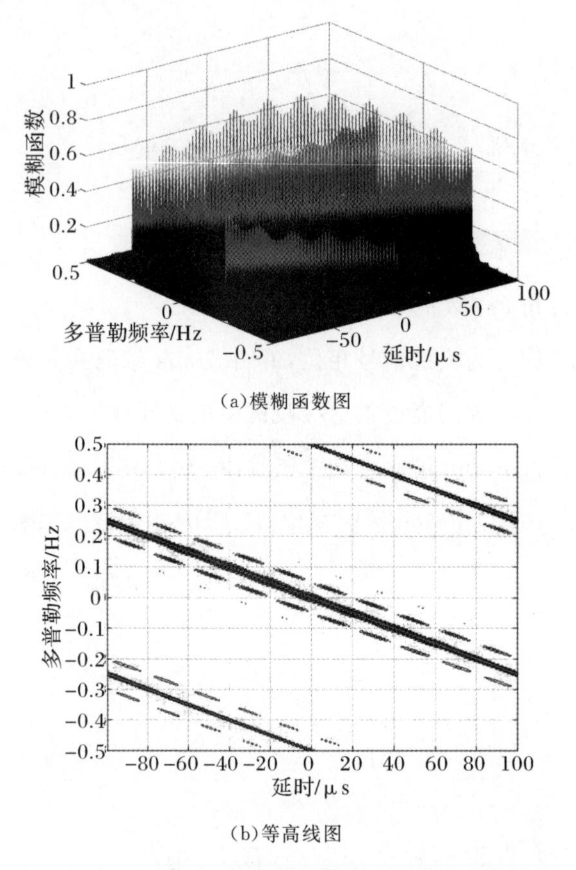

(a)模糊函数图

(b)等高线图

图 4.13　100 **位** Frank **码信号的模糊函数和等高线图**

Frank 码已被成功应用于 LPI 雷达，与二相编码相比，它们具有较低的旁瓣和较大的多普勒容限。由于 Frank 与 LFM 联系紧密，距离-多普勒耦合也较为明显。

3. 步进频信号

步进频信号是一种合成宽带信号。它利用多个窄带信号的收发来获取合成的宽带信号。步进频信号可有效提高跟踪精度、减弱杂波影响，且瞬时带宽小，数据率低，降低了信号处理的难度。但步进频信号需要一个脉冲串的收发处理才能得到所需结果，因此对目标的多普勒频移敏感，对于导弹高速平台，需要进行速度补偿，才能进行相参积累。步进频信号分为顺序步进频、随机步进频和正负步进频。

顺序步进频信号是通过脉冲综合的方法来获得距离高分辨的。发射一个有 N 个脉冲的载频均匀步进的脉冲串信号，对这帧脉冲的回波信号用与之相对应载频的本振信号进行混频、采样，得到固定中频的脉冲信号。再对这帧脉冲信号中不同脉冲重频的同一采样点进行 IFFT 变换，得到目标的距离高分辨。

步进频信号的时域表达式为

$$s(t)=\sum_{i=0}^{N-1}\mathrm{rect}\left(\frac{t-iT_{\mathrm{r}}-T_{\mathrm{p}}/2}{T_{\mathrm{p}}}\right)\mathrm{e}^{\mathrm{j}2\pi(f_0+\mathrm{i}\Delta f)t} \tag{4.28}$$

式中：T_{r} 为脉冲重频；T_{p} 为发射脉宽；f_0 为载频起始频率；Δf 为频率步进量；N 为一个脉冲串内的脉冲数。图 4.14 给出了步进频信号的波形和频谱。

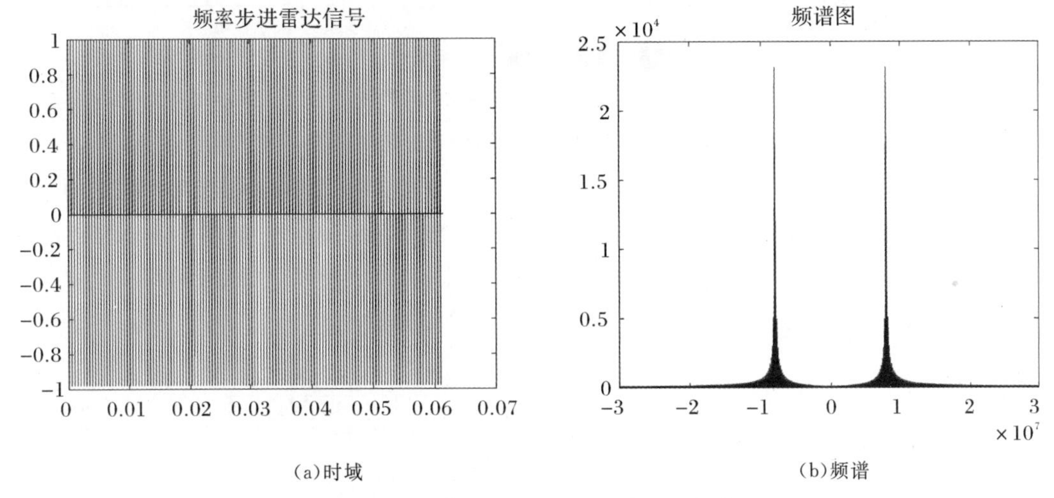

图 4.14　步进频信号的时域波形和频谱

步进频信号子脉冲的模糊函数表达式为

$$|\chi_1(\tau,f_{\mathrm{d}})|=\begin{cases}\mathrm{e}^{\mathrm{j}\pi f_{\mathrm{d}}(T_{\mathrm{P}}+\tau)}\dfrac{\sin[\pi f_{\mathrm{d}}(T_1-|\tau|)]}{\pi f_{\mathrm{d}}(T_1-|\tau|)}\dfrac{(T_1-|\tau|)}{T_1}, & |\tau\leqslant T_1| \\ 0, & \text{其他}\end{cases} \tag{4.29}$$

步进频信号脉冲串的模糊函数为

$$|\chi(\tau,f_{\mathrm{d}})|=\frac{1}{N}\sum_{p=1-N}^{N-1}\left|\frac{\sin\{(N-|p|)\pi[f_{\mathrm{d}}-p\Delta f]T_{\mathrm{r}}+\Delta f\tau\}}{\sin\{\pi[(f_{\mathrm{d}}-p\Delta f)T_{\mathrm{r}}+\Delta f\tau]\}}\right|\cdot |\chi_1[-\tau-pT,f_{\mathrm{d}}-p\Delta f]| \tag{4.30}$$

令 $f_{\mathrm{d}}=0$，得到步进频脉冲信号的距离模糊函数为

$$|\chi(\tau,0)|=\frac{1}{N}\sum_{p=1-N}^{N-1}\left|\frac{\sin\{(N-|p|)\pi[-p\Delta f]T_{\mathrm{r}}+\Delta f\tau\}}{\sin\{\pi[(-p\Delta f)T_{\mathrm{r}}+\Delta f\tau]\}}\right|\cdot |\chi_1[-\tau-pT,-p\Delta f]| \tag{4.31}$$

步进频信号的距离分辨率取决于调频总带宽：$N\Delta f$。令 $\tau=0$，得到步进频信号的速度模糊函数为

$$|\chi(0,f_{\mathrm{d}})|=\frac{1}{N}\sum_{p=1-N}^{N-1}\left|\frac{\sin\{(N-|p|)\pi[f_{\mathrm{d}}-p\Delta f]T_{\mathrm{r}}\}}{\sin\{\pi[(f_{\mathrm{d}}-p\Delta f)T_{\mathrm{r}}]\}}\right|\cdot |\chi_1[-pT,f_{\mathrm{d}}-p\Delta f]| \tag{4.32}$$

可知，步进频信号的多普勒分辨率为 $1/NT_{\mathrm{r}}$。图 4.15 给出了步进频信号的模糊函数及距离、速度模糊函数图。

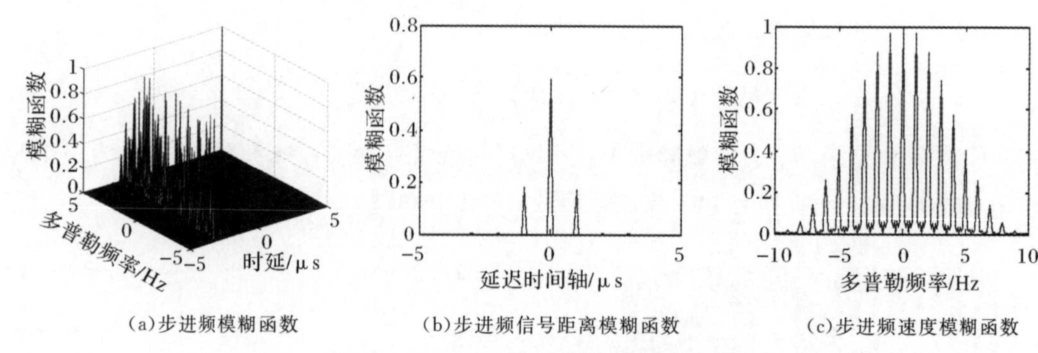

(a)步进频模糊函数　(b)步进频信号距离模糊函数　(c)步进频速度模糊函数

图 4.15　步进频信号的时域波形和频谱

在步进频信号的基础上，近年来又衍生出了调频步进信号为一组载频线性跳变的线性调频脉冲，在合成一维距离像的过程中需要先对回波脉冲进行脉冲压缩，然后对脉冲压缩结果进行傅里叶变换后得到目标的一维距离像。

调频步进雷达信号的时域表达式为

$$|\chi(0,f_d)|=\frac{1}{N}\sum_{p=1-N}^{N-1}\left|\frac{\sin\{(N-|p|)\pi[f_d-p\Delta f]T_r\}}{\sin\{\pi[(f_d-p\Delta f)T_r]\}}\right|\cdot |\chi_1[-pT,f_d-p\Delta f]| \tag{4.33}$$

$$s(t)=\sum_{i=0}^{M-1}u_i(t)e^{j2\pi f_i t}=\sum_{i=0}^{M-1}\mathrm{rect}(\frac{t-iT_r-T_p/2}{T_p})e^{j2\pi\mu(t-iT_r)^2}e^{j2\pi(f_0+i\Delta f)t} \tag{4.34}$$

式中：$u_i(t)=\mathrm{rect}\left(\frac{t-iT_r-T_P/2}{T_P}\right)e^{j\pi\mu(t-iT_r)^2}$ 为第 i 个脉冲的复包络；t 是时间变量；T_r 是脉冲重复周期；T_p 时子脉冲宽度；$\mu=B_c/T_p$ 是子脉冲的线性调频率；B_c 为线性调频子脉冲的带宽；rect(·)表示矩形函数为

$$\mathrm{rect(t)}=\begin{cases}1, & -1/2<t<1/2\\ 0, & 其他\end{cases} \tag{4.35}$$

$f_i=f_0+i\Delta f$ 为第 i 个子脉冲的载频，f_0 是基准载频，Δf 为步进频率，M 为子脉冲个数。调频步进信号频率随时间的变化规律如图 4.16 所示。

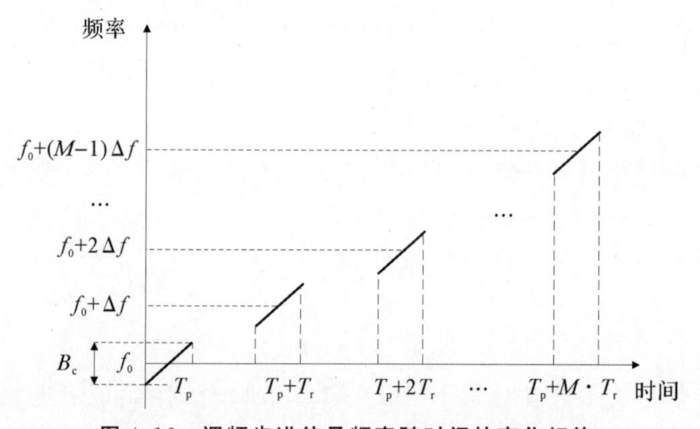

图 4.16　调频步进信号频率随时间的变化规律

调频步进信号的模糊函数为

$$s(t)=\sum_{i=0}^{M-1}u_{\mathrm{i}}(t)\mathrm{e}^{\mathrm{j}2\pi f_i t}=\sum_{i=0}^{M-1}\mathrm{rect}\left(\frac{t-iT_{\mathrm{r}}-T_{\mathrm{p}}/2}{T_{\mathrm{p}}}\right)\mathrm{e}^{\mathrm{j}2\pi\mu(t-iT_{\mathrm{r}})^2}\mathrm{e}^{\mathrm{j}2\pi(f_0+i\Delta f)t} \tag{4.36}$$

$$|\chi(\tau,f_{\mathrm{d}})|=\begin{cases}MT_{\mathrm{p}}\left|\dfrac{\sin[\pi(f_{\mathrm{d}}-\mu\tau)(T_{\mathrm{p}}-|\tau|)]}{\pi(f_{\mathrm{d}}-\mu\tau)(T_{\mathrm{p}}-|\tau|)}\right| \\ \left(1-\dfrac{|\tau|}{T_{\mathrm{p}}}\right)\left|\dfrac{\sin[-M\pi(\Delta f\tau-T_{\mathrm{r}}f_{\mathrm{d}})]}{\sin[-\pi(\Delta f\tau-T_{\mathrm{r}}f_{\mathrm{d}})]}\right|, & |\tau|\leqslant T_{\mathrm{p}} \\ 0, & \text{其他}\end{cases} \tag{4.37}$$

令 $f_{\mathrm{d}}=0$ 可得到调频步进信号的距离模糊函数为

$$|\chi(\tau,0)|=\begin{cases}MT_{\mathrm{p}}\left|\begin{matrix}\mathrm{sinc}[(\pi\mu\tau(T_{\mathrm{p}}-|\tau|))] \\ \left(1-\dfrac{|\tau|}{T_{\mathrm{p}}}\right)\left|\dfrac{\sin(M\pi\Delta f\tau)}{\sin(\pi\Delta f\tau)}\right|\end{matrix}\right|, & |\tau|\leqslant T_{\mathrm{p}} \\ 0, & \text{其他}\end{cases} \tag{4.38}$$

可以看出线性调频步进信号的时间分辨率由两部分决定：一部分是脉冲压缩得到的近似 sinc 函数包络，其分辨率为 $1/B_{\mathrm{c}}$；另一部分为 $\left|\dfrac{\sin(M\pi\Delta f\tau)}{\sin(\pi\Delta f\tau)}\right|$，分辨率为 $1/M\Delta f$。信号参数设计时，一般满足 $M\Delta f<B_{\mathrm{c}}$，因此调频步进信号的时间分辨率为 $1/M\Delta f$，具备距离高分辨能力，有效合成带宽为 $B=M\Delta f$。

同理可得调频步进信号的速度模糊函数为

$$|\chi(0,f_{\mathrm{d}})|=MT_{\mathrm{p}}\left|\mathrm{sinc}(\pi f_{\mathrm{d}}T_{\mathrm{p}})\left|\frac{\sin(\pi MT_{\mathrm{r}}f_{\mathrm{d}})}{\sin(\pi T_{\mathrm{r}}f_{\mathrm{d}})}\right|\right| \tag{4.39}$$

可以看出调频步进信号的多普勒分辨率为 $1/MT_{\mathrm{r}}$，具备较强的速度分辨能力。

总之除上述三种常见的宽带信号外，还有非线性调频、双曲调频、调频编码信号等。综合几种典型的宽带波形信号可以看出：

(1)相位编码信号属于一种脉压扩频信号，可以扩展发射信号的频谱，有效降低雷达发射信号的峰值功率。同时相位编码信号具有良好的抗干扰性能，因为干扰信号经过雷达接收机的匹配滤波后会有较大损失。但二相编码信号也有其不足之处：首先，二相编码信号的选择空间十分有限，可以通过穷举搜索法截获二相编码信号；其次，二相编码信号的杂波抑制性能欠佳，频谱中靠近主瓣的旁瓣较高；最后，二相编码信号对多普勒频移敏感，当弹目相对速度较高时，回波信号与匹配滤波器之间会产生多普勒失配。因此，相位编码信号一般适用于多普勒频率变化范围较窄的情况。线性调频信号可以通过增加时宽实现峰值功率的降低，同时增加带宽来使得非合作接收机截获困难，同时线性调频信号在实际雷达信号系统的应用中也是最容易实现和处理。

(2)频率步进信号是一种距离高分辨雷达信号，利用序贯发射多个频率线性步进的等宽度脉冲，通过合成脉冲压缩处理得到高分辨距离像，具有瞬时窄带但可获得较大合成带宽的优点，在高分辨警戒雷达及反导预警雷达中有更广泛的应用。

(3)线性调频信号也正是因为形式简单，所以也存在易被识别、复制，容易受到敌方的欺骗干扰等缺点，但就信号探测特性本身，其信号相关性、脉压效果、杂波抑制能力等方面也是几种信号中最好的。

4.2 最佳信号宽带选择

4.2.1 宽带的作用机理

雷达导引头超低空下视回波信号是目标回波、镜像回波和环境杂波的叠加。

1. 目标回波(或镜像回波)

设目标距离向尺寸为 $L_R=5$ m。当选取信号带宽 $B\in[1$ MHz,30 MHz)时,距离分辨率 $\delta R=C/2B\in[150\sim5$ m),此时 $L_R<\delta R$,如图 4.17(a)所示,目标位于一个距离分辨单元内,即目标为不分裂状态;当信号宽带增大到 $B=30$ MHz 时,距离分辨率 $\delta R=C/2B=5$ m,此时 $L_R=\delta R$,如图 4.17(b)所示,目标占据整个距离分辨单元,即目标为临界分裂状态,对应带宽 $B=B_2$ 为称临界带宽;当信号宽带增大至 $B\in(30$ MHz,120 MHz)时,距离分辨率 $\delta R=C/2B\in(5$ m~1.5 m),此时 $L_R>\delta R$,如图 4.17(c)所示,目标位于相邻的 2~4 个距离分辨单元内,即目标为有限分裂状态,相应目标分裂数为 2~4。

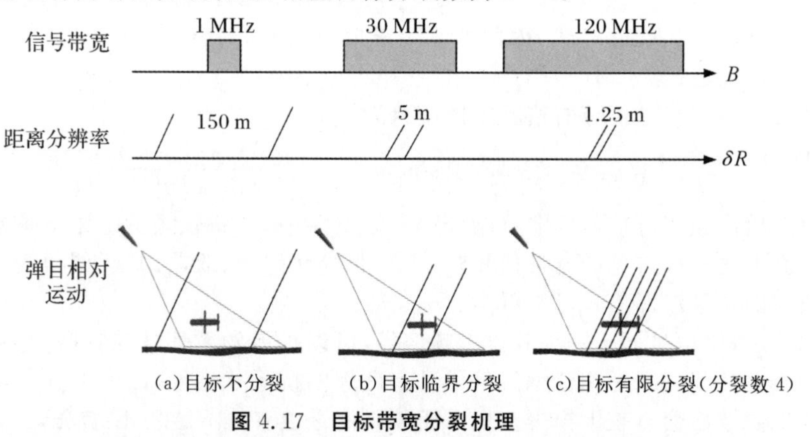

图 4.17　目标带宽分裂机理

下面,定量分析带宽对目标散射的影响。设临界带宽 B_2,由雷达方程可知:

(1)当 $B\leqslant B_2$ 时,目标 T 不分裂,如图 4.17(a)(b)所示,根据图 1.2 所示雷达导引头超低空探测收发模型,则距离分辨单元内的目标功率 P_T 为

$$P_T=K\sigma_T \tag{4.40}$$

式中:系数 K 与雷达导引头发射参数(工作频率、峰值功率)、天线参数(波束宽度、增益、照射方向)、匹配滤波脉压比、目标距离等有关;σ_T 是目标总雷达散射截面积(RCS)。根据电磁散射理论,对一般目标而言,在光学区往往存在多个散射中心,目标散射场为各散射中心散射场的矢量叠加,即

$$\sqrt{\sigma_T}\,e^{j\varphi_T}=\sum_{i=1}^{M}\sqrt{\sigma_i}\,e^{j\varphi_i}=\sum_{i=1}^{M}\sqrt{\sigma_i}\,e^{j2\pi fd_i\sin\beta/C} \tag{4.41}$$

式中:φ_T 为目标散射场的合成相位;M 为目标散射中心个数;σ_i 与 φ_i 分别为散射中心 i 的散射系数和散射场相位;d_i 为散射中心 i 相对参考点的距离;β 为波束照射角;$f=f_0+B$ 为照射波频率(f_0 为载频)。因此,在带宽内由于频率哪怕一点点改变,都会引起多个散射中心

之间散射场的相位较大变化，从而导致目标散射场随频率改变而产生较大变化，也就是说σ_T与B有关。因此，由式(4.40)或式(4.41)，可求出$B \leqslant B_2$时目标的一维距离像。

此时，由于目标不分裂而在一个距离分辨单元内，目标检测单元即为距离分辨单元，因此，为了统一起见，记$\sigma_T = \sigma_T(1)$和$P_T = P_T(1)$。

(2)当$B > B_2$时，目标T分裂成$T(i)(i=1,2,\cdots,N)$，即目标分裂数为N，如图4.17(c)所示，根据图1.2所示雷达导引头超低空探测收发模型，则距离分辨单元内$i(i=1,2,\cdots,N)$的目标$T(i)$的功率$P_T(i)$为

$$P_T(i) = K\sigma_T(i) \tag{4.42}$$

式中：$\sigma_T(i)$为第i个距离分辨单元内目标RCS。由于距离分辨单元i中也可能包含多个散射中心，故$\sigma_T(i)$辨求解方法与式(4.41)一致。因此与$B \leqslant B_2$时的σ_T一样，$B > B_2$时的$\sigma_T(i)$同样与B有关。因此，目标总散射截面σ_T或目标散射功率P_T分别为

$$\sqrt{\sigma_T}\,\mathrm{e}^{\mathrm{j}\varphi_T} = \sum_{i=1}^{M}\sqrt{\sigma_i}\,\mathrm{e}^{\mathrm{j}(\varphi_i + 2\pi f d_i \sin\beta/C)} = \sum_{i=1}^{N}\sqrt{\sigma_T(i)}\,\mathrm{e}^{\mathrm{j}[\varphi_T(i) + 2\pi f \mathrm{D}_i \sin\beta/C]} \tag{4.43}$$

$$P_T = K\sigma_T \tag{4.44}$$

式中：$\varphi_T(i)$为第i个距离分辨单元内目标散射场的合成相位；D_i为距离分辨单元i相对参考点的距离。因此，由式(4.43)或式(4.44)，可求出$B > B_2$时目标的一维距离像。由此可见，从散射的角度来看，目标分裂的本质是将目标的多散射中心分解到各距离分辨单元中去。

值得指出的是，在宽带情况下，由于扩展目标多散射中心的叠加效应，目标的σ_T或距离分辨单元i的$\sigma_T(i)$的频率响应都将出现起伏；同时，$\sigma_T(i)$并不一定比σ_T小，如图4.18所示，假设目标的两个散射中心之间距离为d，且其后向散射截面分别为$\sigma_1 = 1\ \mathrm{m}^2$和$\sqrt{\sigma_2}\,\mathrm{e}^{\mathrm{j}\varphi_2} = s\mathrm{e}^{\mathrm{j}\varphi}(0 < s \leqslant 1)$，即$\sigma_2 \leqslant \sigma_1$，若照射角为$\beta$，则目标后向散射截面$\sigma_T$为

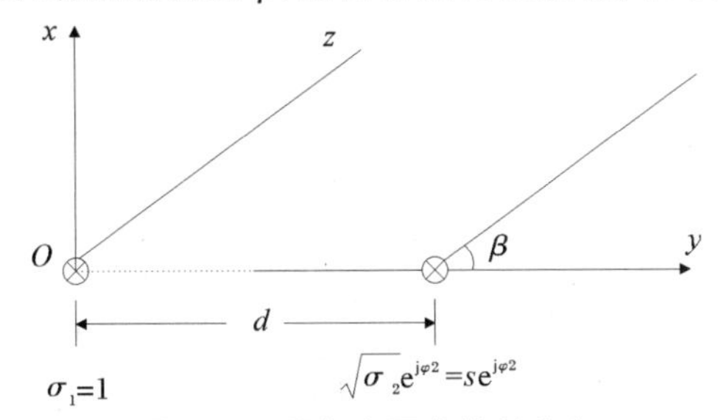

图4.18 目标有两个散射中心

$$\sqrt{\sigma_T}\,\mathrm{e}^{\mathrm{j}\varphi_T} = \sum_{i=1}^{2}\sqrt{\sigma_i}\,\mathrm{e}^{\mathrm{j}(\varphi_i + 2\pi f d_i \cos\beta/C)} = 1 + s\mathrm{e}^{\mathrm{j}(\varphi + \mathrm{d}_i \cos\beta/\lambda)} \tag{4.45}$$

即

$$\sigma_T = |1 + s^2 + 2s\cos(\varphi + d\cos\beta/\lambda)| = |1 + s^2 + 2s\cos\theta| \tag{4.46}$$

由式(4.46)可知，当$-(1+2s^2)/2s < \cos\theta < -1/2s$时$\sigma_T < \sigma_2 < \sigma_1$，此时，目标后向散射截面比两个散射中心的后向散射都小；当$-1/2s < \cos\theta < -s/2$时$\sigma_2 < \sigma_T < \sigma_1$，此时，目标后向散射截面比其中一个散射中心的后向散射小、比另一个散射中心的后向散射大。

在目标检测时，对于实际目标，由于在各距离分辨单元$i(i=2,3,\cdots,N)$内目标散射$\sigma_T(i)$(或散射功率$P_T(i)$)一般是不相等的，按照“选大”原则，即选择$\sigma_T(i)(i=2,3,\cdots,N)$中最大

的距离分辨单元 n 为"检测单元",因此检测单元内的目标功率 $P_{\mathrm{T}}(n)$ 也是 $P_{\mathrm{T}}(i)(i=1,2,\cdots,N)$ 中最大的,即

$$\sigma_{\mathrm{T}}(n)=\max\{\sigma_{\mathrm{T}}(i),i=2,3,\cdots,N\} \tag{4.47}$$

$$P_{\mathrm{T}}(n)=\max\{P_{\mathrm{T}}(i),i=2,3,\cdots,N\}=K\sigma_{\mathrm{T}}(n) \tag{4.48}$$

值得指出的是,宽带情况下,由于实际宽带目标回波在匹配滤波处理时的失真使信号脉冲展宽,以及扩展目标多散射中心回波的叠加效应,导致由 $T(i)(i=1,2,\cdots,N)$ 回波合成目标 T 回波时在距离维产生重叠,即目标 T 回波的一维距离像出现重叠而不太容易辨识出 $T(i)(i=1,2,\cdots,N)$ 回波。

设环境为海面,目标为反舰导弹(长度为 4.5 m),距离雷达导引头 3 573 m,中心频率为 X 波段,极化 VV,波束照射角为 11.5°,即目标临界分裂带宽 $B_2=34$ MHz。图 4.18 给出了目标后向散射宽带特性,计算结果表明:在 $B=200$ MHz 内,反舰导弹后向 RCS 在 −15 dBsm附近起伏约 1.51 dBsm;图 4.19 给出了目标一维距离像,$B=34$ MHz 时目标为临界分裂状态,$B=60$ MHz、80 MHz、150 MHz 时目标分裂数分别为 2、3、5,目标分裂后的一维距离像产生了重叠;图 4.20 给出了检测单元内目标回波功率宽带特性,分裂后检测单元内的目标回波功率比不分裂时大。

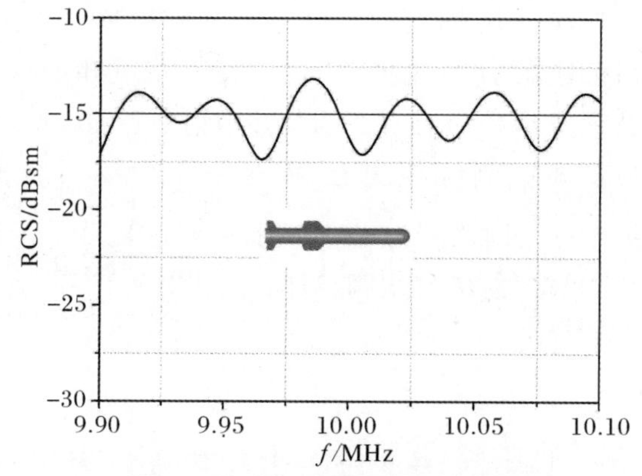

图 4.18　目标后向散射宽带特性

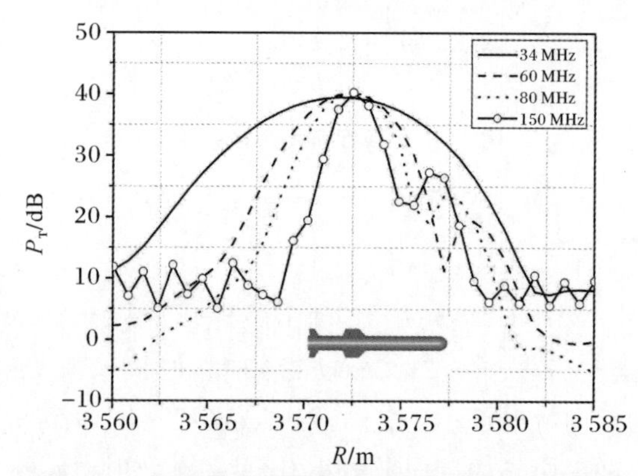

图 4.19　不同带宽下的目标一维距离像(无积累)

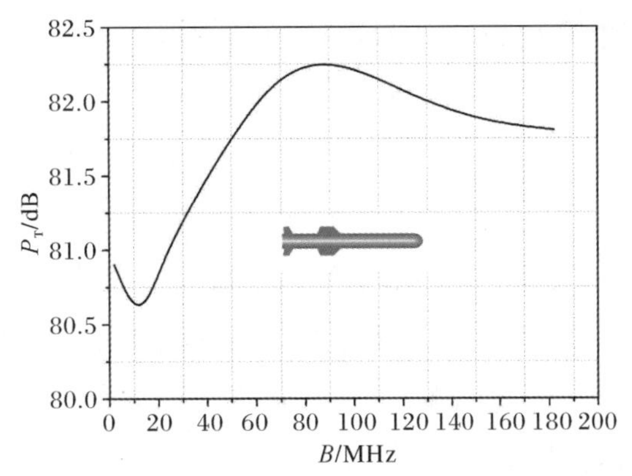

图 4.20　检测单元内目标回波功率宽带特性(脉冲积累数 256 个)

同样地，根据目标-环境复合电磁散射理论，镜像具有类目标特性。因此，信号带宽增大也可能导致镜像分裂。

图 4.21 分别给出了带宽为 20 MHz 和 80 MHz 时的目标-镜像距离多普勒谱。结果表明：相对带宽 20 MHz，带宽 80 MHz 时镜像功率与目标功率均减小，因此，镜像与目标均出现了分裂现象。

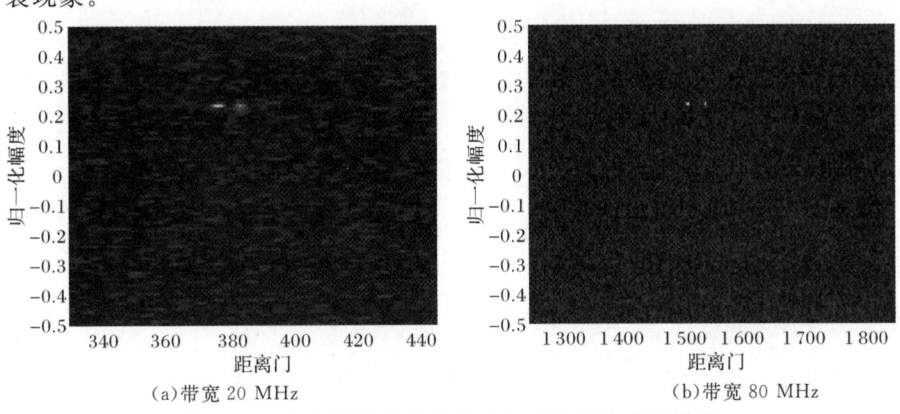

图 4.21　不同带宽条件下的目标-镜像距离多普勒谱

2. 环境杂波

如图 4.22 所示，环境杂波计算是线性叠加来自空间不同方位的环境散射单元的回波。

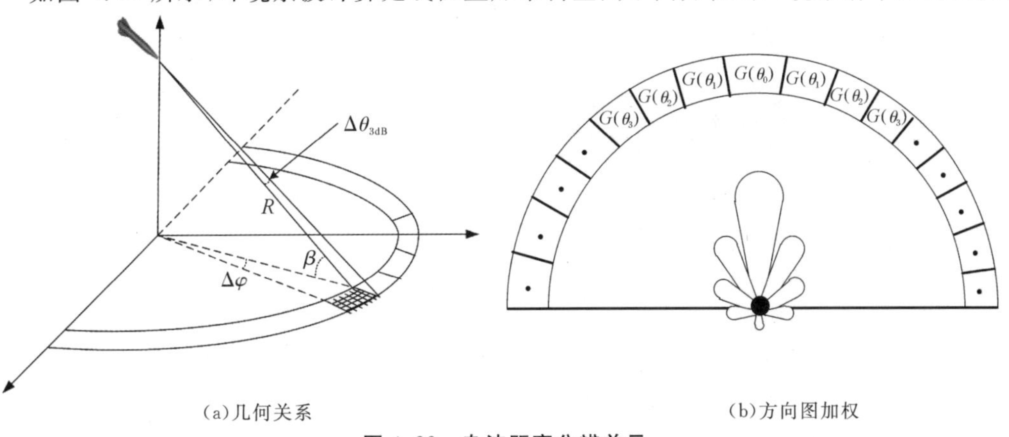

图 4.22　杂波距离分辨单元

根据电磁散射理论和雷达方程，在目标检测单元对应的杂波距离分辨单元 n(即杂波单元)内，环境散射截面积 $\sigma_C(n)$ 和杂波功率 $P_C(n)$ 分别为

$$\sigma_C(n)=K_\sigma/B \tag{4.49}$$

$$P_C(n)=K\sigma_C(n)=K_C/B \tag{4.50}$$

式中：系数 K_σ 与天线波束宽度、杂波单元(散射系数、距离、照射方向)或雷达导引头高度 H_r 等参数有关；系数 K 与雷达导引头发射参数(工作频率、峰值功率)、天线增益、杂波单元距离等参数有关；系数 $K_C=KK_\sigma$。因此，增大信号带宽，提高了距离分辨率，减小检测单元内的环境散射截面积和杂波功率。

如图 4.23 为目标检测单元内杂波随带宽变化规律。随着带宽增大，海杂波功率下降。

3. 信杂比

检测单元内目标回波功率 $P_T(n)$ 与杂波功率 $P_C(n)$ 比，即为信杂比(SCR)。由式(4.48)、式(4.50)得

$$\text{SCR}=P_T(n)/P_C(n)=\sigma_T(n)/\sigma_C(n)=K_{TC}B \tag{4.51}$$

式中：$K_{TC}=\sigma_T(n)K_C$。因此，SCR 与目标(类型，速度，高度)、环境(类型，粗糙度)、雷达导引头(频率、带宽、照射角)等参数有关。

图 4.24 为检测单元内信杂比(SCR)随带宽(B)变化规律。设环境为海面，目标为某反舰导弹(长度为 4.5 m)，距离雷达导引头 3 573 m，中心频率为 X 波段，极化 VV，波束照射角为 11.5°，即目标临界分裂带宽 $B_2=34$ MHz。当信号带宽 $B=1\sim34$ MHz 时，目标没有分裂，检测单元内 SCR 随 B 增大而快速增大，如图 4.24 中“目标不分裂”段所示；当信号宽带增大至 $B=34\sim200$ MHz 时，目标分裂数为 2～6，检测单元内 SCR 随 B 增大而缓慢增大，如图 4.24 中“目标分裂”段所示。

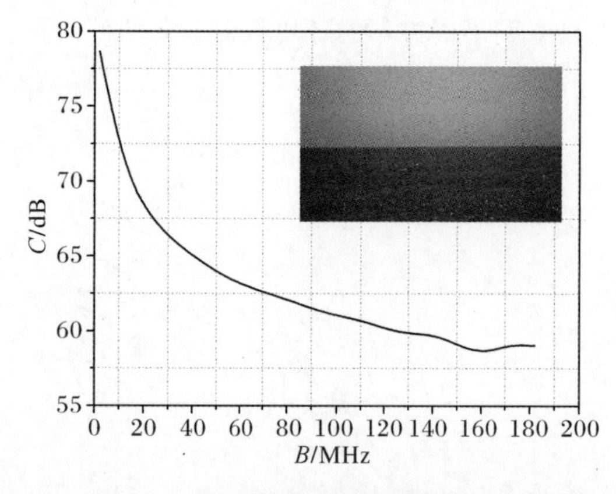

图 4.23　目标检测单元内杂波功率宽带特性(脉冲积累数 256 个)

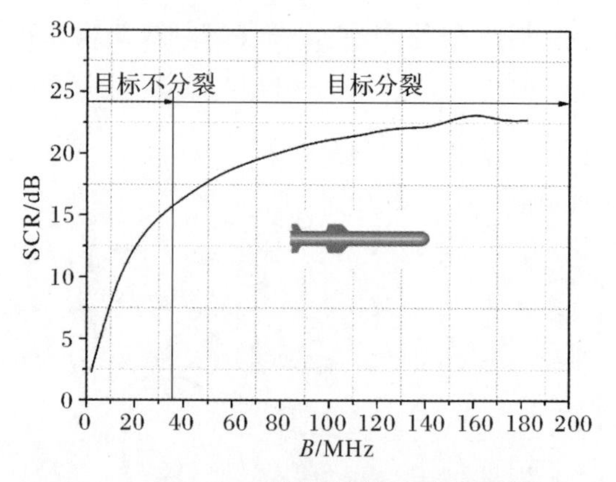

图 4.24　信杂比随带宽变化规律

4.2.2　最佳带宽选择原则

由以上分析可知，信号带宽并非越大越好，而是存在一个最佳带宽的选择问题。从杂波抑制和目标分裂综合起来考虑，最佳信号带宽选取的主要期望如下：

（1）分离目标与镜像。镜像主要是由于目标与环境之间的耦合散射造成的，与目标和环境的散射特性都有关系，并且与目标回波特性有一定的相似性，所以要尽可能通过调整探测信号的带宽，使得目标与镜像在距离或多普勒域出现差异性，从而能够更容易地分辨镜像与目标。

（2）抑制杂波。准确说是降低检测单元中的杂波功率。雷达导引头下视探测超低空目标时，地/海面环境散射导致的杂波功率十分强，通过调整探测信号的带宽可以离散杂波信号，这样使进入检测单元内的杂波功率降低，从而提高目标检测时的信杂比。

综合考虑信号检测问题，最佳信号带宽选择时的约束条件：①目标与镜像分离；②杂波抑制（宽带信杂比）；③检测单元内信杂比达到最大；④目标有限分裂且检测单元内宽带SCR满足门限检测条件；⑤信号检测时满足奈奎斯特采样定理。

因此，最佳信号带宽有如下5个特征量：①目标-镜像分离带宽 B_1，决定了距离分辨率的大小，这也决定了是否能够在距离上区分目标与镜像；②信杂比最大带宽 B_2，一定目标速度下，距离分辨单元内信杂比达到最大；③门限检测带宽 B_3，一定目标速度下，检测门限与SCR宽带特性的交点对应的带宽；④信号采样带宽 B_4，信号检测时应满足奈奎斯特采样定理，若设采样率为 F_s，则 $B_5=0.5F_s$。最佳带宽特征量及其约束条件，如图4.25所示。

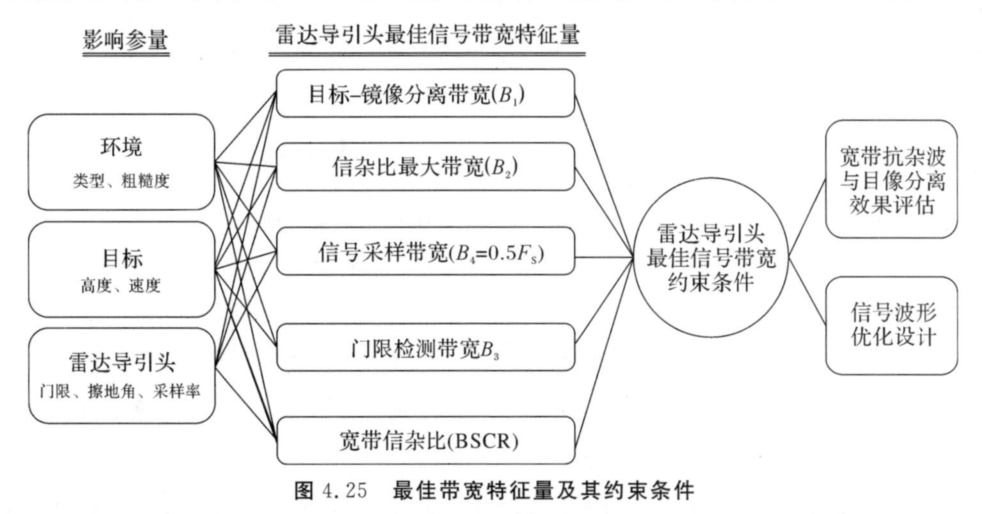

图4.25　最佳带宽特征量及其约束条件

因此，最佳信号带宽是一个带宽范围，其上、下限与目标-镜像分离带宽 B_1、信杂比最大带宽 B_2、门限检测带宽 B_3、信号采样带宽 B_4 等4种特征带宽有关，即 $B_{opt}=(B_{min},B_{max})$，其中最佳信号带宽上限 $B_{max}=B_4$、最佳信号带宽下限 $B_{min}=\max(B_1,B_2,B_3)$，如图4.26所示。

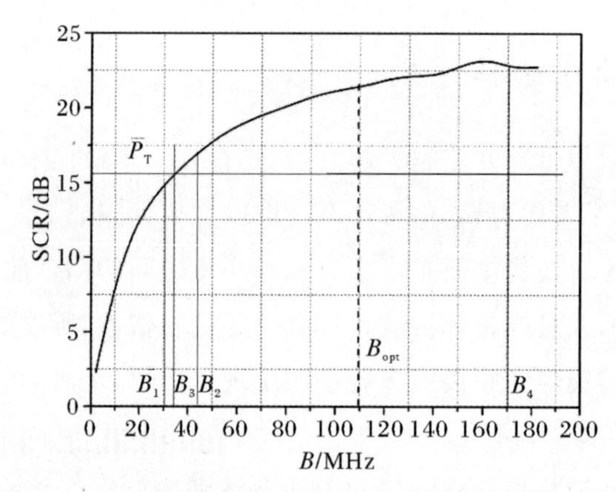

图 4.26 信杂比与最佳信号带宽及其特征带宽的关系

4.2.3 特征带宽及其变化规律

四种特征带宽与目标、环境及雷达导引头等参数均有关系，下面分别介绍。

1. 目标-镜像分离

雷达导引头、目标与镜像的位置关系如图 4.27 所示。

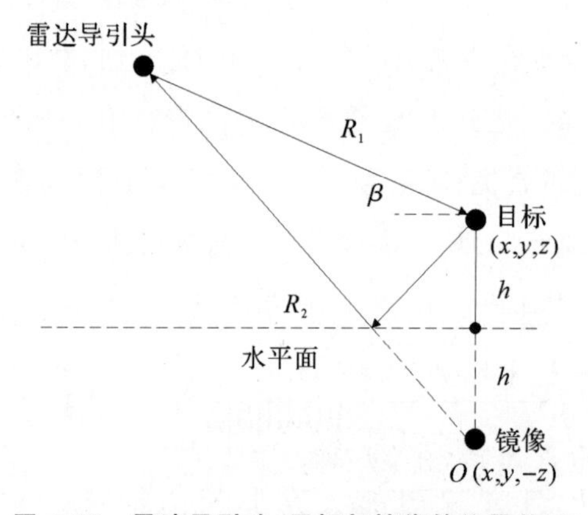

图 4.27 雷达导引头、目标与镜像的位置关系

从图 4.27 可以看出，目标与镜像回波信号具有明显的路径差。设目标高度为 h，则镜像与目标的距离差为 $\Delta R=R_2-R_1=h\sin\beta$，理论上通过雷达导引头距离分辨率 $\delta R=c/2B$，使 $\delta R\leqslant\Delta R$，即 $B\geqslant c/2h\sin\beta$ 时，可将目标与镜像在距离维“分开”。但由于实际目标是扩展目标而不是点目标，导致目标与镜像在距离维的长度延伸；同时目标与镜像回波在匹配滤波处理时的失真，导致目标与镜像回波信号脉冲展宽，这也可等效为目标与镜像在距离维的长度延伸。因此，考虑目标与镜像的在距离维的长度延伸效应，选取镜像-目标分离时的最小带宽 B_1 为

$$B_1=c/2h\sin\beta \tag{4.52}$$

式中：c 为光速；β 为雷达导引头到目标的视线角（与水平方向的夹角，即目标照射角）；h 表

示目标高度。因此,增大带宽,可提高镜像-目标分辨率,实现超低空目标与镜像的有效分离,进而实现镜像信号的有效辨识。在实际作战中,目标的高度可能很低,尤其是擦地和掠海目标,经常距地/海面十几米处甚至更低飞行,这就要求雷达导引头具有足够的带宽,而且目标高度越低,对能够在距离维“分离”目标与镜像信号的带宽要求就越大。

图 4.28 分别给出了带宽为 4 MHz 和 20 MHz 时的目标-镜像距离多普勒谱。结果表明:相对带宽 4 MHz,带宽 20 MHz 时目标与镜像的分离特征随带宽增大而凸显。

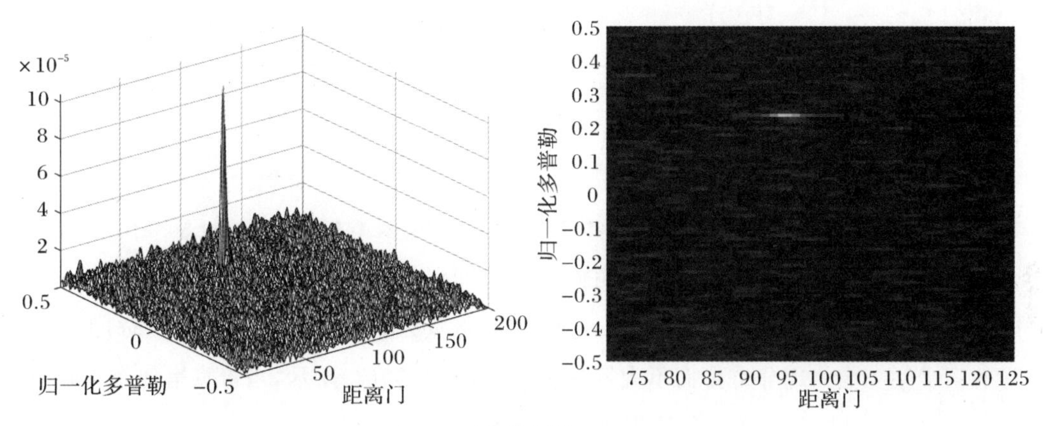

(a)带宽 4 MHz

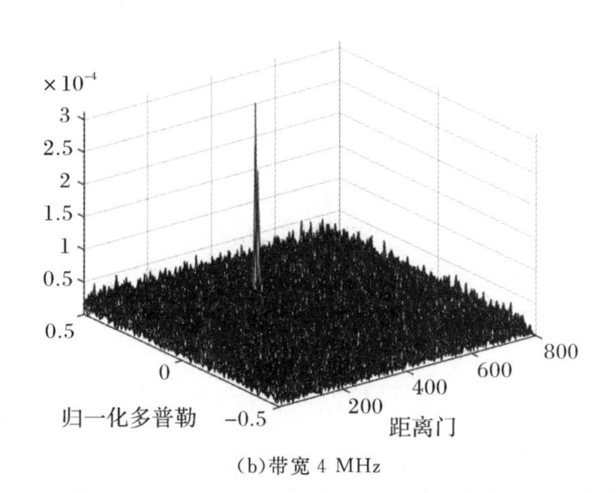

(b)带宽 4 MHz

图 4.28　带宽为 4 MHz 和 20 MHz 时的目标-镜像距离多普勒谱

图 4.29 为不同带宽条件下战斧巡航导弹目标及其镜像回波信号的一维距离像。设天线波束照射角为 15°、目标高度为 50 m,则镜像-目标分离最小带宽 $B_1=11.59$ MHz。如图 4.29(a)所示,当带宽为 5 MHz(小于 B_1)时,因目标与镜像的一维距离像重叠而无法辨识;如图 4.29(b)所示,当带宽增加至 30 MHz(大于 B_1)时,因目标与镜像的一维距离像分离而容易辨识。

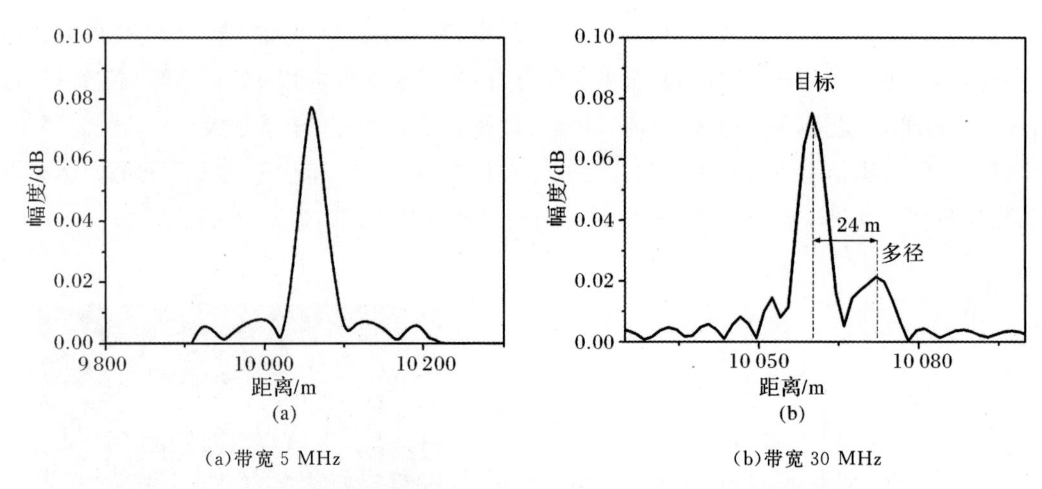

(a)带宽 5 MHz　　(b)带宽 30 MHz

图 4.29　战斧巡航导弹目标及其镜像回波信号的一维距离像(目标高度 50 m)

如图 4.30 所示,若天线波束照射角保持 15°,而目标高度为 20 m,则镜像-目标分离最小带宽 B_1 为 28.98 MHz。如图 4.30(a)所示,当带宽为 30 MHz(略大于 B_1)时,因目标与镜像的一维距离像大部分重叠而不太容易辨识;如图 4.30(b)所示,当带宽增加至 100 MHz(大于 B_1)时,因目标与镜像的一维距离像完全分离而容易辨识。

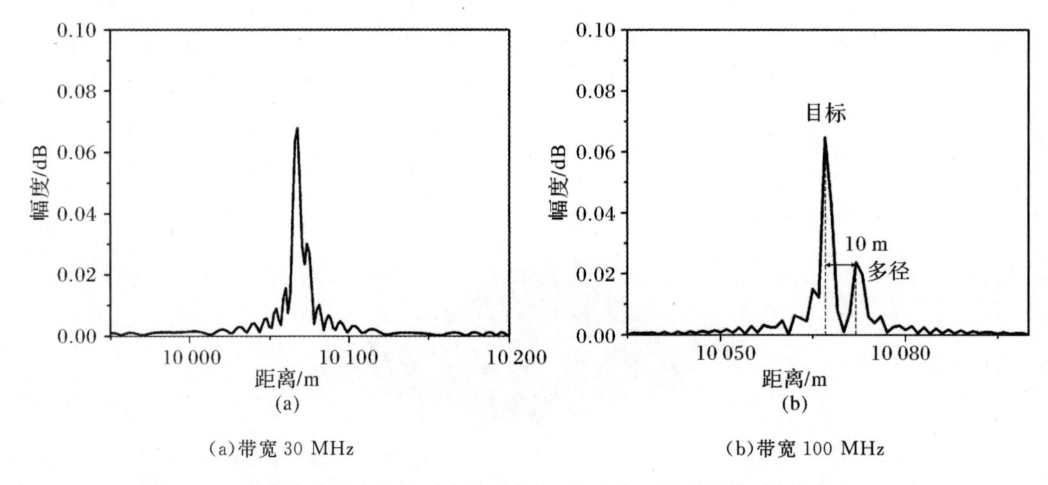

(a)带宽 30 MHz　　(b)带宽 100 MHz

图 4.30　战斧巡航导弹目标及其镜像回波信号的一维距离像(目标高度 20 m)

2. 杂波抑制[宽带信杂比(BSCR)]

(1)信杂比最大带宽 B_2。在典型目标-环境-雷达导引头参数条件下(且考虑脉冲积累数),由式(4.51)仿真计算可得 SCR 随着信号带宽 B 的变化规律,如图 4.31 所示。当信号带宽 $B<B_2$ 时,带宽较小、距离分辨率低,目标没有分裂,SCR 随着带宽 B 增大而快速提高;当信号带宽 $B>B_2$ 时,带宽较大、距离分辨率高,目标发生了分裂,SCR 随着带宽 B 增大而缓慢增大。

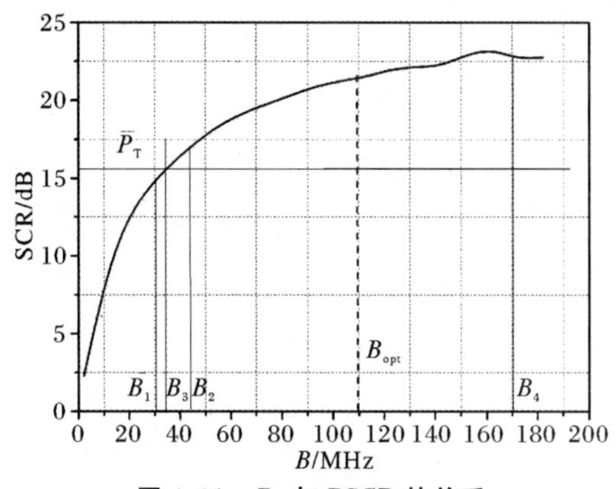

图 4.31　B_2 与 BSCR 的关系

根据以上分析，B_2 是目标分裂的临界带宽，同时也是检测单元内信杂比达到最大时的带宽。因此，将 $B=B_2$ 时的带宽称为信杂比最大带宽，B_2 应受到如下约束：

$$B_2=c/2L\cos\beta \tag{4.53}$$

式中：c 表示光速；β 表示天线波束照射角；L 为目标在距离向的尺寸。

因此，信杂比最大信号带宽 B_2 的影响参量主要有目标在距离向的尺寸 L、波束照射角 β。增大带宽 B，可提高信杂比 SCR；目标在距离向的尺寸减小或照射角增大时，要求的带宽 B_2 将变大。但是在实际情况下，目标通常是运动的，此时需要考虑目标的走动问题。如果在相干处理时间内，目标的运动不超过一个距离分辨单元，那么 B_2 应受到如下约束：

$$B_2=c/[2L\cos\theta+(V_m+V_t)T_c/2] \tag{4.54}$$

式中：V_m 表示雷达导引头运动速度；V_t 表示目标运动速度；T_c 表示信号相干处理时间。

图 4.32 给出了目标分别为巡航导弹 BGM－109、反舰导弹 AGM－84、战斗机 F－16、直升机 Apache 和无人机 MQ－9 等五种，环境类型分别为海面、湿地、草地、半干地、干地、混凝土、裸土等，且波束擦地角分别取相应环境的布儒斯特角，由式(4.40)计算得到信杂比最大带宽 B_2 的变化规律。计算结果表明，随着环境含水量的减少(介电常数减小)，或目标尺寸 L 减小，信杂比最大带宽 B_2 增大。

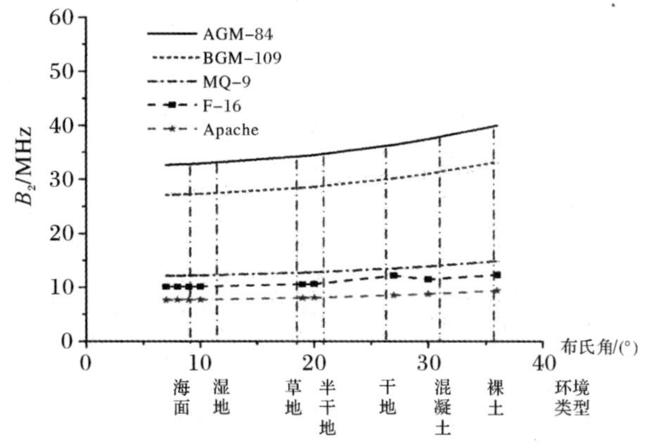

图 4.32　信杂比最大带宽 B_2 随目标与环境的变化规律

(2)门限检测带宽 B_3。由信号处理理论表明,在杂波背景中检测目标回波时,需要设置一个检测门限(Threshold,即$\overline{P}_T$),只有当信杂比超过该门限时的信号才将其视为目标,因此,一般可通过增大目标速度或增加脉冲积累数来提高信杂比。门限检测的关键是在典型目标-环境-雷达导引头参数条件下,由计算得宽带信杂比 BSCR 如图 4.33 所示,并设置合适的检测门限$\overline{P}_T$ 大小,如果在一定带宽范围内,宽带信杂比 BSCR 大于检测门限$\overline{P}_T$,即 BSCR 曲线与$\overline{P}_T$ 的交点 B_3 存在,即为门限检测带宽 B_3。

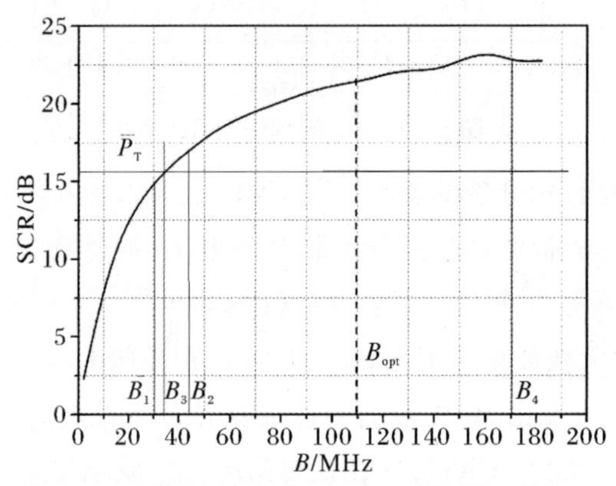

图 4.33 宽带 SCR 与 Threshold(即$\overline{P}_T$)的关系

图 4.34 给出了脉冲积累数为 256 个和目标速度分别为 30 m/s、40 m/s、50 m/s 时,在目标不分裂和有限分裂时的信杂比 SCR 随带宽 B 的变化规律,计算结果表明:在一定目标速度条件下,信杂比 SCR 随带宽 B 增大而提高,因此,宽带能提高雷达导引头的目标检测能力;在一定带宽条件下,宽带信杂比 BSCR 随目标速度增大而提高;在一定的检测门限条件下,增大带宽,有利于提高雷达导引头对慢速目标的检测能力。

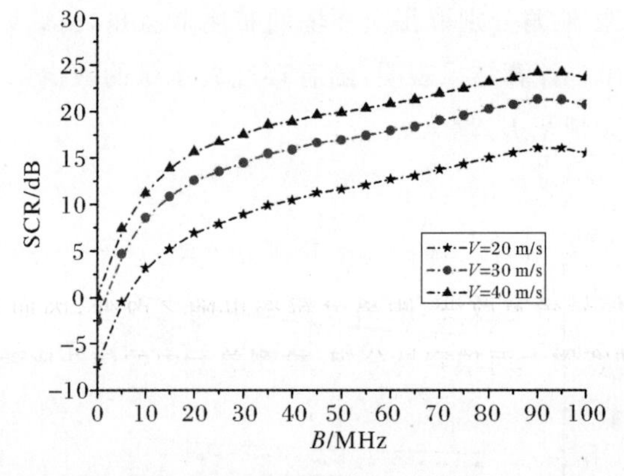

图 4.34 不同目标速度下,目标不分裂和有限分裂时的 SCR 随 B 的变化规律

图 4.35 给出了典型目标-环境-雷达导引头参数条件下,脉冲积累数分别为 256 个和 512 个时,目标不分裂和有限分裂时信杂比 SCR 随带宽 B 的变化规律。结果分析表明:增加脉冲积累数,可提高信杂比,从而提高雷达导引头的检测能力。

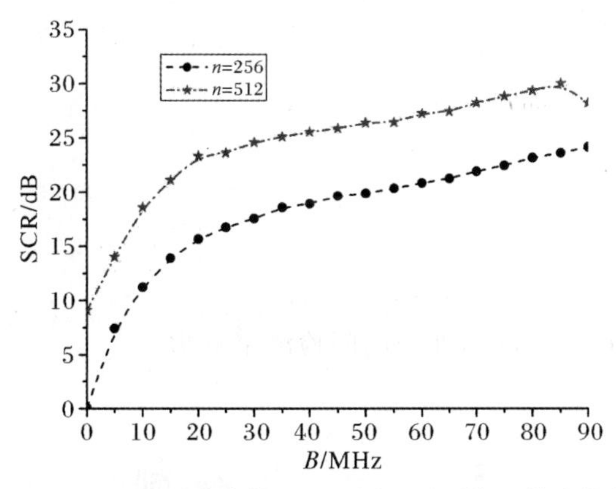

图4.35 不同积累脉冲数 n 下,目标SCR随 B 的变化规律

(3)信号采样带宽 B_4。现代信号检测基本上都采用数字方法,信号采样带宽 B_4 主要由采样频率 F_s 决定,为了保证信号采样不失真,一般应满足奈奎斯特采样定律,即 $B_4=0.5F_s$。采样频率 F_s 越大,信号采样带宽 B_4 也越大,如图4.36所示。

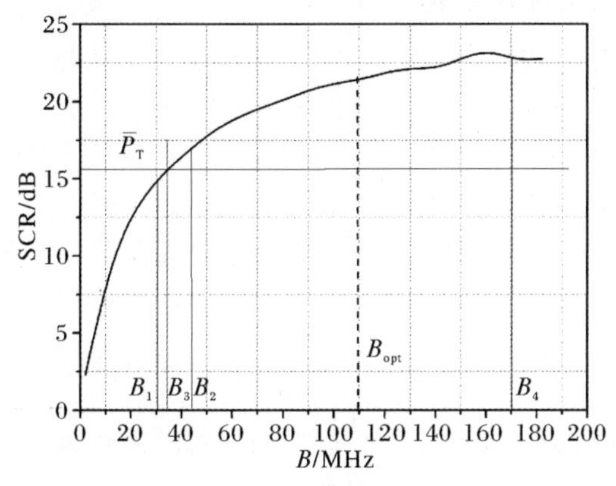

图4.36 宽带SCR与采样频率 F_s(即 B_4)的关系

4.3 本章小结

本章介绍了宽带信号的概念、典型宽带波形及特性,阐释了宽带作用机理、最佳带宽选择原则、特征带宽及其变化规律。理论与试验研究表明:增大信号宽带,有利于杂波抑制、目标与镜像分离。随着信号带宽改变,距离分辨率也随之改变,因而对于一定高度的目标来说,目标与镜像随着带宽增大而越容易分辨,检测单元内的信杂比随着带宽增大而快速增大(目标不分裂时)或缓慢增大(目标分裂时)。

第5章 宽带雷达导引头工程设计

5.1 主动体制

5.1.1 技术方案

1.传统主动雷达导引头设计方案

主动雷达导引头具有“发射后不管”的特点，即导引头无需依赖地面站就可以自主寻的制导，当然自主寻的过程只是在制导末制导阶段导引头开机以后。主动雷达导引头有较好的波形自适应能力，它所带来的自主性优势使其仍然成为防空导弹及巡航导弹末端寻的装置的一种优选体制。但受到弹头安装空间的限制，主动雷达导引头的发射能力、信号处理能力不如地面站强大，会制约其作用距离以及复杂电磁环境下的对抗能力，因此在复杂工作环境下，如超低空作战时要进行相应的适应性设计，来完成杂波干扰的主动性对抗。

根据导引头发射信号的特点，主动雷达导引头又可分为非相参脉冲体制、准连续波多普勒体制和脉冲多普勒体制等三种。非相参脉冲体制的主动雷达导引头发射非相参脉冲串信号，利用时域封闭选通波门解决收发隔离问题。但这种导引头不具备多普勒信息提取能力，难以完成复杂地/海环境中的目标检测与参数测量，因此较少用于防空导弹中。连续波体制的雷达导引头从理论上可以实现相参处理提取弹目多普勒频移，并完成目标跟踪与杂波抑制，但是收发隔离能力有限，低速目标的回波谱容易淹没在发射信号的边带噪声中，使得信噪比恶化。脉冲多普勒体制的主动雷达导引头不仅可用环形器进行收发隔离，还可以用时域封闭选通波门和频域窄带滤波器提高隔离度。可用单谱线处理技术对收发信号的中心谱线进行相参处理，提取多普勒信息，因此具有较好的抗杂波能力与运动目标跟踪能力。这也是目前防空导弹雷达导引头所选择的主流体制。

主动雷达导引头的组成框图如图5.1所示，主要组成部件包括天馈系统、高频接收前端、中频接收机、频率源、固态发射机、信号处理机、伺服系统、二次电源等部分。

主动雷达导引头由自身携带的发射机产生发射信号，通过前向天线发射然后由同一天线接收目标反射信号并进行相参处理，提取视线角速度信息、导弹-目标相对速度和距离信息。同时，现代主动导引头系统均为全相参收发系统，具有重频、脉内/脉间调制发射多种波形的能力，采用和差比幅单脉冲测角方式。在和差比幅单脉冲雷达中，需要由两个互相正交、形状相同的天线波束交叠形成和差波束。

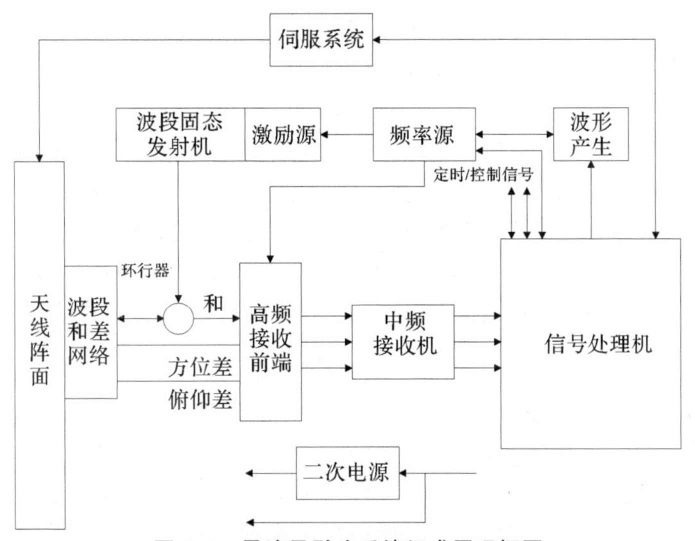

图 5.1　雷达导引头系统组成原理框图

主动雷达导引头具有角度、速度、距离的测量跟踪功能。采用(修正)比例导引律的寻的导引头的核心功能是实现弹目视线角速度的精确测量,系统是采用角跟踪回路实现的。导引头角跟踪回路的示意图如图 5.2 所示。导引头依托于常平架伺服系统并采用三通道幅度和差单脉冲测角。在导引头系统各组成模块的设计过程中要力争使得导引头系统具有大的截获距离,同时具有良好的角跟踪性能。

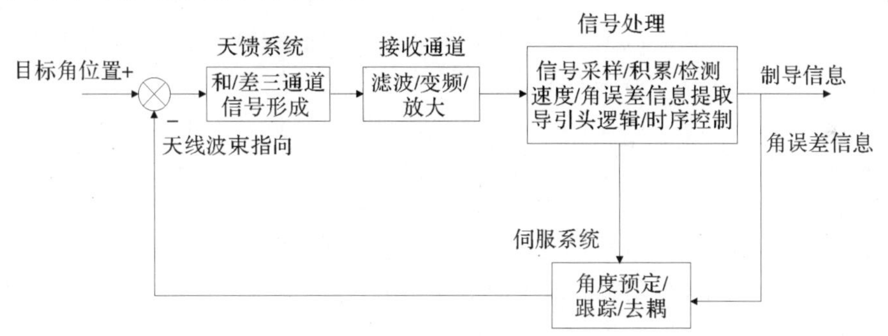

图 5.2　导引头角跟踪回路示意图

发射通道由波形产生器、频率源、固态发射机、天馈系统共同构成。首先在信号处理机的控制下,由波形产生器产生低中频的发射调制脉冲,而后经上变频(在频率源中实现)和数级功率放大(在固态发射机中实现)后馈入天馈系统向空间辐射。接收通道由天馈系统、高频接收前端、中频接收机、信号处理机共同构成。在信号处理机的控制下,适时打开接收通道的各级闭塞开关。由天馈系统馈入的三通道信号经数级变频、滤波、放大(在高频接收前端及中频接收机中实现)后,输出适当功率电平的信号供信号处理机采集处理。

主动发射和接收通道共同构成速度或距离跟踪回路。在速度或距离跟踪回路闭合的前提下,由接收通道和伺服系统共同构成角跟踪回路。测角体制选择精度高、测角速度快的单脉冲体制。而波形体制对作用距离、速度/距离分辨力/测量精度、干扰/杂波适应性等系统性能均会产生重大影响。在远距离时,主动雷达导引头对接收到的目标后向散射波进行相参/非相参积累检测并采用幅度和差单脉冲的方式对目标视线偏离电轴的程度进行测量，最终形成对目标在多普勒及角度上的闭环跟踪。当弹目距离较近，在保证对目标稳定跟踪的同时，可以提供弹目距离信息，并具有一定的抑制目标角闪烁的能力。可以考虑适当降低重频和占空比，保证对目标距离的不模糊和精确测量。脉内采用线性调频，脉间相参（即线性调频相参脉冲串）的波形体制，确保目标照射能量的累积和具有高的距离分辨力。此外，在末段高信噪比的条件下，采用距离跟踪模式也有利于缓解脉冲多普勒体制固有的遮挡带来的角跟踪精度起伏的问题。

2. 宽带化主动雷达导引头改制方案

宽带化雷达导引头系统的关键核心参数改变是信号带宽的优化，并以此为基础，决定导引头系统的总体方案及各主要分系统设计与优化。根据对带宽的需求，确定对导引头系统的中频接收机、频率源、信号处理机进行重新设计研制。导引头带宽的改变影响了导引头系统各级中频的选择及变频方式，高频及中频接收发射链路的频点及带宽均需要改变。此外对于信号处理机来说，信号带宽的加大和算法复杂度的提高对信号处理机的实时高速处理能力提出更高的要求，其采样率及带宽等参数也需要随之改造。

对于射频导引头，在弹径、可用功率等导弹总体参数确定的情况下，导引头的工作频段直接或间接决定了系统的作用距离、交班概率、测角精度、天线罩的技术途径及性能，还会对抗干扰性能、全天候性能等产生一定的影响。另外，系统实际工作带宽的选择也要充分考虑温度、振动条件下各组合的可实现性及其性能的变化特性，确保系统在应用环境中工作的稳定性和可靠性。

采用宽带波形对抗杂波也是一项重要内容，而其脉间及脉内调制带宽及其调制方式是对抗方法的核心设计参数。需要对原有系统的波形产生器（信号处理机中实现）及上变频（在频率源中实现）进行重新设计，保持原数级功率放大（在固态发射机中实现）和原天馈系统不变。接收通道改制的要求输入与发射通道相同，需要对中频接收机及信号处理机进行重新设计或改造。由于瞬时带宽提高需重新设计研制中频接收机，改变其中频信号频点及带宽；对于信号处理机来说，需重新设计研制，以满足信号带宽的加大和算法复杂度的提高对信号处理机的实时高速处理能力提出的更高要求，其采样率及带宽等核心参数也需要随之改变。

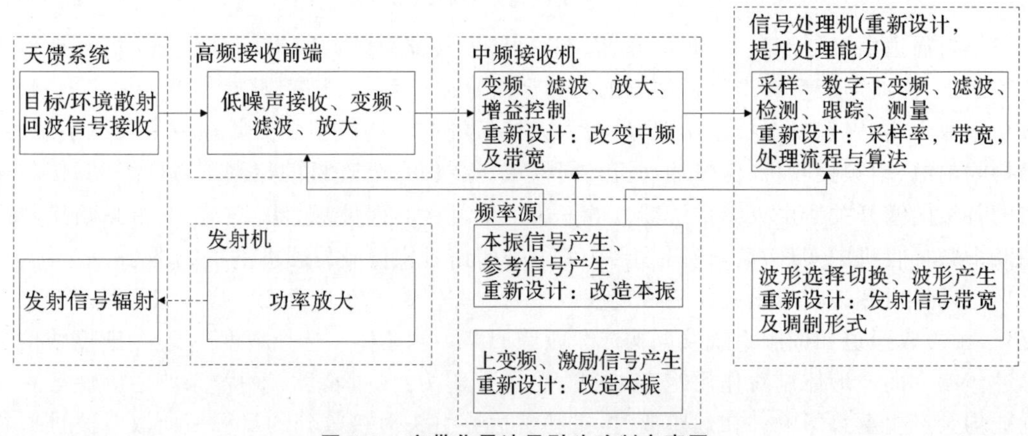

图 5.3　宽带化雷达导引头改制方案图

导引头改制的效果可以采用半实物仿真试验以及外场试验验证与评估导引头改制后探测跟踪性能的重要手段。回波信号模拟器是开展半实物仿真试验的必要设备，其对目标及环境回波信号的模拟能力对半实物仿真试验的开展方式及试验效果具有重要影响。通常，导引头系统对回波信号的接收方式有空馈和线馈两种方式。其中，前者是模拟器信号通过空间辐射的方式进入到导引头接收处理系统中，对试验环境有较高的要求；后者是通过信号注入的方式进入导引头接收处理系统。综合考虑试验目的及试验条件需求，选用中频注入式的信号模拟产生方式进行抗杂波抗多径算法的室内验证。主动雷达导引头半实物仿真试验原理如图 5.4 所示。

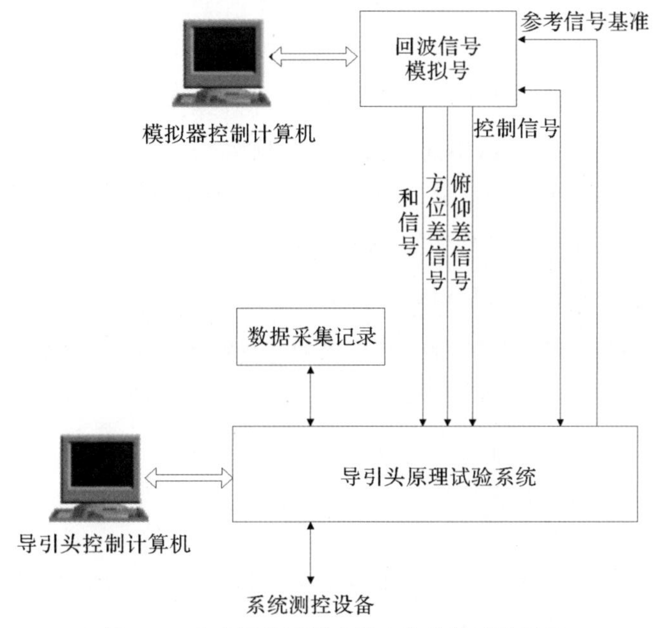

图 5.4　主动雷达导引头半实物仿真试验原理

5.1.2　分系统方案

1. 相控阵体制设计

相控阵导引头有天线阵元、T/R 组件、移相衰减器。有源相控阵雷达导引头采用电扫模式，具有电扫描和方向图捷变能力，天线系统采用强制馈电方式，每个天线单元都有单独的 T/R 组件、移相器和衰减器，T/R 组件在移相器和衰减器之前直接和天线相连接，每个发射模块的功率直接由天线单元辐射，形成空间功率合成的方向图，导引头的功率不受天馈系统和双工器的限制，只受弹上电源的约束，可以最大限度地提高发射功率。T/R 组件控制射频信号的接收和发射，在发射通路上射频信号通过功率放大器，实现信号能量增强；在接收通路上通过限幅器控制输入信号能力的大小，低噪声放大器实现接收信号的射频噪声抑制。如图 5.5 所示。

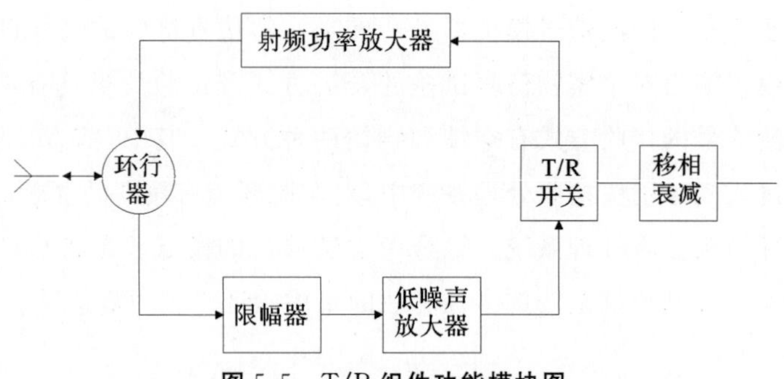

图 5.5 T/R 组件功能模块图

雷达导引头的方向图采用相控阵天线进行波束合成。如图 $M\times N$ 矩形前视阵列，在导弹直角坐标系下定义方向矢量 $\boldsymbol{k}=[\cos\phi\cos\theta,\cos\phi\sin\theta,\sin\phi]^{\mathrm{T}}$，其中 θ 和 ϕ 分别为方位角和俯仰角，天线主瓣指向为(θ_0,φ_0)（空间角度关系参见图 5.2 中场景）。考虑天线背板隔离，我们仅关心天线口面前方的空间区域，即与天线法线方向夹角小于 90°的空间区域。

在天线阵面上建立天线圆锥坐标系，如图 5.6 所示，坐标系固连于天线阵面，原点在天线阵面中心，阵面法向平行于导弹飞行方向，坐标系 z 轴指向天线法向弹头方向，阵元在行和列方向均等间隔放置，间距分别为 d_x 和 d_y。阵列采用分离加权方式，这里不考虑阵列间的幅相误差，则根据空间几何关系可得行列子阵的发射方向图分别为

$$F_{x_{\text{ant}}}=\sum_{m=1}^{M}I_m\mathrm{e}^{\mathrm{j}2\pi\frac{d_x}{\lambda}(m-1)(\sin\varphi-\sin\varphi_0)}\tag{5.1a}$$

$$F_{y_{\text{ant}}}=\sum_{n=1}^{N}I_n\mathrm{e}^{\mathrm{j}2\pi\frac{d_y}{\lambda}(n-1)(\cos\Psi-\cos\Psi_0)}=\sum_{n=1}^{N}I_n\mathrm{e}^{\mathrm{j}2\pi\frac{d_y}{\lambda}(n-1)(\cos\varphi\sin\theta-\cos\varphi_0\sin\theta_0)}\tag{5.1b}$$

式中：I_m 和 I_n 分别为列子阵和行子阵的加权因子，则整个阵面总的方向图为

$$F(\varphi,\theta)=F_{x_{\text{ant}}}\times F_{y_{\text{ant}}}=\sum_{n=1}^{N}\sum_{m=1}^{M}I_nI_m\mathrm{e}^{\mathrm{j}2\pi\frac{d_x}{\lambda}(m-1)(\sin\varphi-\sin\varphi_0)}\mathrm{e}^{\mathrm{j}2\pi\frac{d_y}{\lambda}(n-1)(\cos\varphi\sin\theta-\cos\varphi_0\sin\theta_0)}\tag{5.2}$$

导弹在运动过程中由于弹体姿态的变化，方向图也会出现变化，导弹横滚、俯仰、偏航角度 θ_{R}、θ_{P}、θ_{y} 定义如图 5.6 所示。

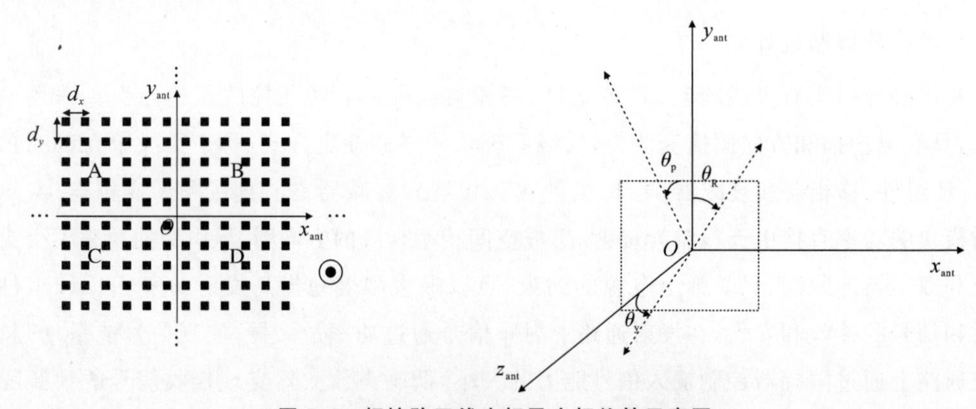

图 5.6 相控阵天线坐标及坐标旋转示意图

在导弹俯仰、偏航、横滚的状态下，天线的方向图函数通过乘以旋转矩阵式(5.3)进行修正，旋转矩阵的形式为

$$
\begin{aligned}
\text{Roll}=\boldsymbol{R}&=\begin{vmatrix}\cos\theta_{\mathrm{R}} & -\sin\theta_{\mathrm{R}} & 0\\ \sin\theta_{\mathrm{R}} & \cos\theta_{\mathrm{R}} & 0\\ 0 & 0 & 1\end{vmatrix}\\
\text{Pitch}=\boldsymbol{P}&=\begin{vmatrix}1 & 0 & 0\\ 0 & \cos\theta_{\mathrm{P}} & \sin\theta_{\mathrm{P}}\\ 0 & -\sin\theta_{\mathrm{P}} & \cos\theta_{\mathrm{P}}\end{vmatrix}\\
\text{Yaw}=\boldsymbol{Y}&=\begin{vmatrix}\cos\theta_{\mathrm{y}} & 0 & -\sin\theta_{\mathrm{y}}\\ 0 & 1 & 0\\ \sin\theta_{\mathrm{y}} & 0 & \cos\theta_{\mathrm{y}}\end{vmatrix}
\end{aligned}
\tag{5.3}
$$

同时天线阵面划分为四个子阵分区如图5.6所示，导引头天线A、B、C、D四个分区所对应的波束分别记为F_{A}、F_{B}、F_{C}、F_{D}，导引头四象限波束按照和差单脉冲体制进行合成，则和差波束的形式分别为

$$F_{\Sigma}=F_{\mathrm{A}}+F_{\mathrm{B}}+F_{\mathrm{C}}+F_{\mathrm{D}} \tag{5.4}$$

$$F_{\Delta1}=(F_{\mathrm{A}}+F_{\mathrm{B}})-(F_{\mathrm{C}}+F_{\mathrm{D}}) \tag{5.5}$$

$$F_{\Delta2}=(F_{\mathrm{A}}+F_{\mathrm{C}})-(F_{\mathrm{B}}+F_{\mathrm{D}}) \tag{5.6}$$

图5.7根据式(5.5)、式(5.6)给合成和差波束的方向图，其中，行列阵元数$M=N=64$，行列阵元间距$d_x=d_y=0.1$ m，加权因子按切比雪夫加权系数取值。

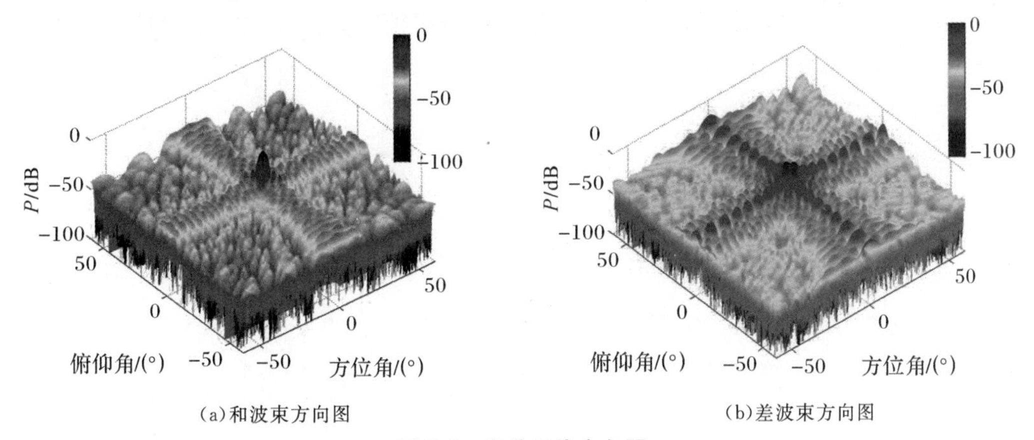

(a)和波束方向图 (b)差波束方向图

图5.7 和差天线方向图

2. 频综/接收机改制

雷达导引头发射接收系统主要包括频综和接收机两大部分。频综为整个导引头提供相参时钟基准，产生导引头的各种工作波形以及接收本振信号。接收机接收来自天线的三通道和差信号，完成低噪声放大、下变频、滤波、AGC处理，输出幅度合适的中频信号。频综和接收机在结构上采用一体化的设计，形成频综/接收组合，以实现接收系统的小型化。频综/接收机的实物图和原理框图如图5.8、图5.9所示。

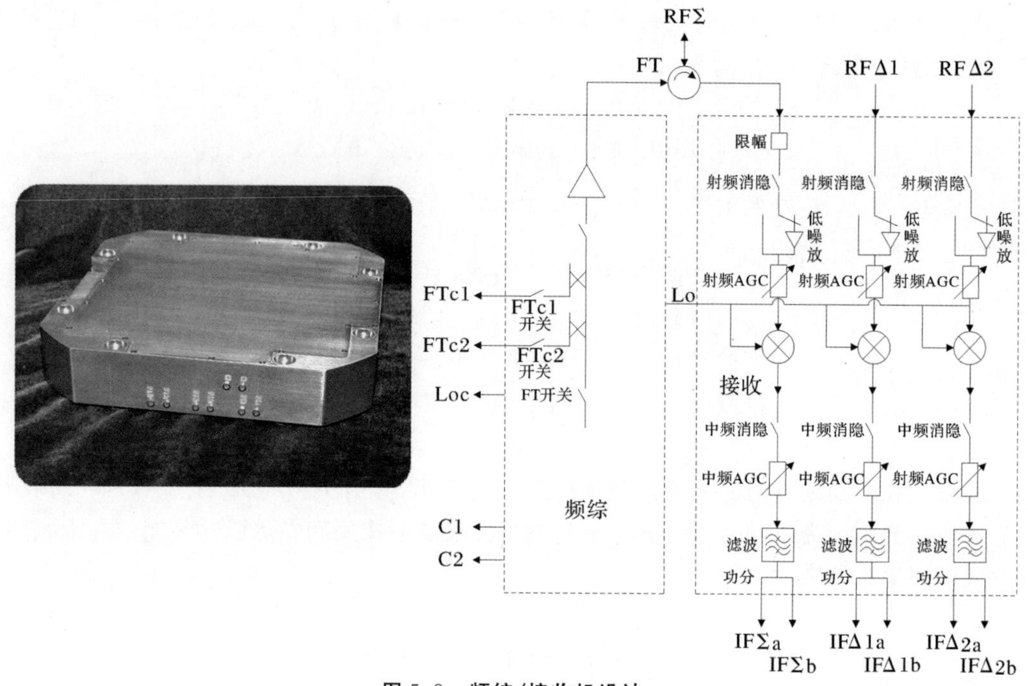

图 5.8 频综/接收机设计

根据信号的带宽、中频信号、输出时钟 C1，调整相应的器件。为了获取特定频率的中频信号，需要对本振信号作调整，主要修改本振锁相；调整频综的 DDS(Direct Digital Synthesizer)以及相应的滤波器、放大器等器件，保证获取所需带宽信号；调整 C1 时钟相应的滤波器和放大器等，使得 C1 输出信号为达到特定的时钟频率。

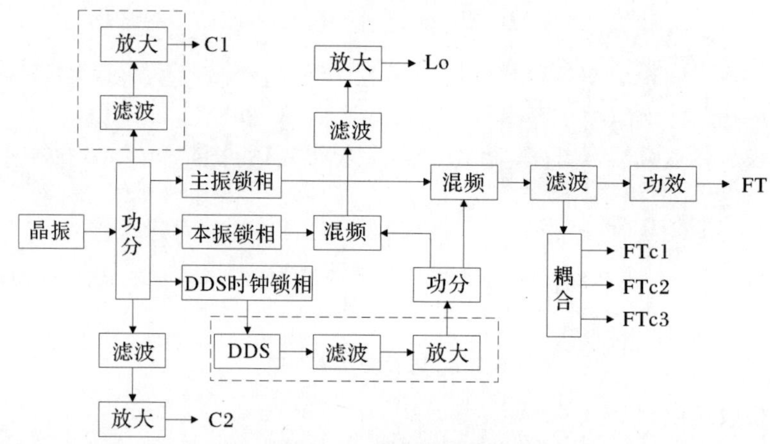

图 5.9 频综原理框图

在频综改制原理框图中，其内部以一个高稳定度的晶体振荡器为参考，通过锁相频率合成的方式，获得发射频率以及接收本振频率。数字直接合成源(DDS)产生点频、步进频、扫频等工作波形。

接收机功能实现框图如图 5.10 所示。

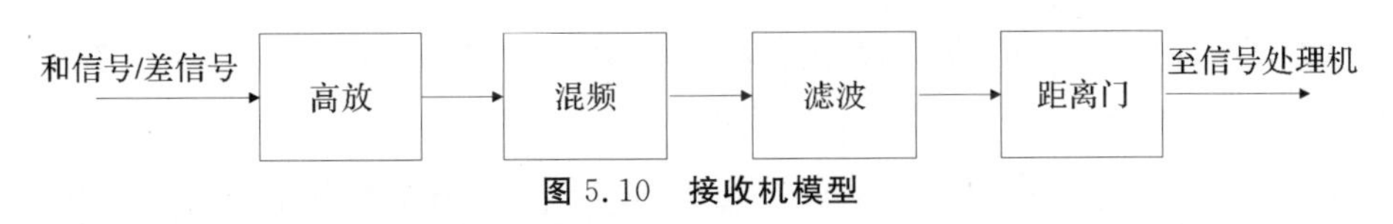

图 5.10 接收机模型

接收机还需实现AGC增益控制。主动导引头接收机采用宽带系统，其动态范围由接收机可控增益和A/D动态来保证。为了适应宽带信号数据接收，接收机也要做相应的硬件改制。所接收的射频信号通过低噪声放大器，来实现信号能量的增大和射频噪声的抑制。射频信号和本振信号通过混频，得到中频接收信号。随着带宽的变化，中频信号整个通道都要进行相应的调整，主要的改造器件包括中频镜像抑制器、中频自动增益控制器、中频滤波器、中频放大器等。

数字中频接收模块的主要功能是对ADC采样后的数字信号进行正交解调，将信号变换到视频，实现脉冲信号的匹配/倒置接收。数字接收模块首先在满足免混频的条件下实现去中频处理，将信号变换到视频；然后依据处理模式的不同，分别实现数字匹配接收，倒置接收，准连续波接收处理，如图5.11所示。

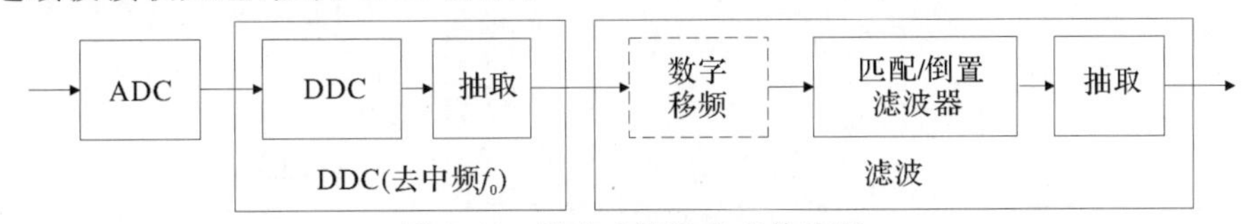

图 5.11 数字中频接收总体流程

混频方式与处理过程的设计步骤包括：设计DDC处理方案，根据系统参数优化DDC基本处理流程，确定各级抽取因子与NCO控制方式；确定各级滤波器指标与实现方式；评估资源消耗；等等，为数字中频接收模块的设计实现、器件选型等提供依据。

3. 信号处理机和二次电源

信号处理机改进包括硬件和软件部分。其中硬件改制主要是提高信号处理机处理能力，为宽带信号处理提供硬件支撑，确保宽带信号能够实现高保真数据处理。软件需要更改软件输入输出模块函数，完善软件模块化结构，实现大宽带、多波形接收数据预处理，改进信号处理算法，保证接收数据离线处理更加方便有效。在改制过程中，要考虑频综、宽带接收机、信号处理机等组件的输出功率变化，需要对相应的二次电源进行改进，调整其输出电压、电流等参数，以满足导引头整机电源能量需求。图5.12给出了信号处理机的原理框图。

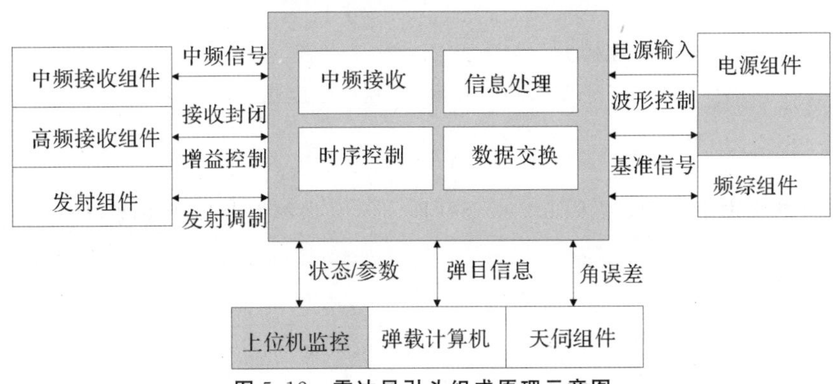

图 5.12 雷达导引头组成原理示意图

信号处理机接收来自弹载机的数据和指令，管理整个雷达系统的工作，并把参数估计结果送交弹载机，由弹载机生成制导指令并控制导弹飞行状态。

信号处理机由信号处理板和采集控制板两部分组成。信号处理板主要由 4 片 DSP 芯片和 1 片 SRIO 交换芯片组成，用于完成信号处理和数据处理等功能；采样控制板主要由 1 片 DSP 和 2 片 FPGA 芯片组成，用于完成中频信号采样，信号预处理、对外接口控制和状态监测等功能。信号处理机原理框图如图 5.13 所示。

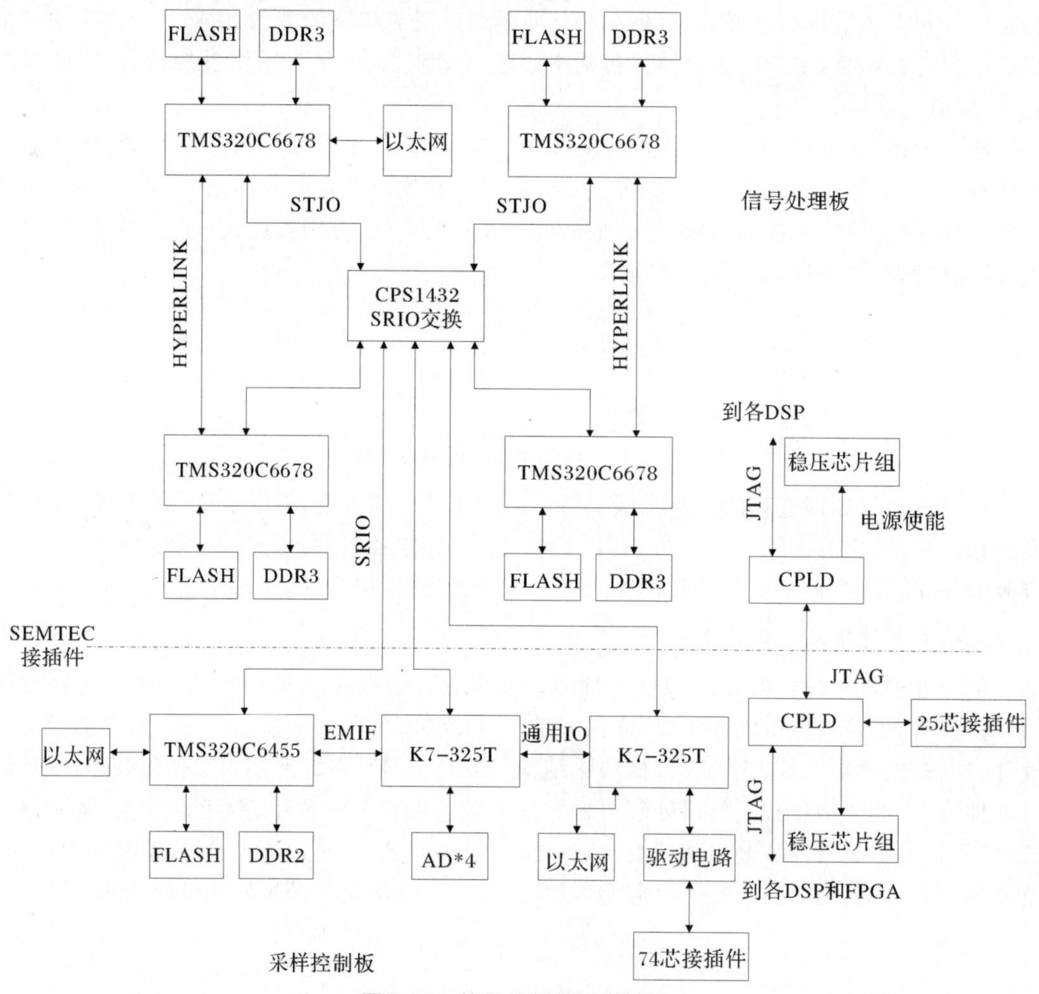

图 5.13 信号处理机原理框图

导引头信号处理算法流程如图 5.14 所示。

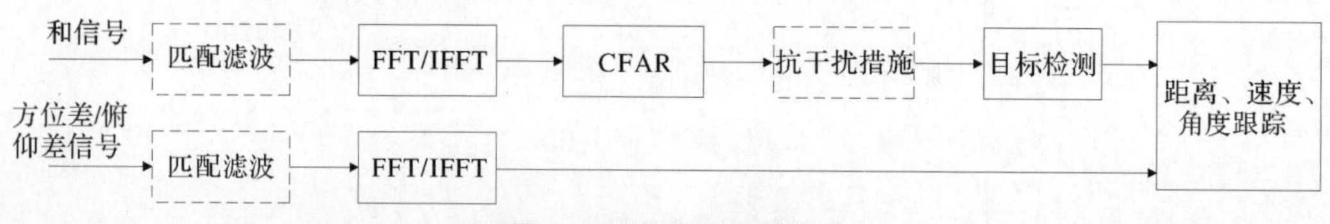

图 5.14 信号处理模型

和、方位差、俯仰差三路中频输入信号通过 AD 采样转换为数字信号，然后进行混频、滤波、抽取、距离重排、FFT、CFAR，得到距离和多普勒频率，再通过幅相测角得到方位、俯仰角误差。

(1)脉冲压缩模块设计。在脉冲压缩之前首先进行脉冲缓冲，脉冲缓冲的作用是对数字中频接收处理及脉压后的视频数据进行缓冲，以便后续相参处理。缓冲区的长度、缓冲方式与相参帧内的数据量、脉冲重复频率密切相关。由于时域压缩要求压缩脉冲具有更大的带宽，频域法实现这一过程更为通用，其原理可表示为

$$u[n]=\mathrm{IFFT}[X(\omega)\cdot H(\omega)]=\mathrm{IFFT}\{\mathrm{FFT}[x[\mathrm{n}]]\cdot \mathrm{FFT}[h[\mathrm{n}]]\}$$

脉压分为线性调频模式和步进调频模式两种，对这两种模式采用的结构相同，只存在部分参数设置的区别，为节省 FPGA 资源，也可采用两种模式复用脉压模块。匹配滤波采用数字技术，数字信号发生器使用一个预定义的相位时间关系表来控制信号的产生，关系表可存于存储器内或使用适当的常数通过数字计算产生，数字相关器可实现任意波形的匹配滤波，或采用展宽线性调频波形来实现匹配滤波。展宽处理再加上倍频处理会进一步限制带宽。数字匹配滤波通常需要多路相互重叠的处理单元，从而覆盖整个作用距离。图 5.15(a)示出一种相关处理器的数字实现方法，它对任何雷达波形都能实现匹配滤波功能。图 5.15(b)示出一种线性调频波形的展宽处理器。延迟波形的带宽等于或略小于发射波形的带宽，脉宽大于发射脉冲的脉宽。超过部分的脉冲宽度等于距离窗的有效宽度。

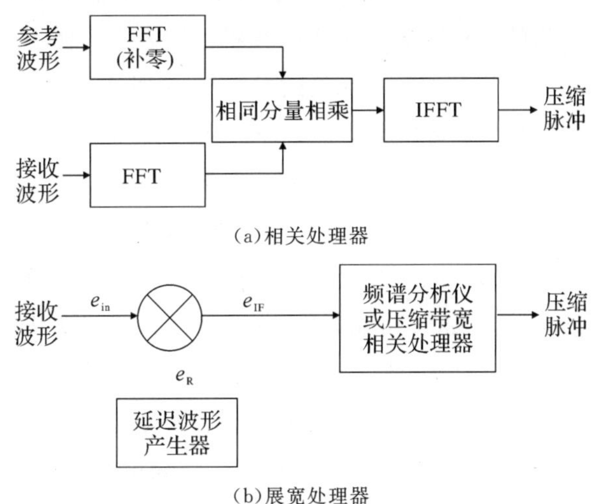

图 5.15 数字匹配滤波器

数字相关处理器的工作原理是，两波形时域卷积的频谱等于这两个信号频谱的乘积。如果一个相关处理器有 M 个距离采样值，那么快速傅里叶变换(FFT)的采样数必须等于 M 加上参考波形的采样数。在参考波形的快速傅里叶变换中要填入 M 个零。为了延长作用距离，必须重复进行相关处理，并且相邻的处理要延迟 M 个采样距离。这些相关处理器能用于任何波形，并且能对参考信号进行多普勒偏置，从而实现该多普勒的匹配滤波。

展宽处理器能在任一指定的时间窗内展宽或压缩脉冲波形的时间尺度。这种通用技术能用于任何波形，但应用于线性调频波则更简单。若要处理线性调频波以外的其他波形，那

么混频器之前的接收路径中必须采用全程脉冲展宽方法。

(2)FFT/IFFT 处理模块设计。由于相参帧长度是有限的,后续谱分析中有限帧长度引起的旁瓣将会影响小目标的检测,加窗处理就是一种有效的旁瓣抑制技术。项目中,需要使用窗函数的场合有脉冲压缩、相参积累谱分析及成像处理的 IFFT 计算等。

通常,有限长信号相当于矩形加窗处理,从而造成目标谱线展宽与旁瓣泄露。由于矩形窗的峰值旁瓣比只有 13 dB,从而会淹没旁瓣处的小信号;另外,还需要减少由于旁瓣过高引起的虚警影响,所以有必要在谱分析之前对信号作加窗处理以抑制矩形窗引入的旁瓣。在数字信号处理器中,加窗处理分批处理实现和序贯实现两种方式。批处理实现方式下,每当一帧数据缓冲完毕后才进入加窗处理;顺序实现方案中,每获取一个采样点即对其乘以对应的窗系数。

从实现方式上来看,由于信号采样通常在 FPGA 的控制下完成,因而批处理加窗实现比较适合于专用 DSP 芯片,以避免频繁中断 DSP 处理器;由于 FPGA 具有丰富的硬件乘法器,因而序贯处理更适合于 FPGA,在获得采样点后即乘以窗系数,然后进入脉冲缓冲区。从性能角度来看,由于采样数据是序贯获得的,序贯处理比批处理实现可节省流水处理时间。本书中,谱分析和成像的 IFFT 在 DSP 上实现,脉冲压缩在 FPGA 上实现。综上考虑,脉压加窗处理将在 FPGA 中采用序贯处理方式实现,与加窗处理可与脉压的匹配滤波处理合并进行。谱分析和成像的 IFFT 在 DSP 上采用批处理方式实现。

FFT/IFFT 相参积累模块的主要功能是通过 FFT 运算实现同频信号的同相叠加,从而获得信噪比的改善。本项目中,FFT 处理实现 PD 雷达信号的相参积累,相当于一个多普勒滤波器组;IFFT 处理实现合成高分辨力。从时频转换的角度来看,通过 FFT/IFFT 处理,实现了信号时域和频域的转换,为后续的信号分析模块提供输入。

(3)信号检测模块分析与设计。考虑高动态弹目运动关系及环境变化对时频特性的影响。导引头接收信号的杂波、干扰背景强度是不断随时间、空间变化的,因此信号检测必须适应这种变化,通过某种方法来动态调整门限判决电平,保持虚警概率的恒定,需采用 CFAR 检测器。为了简化相参帧间的非相参处理,非相参检测处理拟采用二进制检测,其输入为相参帧内的 CFAR 检测器的输出,因而系统检测性能由 CFAR 和二进制检测器共同决定。每个相参帧内采用 CFAR 检测,相参帧间通过二进制积累实现 CFAR 检测的非相参积累,进一步提高检测性能。系统检测器结构具体如图 5.16 所示。

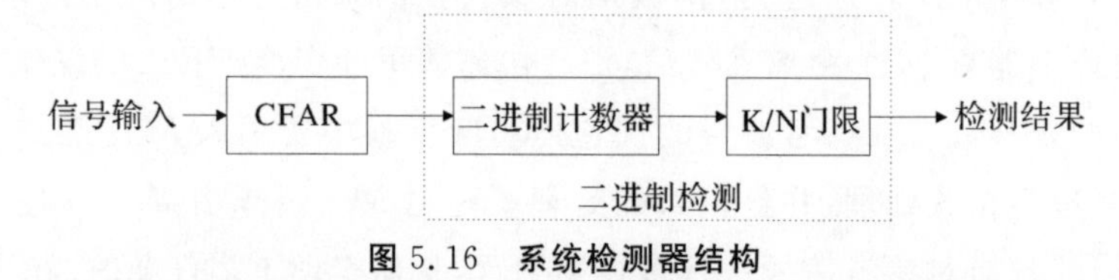

图 5.16　系统检测器结构

检测过程中,在保持恒定的虚警概率条件下,满足信号最佳检测的奈曼-皮尔逊准则,使正确检测的概率达到最大值。通过自适应门限进行目标检测,即检测单元两侧多个单元的均值作为检测门限，如图 5.17 所示。

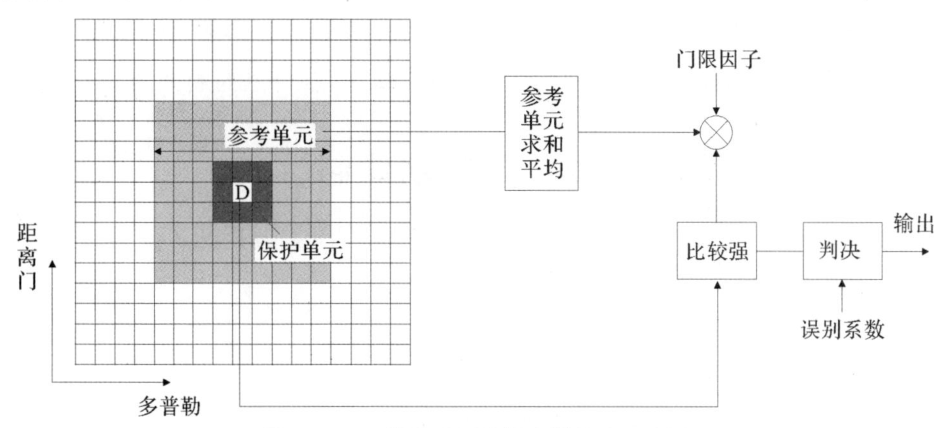

图 5.17 **二维单元平均恒虚警处理示意图**

和通道数据经过脉冲压缩之后进行积累，形成“距离-多普勒”二维分布图。对该二维分布图取模值处理后，形成恒虚警（CFAR）平面，采用二维 CFAR 检测方法，完成目标检测。在检测单元的两侧各留出一些保护单元，保护单元的总数略大于目标所占分辨单元数。同时，由于采用相参体制，可以联合利用距离维和速度维的一定数量的参考单元的平均值作为比较电平，在与检测单元进行比较，依据识别系数判断比较结果，从而判断目标的存在。

(4)抗干扰技术。抗干扰处理可分为干扰检测、干扰辨识和干扰对抗等几个步骤。首先从雷达回波中检测是否有干扰发生，如检测有干扰发生，则进行干扰辨识，识别出干扰类型后，进行抗干扰处理。流程框图如图 5.18 所示。

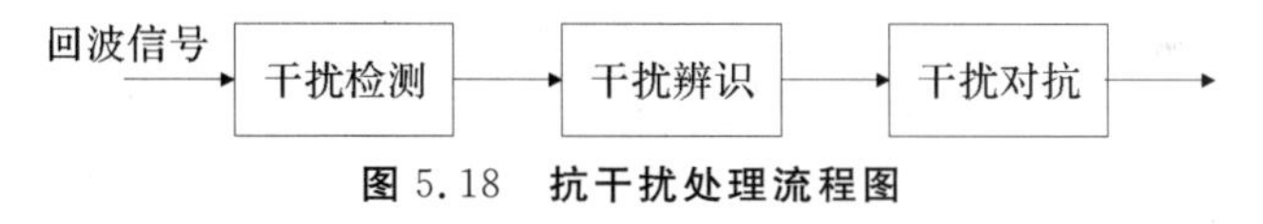

图 5.18 **抗干扰处理流程图**

不同的干扰与真实目标回波的信号特征不同，因而可用于干扰对抗的信息也不尽相同，下面将本项目中需要处理的噪声调频干扰、速度拖引干扰、距离拖引干扰在回波信号上表现的特征、及抗干扰措施描述见表 5-1。

表 5-1 **导弹制导过程面临干扰及抗干扰可利用信息**

干扰类型	可用于干扰检测的信息	可能的抗干扰措施
噪声调频干扰	信噪比变化、AGC、主动角度信息差	Step1. 提取和差通道干扰数据； Step2. 干扰来波方向测量； Step3. 角度测量数据平滑
速度拖引干扰	AGC、多普勒频率变化、距离变化率、目标信号与干扰信号幅度分布差异	1. 比较多普勒变化率分离目标与干扰； 2. 幅度比较法
距离拖引干扰	AGC、距离域频谱、多普勒频率变化、目标信号与干扰信号幅度分布	1. 波门边沿跟踪法； 2. 预测目标信息

从表 5 - 1 可知，各种干扰在信号形式上均改变了真实目标的回波特征，这是我们从信号处理角度进行抗干扰处理的前提。干扰处理步骤为：结合系统参数和信号处理特点，分析回波的信息，及时准确地检测到干扰发生，并利用有效方法对干扰进行处理。

5.2 半主动体制

5.2.1 技术方案

1. 传统半主动雷达导引头设计方案

半主动雷达导引头主要组成及系统功能联系如图 5.19 所示。回波天线模型和直波天线分别接收半主动导引头天线方向图回波和地面站照射直波，根据输入的天线指向及回波数据产生导引头天线四象限的四路回波接收信号和一路直波接收信号；回波接收机模型和直波接收机模型实现对接收信号的变频及放大增益控制；信号处理模型完成直波信号与回波信号处理，输出目标的角度信息和速度信息；角度/角速度跟踪模型实现目标的角跟踪闭环控制，输出角速度信号和天线跟踪后的转角；速度跟踪模型实现对目标的速度跟踪，实现接收本振控制和弹目多普勒速度。导引头模型配合导弹运动模型形成弹体控制信号，输出导弹姿态角；回波天线、直波天线指向模型通过坐标转换输出直波天线与回波天线指向，给导引头回波、直波天线模型计算四路回波信号和一路直波信号的幅度及相位。

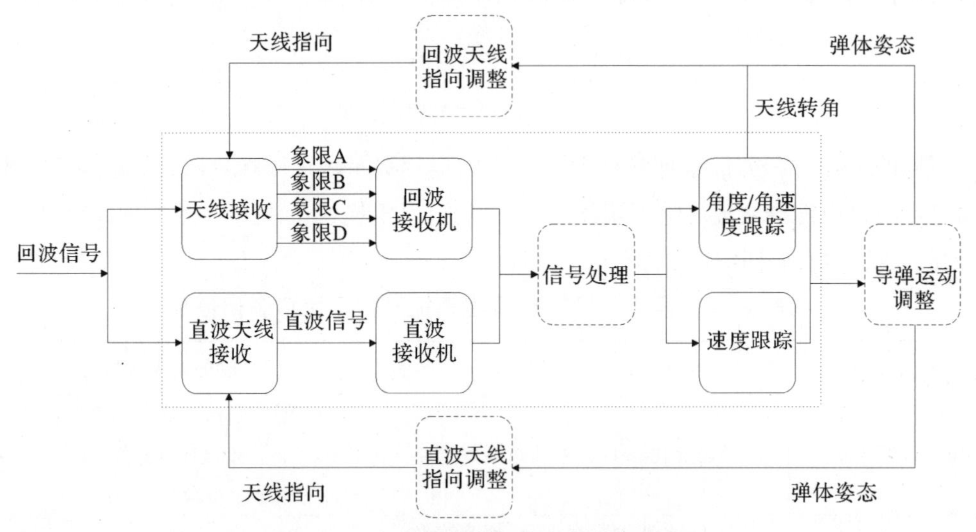

图 5.19 半主动雷达导引头功能联系框图

导引头模型为全数字仿真提供了涉及导引头部分的仿真模型，确定仿真流程及仿真参数。可根据仿真需要，对控制参数进行调整，可实现开环及闭环数字仿真系统。

2. 宽带化主动雷达导引头改制方案

宽带半主动导引头采用四象限平面阵列天线，通过四通道数据的加减形成和、俯仰差、方位差波束，通过伺服机构完成天线波束在导引头前向俯仰、方位的二维扫描。测角采用单脉冲数字和差波束测角，获取目标角度信息。可采用脉内线性调频、步进频脉冲波形，并在信号处理中采用适应性的杂波与多径抑制算法。现有的半主动雷达导引头均为单频点连续波或单频点准连续波工作模式，通过模拟窄带滤波器实现杂波抑制后再进行检测。但是一方面目标速度低，杂波及镜像目标与真实目标信号频差很小，难以准确有效的滤除，另一方面，杂波功率极强，即使将目标抑制在滤波器带外，其强泄露的相位噪声也会将目标回波信号淹没，导致目标无法检测。因此无法实现稳定可靠到的超低空目标跟踪。

为满足宽带超低空目标探测，在现有窄带半主动雷达导引头技术基础上，对导引头进行宽带化的适应性改进，并进行半实物仿真和外场试验测试，提高导引头的工作带宽，并对导引头的天线、直波接收机、回波接收机、信号处理机等进行相关技术改造。

(1)直波接收机改造。传统雷达导引头工作采用单点频方式，导引头直波接收机通过锁频锁相从直达波信号中瞬时提取地面雷达照射信号作为基准信号，再实现对回波的检测。但对于宽带半主动雷达导引头，由于发射信号不再是点频信号，传统锁频锁相直波接收机无法实现直波信号的锁频锁相。可采用频综方式和直波信号快速数字检测技术实现。传统的锁频锁相方式可完全复现照射雷达的低相噪照射信号，因此可以获得极高的杂波下检测能力。改用频综加数字信号处理方式，需重点解决高稳定度低相噪本振技术以及快速直波检测与锁定技术。

(2)回波接收机改造。传统半主动雷达导引头回波接收机直接采用窄带晶体滤波器滤波方式，提取出目标信息进行速度门跟踪，将杂波信号置于滤波器带外，无需进行处理。对于超低空类的低、小、慢目标，杂波多普勒频段较宽，且与目标多普勒频率非常相近，一方面难以设置准确的速度门中心频率，速度门容易错误锁定跟踪杂波频率，另一方面滤波器过渡带不够窄，即使速度门锁定目标回波信号，但杂波频率可能仍在滤波器过渡带上，杂波功率极强下，仍高于目标回波功率，难以实现超低空目标的准确探测。为提高超低空目标的检测性能，一方面需要提高接收机接收带宽，利用宽带雷达波形实现对杂波信号距离维分割，降低与目标等距离单元的杂波功率，另一方面需要提高接收机的瞬时动态范围，需要保证杂波信号与回波信号均无损失接收，保证强杂波信号接收放大下回波信号的无损失放大。

(3)信号处理机改造。数字信号处理机是导引头的核心处理部件，数字信号处理机改造包含硬件改造和软件改造两部分。由于传统雷达导引头采用窄带接收体制，为单频点接收体制，经窄带滤波器放大后，接收机仅为单频信号，回波接收机根据单频信号检波实现自动增益控制，保证输出给数字信号处理采集的信号幅度基本恒定，因此无需要大的瞬时动态要求。对于宽带雷达导引头，回波接收机中既有强杂波信号，又有弱小目标回波信号，需要数字信号处理机具有极大的瞬时动态范围。由于采用宽带信号，需采用高中频信号，还需要提高模拟数字转换器的采样速率，由于提高瞬时动态范围与提高信号带宽是相互矛盾的，硬件电路需设计合理参数，实现信号带宽与采样率的矛盾，需进行系统参数论证计算，再选择适合的转换芯片和算法来保证强杂波与弱小目标回波的采集。传统雷达导引头仅在频域实现单目标的检测，处理比较简单。改为宽带信号处理后，信号处理软件不仅需要实现宽带信号的距离高分辨算法，还要实现弱小目标在强杂波中的时域和频域检测新算法，需要提高实时信号处理能力。

(4)半主动雷达导引头半实物仿真。为验证改制之后半主动雷达导引头工作效能、宽带信号抗杂波、抗多径的带宽特性和算法性能、验证布儒斯特角抑制效果，开展宽带半主动雷达导引头系统半实物仿真，通过中频注入方式，对各种杂波条件、多径条件、各种典型弹道、各种带宽进行半实物仿真。半实物仿真系统包括目标、杂波、多径、直波泄露模拟器(后续简称模拟器)、导引头、综测机柜和上位机，系统框图如图 5.20 所示。半实物仿真可采用射频注入或中频注入方式来实现，射频注入或中频注入方式将导引头天线实物采用实测天线性能模型替代，并通过模拟器直接生成导引头接收的和通道、俯仰差通道、偏航差通道射频信号，注入导引头直波接收机和回波接收机，等效模拟出体目标的角度、速度、距离、功率等所有信息，经导引头接收处理后，形成探测结果，进行多普勒速度环路跟踪，并控制导引头天线伺服机构进行目标跟踪，将伺服机构反馈的天线指向数据传送给目标模拟器，实现角跟踪和回波信号闭环模拟。

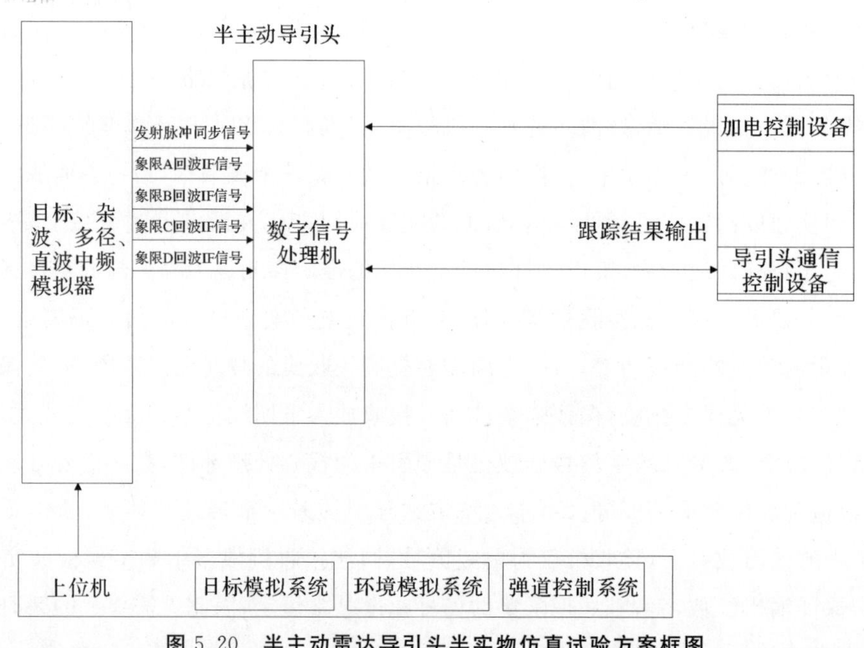

图 5.20　半主动雷达导引头半实物仿真试验方案框图

5.2.2　分系统方案

1. 回波接收机设计

回波接收机主要完成雷达导引头接收信号限幅放大、变频与中频放大等功能。回波接收前端组件主要分四个功能模块：射频放大混频模块、本振放大功分模块、中频放大和电源模块，共包含四个独立的接收通道，每个通道对接收射频信号进行限幅、放大、混频、滤波和中频放大后，输出中频信号。前端组件是超外差接收系统，分为四个独立的接收通道。该组件主要完成接收信号的限幅、低噪声放大、混频、滤波和中频放大等功能。组件采用模块化的设计思想，划分为四个具有相对独立功能的模块，便于整件指标的调试和测试。回波接收前端组件的功能框图如图 5.21 所示，包括四个模块：射频放大混频模块、本振放大功分模块、中频放大和电源模块。

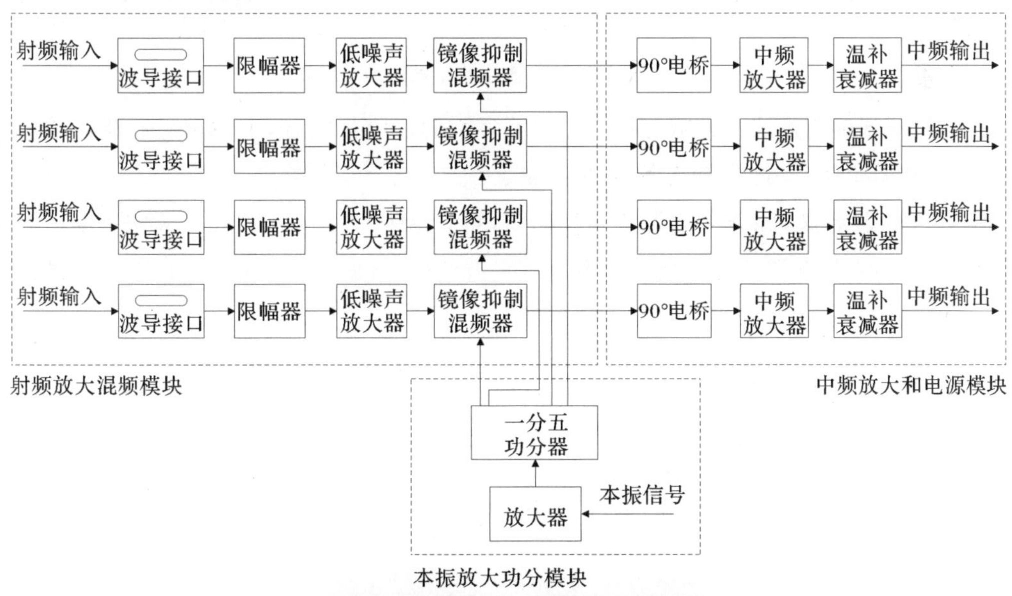

图 5.21　回波接收前端组件功能框图

回波接收天线分为四象限接收，回波接收天线的四象限接收信号分别接入接收机的四通道，和本振进行混频、滤波，实现下变频并放大。如图 5.22 所示。

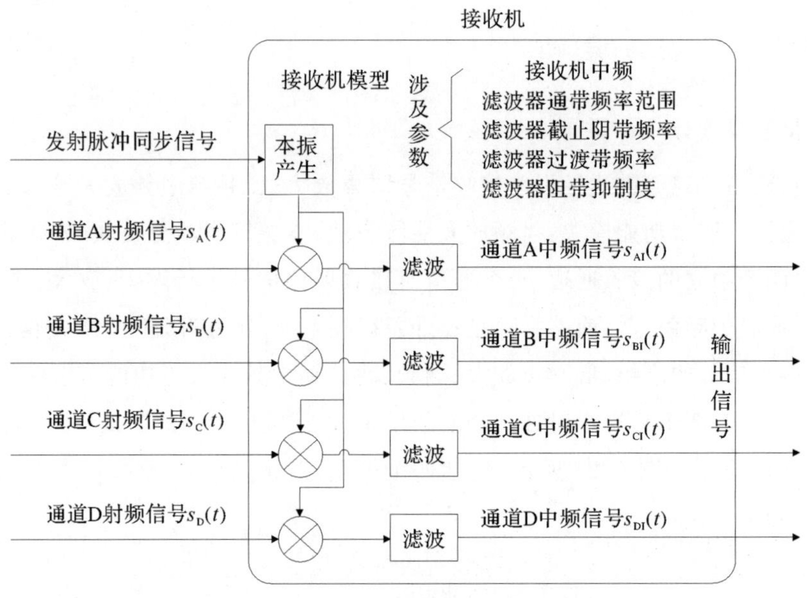

图 5.22　回波接收示意图

接收机根据改制后提高带宽与接收增益等参数的接收机组合，主要调整滤波器通带频率范围、截止阻带频率、过滤带频率、阻带抑制度。

半主动雷达导引头由于发射源不在弹上，不知道照射器何时发射信号，无法判断回波接收及处理的开机时间，因此必须要接收及处理直波信号，根据直波信号到达的时间来进行回波接收、处理的开机。直波接收机由直波射频与前中组件和直波中频组件组成。构成框图如图 5.23 所示。

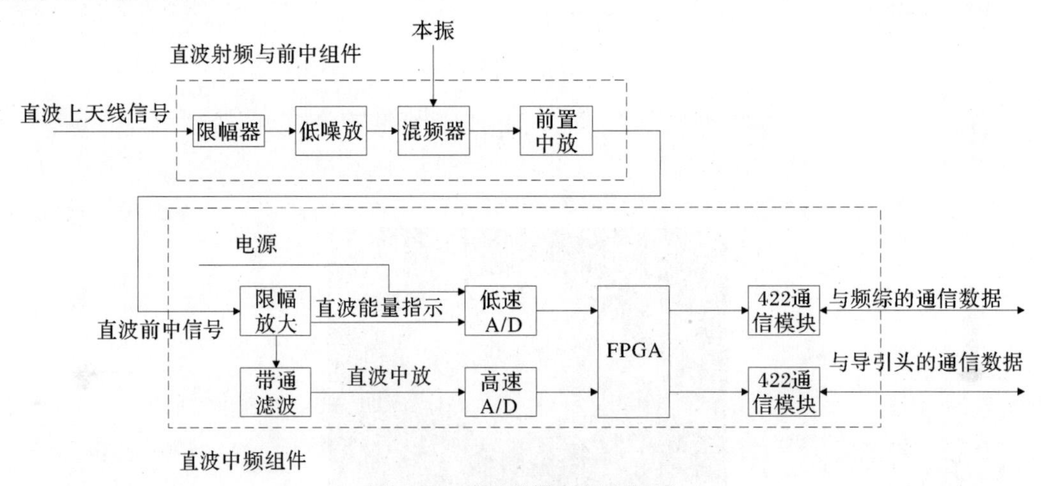

图 5.23　直波接收机原理框图

2. 频率综合器

综合考虑成本控制和硬件性能提升，计划改制半主动雷达导引头频率综合器的改制要适应前面描述的几种宽带化工作波形，以及适应性改制后提高带宽与接收增益等参数的接收机组合。改制后的频率综合器原理框图及实物照片如图 5.24 所示。

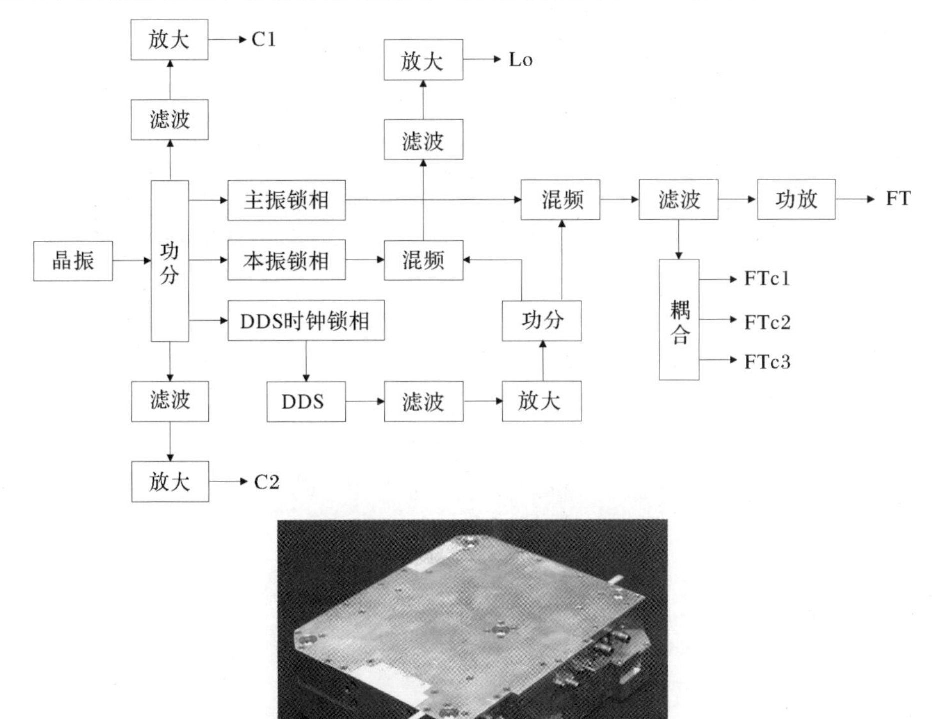

图 5.24　频综原理框图与实物照片

频综器内部是以一个高稳定度的晶体振荡器为参考，通过锁相频率合成的方式，获得发射频率以及接收本振频率。数字直接合成源(DDS)产生点频、步进频、扫频等工作波形。频率综合器用于给接收机提供本振信号。频率综合器主要组成包括中频组件和射频组件两个部分。中频组件完成 DDS 信号的频率控制和信号输出以及中频信号的滤波、放大。中频组件首先接收导引头发送的 RS422 通信数据，确定导引头的工作状态和工作频点，通过核心器件 FPGA 形成 DDS 器件的配置参数，控制 DDS 器件产生所需频率的 DDS 信号，DDS 信号经过运放和滤波后送给射频组件。射频组件完成射频信号的合成，首先将 DDS 信号与 X 波段点频源进行混频，最后与 L 波段跳频源进行混频，最终形成所需的本振信号。由二次电源部分为频综组合、回波组合、数字信号处理组合、位标器等提供平稳的直流电源。二次电源的设计沿承以往成熟型号的设计方法，对各路直流电源输出进行互相隔离。

3. 数字信号处理机

数字信号处理机主要完成导引头逻辑管理、自动增益控制、和、差波束形成、信号检测、搜索、跟踪、测角、测距以及数字接口通信。其硬件部分包括信号处理电路、模拟数字转换电路及扩展电路。信号处理电路通过来两个 FMC 接插件分别实现与模拟数字转换电路和可扩展电路的高速互联。信号处理机主要功能联系如图 5.25 所示。

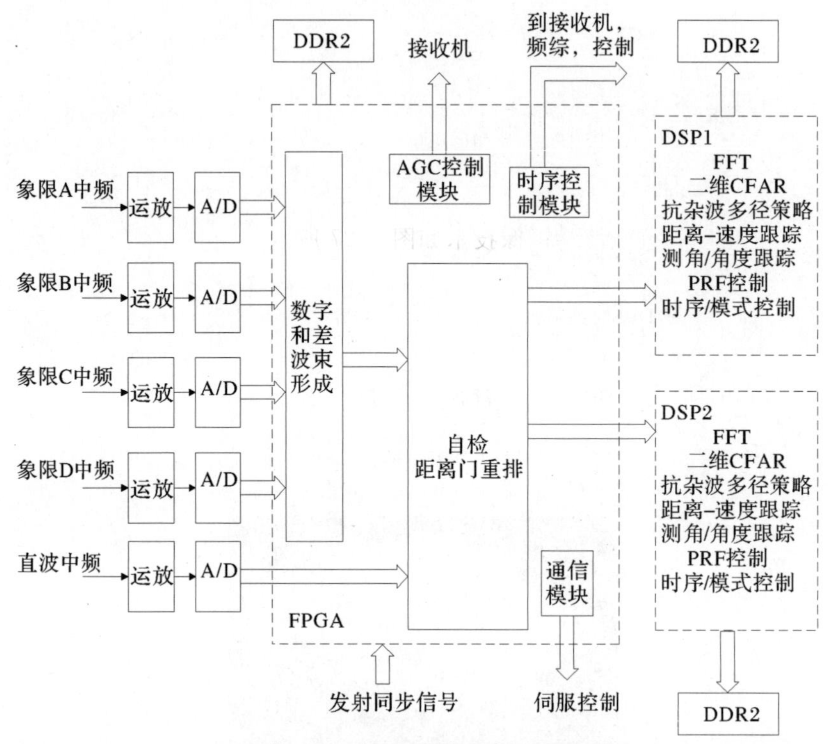

图 5.25　信号处理机功能划分

半主动雷达导引头的四象限回波接收信号可参照主动雷达导引头四象限回波混频后的四路输出信号分别进行 AD 采样，对每一路信号进行脉冲压缩、多普勒提取，在数字信号处理机中合成和、方位差和俯仰差三路信号，然后完成杂波多径抑制、目标检测、测角与测距等数字信号处理。如图 5.26 所示。

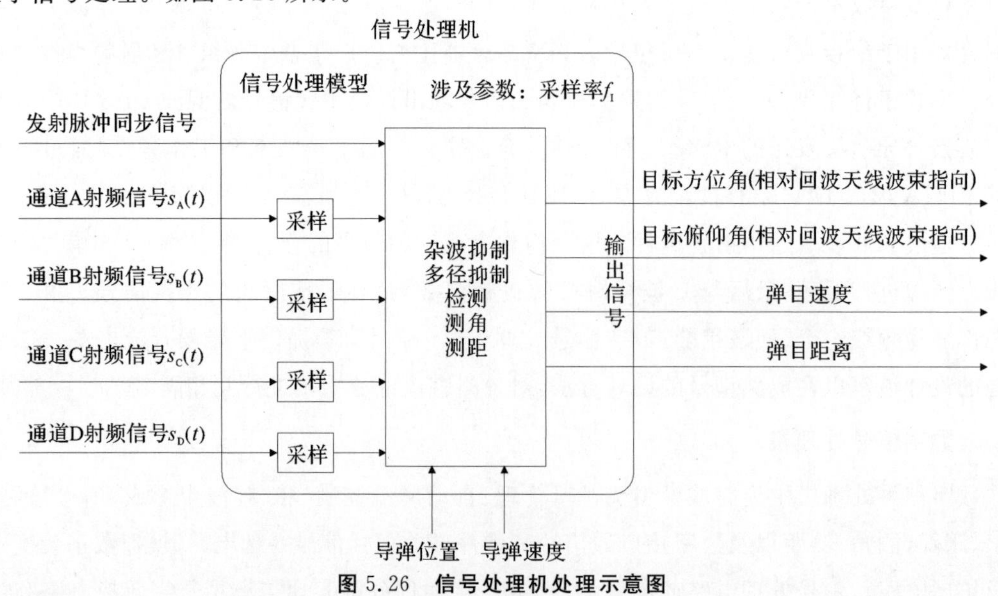

图 5.26　信号处理机处理示意图

信号检测的过程是将和信号的峰值与门限进行比较采用恒虚警检测，若在某个距离-多普勒单元检测到目标，则同时获得了目标的距离和多普勒信息，并对该单元信号进行和差单脉冲测角。弹上计算机根据数字机算出的目标方位和俯仰角来产生相应的伺服系统控制信号，伺服机构使波束指向目标。直波信号处理方式与回波的单路信号处理方法相同。

在距离与多普勒提取或检测的同时，加入一些杂波与镜像的对抗方法，从而在后续得到更高的检测概率和测角精度，具体可参照第4章。导引头对回波信号的接收、量化过程中，一般还采用一些能量维的抗杂波与镜像技术如图5.27所示。

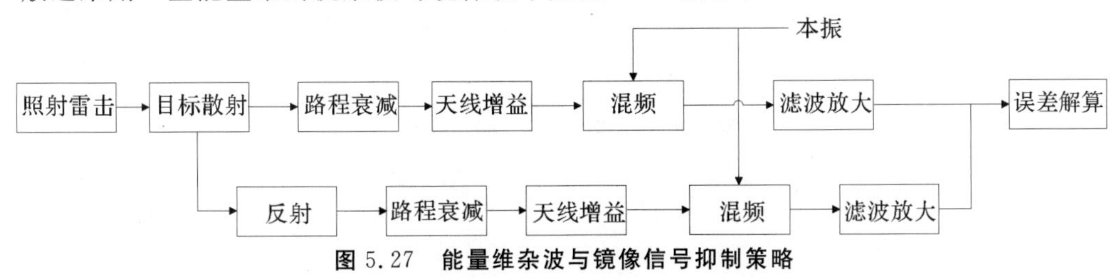

图5.27　能量维杂波与镜像信号抑制策略

将目标回波信号与杂波、多径信号回波信道对比，降低杂波、多径信号与真实目标的回波信号功率比。这包括降低镜像目标与真实目标回波信号在天线波束内的增益，提高数字化接收机瞬时动态范围等，尽可能降低杂波功率，提高接收机瞬时动态范围，不仅要保证强杂波信号不会饱和，还要保证弱小回波信号能够被放大采集到。

5.3　本章小结

本章对雷达导引头宽带化改制技术，包括主动和半主动体制宽带化设计的技术方案以及所涉及的关键技术进行了简要的介绍。无论是主动还是半主动雷达导引头的宽带化改制都涉及到发射、接收及信号处理系统的硬件与算法部分的适应性改进，改制后的导引头通过半实物仿真试验可以验证其性能改善效果，文中对两种体制导引头的半实物仿真试验过程也进行了介绍。

第6章 宽带雷达导引头试验

6.1 高塔试验

6.1.1 主动体制

主动体制雷达导引头高塔试验的目的是开展基于主动雷达导引头的外场静态平台典型环境场景超低空目标回波数据采集和特性分析，录取不同擦地角的地杂波数据和目标环境复合回波数据，分析在不同带宽和探测角度下雷达导引头接收到超低空目标回波的杂波及镜像干扰特性进行分析，探寻在地杂波背景下主动导引头对低空飞行目标的检测特性规律，同时也验证宽带波形对杂波与镜像的抑制与分离效果。

高塔试验的设备包括高塔试验平台、Ku波段主动雷达导引头、导引头测控设备、数据采集器、无人机加挂表面金属球目标等。高塔试验方案如图6.1所示。

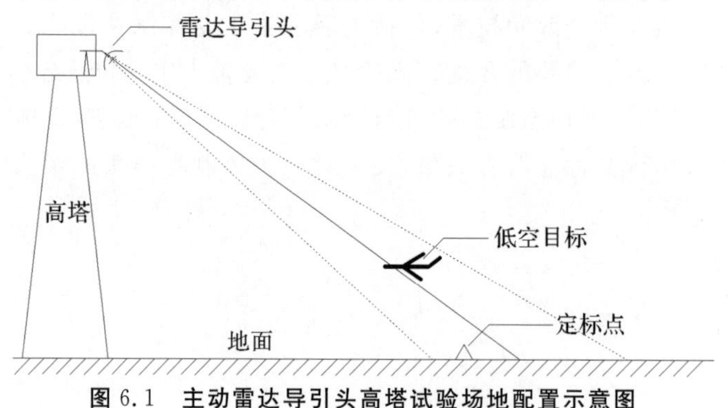

图6.1 主动雷达导引头高塔试验场地配置示意图

主动导引头放置在高度为90 m的高塔顶部的观测台内，对外照射高塔周边的地面环境，如图6.2所示。目标靶机为多旋翼无人机，设置多种典型的飞行航线，根据地面场景所处位置及导引头工作状态，通过设定目标靶机的飞行高度和飞行方向，雷达导引头可采集到不同下视角情况的地杂波-目标数据。由于无人机自身表现的雷达散射截面积很小，所以在实际挂飞时，悬挂直径146 mm的金属球作为标定增大雷达截面积。无人机提供其GPS数据，根据GPS数据计算波束指向角度和弹目距离装订给导引头，调整导引头的波束指向。试验过程中采用四种波形进行探测，分别是带宽为4 MHz的点频以及带宽分别为10 MHz、20 MHz、50 MHz的线性调频信号。采集不同波形带宽下的运动目标、镜像、地杂波数据并通过前述信号处理方法进行处理后，对比不同带宽下的超低空目标回波及探测特性。

(a)高塔平台　　(b)试验场地

图 6.2 主动雷达导引头高塔试验场地

导引头及其综测系统由导引头、导引头加电设备、导引头通信控制设备、信号采集设备、GPS 定位模块、无线传输装置等组成，其连接关系及原理框图如图 6.3 所示。

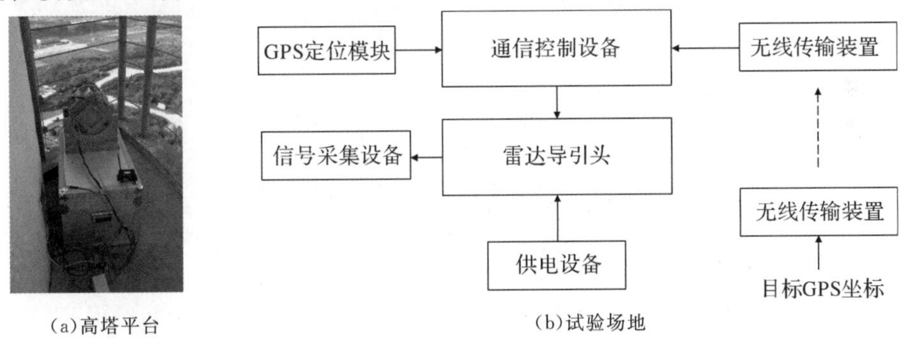

(a)高塔平台　　(b)试验场地

图 6.3 导引头及其综测系统框图

导引头加电设备为导引头供电，无线传输装置接收来自转台控制系统的目标 GPS 位置信息，GPS 定位模块获取导引头自身位置信息，通过导引头通信控制设备控制导引头完成对目标的跟踪和数据采集。下面列举典型带宽条件下探测回波经过脉冲压缩及多普勒处理后的回波特性。

图 6.4 给出了采用点频发射信号时的回波信号的处理结果。图 6.4(a)为距离多普勒谱，图 6.4(b)为在多普勒维的回波特性。

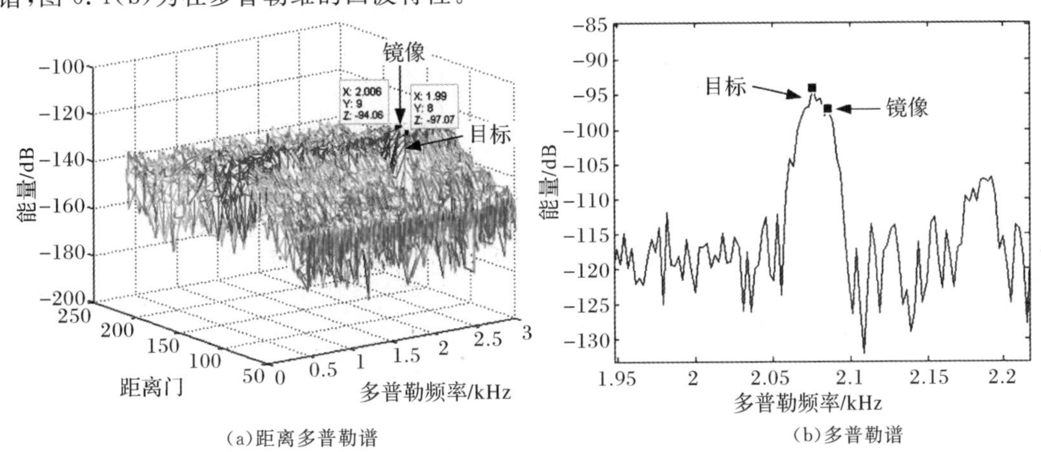

(a)距离多普勒谱　　(b)多普勒谱

图 6.4 点频目标回波特性

在这组结果中,波束指向为俯仰角−22.2°、方位角14.7°,对应着草地环境的布儒斯特角方向。由于目标飞行很低,在距离为目标与镜像很难分辨。在图6.4(a)中可以看到主杂波、目标与镜像,通过估算目标与镜像的位置结合图6.4(b),目标与镜像在多普勒维可以大致分辨。但是由于在点频模式下,目标能量主谱宽度较宽,镜像与目标混叠在一起,分辨率较低。图6.5比较了采用线性调频宽带信号的回波特性。图6.5(a)与图6.5(b)分别为带宽为20 MHz和80 MHz时的回波距离多普勒谱。

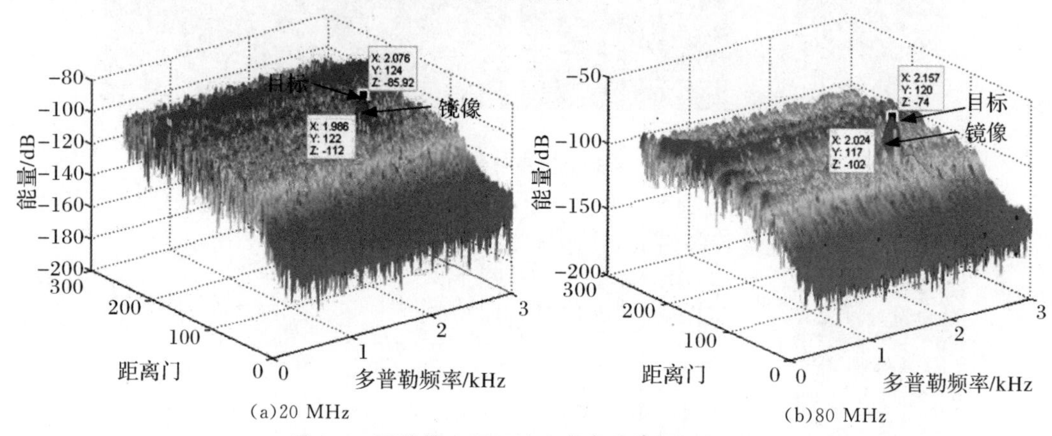

(a)20 MHz　　(b)80 MHz

图6.5　两种带宽下回波距离多普勒普特性比较

线性调频模式的距离和多普勒分辨率更高,在带宽为20 MHz时,目标与镜像在距离维和多普勒维都更明显地分辨,带宽越宽目标与镜像分离现象越明显。线性调频模式下的地杂波在主瓣照射范围内的主杂波功率更大,波束照射的距离门内边带能量更高。图6.6与图6.7比较了不同带宽下的信杂比以及目标与镜像的信干比。

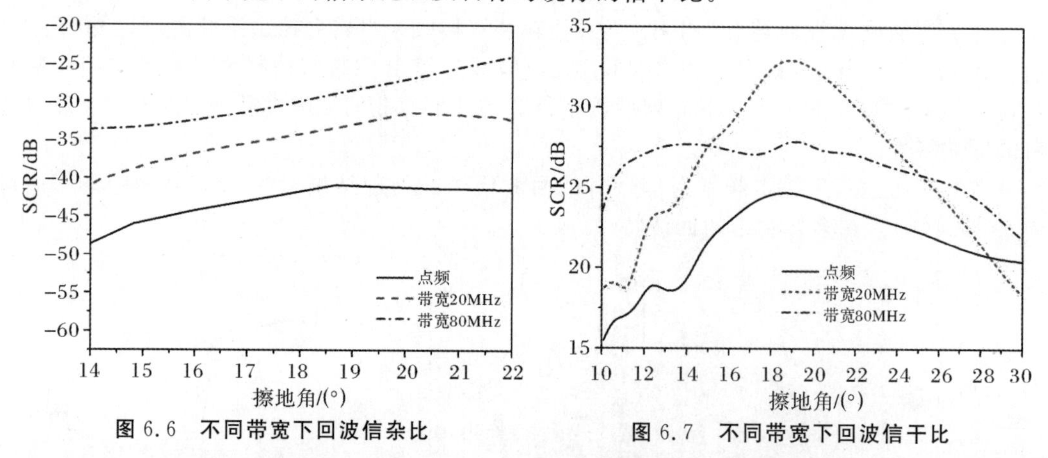

图6.6　不同带宽下回波信杂比　　图6.7　不同带宽下回波信干比

从图6.6也可以看到,随着带宽增大,信杂比明显增大,但是在图6.7中可以看出,由于随着带宽增大,目标出现分裂,在带宽为80 MHz时,部分擦地角上的回波信干比反而要弱于带宽为20 MHz时的情形。

6.1.2　半主动体制

开展半主动体制雷达导引头高塔试验,进一步探寻在半主动工作体制下雷达导引头采用不同带宽探测的回波特性。半主动雷达导引头高塔试验场地配置如图6.8所示。

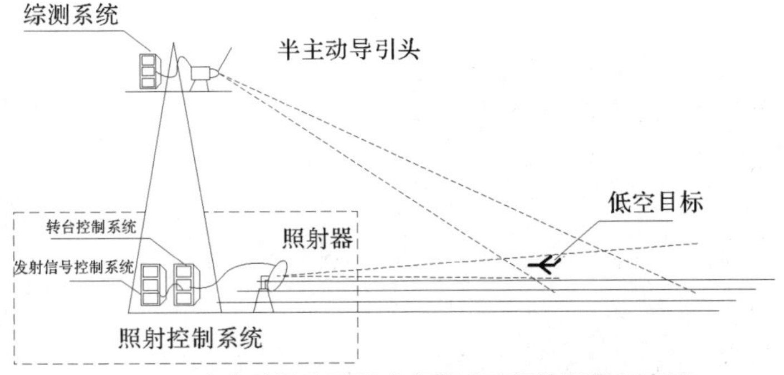

图6.8　半主动雷达导引头高塔试验场地配置示意图

试验设备主要包括半主动雷达导引头、导引头综合测试设备、照射控制系统、目标无人机等。照射控制系统如图6.9所示，包括发射天线、转台及转台控制系统、功率放大器、信号源及控制系统、GPS定位模块、无线传输装置等，图6.9(b)给出了照射控制系统的原理框图，信号源与功率放大器在发射信号控制系统的控制下负责信号的产生、放大、跟踪和照射。发射天线安装在转台上，转台放在高塔下，通过转台调整对目标的照射角度。

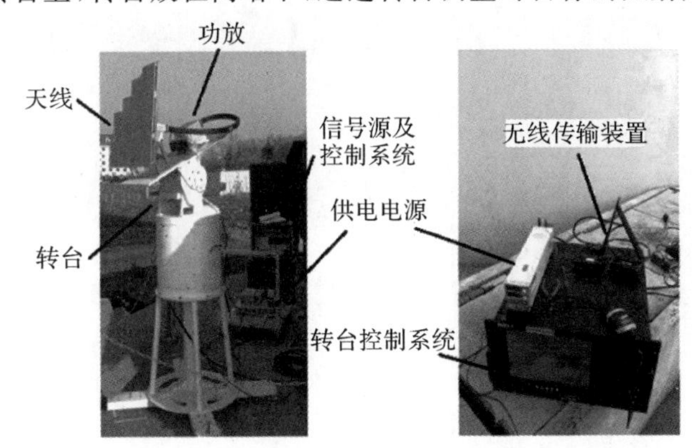

(a)照射控制系统实物

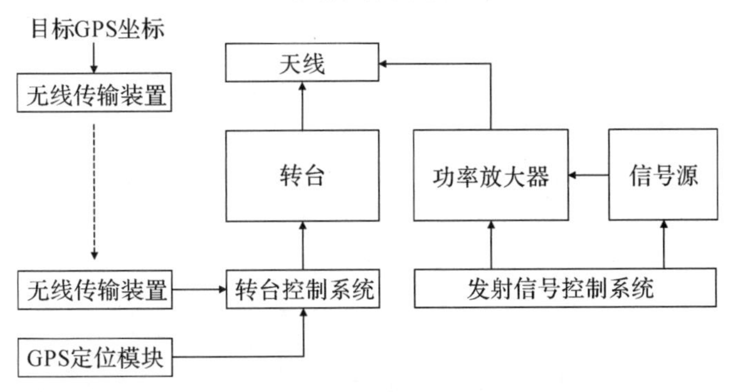

(b)照射控制系统原理图

图6.9　半主动雷达导引头照射控制系统

导引头放置于高塔顶部，距离地面90 m，无人机采用大疆M600Pro，同样悬挂金属球增大截面积，无人机主要是迎头飞行，飞行高度约30 m，飞行速度约15 m/s；试验主要采集擦地角在 10°～31°之间的场景数据，根据空间位置关系，对应无人机在飞行方向上到高塔的地距为 100～340 m。试验区域场景如图 6.10 所示。

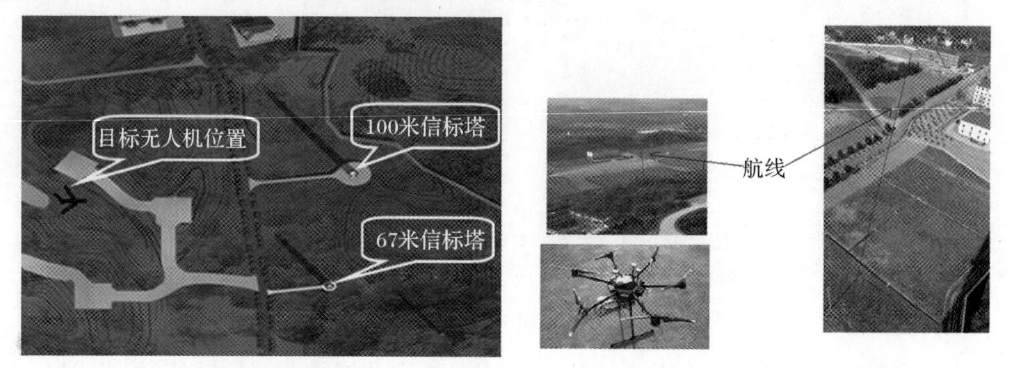

(a)试验场地区域　　(b)无人机及飞行航路

图 6.10　半主动雷达导引头高塔回波采集试验场景

导引头工作模式主要选取点频脉冲和线性调频脉冲模式，图 6.11 给出了采用点频连续波探测时的回波信号处理结果。

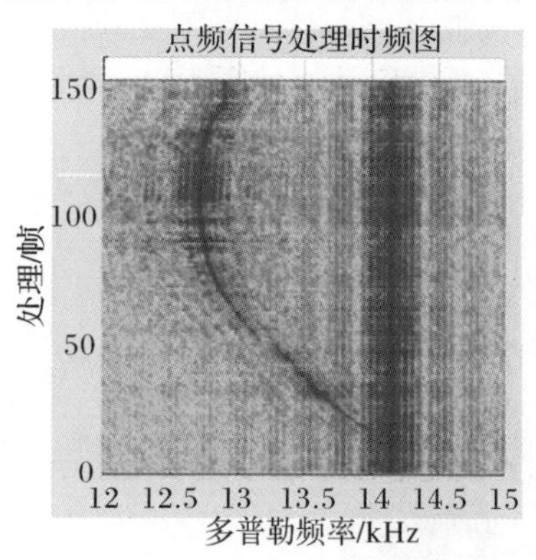

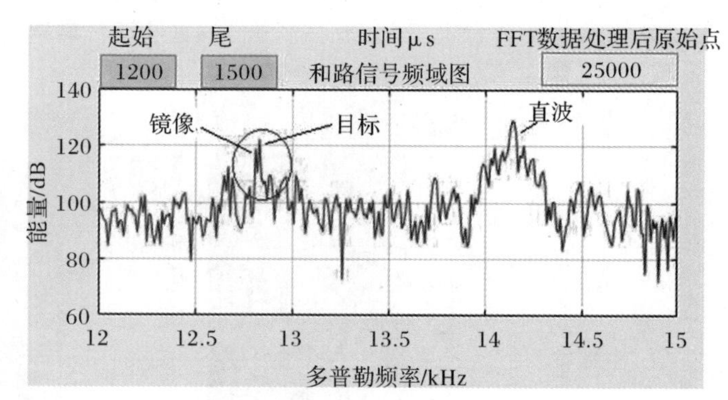

图 6.11　点频回波处理结果

红色圈中两个最高的频率分量为目标和镜像，其多普勒频差为 20Hz。目标与镜像的时频域航迹图如图 6.12 所示，距离-多普勒图如图 6.13 所示，其中红色实心圆圈为目标、黑色空心圆圈为镜像。

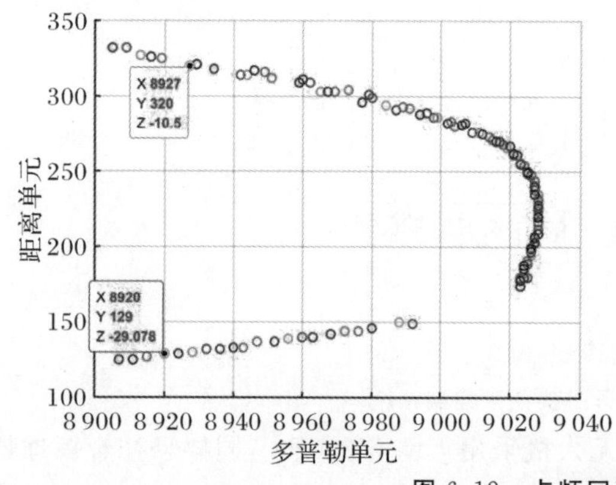

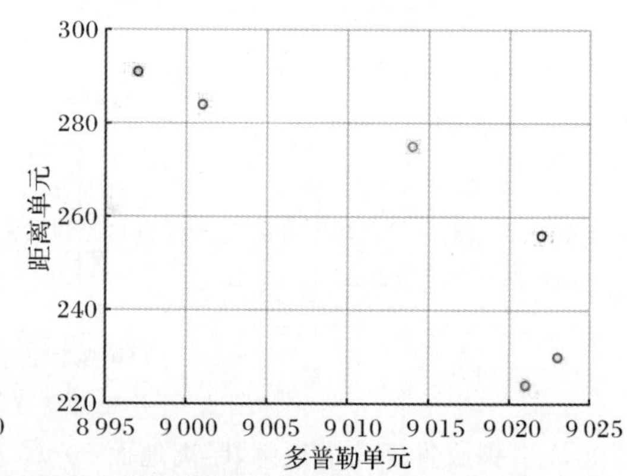

图 6.12　点频回波目标和镜像点迹

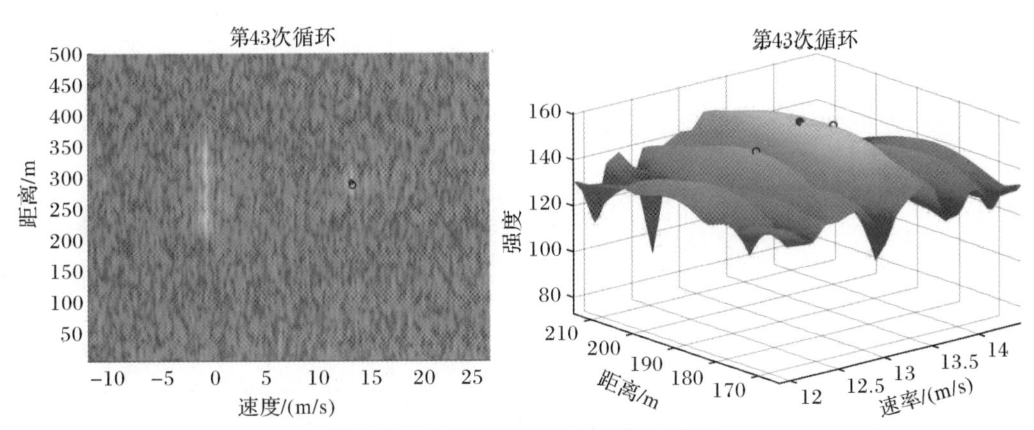

图 6.13 点频回波距离-多普勒三维图

图 6.14 给出了信号带宽为 10 MHz 条件下的目标与镜像时频域航迹图。图 6.15 给出了距离-多普勒图,其中红色实心圆圈为目标、黑色空心圆圈为疑似目标镜像。

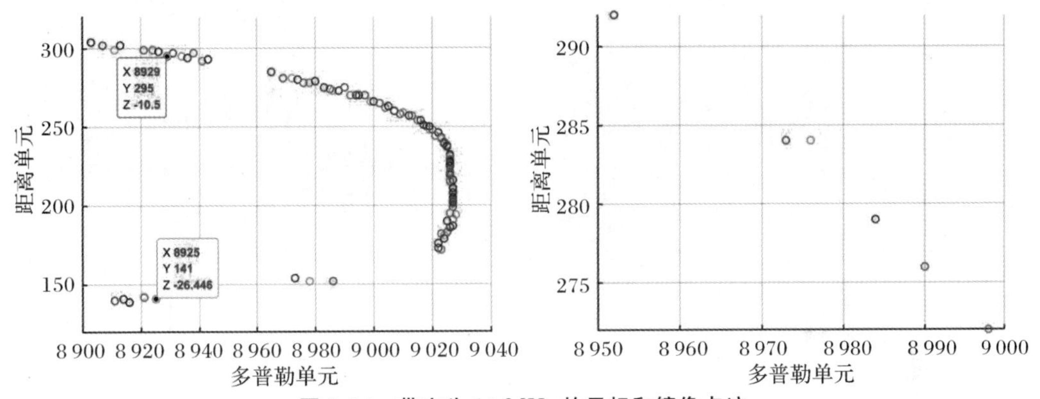

图 6.14 带宽为 10 MHz 的目标和镜像点迹

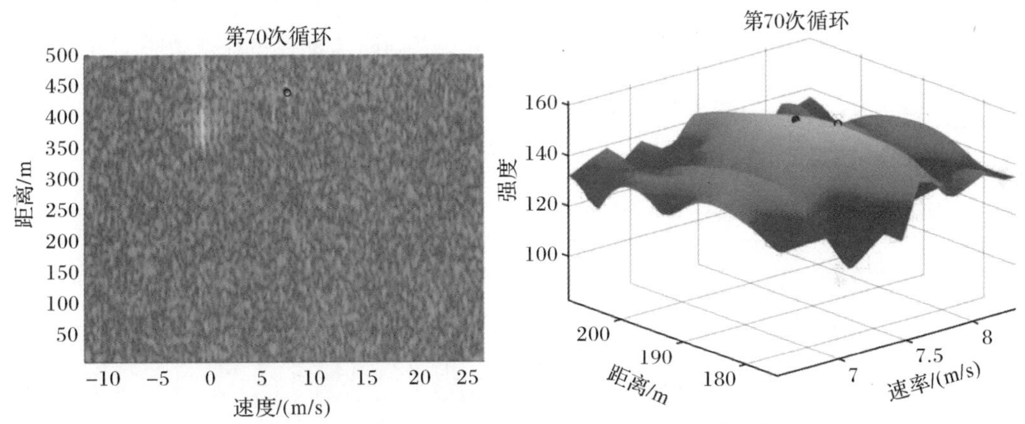

图 6.15 带宽 10 MHz 第 70 帧数据距离-多普勒三维图

图 6.16 给出了信号带宽为 10 MHz 条件下的目标与镜像时频域航迹图。图 6.17 给出了距离-多普勒图,其中红色实心圆圈为目标、黑色空心圆圈为疑似目标镜像。

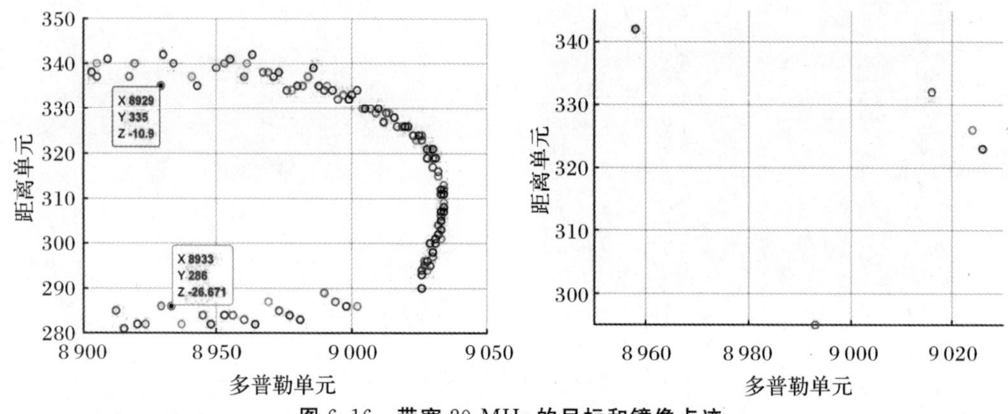

图 6.16 带宽 20 MHz 的目标和镜像点迹

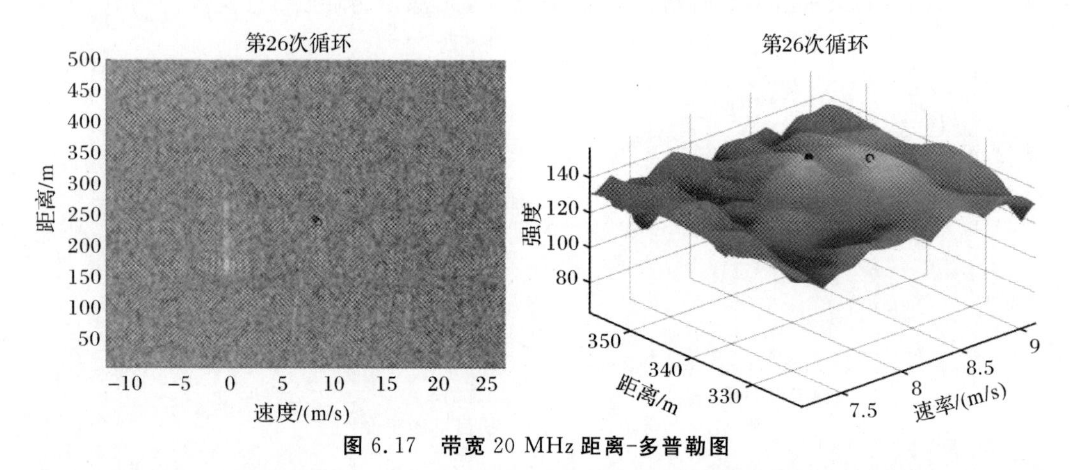

图 6.17 带宽 20 MHz 距离-多普勒图

图 6.18 给出了信号带宽为 10 MHz 条件下的目标与镜像时频域航迹图。图 6.19 给出了距离-多普勒图,其中红色实心圆圈为目标、黑色空心圆圈为疑似目标镜像。

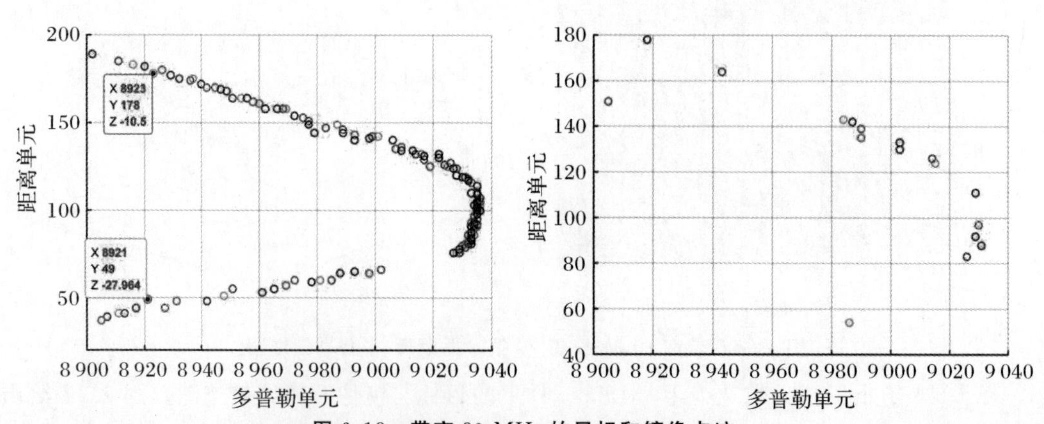

图 6.18 带宽 80 MHz 的目标和镜像点迹

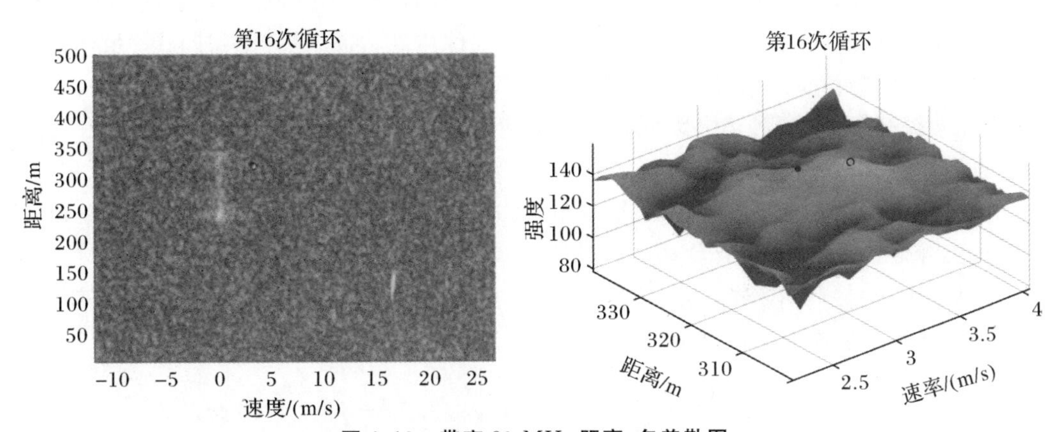

图 6.19 带宽 80 MHz 距离-多普勒图

可以看出，线性调频宽带波形相对点频波形的目标与镜像分离程度更明显，带宽越宽目标与镜像分离越大。

6.2 挂飞试验

6.2.1 地面挂飞

地面环境挂飞试验采用选用“运 5 运输机”型号飞机挂载雷达导引头模拟高动态运动的雷达导引头进行探测，无人机挂载目标球低空飞行。开展陆地环境上方超低空目标回波探测试验。导引头载机及导引头挂载方式如图 6.20 所示。

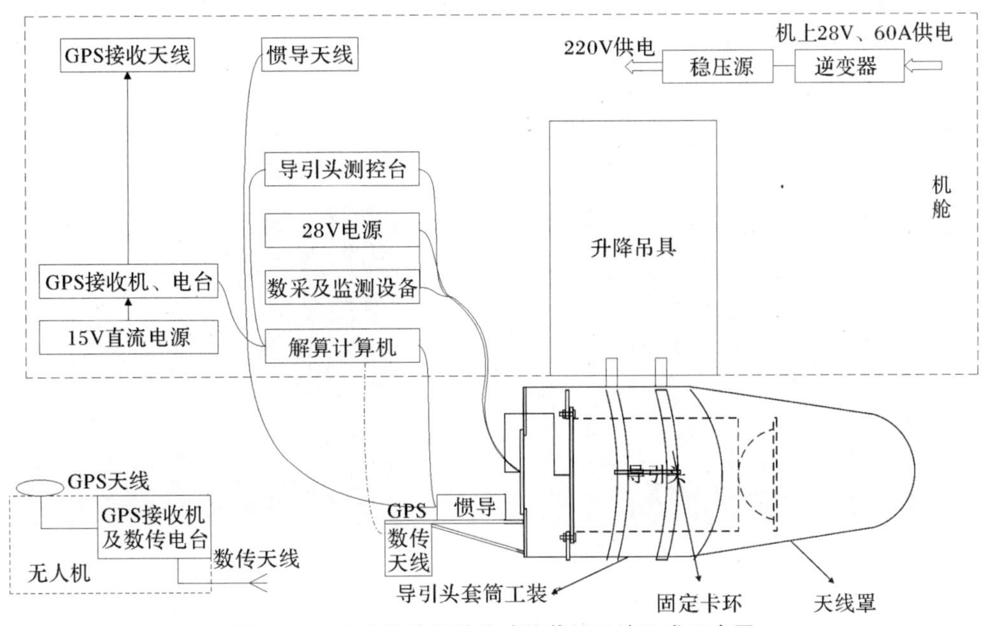

图 6.20 主动雷达导引头试验载机系统组成示意图

吊舱内安装导引头和惯导。导引头和惯导与机舱内设备通过穿舱电缆连接。无人机上的 GPS 数据，通过数传电台传给载机平台上的引导计算机。根据飞机实时 GPS 坐标信息、姿态（惯导）信息解算飞机相对目标点的角度（方位角、俯仰角），发送给导引头上位机，使得上位机下发控制指令，控制导引头伺服始终指向目标点。测试设备主要包括测控台、上位机、直流稳压电源、数据采集/处理/存储平台、引导计算机、逆变器等。直流稳压电源完成对导引头的供电。导引头通过控制台进行加电，通过上位机控制对导引头工作模式方位角、俯仰角、距离等信息的装订，引导计算机通过惯导和 GPS 信息进行目标相对位置的解算。航线针对待测区域采用分段循环设计方式，在景物上方完成循环飞行航线，并以最短航线过渡，采集回波背景主要为机场混凝土跑道与草地区域如图 6.21 所示。

(a)草地试验场地

(b)机场跑道试验场地

图 6.21 陆地挂飞试验场地

回波采集方式采用凝视模式。导引头视场始终对准航线正前方固定区域，直至过顶，确保能采集 10°～ 45°范围的地物背景。这样做的好处是可确保波束照射的区域地物类型一致。获得的数据均为同一背景，可比性强，保持杂波背景区域不变。主要采集不同带宽、擦地角及不同背景下的回波数据。目标飞机可以将实时 GPS 坐标信息、姿态信息解算结果置给导引头，使导引头始终指向目标。采集到的不同波形带宽下运动目标、镜像、地杂波数据，用于对比不同带宽下的信杂比、不同擦地角下的信干比变化情况。图 6.22 与图 6.23 分别给出了在点频、10 MHz、40 MHz 与 80 MHz 时，跑道与草地环境下的回波距离多普勒图（自动增益控制已补偿）。

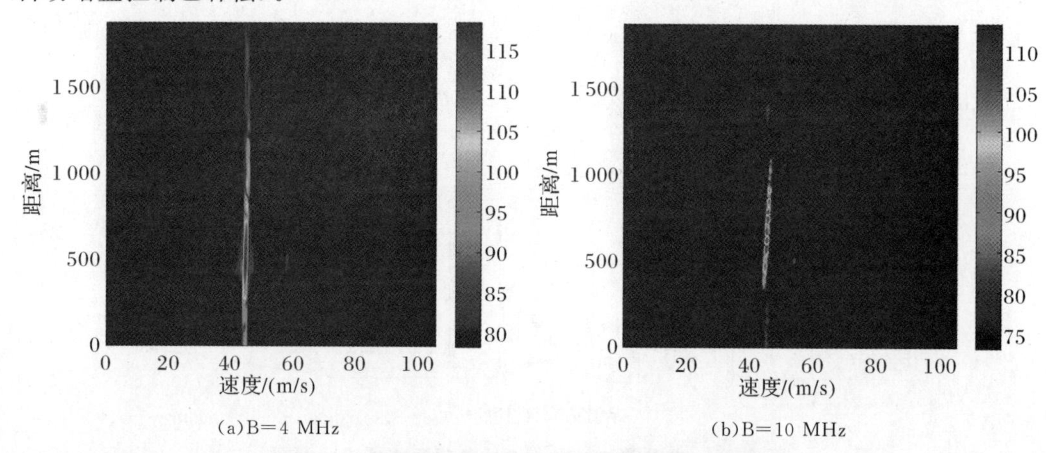

(a)B=4 MHz　　(b)B=10 MHz

图 6.22 跑道地面环境采集区回波距离多普勒图

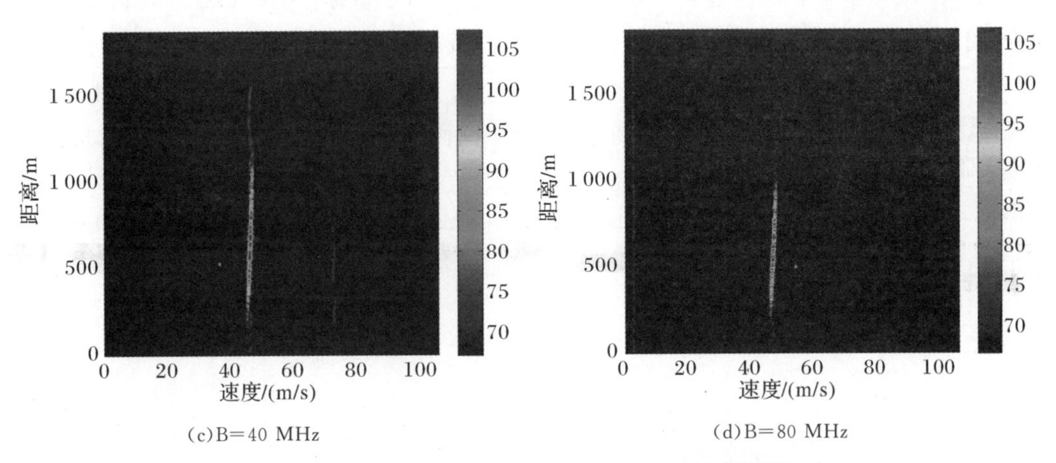

(c)B=40 MHz　　(d)B=80 MHz

续图 6.22　跑道地面环境采集区回波距离多普勒图

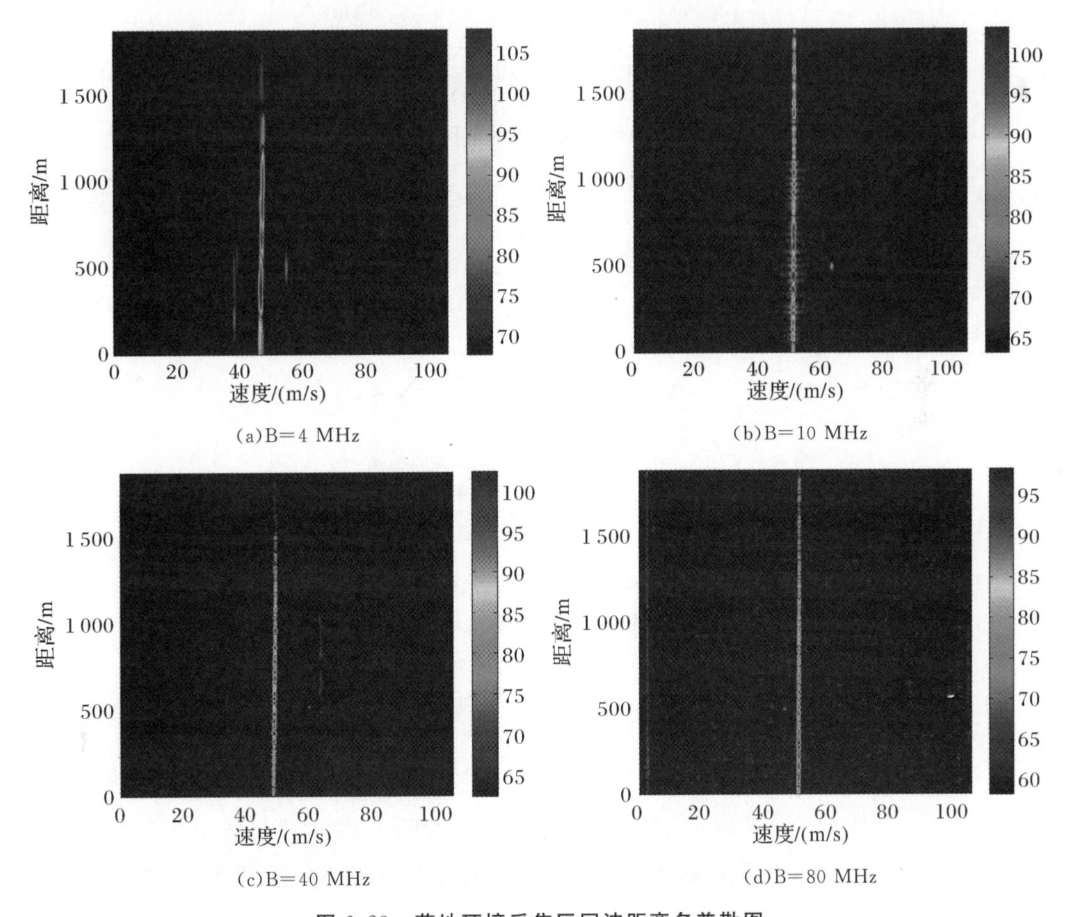

(a)B=4 MHz　　(b)B=10 MHz

(c)B=40 MHz　　(d)B=80 MHz

图 6.23　草地环境采集区回波距离多普勒图

可以看到，对于陆地和草地环境，杂波峰值功率同样随着带宽的增加而减小。需要指出的是，由于数据采集使用引导模式，以载机/目标估计距离为参考，在宽度为 9 μs 的波门内采集数据。距离多普勒图仅包含主杂波和目标信息。由于目标(无人机)在一定区域内循环飞行,目标/载机相对径向速度不断变化。当目标/载机相对径向速度较小时,由于主瓣杂波在不同距离单元上的扩展,不能通过多普勒一维滤波进行杂波抑制和目标检测。图 6.24 与图 6.25 给出了草地和跑道环境下信杂比随擦地角和带宽的变化,可以看到在两种环境下随着带宽增加,信杂比都可得到显著改善。

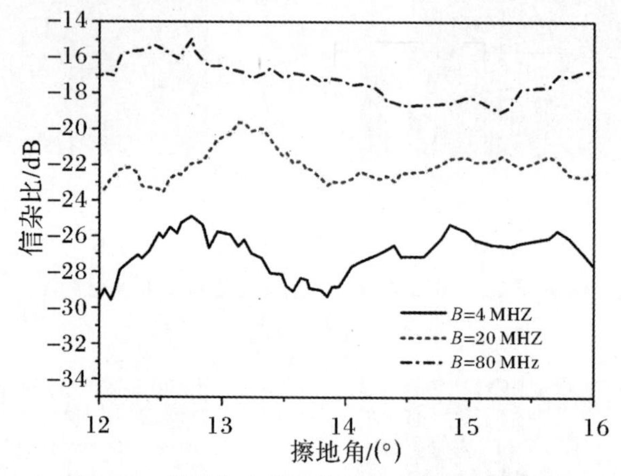

图 6.24　草地信杂比随擦地角和带宽变化曲线

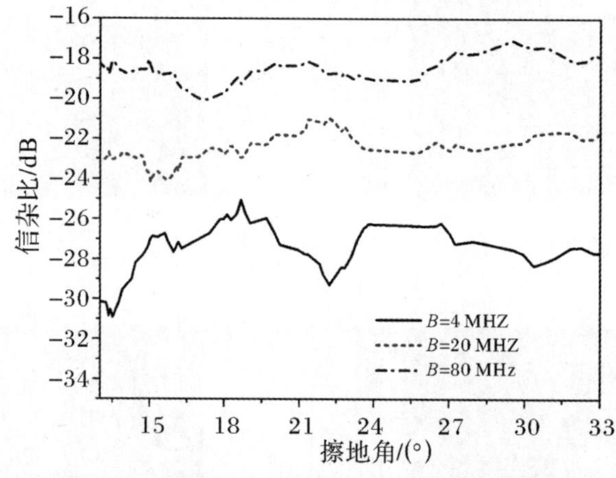

图 6.25　跑道信杂比随擦地角和带宽变化曲线

6.2.2　海面挂飞

导引头挂飞掠海目标动态回波数据采集试验,进一步研究高动态导引头掠海目标回波特性。试验地点选择在三亚某地,试验中采用双机对飞形式,录取不同导引头信号带宽、探测距离、擦海角等条件下的掠海目标动态回波并进行信号处理与分析,校验动态回波数值仿真结果,进一步挖掘掠海目标的目标回波、多径、杂波特性规律。挂飞试验各分系统的配置组成如图 6.26 所示。

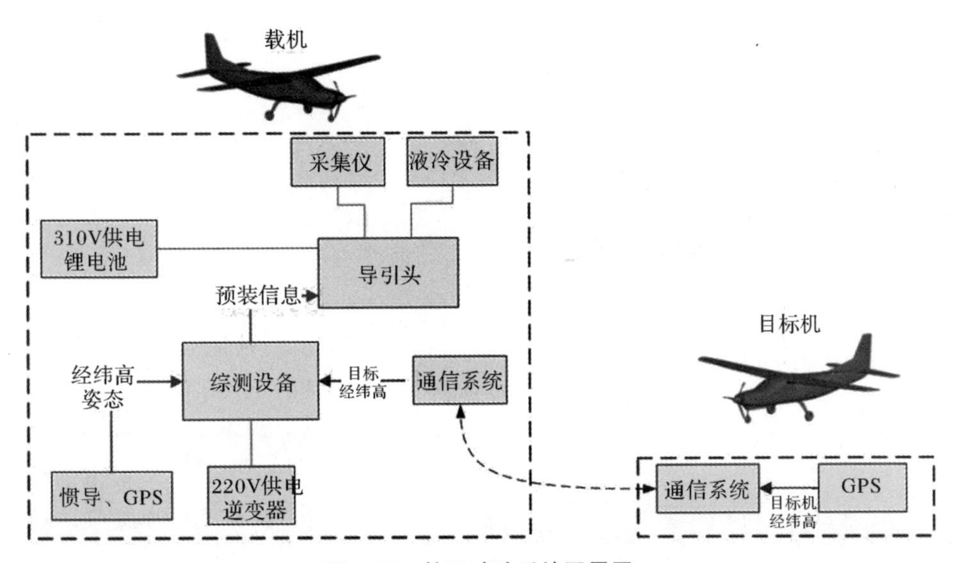

图 6.26　挂飞试验系统配置图

挂飞试验系统的各个组成设备分别装在载机和目标机上。载机上的主要设备包括惯导和 GPS 设备、无线通信系统、Ku 波段导引头及天线罩、导引头测控设备、导引头固定工装设备、附属的综测设备、数据采集仪、液冷和供电设备等。导引头仍采用 Ku 波段主动导引头，输出相参采样时钟和发射同步脉冲。改制后，导引头的信号波形瞬时带宽可在 10～80 MHz变化。数据采集器采用外部时钟、外触发同步，采样时钟为 192 MHz，具有四通道可采集导引头和路、方位差路和俯仰差路输出的 240 MHz 中频信号与一路脉冲同步信号。惯导和 GPS 设备获取载机位置、高度以及姿态信息，无线通信系统从目标机获取其位置信息，并传送至综合测试设备(工控机)。目标机上主要设备有 GPS 装置、无线通信系统以及附属供电等设备，另外目标机上固定放置一个 Ku 波段信标机，通过机内的射频信号源辐射信号，导引头波束通过跟踪信标调整波束照射目标。载机与目标机都选用“塞斯纳 208”型号飞机。试验过程中，目标靶机与携带测试导引头的载机循环飞越试验场景区域，测试场景中的飞行航线约为 30 km，每个循环次装载不同的信号带宽，获取不同信号带宽下掠海目标回波特性，如图 6.27 所示。载机飞行在约 1 200 m 的高度，目标机飞行在约 100 m 的高度，导引头挂在载机下方，载机和目标机起飞后，根据设定的航线相对飞行，载机和目标同时进入预先设定的进入点，进入航路后，上位机根据 GPS 定位系统可确定载机与目标机的相对位置关系，测试设备按照 GPS 数据计算波束指向角度和弹目距离信息，将这些信息再发送给导引头，通过调整波束跟踪信标，使得波束照射目标场景区，通过记录载机在每一回波采集帧所对应的惯导角度与波束指向角度，可以进一步比较不同照射角下的掠海目标回波特性。

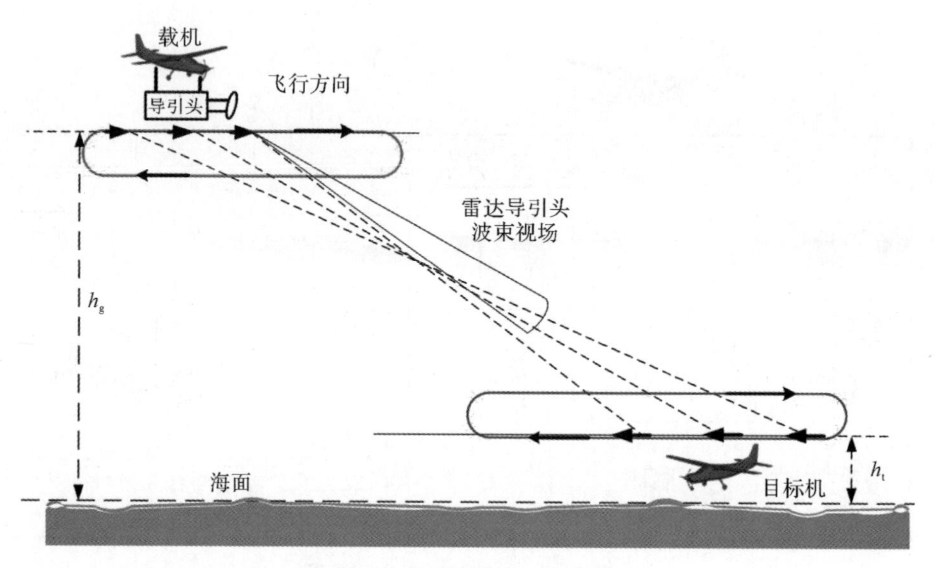

图 6.27 挂飞试验场景示意图

用风速仪、红外测距仪辅助指南仪器分别测量风速大小和风向，通过多次测量取平均获取挂飞场景的风速海况参数，通过相机拍摄挂飞场景的海面状况如图 6.28 所示。在多个时段取样海水且用盐度计与温度计测量取平均，获取海水平均温度 T(℃)与盐度 S(‰)，通过 Debye 模型计算海水的介电常数。本次试验中测得，海面上方 10 m 处的平均风速为 $U_{10}=1.2$ m/s，风向与雷达照射方向的夹角为 45°，海水温度 $T=29.5$ ℃，盐度 $S=29.2$‰，在 16 GHz采用双 Debye 模型可计算得到海水介电常数为 48.22+36.83j。

图 6.28 挂飞试验场实际海面拍摄图

图 6.29(a)给出了在带宽设置为 20 MHz 时，弹目斜距为 7.953 km，导引头仰角为 10.62°时的挂飞数据处理后的距离-多普勒谱，图 6.29(b)给出了带宽设置为 20 MHz 时，其他试验条件参数相同时的距离-多普勒谱结果。

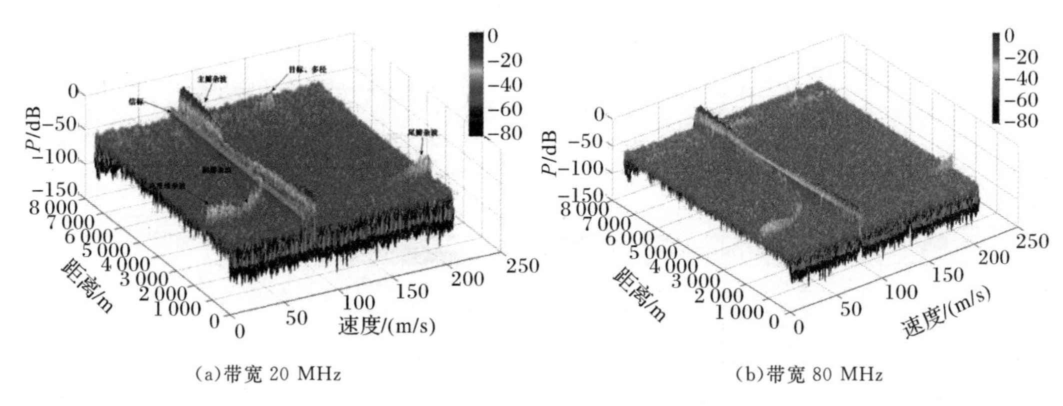

(a)带宽 20 MHz　　(b)带宽 80 MHz

图 6.29　不同带宽条件下挂飞试验回波距离-多普勒谱

由图 6.29(a)可以看到导引头全视景的回波距离多普勒谱，这一点不同于地面挂飞试验，回波成分中包含主瓣杂波、副瓣杂波、高度线杂波、目标回波、镜像等，除此之外，还可以看到信标与尾瓣杂波。信标是挂飞试验中为载机波束调度提供标定，尾瓣杂波是由天线后向辐射能量照射海面散射产生的，具有负多普勒频率。带宽为 80 MHz 时，杂波距离单元变得更加分散，同时单个距离单元内杂波强度相比带宽为 20 MHz 时有所减弱，这也印证了杂波随带宽的变化规律。图 6.30 进一步将带宽为 80 MHz 与带宽为 20 MHz 时采集回波处理后，在多普勒维(速度)进行对比。

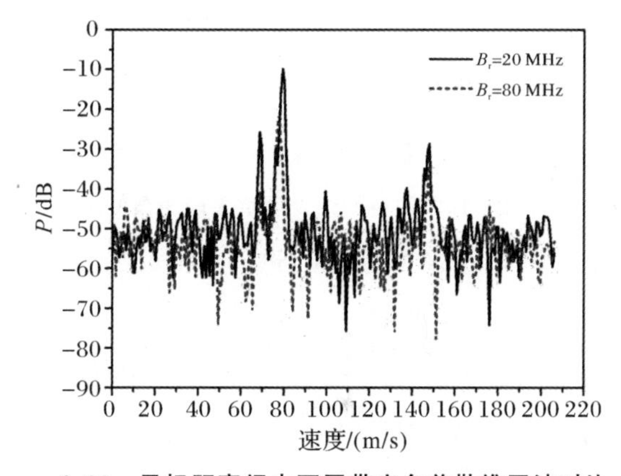

6.30　**目标距离门内不同带宽多普勒维回波对比**

可以看到带宽变宽使得杂波更加离散，杂波功率下降。在这组对比中，目标与镜像随带宽的变化并不明显，目标、多径强度随带宽变化并未展现出特定规律。

图 6.31 给出了在不同擦地角下、不同带宽下的回波信杂比变化。

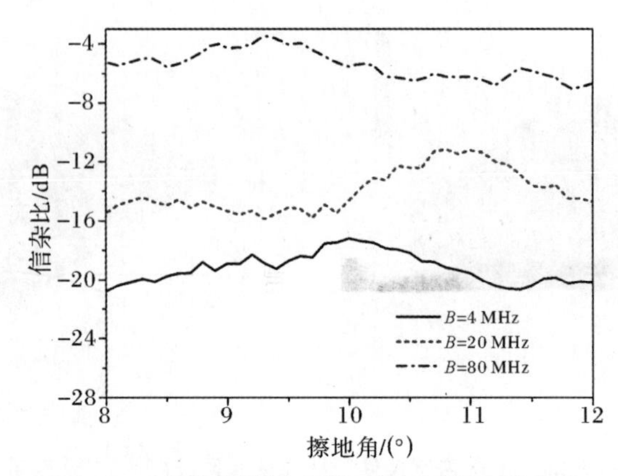

图 6.31　掠海回波测试处理结果随距离的变化

可以看到信杂比随带宽在各个擦地角上都有明显的改善。图 6.32 进一步给出了弹目斜距为 11.488 km 和 14.376 km 时挂飞采集回波的距离-多普勒谱，可以看出，这时的弹目距离超出了单值测距范围，导引头的回波产生了距离模糊，导致杂波在距离维均匀分布。

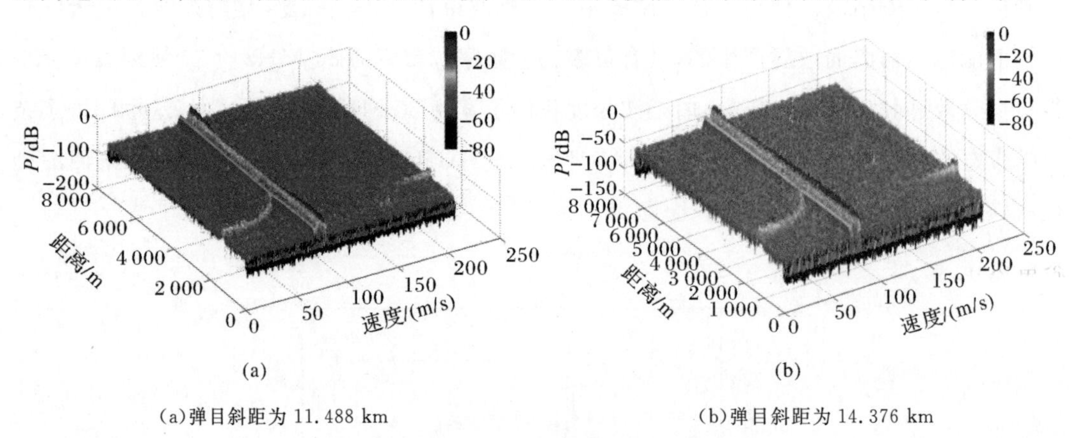

(a)弹目斜距为 11.488 km　　(b)弹目斜距为 14.376 km

图 6.32　掠海回波测试处理结果随距离的变化

通过挂飞过程导引头探测角度的变化关系，进一步探究目标、多径强度随探测角度的变化。定义信干比(Signal Interference Ratio，SIR)为目标信号与多径干扰的功率比。求取载机飞行时探测到目标与多径的信干比，根据目标预设位置，找到目标信号在距离-多普勒谱中的位置，并求取峰值点的功率作为信号功率。在目标信号周围设置计算区，在计算区内根据目标位置挖去目标信号，再搜索最大值作为多径干扰的功率，再将两者取比。图 6.33 给出了在距离-多普勒图中目标与多径回波的比较，图 6.34 给出了在带宽为 20 MHz 时，记录下挂飞过程中每一时间帧提取的信干比与擦海角。可以看出在擦海角为 8.37°时有最小值，这个位置也在海面布儒斯特角的位置，这也印证了海环境中掠海目标后向多径回波存在布儒斯特效应，同时也印证了第 3 章中通过电磁计算得到的多径散射广义布儒斯特效应。

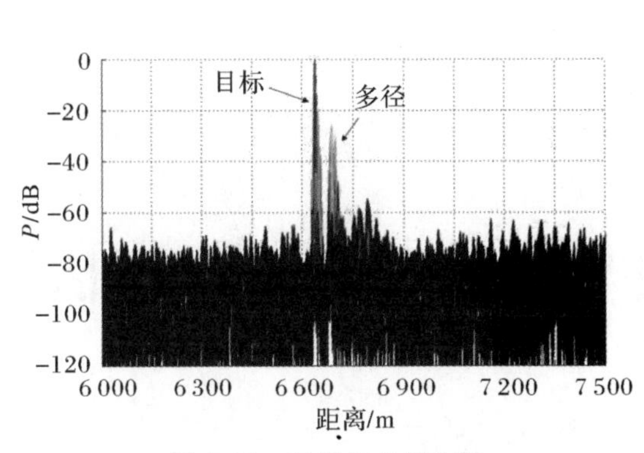

图 6.33　目标与多径比较

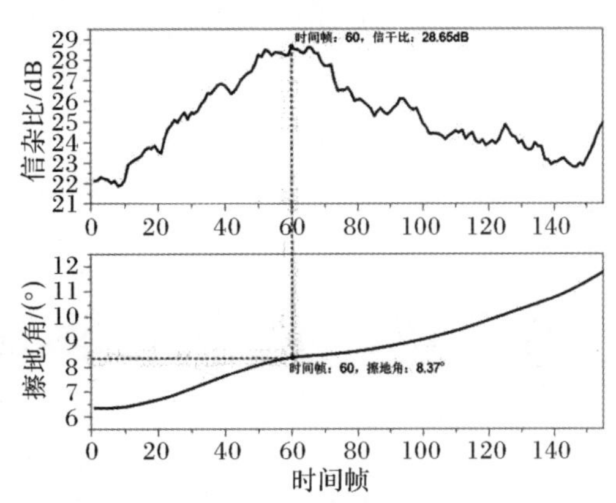

图 6.34　不同时间帧的信干比及擦海角

6.3　本章小结

本章介绍了基于宽带雷达导引头平台开展的外场试验过程及结果分析。外场试验由于试验场地及自然条件的限制再完全真实地模拟实际弹道飞行中的导引头回波特性有一定局限性，但也能基本反映宽带导引头体制的优势。本章介绍的试验主要包括：一是基于半主动及主动体制雷达导引头的高塔试验，采集不同带宽下高塔试验场地杂波的回波数据并进行特性分析，在静态时观察导引头不同带宽下回波及镜像特性，可以看到宽带体制对信杂比的改善效果以及镜像与目标信干比随导引头视角的变化。二是开展了地/海面多环境下高动态雷达导引头回波采集的挂飞试验。通过试验处理结果可以区分出各种距离多普勒域上的杂波成份以及目标与镜像。同时可以观察到在满足目标不分裂的条件下。采用宽带信号对杂波有一定抑制作用，有利于提高信杂比和雷达检测能力。观察导引头装订不同带宽时回波的距离多普勒谱，可以看到信号带宽宽时，目标距离单元内杂波相对窄带时减弱，在载机飞行过程中，观察信干比随飞行过程中探测视线角的变化，可以印证镜像散射的布儒斯特效应。

第7章 宽带抗杂波与目像分离效果评估

7.1 宽带抗杂波效果

脉冲多普勒体制的雷达回波经过前面介绍的信号处理会得到比较直观的距离-多普勒图，其包含目标回波、多径及杂波三部分。当目标与环境参数、雷达参数发生变化时，雷达回波的分布也会发生变化。雷达检测目标时会受到来自环境的杂波干扰，为了提高雷达的检测概率，准确探测与稳定跟踪目标，就需要用目标与杂波功率之比(SCR)这一特征量来进行评估。该特征量会受到环境参数的影响。

7.1.1 地面环境

1. 环境参数

【算例7.1】相对介电常数。计算条件如下：

运动参数：雷达位置矢量为 $\boldsymbol{S}_{\mathrm{p}}$(6 000 m，0，2 000 m)，速度矢量为 $\boldsymbol{V}_{\mathrm{s}}$(−300 m/s，0，0)；目标位置矢量为 $\boldsymbol{T}_{\mathrm{p}}$(0，0，50 m)，速度矢量为 $\boldsymbol{V}_{\mathrm{T}}$(100 m/s，0，0)，目标雷达仰角为 θ_{t}。

雷达参数为：主动体制，旁瓣电平为 −20 dB，工作频率在 Ku 波段，积累脉冲数为 256 个，天线主波束指向目标中心，入射和接收均为 VV 极化。

目标环境复合模型：目标模型为直径 30 cm 导体球，环境面轮廓起伏为 $H_x=1\times10^{-3}$ m，$L_x=0.6$ m，小尺度起伏为 $h=1\times10^{-4}$ m，$l_x=0.04$ m。

计算中保持雷达与目标相对位置不变，分别计算了环境介电常数 ε_{r} 分别为 3−j10、20−j10、40−j10 时的信杂比随带宽的变化。结果如图 7.1 所示，可以看出：当环境相对介电常数发生变化时，环境的后向散射系数增加，环境散射单元的大小不变，每个单元的后向 RCS 增加，反映在距离-多普勒二维图中杂波功率就会增加，信杂比随带宽变化的曲线就会整体减小。由于该算例中目标为导体球，其后向 RCS 基本保持不变，即目标回波功率也不发生改变，信杂比的提高主要是通过带宽增加对杂波的抑制实现的。这说明，通过增加调频带宽，提高雷达的距离分辨力能够极大地离散杂波，进而降低杂波的整体水平，这就能提高目标的检测概率，实现对目标准确稳定的探测与跟踪。

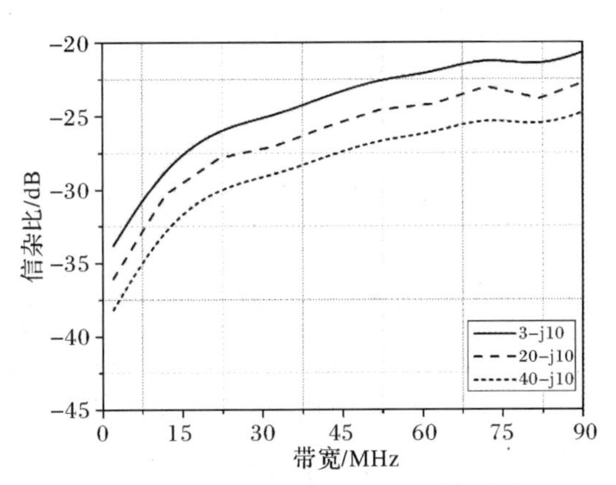

图 7.1　不同介电常数时信杂比随带宽变化规律

【算例 7.2】环境大均方根高度。计算条件如下：

运动参数：雷达位置矢量为 $\boldsymbol{S}_{\mathrm{p}}$(6 000 m,0,2 000 m)，速度矢量为 $\boldsymbol{V}_{\mathrm{s}}$(−300 m/s,0,0)；目标位置矢量为 $\boldsymbol{T}_{\mathrm{p}}$(0,0,50 m)，速度矢量为 $\boldsymbol{V}_{\mathrm{T}}$(100 m/s,0,0)，目标雷达仰角为 θ。

雷达参数为：主动体制，旁瓣电平为 −20 dB，工作频率在 Ku 波段，积累脉冲数为 128 个，天线主波束指向目标中心，入射和接收均为 VV 极化。

目标环境复合模型：目标模型为直径 30 cm 导体球，环境面轮廓起伏为 $L_x=0.6$ m，小尺度起伏为 $h=1\times10^{-4}$ m，$l_x=0.04$ m，环境面相对介电常数为 $\varepsilon_{\mathrm{r}}=20-\mathrm{j}10$。

计算中保持雷达与目标相对位置不变，分别计算了环境面起伏 H_x 为 0.001 m、1 m 及 5 m 时的信杂比随带宽的变化。结果如图 7.2 所示，可以看出：当环境面的轮廓均方根高度变大时，环境面的起伏加大，环境后向散射系数增强，杂波单元的后向 RCS 随之增强，杂波功率也会增强，信杂比随带宽变化的曲线也就整体下降。这说明在平坦地面时的后向杂波较弱，粗糙地面的后向杂波较强，因此复杂环境中通过增加带宽来抑制杂波就变得很有必要。

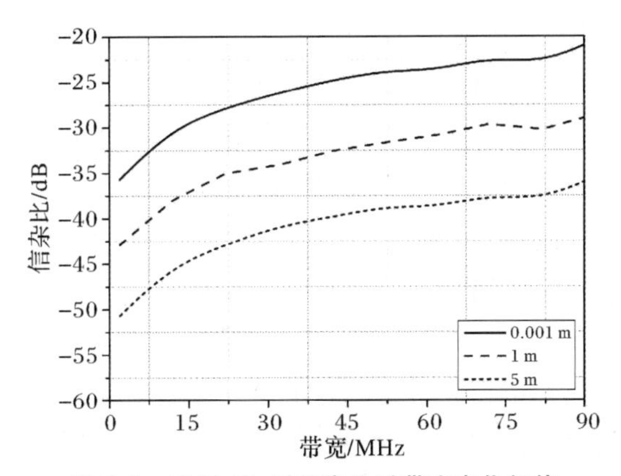

图 7.2　不同 H_x 时信杂比随带宽变化规律

【算例 7.3】环境大相关长度。计算条件如下：

运动参数：雷达位置矢量为 $\boldsymbol{S}_{\mathrm{p}}$(6 000 m,0,2 000 m)，速度矢量为 $\boldsymbol{V}_{\mathrm{s}}$(−300 m/s,0,0)；

目标位置矢量为 $\boldsymbol{T}_{\mathrm{p}}$(0,0,50 m),速度矢量为 $\boldsymbol{V}_{\mathrm{T}}$(100 m/s,0,0),目标雷达仰角为 θ。

雷达参数为:主动体制,旁瓣电平为－20 dB,工作频率在 Ku 波段,积累脉冲数为 128 个,天线主波束指向目标中心,入射和接收均为 VV 极化。

目标环境复合模型:目标模型为直径 30 cm 导体球,环境面轮廓起伏为 $H_x=1$ m,小尺度起伏为 $h=1\times10^{-4}$ m,$l_x=0.04$ m,环境面相对介电常数为 $\varepsilon_{\mathrm{r}}=20-\mathrm{j}10$。

计算中保持雷达与目标相对位置不变,分别计算了环境面起伏相关长度为 L_x 为 0.6 m、2 m 及 6 m 时的信杂比随带宽的变化。结果如图 7.3 所示,可以看出:当环境面轮廓的大相关长度变大时,环境面的起伏变缓,环境后向散射系数减小,杂波单元的后向 RCS 会随之减小,杂波功率会减弱,信杂比随带宽变化的曲线整体上升。这说明在起伏变化缓慢的环境下检测目标是有利的。

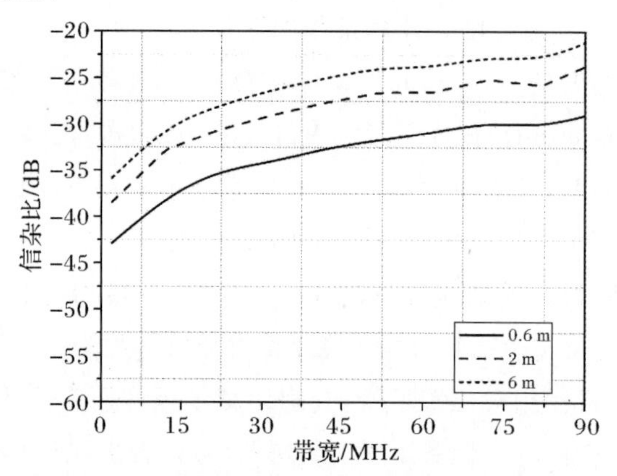

图 7.3 不同 L_x 时信杂比随带宽变化规律

【算例 7.4】环境小均方根高度。计算条件如下:

运动参数:雷达位置矢量为 $\boldsymbol{S}_{\mathrm{p}}$(6 000 m,0,2 000 m),速度矢量为 $\boldsymbol{V}_{\mathrm{s}}$(－300 m/s,0,0);目标位置矢量为 $\boldsymbol{T}_{\mathrm{p}}$(0,0,50 m),速度矢量为 $\boldsymbol{V}_{\mathrm{T}}$(100 m/s,0,0),目标雷达仰角为 θ。

雷达参数为:主动体制,旁瓣电平为－20 dB,工作频率在 Ku 波段,积累脉冲数为 128 个,天线主波束指向目标中心,入射和接收均为 VV 极化。

目标环境复合模型:目标模型为直径 30 cm 导体球,环境面轮廓起伏为 $H_x=1\times10^{-3}$ m,$L_x=0.6$ m,小尺度起伏为 $l_x=0.04$ m,环境面相对介电常数为 $\varepsilon_{\mathrm{r}}=20-\mathrm{j}10$。

计算中保持雷达与目标相对位置不变,分别计算了环境面起伏相关长度为 h 为 0.01 m、0.001 m 及 0.0001 m 时的信杂比随带宽的变化。目标功率变化情况与算例 7.3 类似,这里不再赘述。

从图 7.4 可以看出:当环境面的大起伏上叠加的小起伏均方根高度变大时,环境面的粗糙度增加,环境后向散射系数增大,杂波单元的后向 RCS 会随之变大,杂波功率会增强,信杂比随带宽变化的曲线整体下降。这说明多尺度环境条件下,小起伏的粗糙度变大同样会使得 SCR 恶化,这对目标检测是不利的。

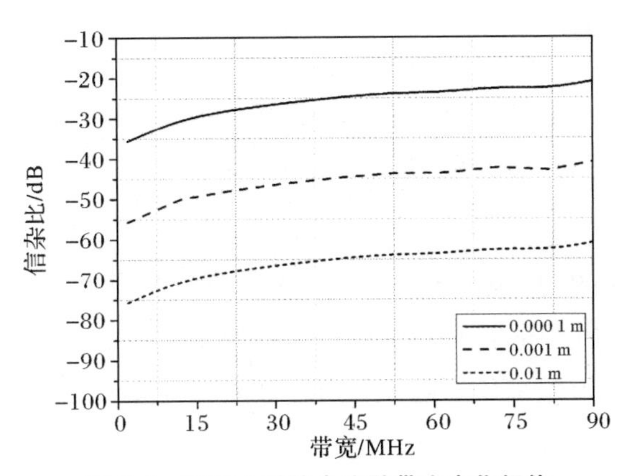

图 7.4　不同 h 时信杂比随带宽变化规律

【算例 7.5】环境小相关长度。计算条件如下：

运动参数：雷达位置矢量为 $\boldsymbol{S}_{\mathrm{p}}$(6 000 m,0,2 000 m)，速度矢量为 $\boldsymbol{V}_{\mathrm{s}}$(−300 m/s,0,0)；目标位置矢量为 $\boldsymbol{T}_{\mathrm{p}}$(0,0,50 m)，速度矢量为 $\boldsymbol{V}_{\mathrm{T}}$(100 m/s,0,0)，目标雷达仰角为 θ。

雷达参数为：主动体制，旁瓣电平为 −20 dB，工作频率在 Ku 波段，积累脉冲数为 128 个，天线主波束指向目标中心，入射和接收均为 VV 极化。

目标环境复合模型：目标模型为直径 30 cm 导体球，环境面轮廓起伏为 $H_x=1\times10^{-3}$ m，$L_x=0.6$ m，小尺度起伏为 $h=1\times10^{-4}$ m，环境面相对介电常数为 $\varepsilon_{\mathrm{r}}=20-\mathrm{j}10$。

计算中保持雷达与目标相对位置不变，分别计算了环境面起伏相关长度为 l_x 为 0.01 m、0.04 m 及 0.08 m 时的信杂比随带宽的变化。目标功率变化情况与算例 7.4 类似。

从图 7.5 可以看出：当环境面的大起伏上叠加的小起伏相关长度变大时，环境面的局部起伏变化会减缓，也就是斜率变化更平缓，等效为粗糙度减小，后向散射系数减小，杂波单元的后向 RCS 会随之减小，杂波功率变弱，信杂比随带宽变化的曲线整体抬升。

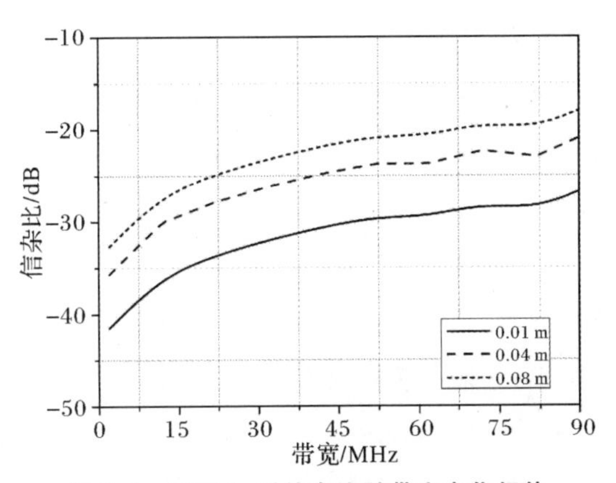

图 7.5　不同 l_x 时信杂比随带宽变化规律

2. 目标参数

【算例 7.6】目标类型。计算条件如下：

运动参数：雷达位置矢量为 $\boldsymbol{S}_{\mathrm{p}}$(6000 m,0,2 000 m)，速度矢量为 $\boldsymbol{V}_{\mathrm{s}}$(−300 m/s,0,0)；目标位置矢量为 $\boldsymbol{T}_{\mathrm{p}}$(0,0,50 m)，速度矢量为 $\boldsymbol{V}_{\mathrm{T}}$(50 m/s,0,0)，目标主轴指向 x 轴正向，目标雷达仰角为 θ。

雷达参数为：主动体制，旁瓣电平为 −20 dB，工作频率在 Ku 波段，积累脉冲数为 256 个，天线主波束指向目标中心，入射和接收均为 VV 极化。

目标环境复合模型：环境面轮廓起伏为 $H_x=1\times10^{-3}$ m，$L_x=0.6$ m，小尺度起伏为 $h=1\times10^{-4}$ m，$l_x=0.04$ m。地面相对介电常数为 $\varepsilon_{\mathrm{r}}=20-\mathrm{j}10$。

分别计算了直径为 30 cm 的导体球、第 2 章中介绍的图 2.1(b)模型 2 和图 2.1(d)模型 4。从图 7.6 的计算结果可以看出：因为三种条件下的环境的位置关系和环境参数均未发生改变，杂波功率基本保持不变，信杂比的大小就取决去目标回波的强弱，第 2 章中已经介绍过，图 2.1(d)模型 4 对应的目标功率最大，图 2.1(b)模型 2 的最小。

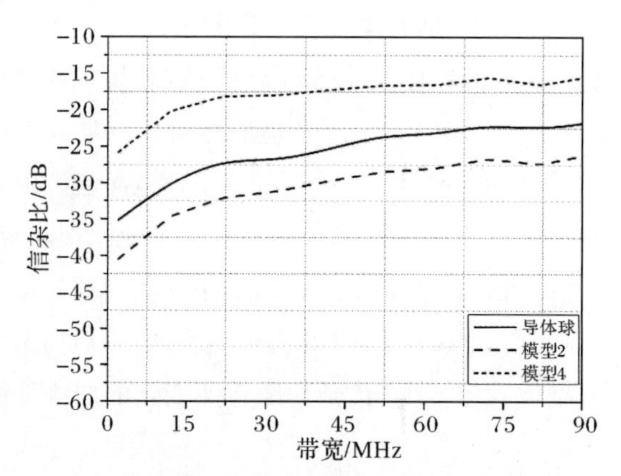

图 7.6 不同类型目标下信杂比随带宽变化规律

【算例 7.7】目标速度。计算条件如下：

运动参数：雷达位置矢量为 $\boldsymbol{S}_{\mathrm{p}}$(6000 m,0 m,2 000 m)，速度矢量为 $\boldsymbol{V}_{\mathrm{s}}$(−300 m/s,0,0)；目标位置矢量为 $\boldsymbol{T}_{\mathrm{p}}$(0,0,50 m)，速度矢量方向 $\boldsymbol{V}_{\mathrm{T}}$(1,0,0)，目标主轴指向 x 轴正向，目标雷达仰角为 θ。

雷达参数为：主动体制，旁瓣电平为 −20 dB，工作频率在 Ku 波段，积累脉冲数为 256 个，天线主波束指向目标中心，入射和接收均为 VV 极化。

目标环境复合模型：目标模型为模型 2，环境面轮廓起伏为 $H_x=1\times10^{-3}$ m，$L_x=0.6$ m，小尺度起伏为 $h=1\times10^{-4}$ m，$l_x=0.04$ m。地面相对介电常数为 $\varepsilon_{\mathrm{r}}=20-\mathrm{j}10$。

保持目标速度矢量方向不变，分别计算了目标速度大小 40 m/s、60 m/s 及 100 m/s 下信杂比随调频带宽变化的曲线，结果如图 7.7 所示，可以看出：信杂比曲线几乎没有发生移动，这是因为三种情况下目标功率不会随目标速度的增加而发生改变，目标环境与雷达的相互的位置关系也并未发生改变，杂波功率也基本保持不变，这样两者之比也就基本不发生改变。

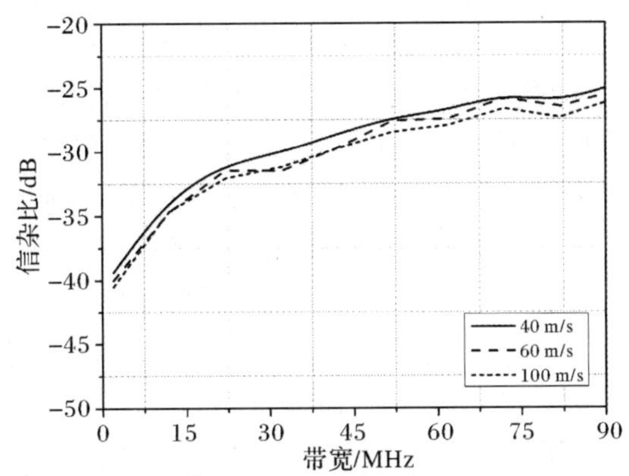

图 7.7　不同目标速度下信杂比随带宽变化规律

【算例 7.8】目标速度方向。计算条件如下：

运动参数：雷达位置矢量为 $\boldsymbol{S}_{\mathrm{p}}$(6 000 m,0,2 000 m)，速度矢量为 $\boldsymbol{V}_{\mathrm{s}}$(−300 m/s,0,0)；目标位置矢量为 $\boldsymbol{T}_{\mathrm{p}}$(0,0,50 m)，目标雷达仰角为 θ。

雷达参数为：主动体制，旁瓣电平为 −20 dB，工作频率在 Ku 波段，积累脉冲数为 128 个，天线主波束指向目标中心，入射和接收均为 VV 极化。

目标与环境复合模型：目标模型为图 2.1(b)模型 2，环境面轮廓起伏为 $H_x=1\times10^{-3}$ m，$L_x=0.6$ m，小尺度起伏为 $h=1\times10^{-4}$ m，$l_x=0.04$ m。地面相对介电常数为 $\varepsilon_{\mathrm{r}}=20-\mathrm{j}10$。

计算中保持雷达与目标距离不变，分别计算了目标速度矢量为 $\boldsymbol{V}_1$(100 m/s,0,0)、$\boldsymbol{V}_2$(100 m/s,100 m/s,0)，$\boldsymbol{V}_3$(100 m/s,173.2 m/s,0)时的信杂比曲线。其中，$\boldsymbol{V}_1$ 与 x 轴正向夹角为 0°，$\boldsymbol{V}_2$ 与 x 轴正向夹角为 45°，$\boldsymbol{V}_3$ 与 x 轴正向夹角为 60°。从图 7.8 的计算结果可以看出：信杂比在目标速度矢量为 45°方向时最大，60°次之，0°最小。这是因为目标功率在速度矢量为 45°方向时最大，60°次之，0°最小，而雷达波束指向与环境参数均未发生改变，杂波功率也不发生改变，这样两者之比就呈现如图结果。

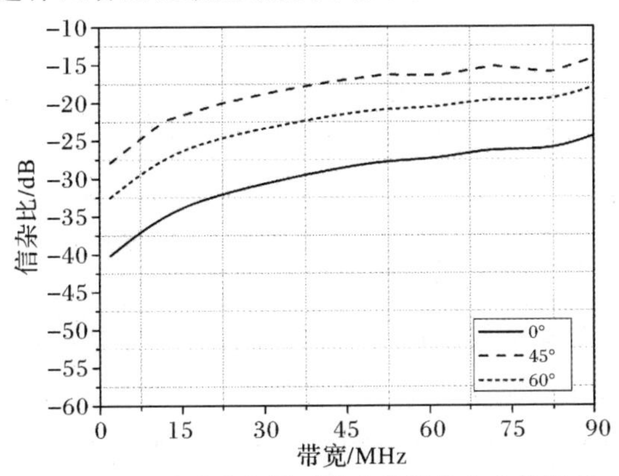

图 7.8　不同速度矢量时信杂比随带宽变化规律

【算例 7.9】目标高度。计算条件如下：

运动参数：雷达位置矢量为 $\boldsymbol{S}_{\mathrm{p}}(6000\ \mathrm{m},0,2\ 000\ \mathrm{m})$，速度矢量为 $\boldsymbol{V}_{\mathrm{s}}(-300\ \mathrm{m/s},0,0)$；目标位置矢量为 $\boldsymbol{T}_{\mathrm{p}}(0,0,H_{\mathrm{t}})$，速度矢量为 $\boldsymbol{V}_{\mathrm{T}}(100\ \mathrm{m/s},0,0)$。

雷达参数为：主动体制，旁瓣电平为 −20 dB，工作频率在 Ku 波段，积累脉冲数为 256 个，天线主波束指向目标中心，入射和接收均为 VV 极化。

目标环境复合模型：目标模型为直径 30 cm 导体球，环境面轮廓起伏为 $H_x=1\times10^{-3}$ m，$L_x=0.6$ m，小尺度起伏为 $h=1\times10^{-4}$ m，$l_x=0.04$ m。地面相对介电常数为 $\varepsilon_{\mathrm{r}}=20-\mathrm{j}10$。

计算中保持雷达位置不变，改变目标高度 H_{t}，且保持雷达的波束方向始终对准目标中心，分别计算了 H_{t} 为 50 m、150 m 及 200 m 时信杂比随带宽的变化。结果如图 7.9 所示，可以看出：当目标高度增加时，信杂比会升高。这是因为目标高度的增加会使得会使雷达与目标的距离减小，从而使得目标功率会增加，目标高度的增加还会使得杂波功率略微出现减小，综合的结果是信杂比随目标高度的增加而增大。

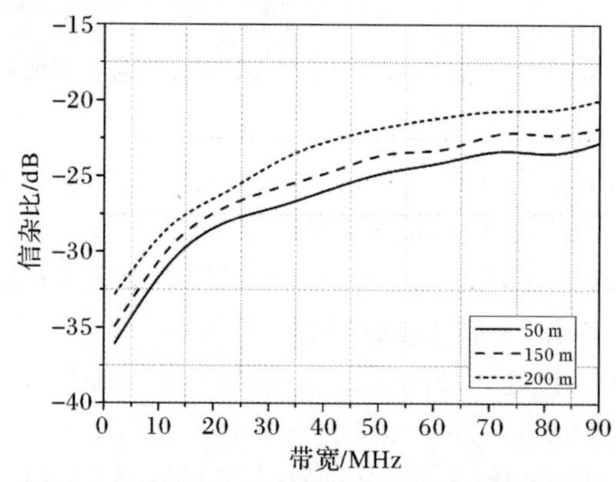

图 7.9　不同目标高度时信杂比随带宽变化规律

3. 雷达导引头参数

【算例 7.10】雷达与目标距离。计算条件如下：

运动参数：雷达位置矢量为 $\boldsymbol{S}_{\mathrm{p}}(D_{\mathrm{st}}\cos\theta,0,\mathrm{D}_{\mathrm{st}}\sin(\theta+50\ \mathrm{m})$，速度矢量为 $\boldsymbol{V}_{\mathrm{s}}(-300\ \mathrm{m/s},0,0)$；目标位置矢量为 $\boldsymbol{T}_{\mathrm{p}}(0,0,50\ \mathrm{m})$，速度矢量为 $\boldsymbol{V}_{\mathrm{T}}(100\ \mathrm{m/s},0,0)$，目标主轴指向 x 轴正向，目标雷达仰角为 $\theta=20°$。

雷达参数为：主动体制，旁瓣电平为 −20 dB，工作频率在 Ku 波段，积累脉冲数为 256 个，天线主波束指向目标中心，入射和接收均为 VV 极化。

目标与环境复合模型：目标模型为图 2.1(b)模型 2，环境面轮廓起伏为 $H_x=1\times10^{-3}$ m，$L_x=0.6$ m，小尺度起伏为 $h=1\times10^{-4}$ m，$l_x=0.04$ m。地面相对介电常数为 $\varepsilon_{\mathrm{r}}=20-\mathrm{j}10$。

计算中保持导目标雷达仰角不变，只是改变雷达与目标距离 D_{st}，分别计算了雷达与目标距离 D_{st} 分别为 5 000 m、5 200 m 及 5 500 m 时的信杂比随带宽的变化。结果如图 7.10 所示，可以看出：雷达目标距离的增加会使得信杂比曲线整体出现下移。这是因为当雷达目标距离增大时，目标功率与杂波功率随调频带宽变化的曲线整体都是下降的，且杂波功率下降的间隔大于目标功率下降的间隔。

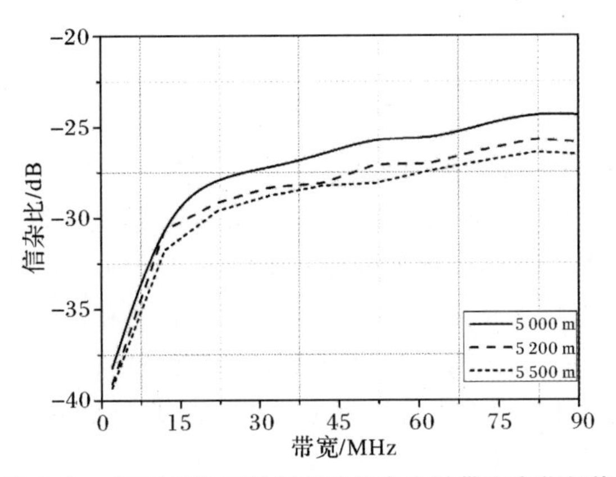

图 7.10　不同雷达目标距离时信杂比随带宽变化规律

【算例 7.11】擦地角。计算条件如下：

运动参数：雷达位置矢量为 $\boldsymbol{S}_{\mathrm{p}}(5\ 000\cos\theta,0,5\ 000\sin\theta)$，单位 m，速度矢量为 $\boldsymbol{V}_{\mathrm{s}}(-300\ \mathrm{m/s},0,0)$；目标位置矢量为 $\boldsymbol{T}_{\mathrm{p}}(0,0,50\ \mathrm{m})$，速度矢量为 $\boldsymbol{V}_{\mathrm{T}}(100\ \mathrm{m/s},0,0)$，目标雷达仰角为 θ。

雷达参数为：主动体制，旁瓣电平为 −20 dB，工作频率在 Ku 波段，积累脉冲数为 256 个，天线主波束指向目标中心，入射和接收均为 VV 极化。

目标环境复合模型：目标模型为直径 30 cm 导体球，环境面轮廓起伏为 $H_x=1\times10^{-3}$ m，$L_x=0.6$ m，小尺度起伏为 $h=1\times10^{-4}$ m，$l_x=0.04$ m。地面相对介电常数为 $\varepsilon_{\mathrm{r}}=20-\mathrm{j}10$。

计算中保持雷达与目标距离不变，分别计算了目标与雷达仰角 θ 分别为 15°、30°及 40°时的信杂比随带宽的变化。结果如图 7.11 所示，可以看出：当仰角增大时，信杂比的曲线会减小。这是因为当仰角增大时，目标功率随带宽变化的曲线整体保持不变，而环境的后向散射系数增大，而环境面上等距离环投影间隔在减小，环境散射单元面积减小，同时，主瓣杂波距离雷达的距离略微会减小，综合的结果是杂波功率增加，两者的总和效果就使得信杂比整体下降。

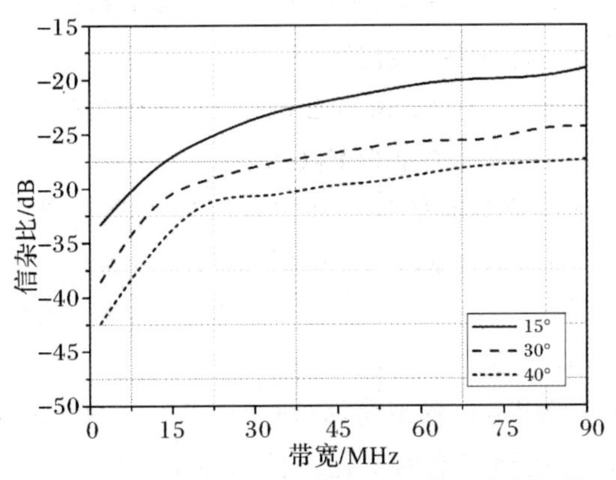

图 7.11　不同擦地角时信杂比随带宽变化规律

7.1.2 海面环境

1. 环境参数

【算例 7.12】海面风速。计算条件如下：

运动参数：雷达位置矢量为 $\boldsymbol{S}_{\mathrm{p}}$(6 000 m,0,2 000 m)，速度矢量为 $\boldsymbol{V}_{\mathrm{s}}$(−300 m/s,0,0)；目标位置矢量为 $\boldsymbol{T}_{\mathrm{p}}$(0,0,50 m)，速度矢量为 $\boldsymbol{V}_{\mathrm{T}}$(100 m/s,0,0)，目标雷达仰角为 θ。

雷达参数为：主动体制，旁瓣电平为 −20 dB，工作频率在 Ku 波段，积累脉冲数为 128 个，天线主波束指向目标中心，入射和接收均为 VV 极化。

目标环境复合模型：目标模型为直径 30 cm 导体球，环境面为海面，风向 0°，也就是在图 5.39 中沿着 x 轴方向，海面相对介电常数为 $\varepsilon_{\mathrm{r}}=42-\mathrm{j}39$。

计算中保持雷达与目标相对位置不变，分别计算了海面风速分别为 2 m/s、3 m/s、6 m/s 时的信杂比随带宽的变化。目标功率变化情况与算例 7.11 类似。

从图 7.12 可以看出：当海面的风速增大时，海面浪高变大，整体起伏也变大，海面的后向散射系数增大，杂波单元的后向 RCS 会随之增大，杂波功率变强，信杂比随带宽变化的曲线整体下降。

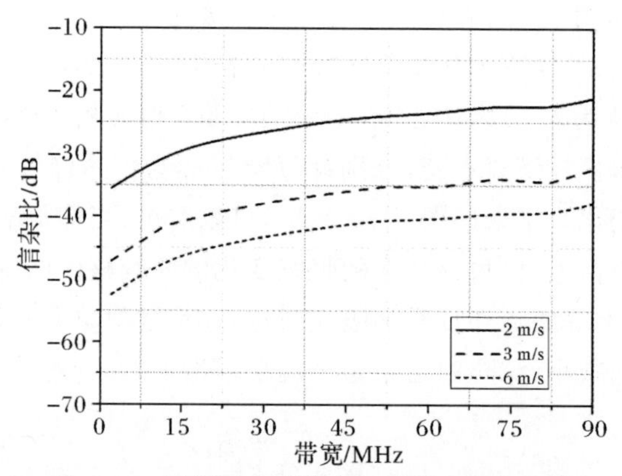

图 7.12　不同风速时信杂比随带宽变化规律

【算例 7.13】海面风向。计算条件如下：

运动参数：雷达位置矢量为(6 000 m,0,2 000 m)，速度矢量为 $\boldsymbol{V}_{\mathrm{s}}$(−300 m/s,0,0)；目标位置矢量为 $\boldsymbol{T}_{\mathrm{p}}$(0,0,50 m)，速度矢量为 $\boldsymbol{V}_{\mathrm{T}}$(100 m/s,0,0)，目标雷达仰角为 θ。

雷达参数为：主动体制，旁瓣电平为 −20 dB，工作频率在 X 波段，积累脉冲数为 128 个，天线主波束指向目标中心，入射和接收均为 VV 极化。

目标环境复合模型：目标模型为直径 30 cm 导体球，环境面为海面，海面风速为 7 m/s，海面相对介电常数为 $\varepsilon_{\mathrm{r}}=42-\mathrm{j}39$。

计算中保持雷达与目标相对位置不变，分别计算了风速为 2 m/s 及 7 m/s 时，海面风向分别为 0°、45°、90°时的信杂比随带宽的变化。目标功率变化情况与算例 7.12 类似。雷达收发天线波束方向在 xOz 面内，在水平面的投影方向指向 x 轴正向。

计算结果如图 7.13 所示，可以看出：

(1)当海面的风向为 0°时,海面显得比较粗糙,当风向变为 45°时,海面的粗糙度下降,90°时更明显,也就是当风向增大时,海面的后向散射系数减小,杂波单元的后向 RCS 会随之减小,杂波功率变弱,信杂比随带宽变化的曲线整体增加。

(2)当风速较小时,信杂比整体会比风速较大时的要高,且风速较小时,风向对杂波功率的影响较风速较大时的影响要弱。

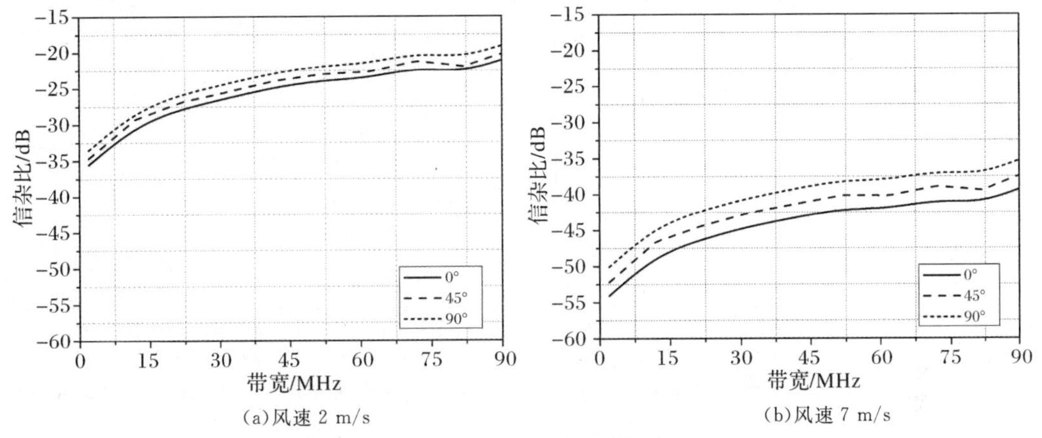

(a)风速 2 m/s　　(b)风速 7 m/s

图 7.13　不同风向时信杂比随带宽变化规律

2. 目标参数

【算例 7.14】目标类型。计算条件如下:

运动参数:雷达位置矢量为 $\boldsymbol{S}_{\mathrm{p}}$(6000 m,0,2 000 m),速度矢量为 $\boldsymbol{V}_{\mathrm{s}}$(−300 m/s,0,0);目标位置矢量为 $\boldsymbol{T}_{\mathrm{p}}$(0,0,50 m),速度矢量为 $\boldsymbol{V}_{\mathrm{T}}$(50 m/s,0,0),目标主轴指向 x 轴正向,目标雷达仰角为 θ。

雷达参数为:主动体制,旁瓣电平为 −20 dB,工作频率在 X 波段,积累脉冲数为 128 个,天线主波束指向目标中心,入射和接收均为 VV 极化。

目标环境复合模型:环境面为海面,海面风速为 3 m/s,海面相对介电常数为 $\varepsilon_{\mathrm{r}}=42-\mathrm{j}39$。

分别计算了直径为 30 cm 的导体球、第 2 章中介绍的图 2.1(b)模型 2 和图 2.1(d)模型 4。从图 7.14 的计算结果可以看出:因为三种条件下的环境的位置关系和环境参数均未发生改变,杂波功率基本保持不变,信杂比的大小就取决于目标回波的强弱,第 2 章中已经介绍过,图 2.1(d)模型 4 对应的目标功率最大,图 2.1(b)模型 2 的最小。

【算例 7.15】目标速度。计算条件如下:

运动参数:雷达位置矢量为 $\boldsymbol{S}_{\mathrm{p}}$(6000 m,0 m,2 000 m),速度矢量为 $\boldsymbol{V}_{\mathrm{s}}$(−300 m/s,0,0);目标位置矢量为 $\boldsymbol{T}_{\mathrm{p}}$(0,0,50 m),速度矢量方向 $\boldsymbol{V}_{\mathrm{T}}$(1,0,0),目标主轴指向 x 轴正向,目标雷达仰角为 θ。

雷达参数为:主动体制,旁瓣电平为 −20 dB,工作频率在 X 波段,积累脉冲数为 128 个,天线主波束指向目标中心,入射和接收均为 VV 极化。

目标环境复合模型:目标模型为图 2.1(b)模型 2,环境面为海面,海面风速为 3 m/s,海面相对介电常数为 $\varepsilon_{\mathrm{r}}=42-\mathrm{j}39$。

保持目标速度矢量方向不变,分别计算了目标速度大小 30 m/s、50 m/s 及 100 m/s 下信杂比随调频带宽变化的曲线，结果如图 7.15 所示，可以看出：随着目标速度的增加，信杂比曲线略微向下移动，这是因为目标各处相对雷达的速度不同，功率会在速度维出现分散，目标功率会出现下降，而雷达与环境的相互位置关系并未发生改变，杂波功率并未发生改变，这就导致信杂比略微下降。

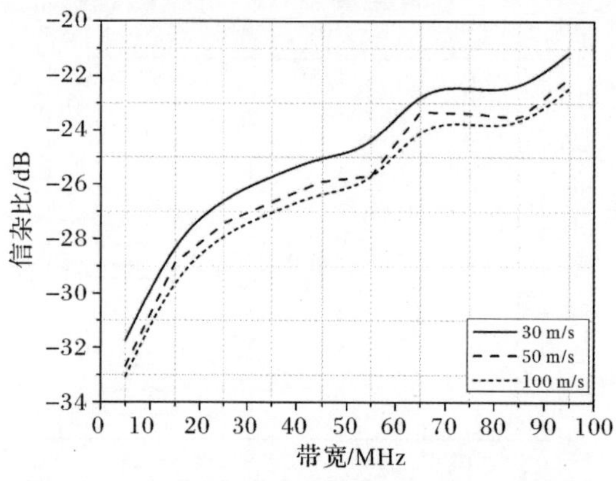

图 7.15　不同目标速度下信杂比随带宽变化规律

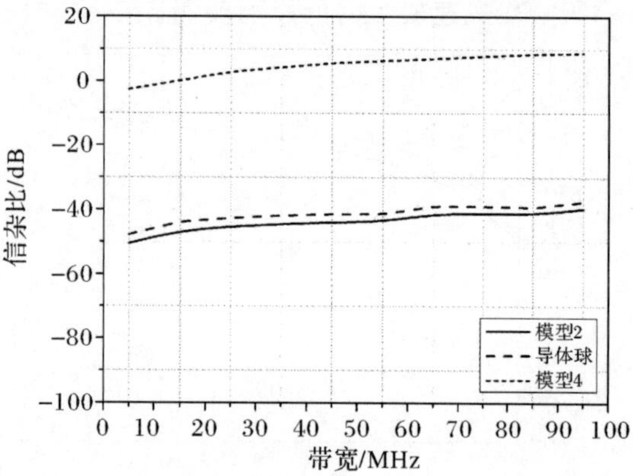

图 7.14　不同类型目标下信杂比随带宽变化规律

【算例 7.16】目标速度方向。计算条件如下：

运动参数：雷达位置矢量为 $\boldsymbol{S}_{\mathrm{p}}$(6 000 m，0，2 000 m)，速度矢量为 $\boldsymbol{V}_{\mathrm{s}}$(－300 m/s，0，0)；目标位置矢量为 $\boldsymbol{T}_{\mathrm{p}}$(0，0，50 m)，目标雷达仰角为 θ。

雷达参数为：主动体制，旁瓣电平为－20 dB，工作频率在 X 波段，积累脉冲数为 128 个，天线主波束指向目标中心，入射和接收均为 VV 极化。

目标与环境复合模型：目标模型为图 2.1(b)模型 2，环境面为海面，海面风速为 3 m/s，海面相对介电常数为 $\varepsilon_{\mathrm{r}}=42-\mathrm{j}39$。

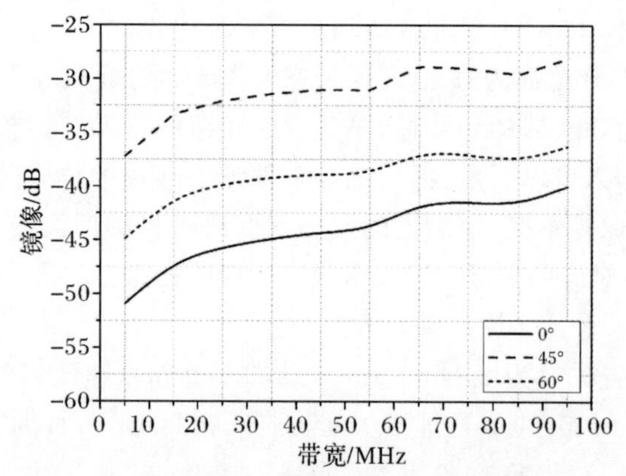

图 7.16　不同速度矢量时信杂比随带宽变化规律

计算中保持雷达与目标距离不变，分别计算了目标速度矢量为 $\boldsymbol{V}_1$(100 m/s，0，0)、$\boldsymbol{V}_2$(100 m/s，100 m/s，0)，$\boldsymbol{V}_3$(100 m/s，173.2 m/s，0)时的信杂比曲线。其中，$\boldsymbol{V}_1$ 与 x 轴正向夹角为 0°，$\boldsymbol{V}_2$ 与 x 轴正向夹角为 45°，$\boldsymbol{V}_3$ 与 x 轴正向夹角为 60°。从图 7.16 的计算结果可以看出：信杂比在目标速度矢量为 45°方向时最大，60°次之，0°最小。这是因为目标功率

在速度矢量为 45°方向时最大，60°次之，0°最小，而雷达波束指向与环境参数均未发生改变，杂波功率也不发生改变，这样两者之比就呈现如图结果。

【算例 7.17】目标高度。计算条件如下：

运动参数：雷达位置矢量为 $\boldsymbol{S}_p$(6000 m，0，2 000 m)，速度矢量为 $\boldsymbol{V}_s$(－300 m/s，0，0)；目标位置矢量为 $\boldsymbol{T}_p$(0，0，H_t)，速度矢量为 $\boldsymbol{V}_T$(100 m/s，0，0)。

雷达参数为：主动体制，旁瓣电平为－20 dB，工作频率在 X 波段，积累脉冲数为 128 个，天线主波束指向目标中心，入射和接收均为 VV 极化。

目标环境复合模型：目标模型为直径 30 cm 导体球，环境面为海面，海面风速为 3 m/s，海面相对介电常数为 $\varepsilon_r=42-j39$。

计算中保持雷达位置不变，改变目标高度 H_t，且保持雷达的波束方向始终对准目标中心，分别计算了 H_t 为 50 m、150 m 及 200 m 时信杂比随带宽的变化。结果如图 7.17 所示，可以看出：当目标高度增加时，信杂比会升高。这是因为目标高度的增加会使得会使雷达与目标的距离减小，从而使得目标功率会增加，目标高度的增加还会使得杂波功率略微出现减小，综合的结果是信杂比随目标高度的增加而增大。

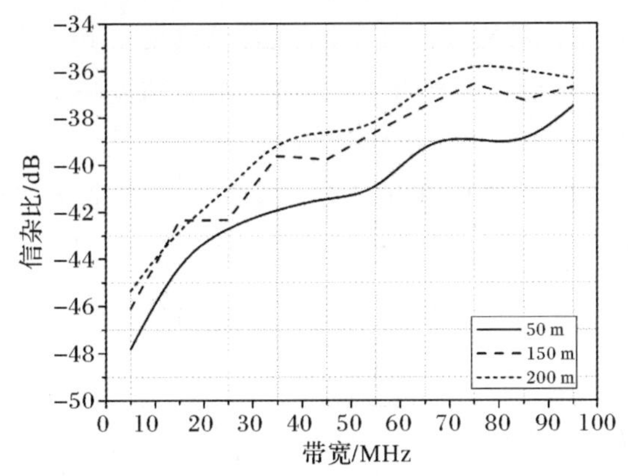

图 7.17　不同目标高度时信杂比随带宽变化规律

3. 雷达导引头参数

【算例 7.18】雷达与目标距离。计算条件如下：

运动参数：雷达位置矢量为 $\boldsymbol{S}_p$($D_{st}\cos\theta$，0，$D_{st}\sin\theta$＋50 m)，速度矢量为 $\boldsymbol{V}_s$(－300 m/s，0，0)；目标位置矢量为 $\boldsymbol{T}_p$(0，0，50 m)，速度矢量为 $\boldsymbol{V}_T$(100 m/s，0，0)，目标主轴指向 x 轴正向，目标雷达仰角为 $\theta=20°$。

雷达参数为：主动体制，旁瓣电平为－20 dB，工作频率在 X 波段，积累脉冲数为 128 个，天线主波束指向目标中心，入射和接收均为 VV 极化。

目标与环境复合模型：目标模型为图 2.1(b)模型 2，环境面为海面，海面风速为 3 m/s，海面相对介电常数为 $\varepsilon_r=42-j39$。

计算中保持导目标雷达仰角不变，只是改变雷达与目标距离 D_{st}，分别计算了雷达与目标距离 D_{st}分别为 4 000 m、5 000 m 及 5 500 m 时的信杂比随带宽的变化。结果如图 7.18

所示，可以看出：雷达目标距离的增加会使得信杂比曲线整体出现下移。这是因为当雷达目标距离增大时，目标功率与杂波功率随调频带宽变化的曲线整体都是下降的，且杂波功率下降的间隔小于目标功率下降的间隔。

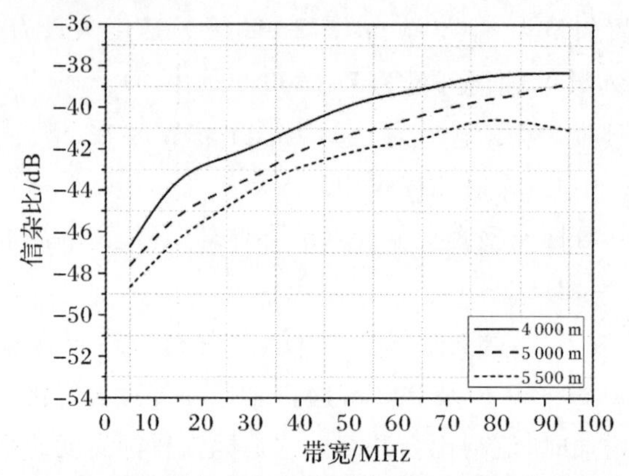

7.18 不同雷达目标距离时信杂比随带宽变化规律

【算例 7.19】擦地角算例。计算条件如下：

运动参数：雷达位置矢量为 $\boldsymbol{S}_{\mathrm{p}}$(5 000 ×cos$\theta$，0，5 000 ×sin($\theta$+50 m)，单位 m，速度矢量为 $\boldsymbol{V}_{\mathrm{s}}$(−300 m/s，0，0)；目标位置矢量为 $\boldsymbol{T}_{\mathrm{p}}$(0，0，50 m)，速度矢量为 $\boldsymbol{V}_{\mathrm{T}}$(100 m/s，0，0)，目标雷达仰角为 θ。

雷达参数为：主动体制，旁瓣电平为−20 dB，工作频率在 X 波段，积累脉冲数为 128 个，天线主波束指向目标中心，入射和接收均为 VV 极化。

目标环境复合模型：目标模型为直径 30 cm 导体球，环境面为海面，海面风速为 3 m/s，海面相对介电常数为 $\varepsilon_{\mathrm{r}}=42-\mathrm{j}39$。

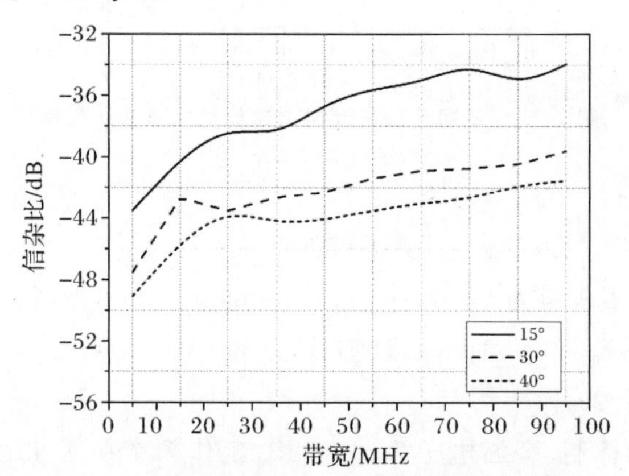

图 7.19 不同擦地角时信杂比随带宽变化规律

计算中保持雷达与目标距离不变，分别计算了目标与雷达仰角 θ 分别为 15°、30°及 40°时的信杂比随带宽的变化。结果如图 7.19 所示，可以看出：当仰角增大时，信杂比的曲线会减小。这是因为当仰角增大时，目标功率随带宽变化的曲线整体保持不变，而环境的后向散射系数增大，杂波功率增加，两者的总和效果就使得信杂比整体下降。

7.2　宽带目像分离效果

镜像是由目标在环境面下的目标像，其具有类目标特性。当调频带宽增加时，镜像回波的功率也会随着发生变化，且目标与镜像回波之比随带宽的变化较小。镜像回波的存在会影响雷达探测与跟踪目标，其中一个重要的影响是增加了角误差，这是因为镜像的存在相当于是与目标构成了合成目标，合成目标的等效散射中心与目标散射中心就会出现一定的角度偏差，而且合成目标散射中心会随着运动状态的改变而不断发生改变，雷达跟踪目标时角误差就会不断发生改变，最终导致雷达导引头无法准确探测及稳定跟踪目标。

镜像回波总是伴随在目标回波左右，为了消除其对雷达系统的影响，可以采用宽带技术。当调频带宽增加到一定程度时，雷达的分辨力提高，目标与镜像就会在距离维上被分开，这样就可以通过距离门选通的方式将镜像回波进行剔除，消除镜像回波的影响。为了能够详细说明这一思路，可以参照图 7.20。图中的 T 表示目标，M 表示镜像，S 表示雷达，S_t 表示雷达的镜像，H 表示目标高度，D 表示雷达与目标在环境面投影上的横向距离，D_1 表示雷达与目标的距离，D_2 表示雷达与镜像的距离。两者的表示式为

$$\left.\begin{aligned} D_1 &= \sqrt{D^2+(H_2-H_1)^2} \\ D_2 &= \sqrt{D^2+(H_2+H_1)^2} \end{aligned}\right\} \tag{7.1}$$

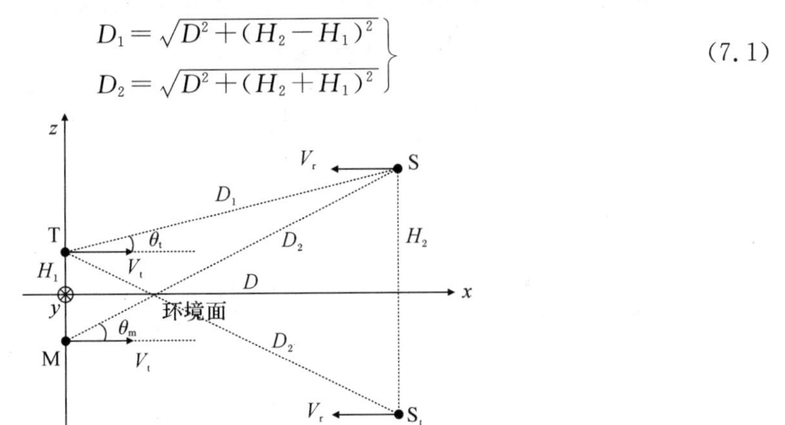

图 7.20　目标及镜像相互位置关系图

当横向距离 D 比雷达高度大时，式(7.1)中两者的径向距离差就可以近似表示为

$$\Delta D = D_2 - D_1 \approx 2H_1 \sin\theta_t \tag{7.2}$$

因此，当雷达的距离分辨力 $\Delta R = c/(2B)$ 大于目标镜像距离差后便能够将两者分开以达到对目标的选通。目标与镜像的分离受到多种参数的制约，下面介绍目像分离随各参数变化的规律。

7.2.1　目标参数

【算例 7.20】目标类型。计算条件如下：

运动参数：雷达位置矢量为 $\boldsymbol{S}_p$(3 500 m,0,800 m)，速度矢量为 $\boldsymbol{V}_s$(－300 m/s,0,0)；目标位置矢量为 $\boldsymbol{T}_p$(0,0,100 m)，速度矢量为 $\boldsymbol{V}_T$(100 m/s,0,0)，目标雷达仰角为 θ_t。

雷达参数为：主动体制，旁瓣电平为－20 dB，工作频率在 X 波段，积累脉冲数为 128

个，天线主波束指向目标中心，入射和接收均为 VV 极化。

目标环境复合模型：环境面轮廓起伏为 $H_x=0.01$ m，$L_x=0.6$ m，小尺度起伏为 $h=1\times10^{-4}$ m，$l_x=0.04$ m，环境相对介电常数 ε_r 为 3−j10。

计算中保持雷达与目标相对位置不变，分别计算了目标类型为模型 1，直径为 0.5 m，长为 6 m 的圆柱体，模型 6 下目标与镜像回波的一维距离像。结果如图 7.21 所示，可以看出：

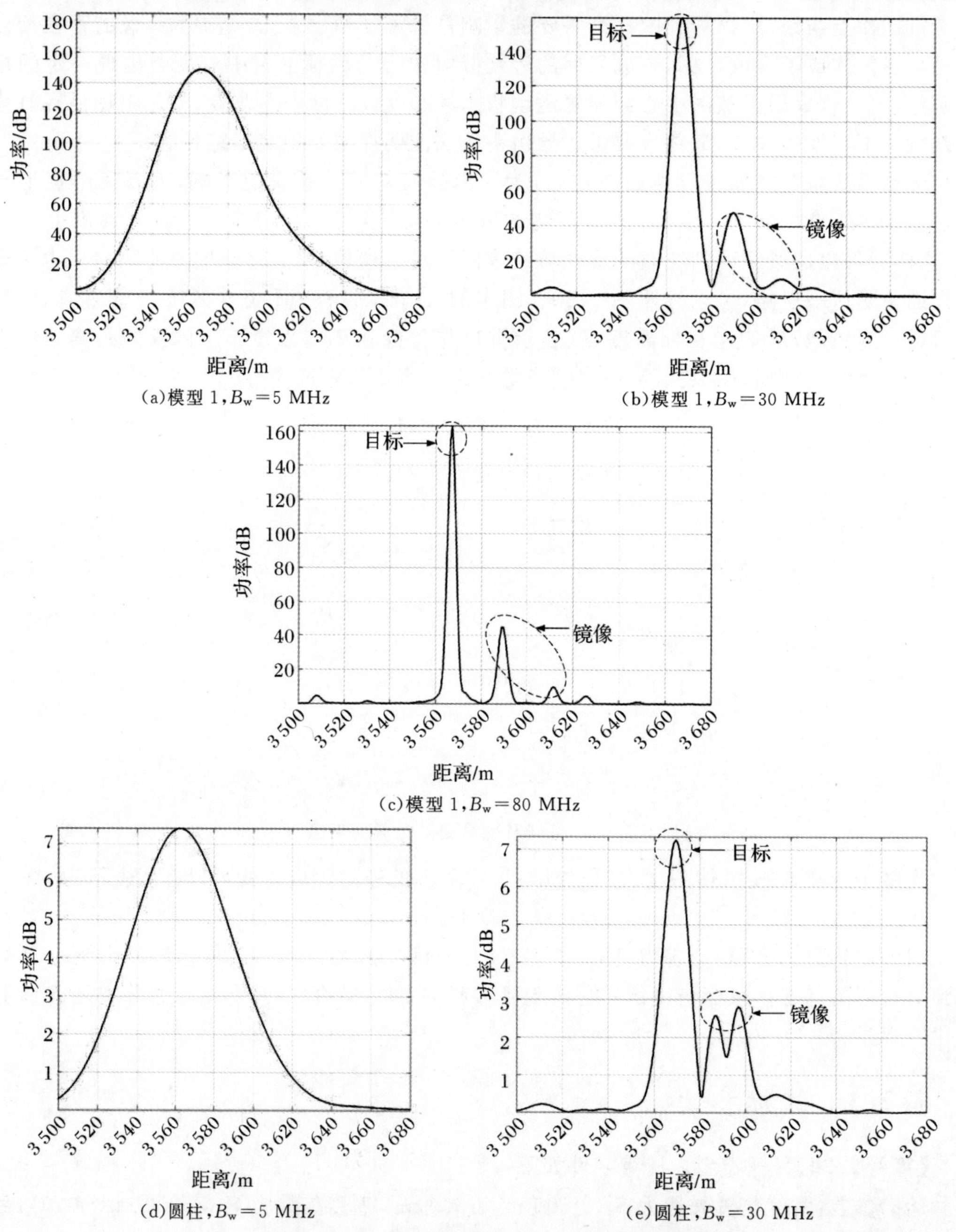

(a)模型 1，$B_w=5$ MHz

(b)模型 1，$B_w=30$ MHz

(c)模型 1，$B_w=80$ MHz

(d)圆柱，$B_w=5$ MHz

(e)圆柱，$B_w=30$ MHz

图 7.21　不同目标类型下的一维距离像

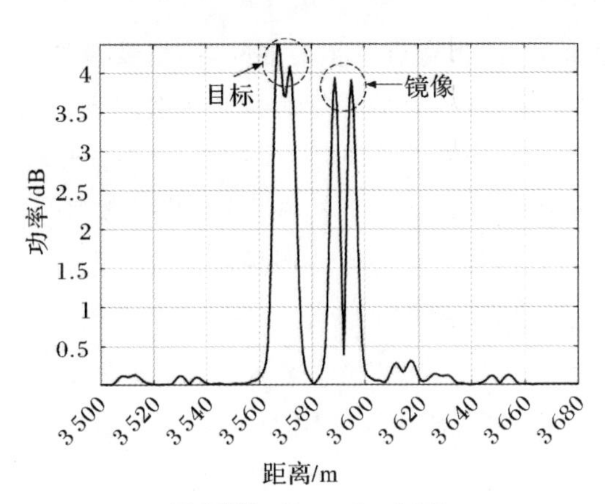

(f)圆柱，$B_w=80$ MHz

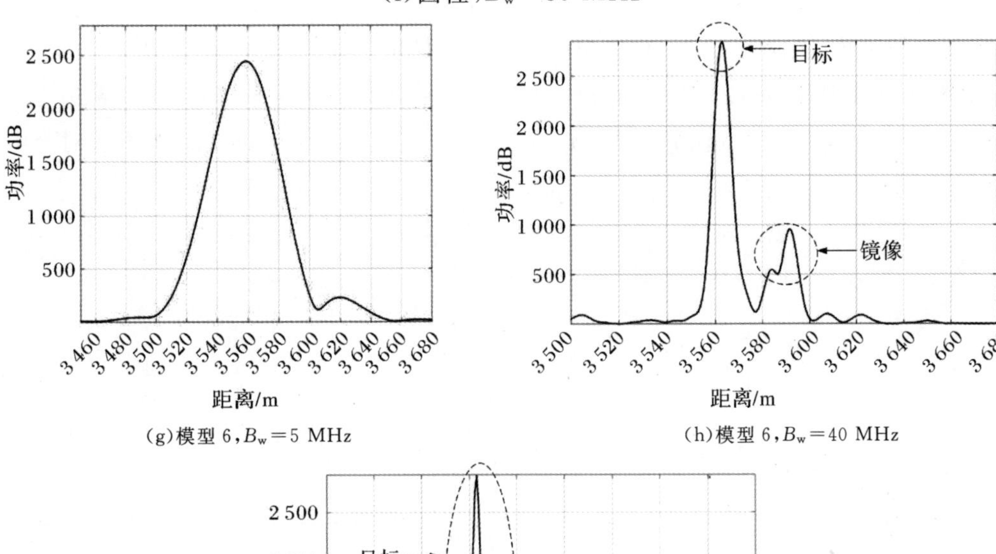

(g)模型 6，$B_w=5$ MHz　　(h)模型 6，$B_w=40$ MHz

(i)模型 6，$B_w=80$ MHz

续图 7.21　不同目标类型下的一维距离像

(1)当带宽由窄带逐渐增加时，镜像会与目标发生分离。根据目标高度及照射角度的关系能够得出 ΔD 为 39 m，实现目像分离的最小调频带宽为 4 MHz。然而在目像分离的理论带宽下并不能看到分离的效果，这是因为信号经过脉冲压缩之后，距离门外的至通常不为零，相邻距离门内的信号之间存在叠加而产生影响。实际计算结果表明：当调频带宽大于目像分离理论带宽的 2 至 3 被时，距离像上的目像分离效果才能明显。

(2)当目标与镜像分离后,当带宽进一步增加时,圆柱及模型 6 这样类型的目标信号会发生目标分裂,而对于模型 1 这样类型的目标信号则不会出现分裂。这是因为实际的扩展目标存在多个散射中心,当调频带宽增加到足以将散射中心分开时,从距离像上就能明显看到目标分裂的效果,对于模型 1 这样类型的扩展目标,其强散射中心集中在中部,达到目标分裂的调频带宽就要很大,算例计算条件下的调频带宽无法达到。

【算例 7.21】目标高度。计算条件如下:

运动参数:雷达位置矢量为 $\boldsymbol{S}_{\mathrm{p}}(3500\ \mathrm{m},0,800\ \mathrm{m})$,速度矢量为 $\boldsymbol{V}_{\mathrm{s}}(-300\ \mathrm{m/s},0,0)$;目标位置矢量为 $\boldsymbol{T}_{\mathrm{p}}(0,0,\mathrm{H}_{\mathrm{t}})$,速度矢量为 $\boldsymbol{V}_{\mathrm{T}}(100\ \mathrm{m/s},0,0)$,目标主轴指向 x 轴正向,目标雷达仰角为 θ_{t}。

雷达参数为:主动体制,旁瓣电平为 −20 dB,工作频率在 X 波段,积累脉冲数为 128 个,天线主波束指向目标中心,入射和接收均为 VV 极化,调频带宽为 80 MHz。

目标环境复合模型:目标模型为直径为 0.5 m,长为 6 m 的圆柱体,环境面轮廓起伏为 $H_x=1\times10^{-3}\ \mathrm{m}$,$L_x=0.6\ \mathrm{m}$,小尺度起伏为 $h=1\times10^{-4}\ \mathrm{m}$,$l_x=0.04\ \mathrm{m}$。地面相对介电常数为 $\varepsilon_{\mathrm{r}}=3-\mathrm{j}10$。

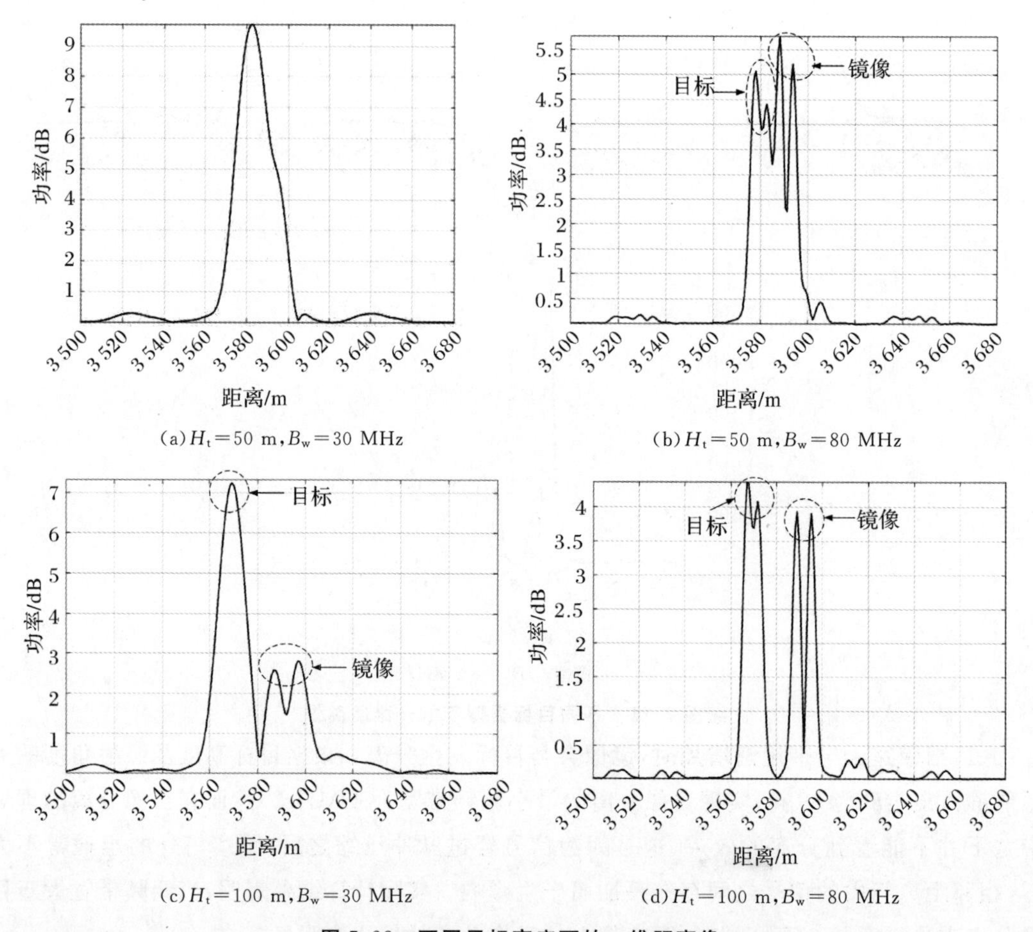

(a) $H_{\mathrm{t}}=50\ \mathrm{m}$, $B_{\mathrm{w}}=30\ \mathrm{MHz}$　(b) $H_{\mathrm{t}}=50\ \mathrm{m}$, $B_{\mathrm{w}}=80\ \mathrm{MHz}$

(c) $H_{\mathrm{t}}=100\ \mathrm{m}$, $B_{\mathrm{w}}=30\ \mathrm{MHz}$　(d) $H_{\mathrm{t}}=100\ \mathrm{m}$, $B_{\mathrm{w}}=80\ \mathrm{MHz}$

图 7.22　不同目标高度下的一维距离像

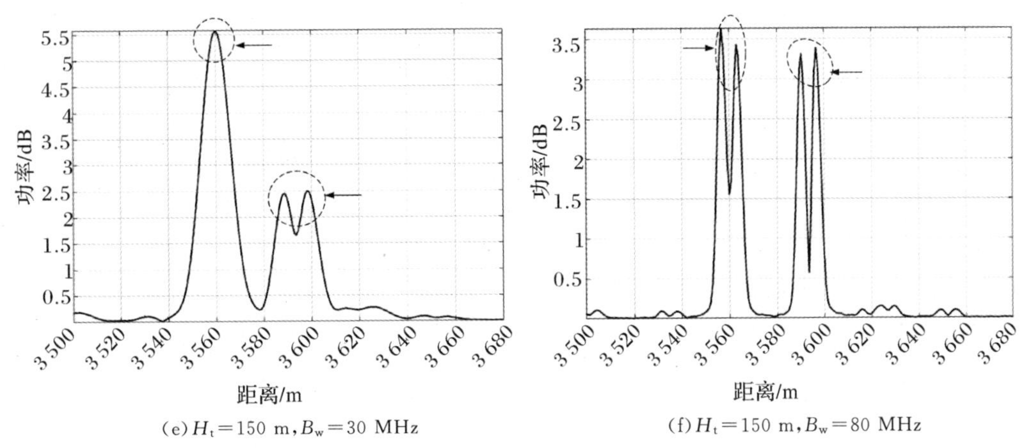

(e) H_t=150 m, B_w=30 MHz　　(f) H_t=150 m, B_w=80 MHz

续图 7.22　不同目标高度下的一维距离像

计算中保持雷达位置不变，改变目标高度 H_t，且保持雷达的波束方向始终对准目标中心，分别计算了 H_t 为 50 m、150 m 及 200 m 时目标及杂波随带宽的变化。结果如图 7.22 所示，可以看出：

(1)当目标高度增加时，目标与镜像之间的距离会增加，反映在一维距离像上两者的间距拉大。

(2)同样的调频带宽下，目标高度越高，目像分离效果越明显。这也说明目标高度越低，实现目像分离所需的调频带宽越大。

【算例 7.22】目标速度矢量方向。计算条件如下：

运动参数：雷达位置矢量为 $\boldsymbol{S}_p$(3 500 m, 0, 800 m)，速度矢量为 $\boldsymbol{V}_s$(−300 m/s, 0, 0)；目标位置矢量为 $\boldsymbol{T}_p$(0, 0, 100 m)，速度为 100 m/s，目标雷达仰角为 θ_t。

雷达参数为：主动体制，旁瓣电平为 −20 dB，工作频率在 X 波段，积累脉冲数为 128 个，天线主波束指向目标中心，入射和接收均为 VV 极化，调频带宽为 80 MHz。

目标环境复合模型：目标模型为直径为 0.5 m，长为 6 m 的圆柱体，环境面轮廓起伏为 $H_x=1\times10^{-3}$ m，$L_x=0.6$ m，小尺度起伏为 $h=1\times10^{-4}$ m，$l_x=0.04$ m。地面相对介电常数为 $\varepsilon_r=3-\mathrm{j}10$。

计算中保持雷达的波束方向始终对准目标中心，分别计算了不同目标矢量方向下的回波一维距离像。结果如图 7.23 所示，可以看出：

(1)当目标矢量方向从(1, 0, 0)，即目标轴向沿着 x 轴，变化到(cos(π/4), sin(π/4), 0)，即目标轴向沿着 x 轴与 y 轴组成的对角线方向，再变化到轴向沿着 y 轴方向的这一过程中时，目标功率呈现逐渐增加的趋势，这是因为目标为圆柱，目标轴向的变化等效为入射角度从头部入射变化到从侧面入射，这样就导致目标后向 RCS 有增大的趋势。

(2)在目标矢量方向变化的过程中，目标的分裂效果不明显。这是因为在此过程中，目标沿着雷达视线方向的径向长度逐渐减小，同样调频带宽下目标各处的散射中心向同一距离门聚集，也就导致目标分裂现象不明显。

(3)在目标矢量方向变化的过程中，镜像回波功率与目标功率差别在增大。这是因为镜像回波是由多径效应产生的，不同路径下的多径与照射和接收角度均有着密切的关系，由此导致镜像回波功率与目标回波功率变化趋势的差别，而非呈现单一趋势。

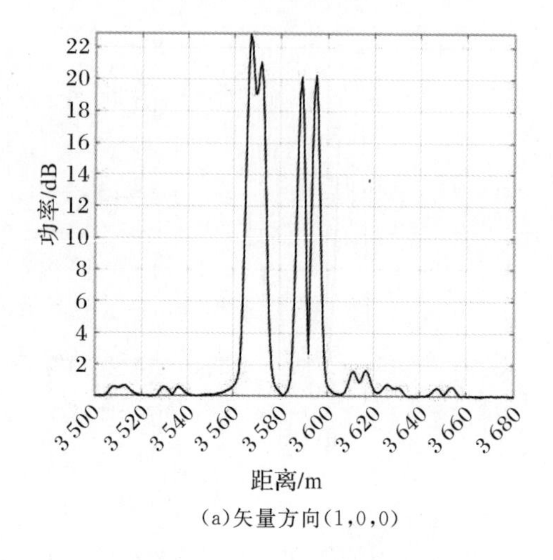

(a)矢量方向(1,0,0)

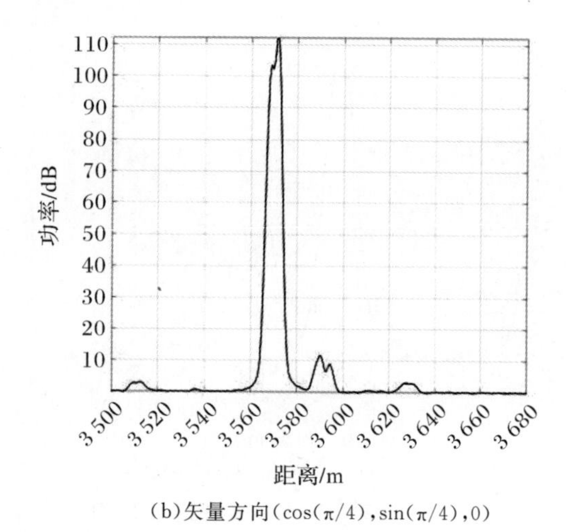

(b)矢量方向(cos(π/4),sin(π/4),0)

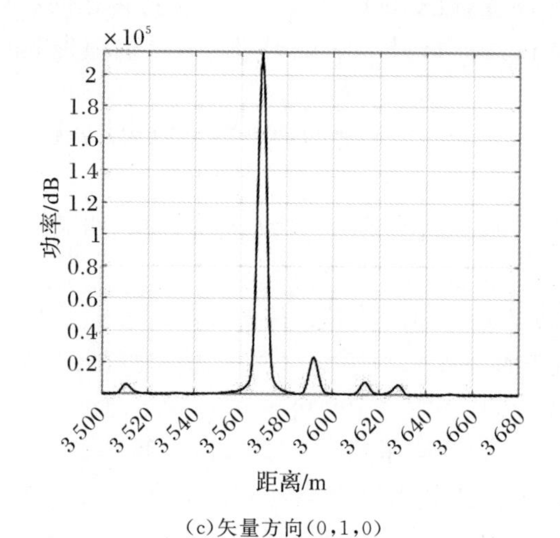

(c)矢量方向(0,1,0)

图 7.23　不同目标矢量方向下的一维距离像

【算例 7.23】雷达与目标距离。计算条件如下：

运动参数：雷达位置矢量为 $\boldsymbol{S}_{\mathrm{p}}(D_{\mathrm{st}}\cos\theta,0,D_{\mathrm{st}}\sin(\theta+100\ \mathrm{m})$，速度矢量为 $\boldsymbol{V}_{\mathrm{s}}(-300\ \mathrm{m/s},0,0)$；目标位置矢量为 $\boldsymbol{T}_{\mathrm{p}}(0,0,100\ \mathrm{m})$，速度矢量为 $\boldsymbol{V}_{\mathrm{T}}(100\ \mathrm{m/s},0,0)$，目标主轴指向 x 轴正向，目标雷达仰角为 $\theta=20°$。

雷达参数为：主动体制，旁瓣电平为 −20 dB，工作频率在 X 波段，积累脉冲数为 256 个，天线主波束指向目标中心，入射和接收均为 VV 极化，调频带宽为 80 MHz。

目标环境复合模型：目标模型为直径为 0.5 m，长为 6 m 的圆柱体及直径为 30 cm 的导体球，环境面轮廓起伏为 $H_x=1\times10^{-3}$ m，$L_x=0.6$ m，小尺度起伏为 $h=1\times10^{-4}$ m，$l_x=0.04$ m。地面相对介电常数为 $\varepsilon_{\mathrm{r}}=3-\mathrm{j}10$。

计算中保持目标雷达仰角不变，只是改变雷达与目标距离 D_{st}，分别计算了雷达与目标距离 D_{st}分别为 5 000 m、5 200 m 及 5 500 m 时的一维距离像。结果如图 7.24 所示，可以看出：

(1)当雷达目标距离增加时，目标中心离镜像中心的距离始终保持在 40 m 附近。这从式(7.2)可以看出，理论上目标镜像相距 68.4 m，而从图中计算得到的目标镜像距离约为 40 m，这是因为镜像本质上是有多径效应产生的，不同路径下的叠加就会导致镜像的中心发生偏移。

(2)当雷达目标距离增加时，圆柱体与导体球目标的回波功率均会减小，这可以从目标的最大值上得到反映。而圆柱体镜像回波功率会随着增加，导体球镜像回波功率会随着减小。这是因为镜像回波功率是由多径效应产生的，不同路径回波的线性叠加受到多种因素的制约，这从第 2 章中镜像回波模型里能够得到说明。

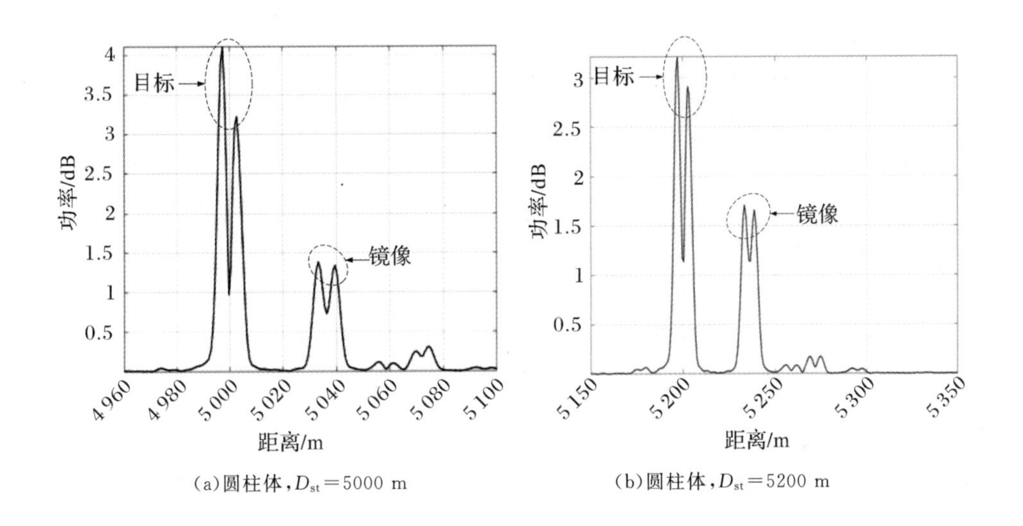

(a)圆柱体，$D_{st}=5000$ m　　(b)圆柱体，$D_{st}=5200$ m

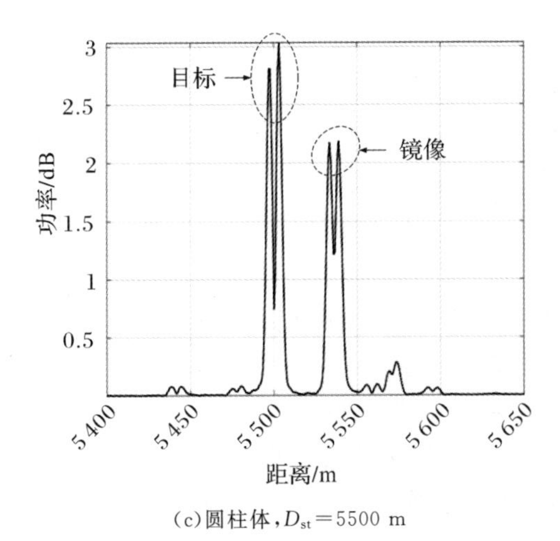

(c)圆柱体，$D_{st}=5500$ m

图 7.24　不同雷达目标距离下的一维距离像

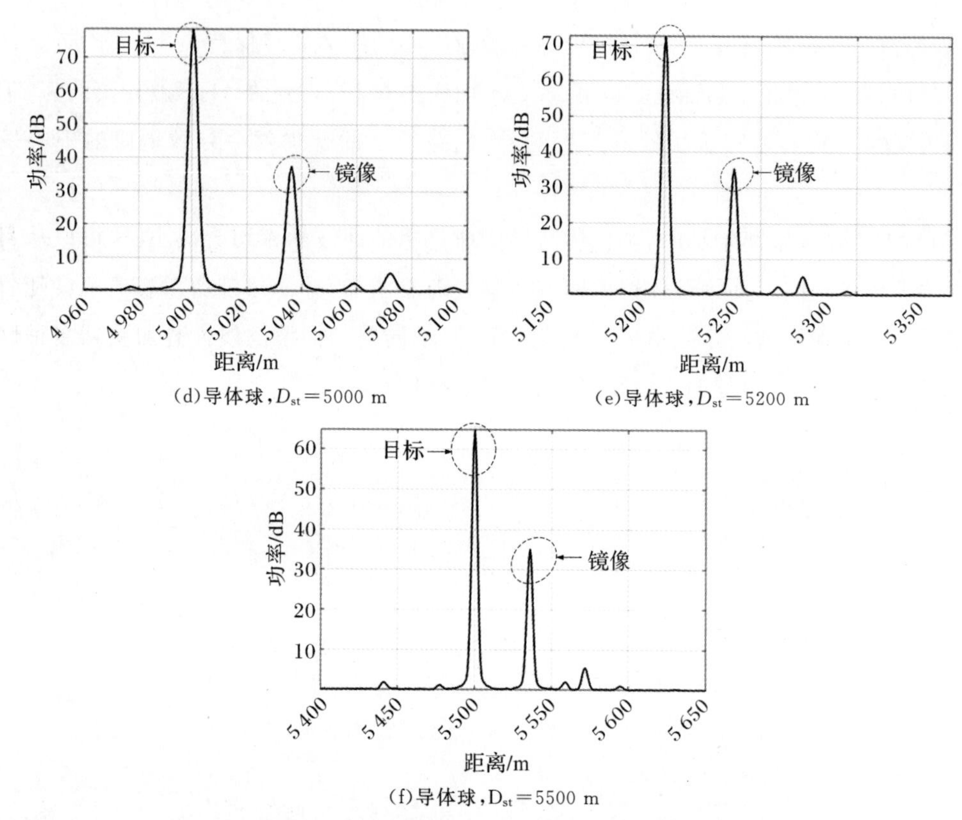

(d)导体球，$D_{st}=5000$ m

(e)导体球，$D_{st}=5200$ m

(f)导体球，$D_{st}=5500$ m

续图 7.24　不同雷达目标距离下的一维距离像

【算例 7.24】擦地角。计算条件如下：

运动参数：雷达位置矢量为 $\boldsymbol{S}_p(5\ 000\times\cos\theta_t, 0, 5\ 000\times\sin\theta_t)$，单位 m，速度矢量为 $\boldsymbol{V}_s(-300\ \text{m/s}, 0, 0)$；目标位置矢量为 $\boldsymbol{T}_p(0, 0, 100\ \text{m})$，速度矢量为 $\boldsymbol{V}_T(100\ \text{m/s}, 0, 0)$，目标雷达仰角为 θ_t。

雷达参数为：主动体制，旁瓣电平为 −20 dB，工作频率在 X 波段，积累脉冲数为 128 个，天线主波束指向目标中心，入射和接收均为 VV 极化，调频带宽为 80 MHz。

目标环境复合模型：目标模型为直径为 0.5 m，长为 6 m 的圆柱体，环境面轮廓起伏为 $H_x=1\times10^{-3}$ m，$L_x=0.6$ m，小尺度起伏为 $h=1\times10^{-4}$ m，$l_x=0.04$ m。地面相对介电常数为 $\varepsilon_r=3-j10$。

计算中保持雷达与目标距离不变，分别计算了目标与雷达仰角 θ 分别为 15°、30°及 40°时一维距离像的变化。结果如图 7.25 所示，可以看出：

(1)当仰角增大时，目标的距离适中保持在 5 000 m 处，并且目标功率先增加后减小，这主要是由目标后向 RCS 随角度的变化所引起的。

(2)当仰角增加时，目像距离增大。这可以从式(7.2)中得到说明，目像距离 $\Delta D=2H_t\sin\theta_t$ 会随着仰角 θ_t 的增大而增大。

(3)当仰角增大时，镜像回波功率会增加。这是因为镜像回波是由多径效应产生回波的矢量叠加产生的，而多径效应回波的大小受到目标与雷达相互位置关系、目标类型等多中参数的影响从而导致镜像回波的变化呈现非线性变化的特征。

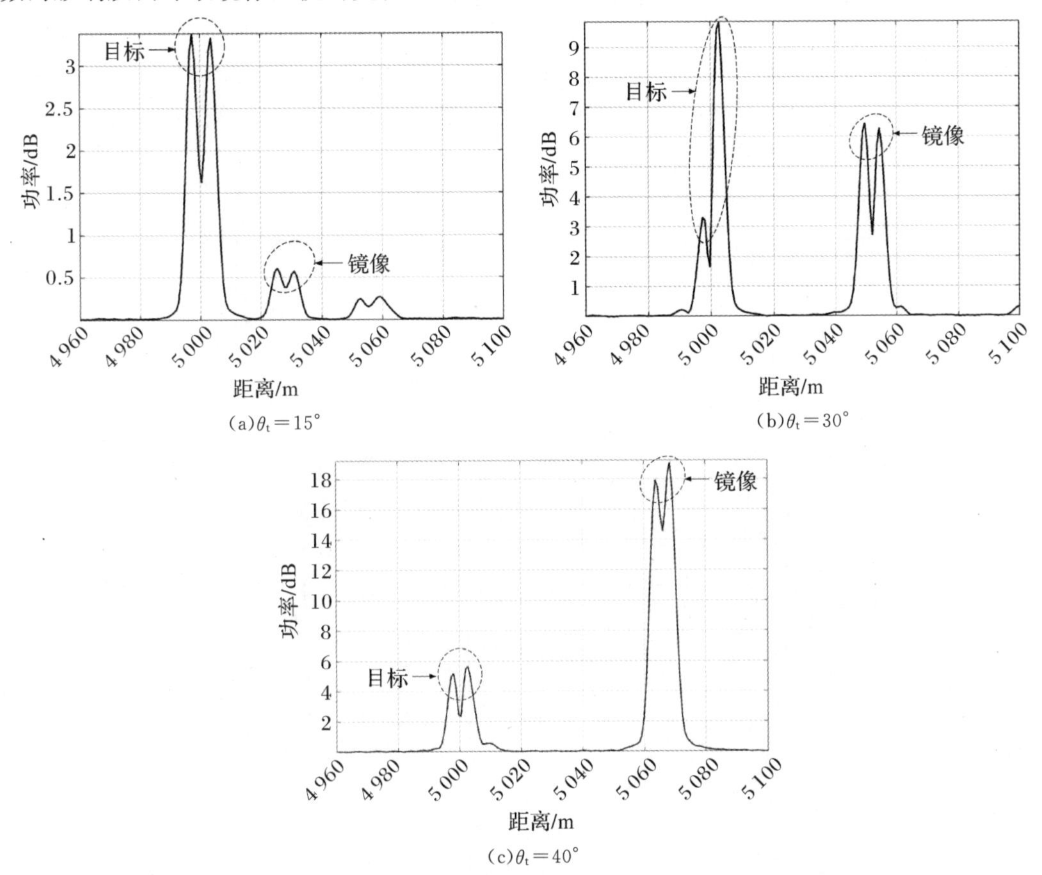

(a)$\theta_t=15°$　(b)$\theta_t=30°$　(c)$\theta_t=40°$

图 7.25　不同擦地角下的一维距离像

7.2.2　环境参数

【算例 7.25】环境介电常数。计算条件如下：

运动参数：雷达位置矢量为 $\boldsymbol{S}_p$(3 500 m，0 m，800 m)，速度矢量为 $\boldsymbol{V}_s$(−300 m/s，0，0)；目标位置矢量为 $\boldsymbol{T}_p$(0，0，100 m)，速度矢量为 $\boldsymbol{V}_T$(100 m/s，0，0)，目标雷达仰角为 θ_t。

雷达参数为：主动体制，旁瓣电平为 −20 dB，工作频率在 X 波段，积累脉冲数为 128 个，天线主波束指向目标中心，入射和接收均为 VV 极化，调频带宽为 80 MHz。

目标环境复合模型：目标模型为直径为 0.5 m，长为 6 m 的圆柱体，环境面轮廓起伏为 $H_x=1\times10^{-3}$ m，$L_x=0.6$ m，小尺度起伏为 $h=1\times10^{-4}$ m，$l_x=0.04$ m。

分别计算了不同介电常数下回波的一维距离像。结果如图 7.26 所示，可以看出：

(1)当环境介电常数实部增大时，如图 7.26(a)～(d)所示，目标回波功率不变，而镜像回波功率线减小后增大。这可以从图 7.27 中得到解释，镜像回波的产生来自于环境的局部镜面反射，而镜面反射系数的大小与入射角度和环境介电常数紧密相关，对于某一入射角度，镜面反射系数的大小不是单调的递增或递减，这就造成了该算例下，实部增大镜像回波功率变化的规律。

(2)当环境介电常数虚部增大时,如图 7.26(b)~(f)所示,目标回波功率也不发生改变,镜像回波功率增加。这也可以从图 7.27 中得到解释。需要注意的是:对于不同入射角度下,虚部的增加时,镜面反射系数的变化幅度也是不同的,反映在该算例中的一维距离像上就表现为虚部的增加有时会引起镜像回波功率剧烈的变化,有时变化则不明显。

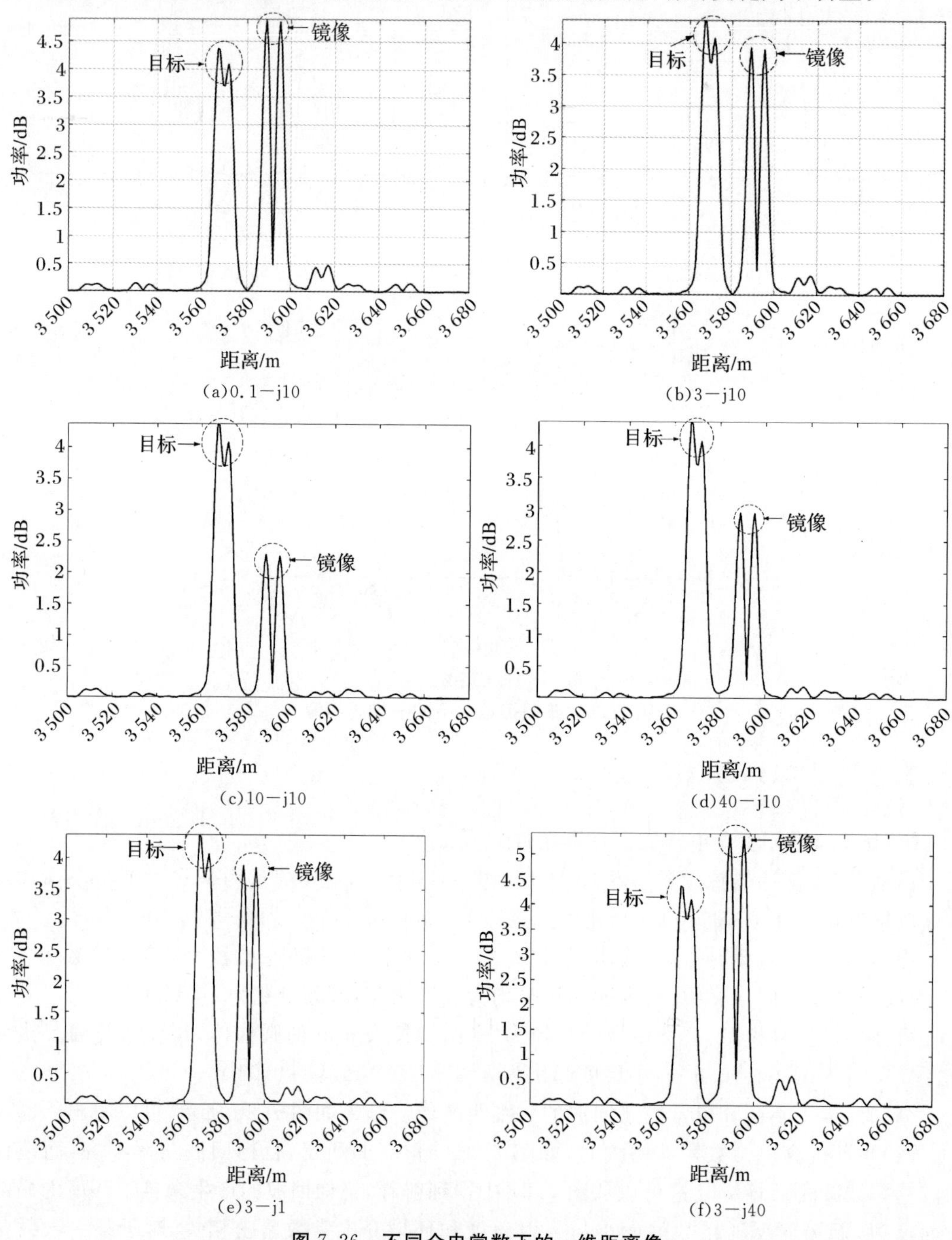

图 7.26 不同介电常数下的一维距离像

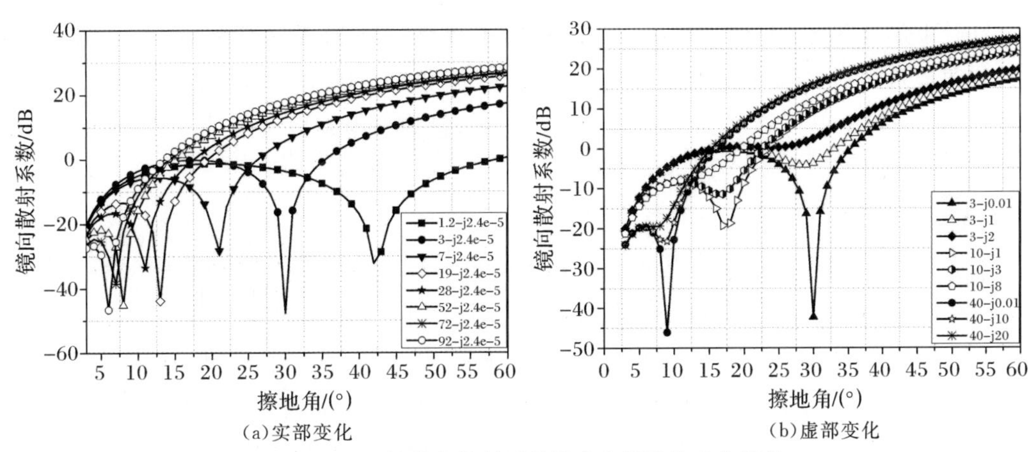

(a)实部变化　　(b)虚部变化

图 7.27　环境镜向散射系数随介电常数的变化规律

【算例 7.26】环境均方根高度。计算条件如下：

运动参数：雷达位置矢量为 $\boldsymbol{S}_{\mathrm{p}}$(3 500 m,0,800 m)，速度矢量为 $\boldsymbol{V}_{\mathrm{s}}$(−300 m/s,0,0)；目标位置矢量为 $\boldsymbol{T}_{\mathrm{p}}$(0,0,100 m)，速度矢量为 $\boldsymbol{V}_{\mathrm{T}}$(100 m/s,0,0)，目标雷达仰角为 θ_{t}。

雷达参数为：主动体制，旁瓣电平为−20 dB，工作频率在 X 波段，积累脉冲数为 128 个，天线主波束指向目标中心，入射和接收均为 VV 极化，调频带宽为 80 MHz。

目标环境复合模型：目标模型为直径为 0.5 m，长为 6 m 的圆柱体，环境面轮廓起伏为 $L_x=0.6$ m，小尺度起伏为 $h=1\times10^{-4}$ m，$l_x=0.04$ m，地面相对介电常数为 $\varepsilon_{\mathrm{r}}=3-\mathrm{j}10$。

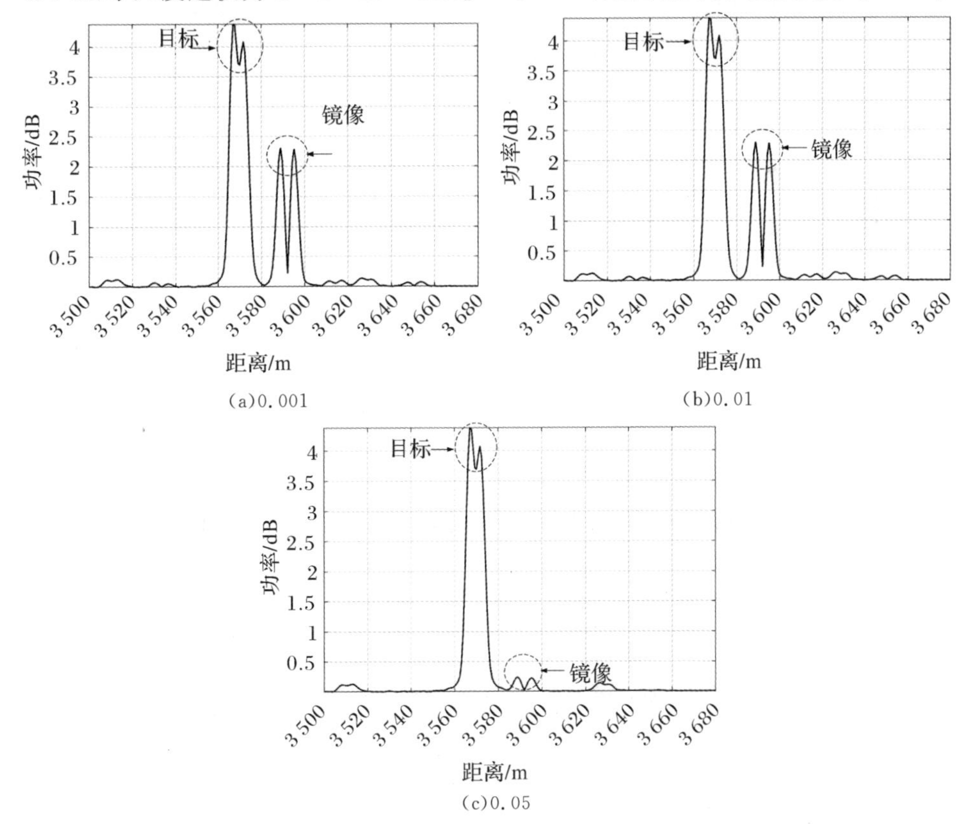

(a)0.001　　(b)0.01

(c)0.05

图 7.28　不同均方根高度时的一维距离像

分别计算了环境面起伏 H_x 为 0.001 m、0.01 m 及 0.05 m 时回波的一维距离像。从图 7.28 中可以看出：当环境均方根高度增加时，目标回波功率为发生变化，而镜像回波功率则减小。这是当均方根高度增加时，环境面变得粗糙，镜面反射系数减小，镜像回波功率也就减小。

【算例 7.27】海面风速。计算条件如下：

运动参数：雷达位置矢量为 $\boldsymbol{S}_{\mathrm{p}}$(3 500 m,0,800 m)，雷达速度矢量为 $\boldsymbol{V}_{\mathrm{s}}$(−300 m/s,0,0)；目标位置矢量为 $\boldsymbol{T}_{\mathrm{p}}$(0,0,100 m)，速度矢量为 $\boldsymbol{V}_{\mathrm{T}}$(100 m/s,0,0)。

雷达参数为：主动体制，旁瓣电平为 −20 dB，工作频率在 X 波段，积累脉冲数为 128 个，天线主波束指向目标中心，入射和接收均为 VV 极化，调频带宽为 80 MHz。

目标环境复合模型：目标模型为直径为 0.5 m，长为 6 m 的圆柱体，环境面为海面，风向 0°，海面相对介电常数为 $\varepsilon_{\mathrm{r}}=42-\mathrm{j}39$。

分别计算了不同风速时回波的一维距离像。从图 7.29 中可以看出：当风速变化时，目标回波功率保持不变，当风速较低时，海面较平静，镜像功率较大，海面粗糙度较小，当风速增大时，海面变得粗糙，镜像功率变小。

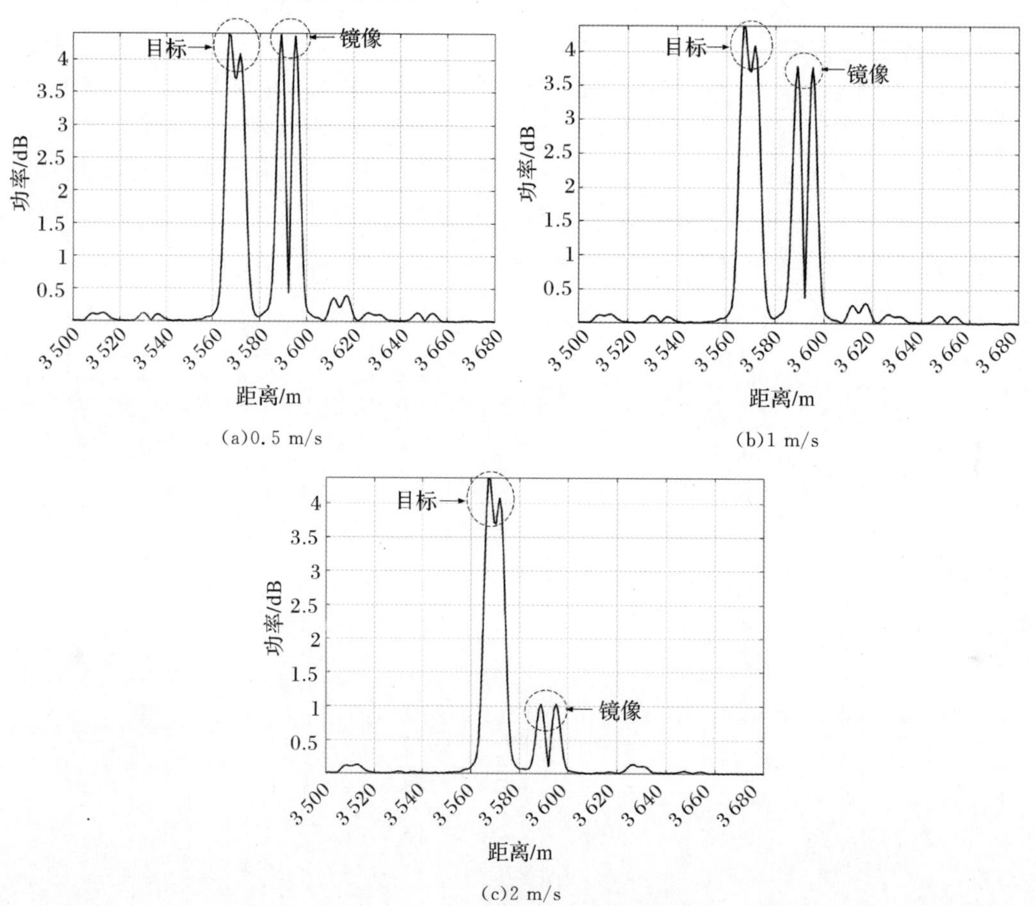

(a)0.5 m/s (b)1 m/s (c)2 m/s

图 7.29 不同风速时的一维距离像

7.2.3　雷达参数

【算例 7.28】天线极化。计算条件如下：

运动参数：雷达位置矢量为 $\boldsymbol{S}_{\mathrm{p}}$(3 500 m,0,800 m)，雷达速度矢量为 $\boldsymbol{V}_{\mathrm{s}}$(−300 m/s,0,0)；目标位置矢量为 $\boldsymbol{T}_{\mathrm{p}}$(0,0,100 m)，速度矢量为 $\boldsymbol{V}_{\mathrm{T}}$(100 m/s,0,0)，目标雷达仰角为 θ_{t}。

雷达参数为：主动体制，即发射和接收天线均在同一雷达内，且两种天线参数均相同，旁瓣电平为−20 dB，工作频率在 X 波段，积累脉冲数为 128 个，天线主波束指向目标中心，调频带宽为 80 MHz。

目标环境复合模型：目标模型为直径为 0.5 m，长为 6 m 的圆柱体，环境面轮廓起伏为 $H_x=1\times10^{-3}$ m，$L_x=0.6$ m，小尺度起伏为 $h=1\times10^{-4}$ m，$l_x=0.04$ m，地面相对介电常数为 $\varepsilon_{\mathrm{r}}=3-\mathrm{j}10$。

分别计算了 VV 和 HH 极化时回波的一维距离像。从图 7.30 中可以看出：不同极化下的目标回波功率保持不变，VV 极化下镜像回波功率弱于 HH 极化下镜像回波功率。这是因为 VV 极化时的镜向反射系数小于 HH 极化的镜向反射系数。

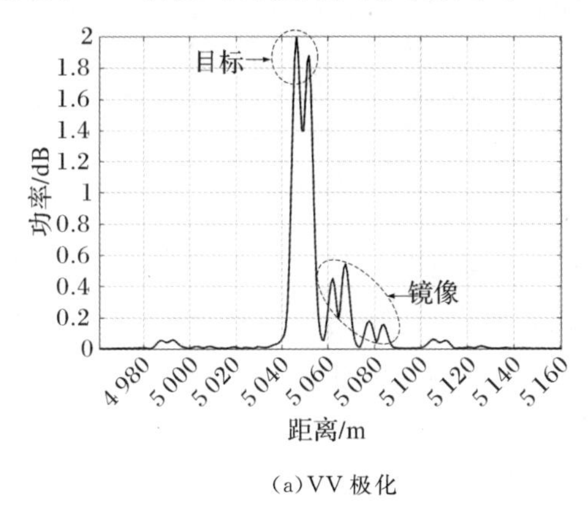

(a)VV 极化

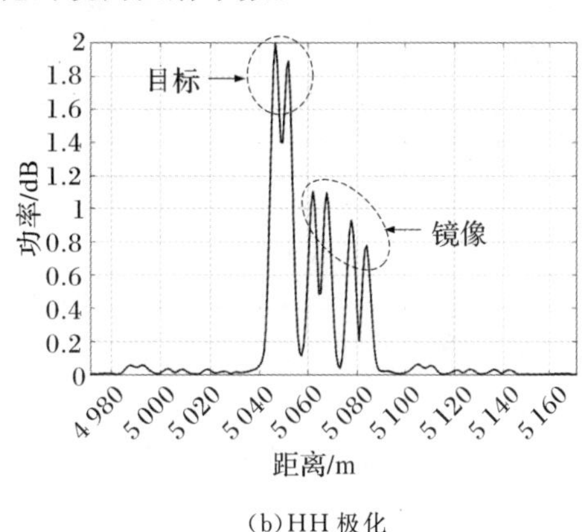

(b)HH 极化

图 7.30　不同极化时的一维距离像

【算例 7.29】调频带宽。计算条件如下：

运动参数：雷达位置矢量为 $\boldsymbol{S}_{\mathrm{p}}$(3 500 m,0,800 m)，雷达速度矢量为 $\boldsymbol{V}_{\mathrm{s}}$(−300 m/s,0,0)；目标位置矢量为 $\boldsymbol{T}_{\mathrm{p}}$(0,0,100 m)，速度矢量为 $\boldsymbol{V}_{\mathrm{T}}$(100 m/s,0,0)，目标雷达仰角为 θ_{t}。

雷达参数为：主动体制，即发射和接收天线均在同一雷达内，且两种天线参数均相同，旁瓣电平为−20 dB，工作频率在 X 波段，积累脉冲数为 128 个，天线主波束指向目标中心。

目标环境复合模型：目标模型为直径为 0.5 m，长为 6 m 的圆柱体，环境面轮廓起伏为 $H_x=1\times10^{-3}$ m，$L_x=0.6$ m，小尺度起伏为 $h=1\times10^{-4}$ m，$l_x=0.04$ m，地面相对介电常数为 $\varepsilon_{\mathrm{r}}=3-\mathrm{j}40$。

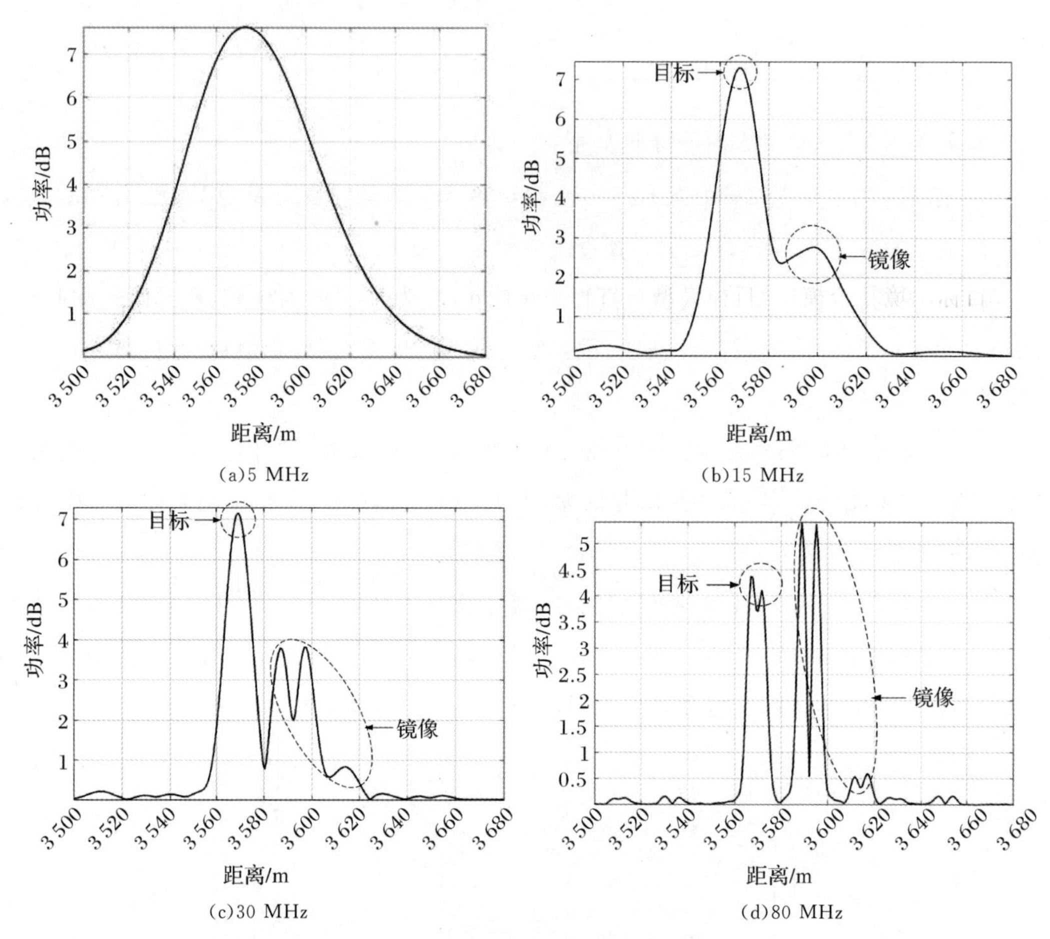

(a)5 MHz　(b)15 MHz　(c)30 MHz　(d)80 MHz

图 7.31　不同调频带宽时的一维距离像

分别计算了不同调频带宽时回波的一维距离像。从图 7.31 中可以看出：

(1)当调频带宽较小时，即 5 MHz 时，目标与镜像还无法分开，这时回波最大值对应的距离为 3 573 m；当调频带宽为 15 MHz 和 30 MHz 时，回波最大值对应的距离为 3 679 m；当调频带宽为 80 MHz 时，目标处对应的距离为 3 569 m，实际上雷达目标距离的准确值为 3 569.3 m。这说明当调频带宽较小时，因为多径的存在会使得合成目标在一维距离像上的位置发生微小的偏移。

(2)根据雷达目标的相互位置关系能够计算得到目像之间的距离为 39.22 m，而目标的径向尺寸为 5.8 m，这说明当带宽增加时，镜像首先应当会与目标分离，这从图中可以看出，当调频带宽为 15 MHz 时就已经发生了分裂，随着带宽的增加，分离效果越明显，当带宽进一步增加时，如增加到 80 MHz 时，目标也发生了分裂，并且目标功率相对低调频带宽下出现了降低，这对于目标检测是不利的，说明为了实现目像分离，调频带宽以不发生目标分裂为条件限制。

(3)调频带宽的增加也会使得目标与镜像功率大小的关系发生改变。当调频带宽增加到一定程度，如导致目标分裂时，这时的镜像功率就高于目标功率，若在之后的信号处理结果中采取选大进行目标的获取，则很可能会导致错误的发生。为此可以利用目标距离门选通的方式将镜像进行剔除而仅保留目标。

【算例 7.30】工作频率。计算条件如下：

运动参数：雷达位置矢量为 $\boldsymbol{S}_{\mathrm{p}}$(3 500 m,0,800 m)，雷达速度矢量为 $\boldsymbol{V}_{\mathrm{s}}$(－300 m/s,0,0)；目标位置矢量为 $\boldsymbol{T}_{\mathrm{p}}$(0,0,100 m)，速度矢量为 $\boldsymbol{V}_{\mathrm{T}}$(100 m/s,0,0)，目标雷达仰角为 θ_{t}。

雷达参数为：主动体制，即发射和接收天线均在同一雷达内，且两种天线参数均相同，旁瓣电平为－20 dB，积累脉冲数为 128 个，天线主波束指向目标中心，调频带宽为 80 MHz。

目标环境复合模型：目标模型为直径为 0.5 m，长为 6 m 的圆柱体，环境面轮廓起伏为 $H_x=1\times10^{-3}$ m，$L_x=0.6$ m，小尺度起伏为 $h=1\times10^{-4}$ m，$l_x=0.04$ m，地面相对介电常数为 $\varepsilon_{\mathrm{r}}=3-\mathrm{j}40$。

分别计算了不同工作频率时回波的一维距离像。从图 7.32 中可以看出：

(1)当工作频率增大时，目标与镜像功率都会减小，这是因为该算例中设定天线的增益保持不变，这样当调频带宽增加时会导致天线的口径面积减小，雷达接收到的目标与镜像功率也就随之减小。

(2)当工作频率增大时，目标与镜像在距离维上的距离差基本保持不变。

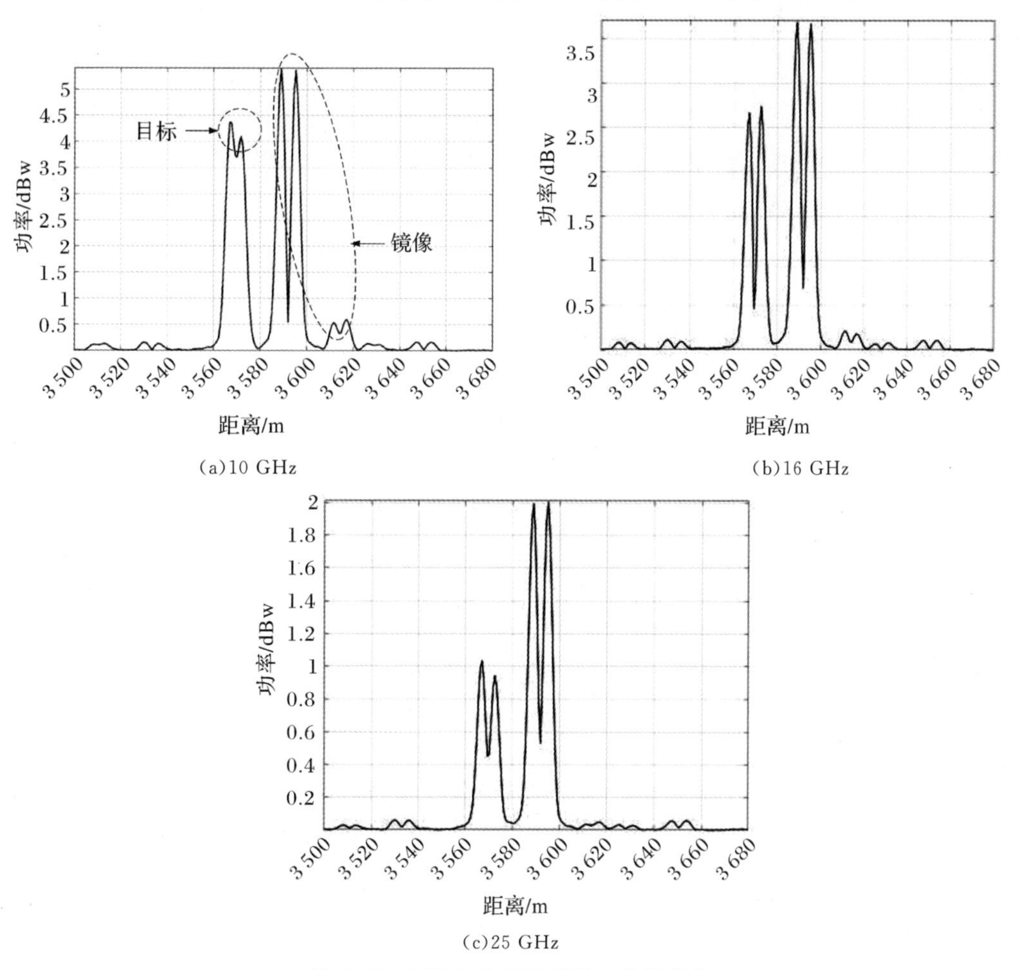

(a)10 GHz

(b)16 GHz

(c)25 GHz

图 7.32 不同工作频率时的一维距离像

【**算例 7.31**】脉冲宽度。计算条件如下：

运动参数：雷达位置矢量为 $\boldsymbol{S}_{\mathrm{p}}$(3 500 m,0,800 m)，雷达速度矢量为 $\boldsymbol{V}_{\mathrm{s}}$(−300 m/s,0,0)；目标位置矢量为 $\boldsymbol{T}_{\mathrm{p}}$(0,0,100 m)，速度矢量为 $\boldsymbol{V}_{\mathrm{T}}$(100 m/s,0,0)，目标雷达仰角为 θ_{t}。

雷达参数为：主动体制，即发射和接收天线均在同一雷达内，且两种天线参数均相同，旁瓣电平为−20 dB，积累脉冲数为128个，天线主波束指向目标中心，调频带宽为80 MHz。

目标环境复合模型：目标模型为直径为0.5 m，长为6 m的圆柱体，环境面轮廓起伏为 $H_x=1\times10^{-3}$ m，$L_x=0.6$ m，小尺度起伏为 $h=1\times10^{-4}$ m，$l_x=0.04$ m，地面相对介电常数为 $\varepsilon_{\mathrm{r}}=3-\mathrm{j}40$。

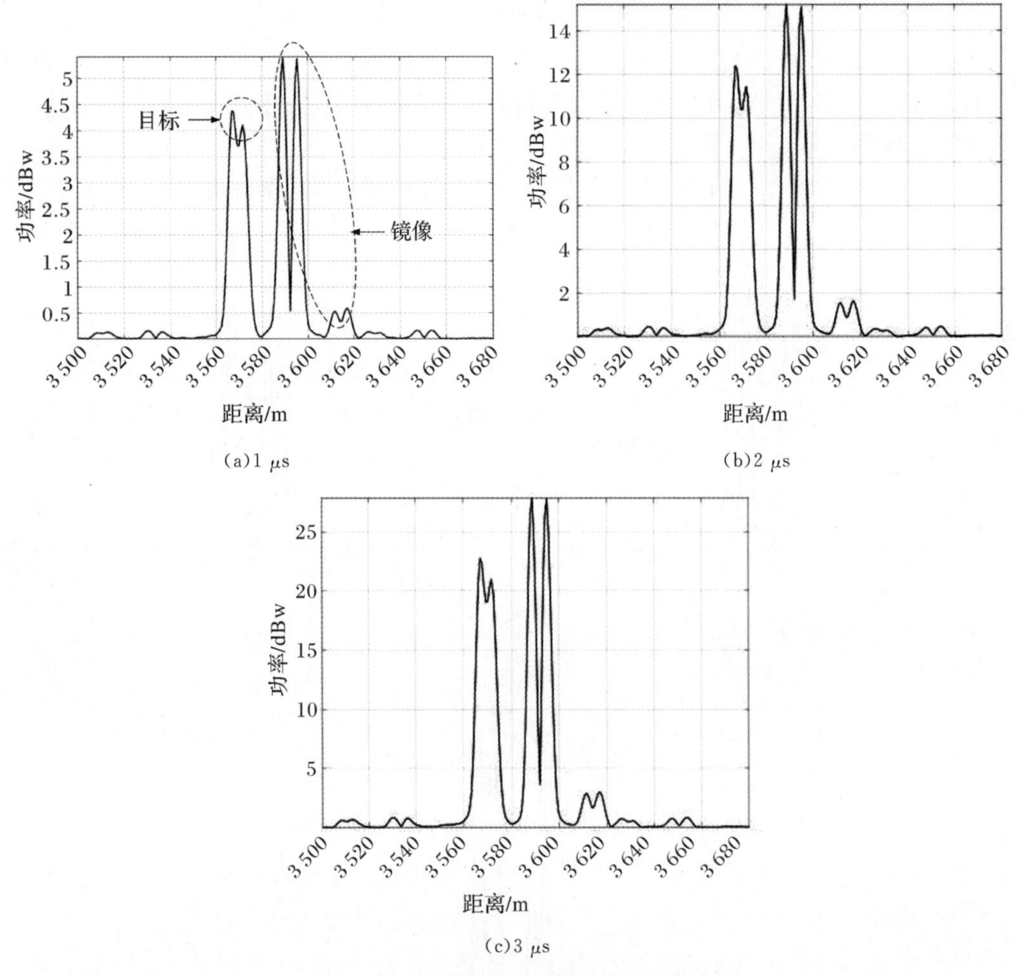

图 7.33　不同脉冲宽度时的一维距离像

分别计算了不同脉冲宽度下时回波的一维距离像。从图7.33中可以看出：

(1)当脉冲宽度增大时，目标与镜像功率都会增加，这是因为脉冲宽度增加时，雷达的发射功率也会增加，经过脉冲压缩后回波幅度也会增加。

(2)当脉冲宽度增大时，目标与镜像在距离维上的距离差基本保持不变。

7.3　本 章 小 结

本章介绍了宽带化技术抑制杂波，实现目标与镜像分析进而消除镜像干扰的过程和方法。具体包括：

(1)采用宽带化的导引头能够极大地降低来自环境的杂波干扰功率。理论依据是宽带化下的雷达导引头距离分辨力提高，每一距离门内的杂波电平减小，杂波在时间上的相关性变弱。本章计算了目标与杂波之比(信杂比)随带宽变化的特性，总结了信杂比随各参数变化的规律。

(2)采用宽带化改制的雷达导引头也能为抑制镜像回波提供基础。当雷达导引头的距离分辨力提高时，原本在距离维上混在目标回波处的镜像回波实现了与目标回波的分离，这就利用一定的方法将镜像回波进行剔除，实现对目标回波的准确获取，进而获取目标参数的信息，对目标进行稳定的探测与跟踪。目标镜像回波分离的良好效果受到雷达参数、目标环境参数的影响，本章给出了目像分离随参数变化的曲线，总结了其规律。

(3)宽带化的雷达导引头能够为抑制杂波、实现目像分离提供便利。然而调频带宽的增加也会引起诸如目标分裂，目标信号功率减小的可能，因此调频带宽的选取应当综合考虑抑制杂波、分离目像及保证目标有限分裂等多种约束条件。

总之，宽带化改制后的雷达导引头能够改善雷达导引头超低空目标的探测与跟踪性能，该技术方案也为雷达导引头抗干扰提供了一种技术途径。

参考文献

[1] 张义胜,彭传微.防空导弹原理[M].哈尔滨:哈尔滨工程大学出版社,2019.
[2] 高烽.雷达导引头概论[M].北京:电子工业出版社,2010.
[3] 杨勇.雷达导引头低空目标检测理论与方法研究[D].长沙:国防科学技术大学,2014.
[4] 王博.防空作战雷达导引头性能仿真研究[D].长沙:国防科学技术大学,2013.
[5] SHIRMAN Y D,LESHCHENKO S P,ORLENKO V M. Advantages and problems of wideband radar[C]. International Radar Conference,Adelaide,SA,Australia,2003: 15-21.
[6] 郝金双,汪洋.超宽带雷达杂波抑制[J].指挥信息系统与技术,2013,4(3):60-64.
[7] 侯庆禹,刘宏伟,保铮.宽带目标识别雷达的杂波抑制[J].现代雷达,2007,29(9):44-47.
[8] 吴聪,王红,李剑斌.多径效应对低慢小目标探测影响分析[J].雷达与对抗,2013,33(3):15-17.
[9] 赵建宏.低空目标探测及宽带雷达信号检测研究[D].成都:电子科技大学,2007.
[10] 高美凤,樊浩,黄树彩,等.低空/隐身目标防御体系研究[J].飞航导弹,2012(4):63-68.
[11] 马井军,马维军,赵明波,等.低空/超低空突防及其雷达对抗措施[J].国防科技,2011(3):26-35.
[12] BARTON D K. Modern radar system analysis[M]. Norwood,MA: Artech House,1988.
[13] YANG Y,FENG D J, WANG X S,et al. Effects of K distributed sea clutter and multipath on radar detection of low altitude sea surfacetargets[J]. IET Radar Sonar Navigation, 2014,8(7):757-766.
[14] 曹晨,王小谟.关于雷达杂波性质研究的若干问题[J].现代雷达,2001,23(5):1-5.
[15] KURODA T,IMADO F,MIWA S. The effect of clutter on missiles at a low altitude [C]//Navigation and Control Conference,New Orleans,USA,1991.
[16] 赵丹.关于低空雷达导引头海面目标检测性能的研究[J].中国设备工程,2018(5):77-78.
[17] 黄培康,殷红成,许小剑.雷达目标特性[M].北京:电子工业出版社,2006.
[18] 许小剑,李晓飞,刁桂杰,等.时变海面雷达目标散射现象学模型[M].北京:国防工业出版社,2013.
[19] FUNG A K. Microwave scattering and emission models and their applications[M]. Boston: Artech House,1994.
[20] WU S T,FUNG A K. A noncoherent model for microwave emissions and backscattering from the sea surface[J]. Journal of Geophysical Research,1972,77(30): 5917-5927.
[21] ELFOUHAILY T,CHAPRON B,KATSAROS K,et al. A unified directional spectrum for long and short wind-driven waves[J]. Journal of Geophysical Research, 1997, 102(C7):15781-15796.

[22] 金亚秋,刘鹏,叶红霞. 随机粗糙面与目标复合散射数值模拟理论与方法[M]. 北京:科学出版社,2008.
[23] 聂再平,方大纲. 目标与环境电磁散射特性建模[M]. 北京:国防工业出版社,2009.
[24] 郭立新,张民,吴振森. 随机粗糙面与目标复合电磁散射的基本理论和方法[M]. 北京:科学出版社,2014.
[25] CLARIZIA M P, GOMMENGINGER C, BISCEGLIE M D, et al. Simulation of L-band bistatic returns from the ocean surface: a facet approach with application to ocean GNSS reflectometry[J]. IEEE Transactions on Geoscience and Remote Sensing,2012,50(3): 960 - 971.
[26] MIRET D, SORIANO G, NOUGUIER F. Sea surface microwave scattering at extreme grazing angle: Numerical investigation of the Doppler shift [J]. IEEE Transactions on Geoscience and Remote Sensing,2014,52(11):7120 - 7129.
[27] 穆虹. 防空导弹雷达导引头设计[M]. 北京:中国宇航出版社,1996.
[28] 温晓杨. 动态目标雷达回波实时模拟技术及应用[D]. 长沙:国防科学技术大学,2006.
[29] 贺知明,黄巍,张一冰,等. 适用于宽带雷达的非相干杂波抑制方法[J]. 系统工程与电子技术,2004(5):572 - 574.
[30] BECKMAN P,SPIZZICHINO A. The scattering of electromagnetic waves from rough surfaces [M]. London:Oxford Pergamon Press inc. ,1963.
[31] COLLARO A, FRANCESCHETTI G, MIGLICACCIO M, et al. Gaussian rough surfaces and Kirchhoff approximation[J]. IEEE Trans Antennas Propagation,1999,37(5):2410 - 2412.
[32] TOPORKOW J V,BROWN G S. Numerical study of the extended kirchhoff approach and the lowest order small slope approximation for scattering from ocean-like surfaces: Doppler analysis[J]. IEEE Trans Antennas Propagation,2002,50(4):417 - 425.
[33] 陈博韬,谢拥军,李晓峰. 真实地形环境下低空雷达目标回波信号分析[J]. 西安交通大学学报,2010,44(4):103 - 107.
[34] 王佳宁,许小剑. 二维线性与非线性海面的宽带散射特性仿真及分析[J]. 雷达学报,2015,4(3):343 - 350.
[35] 刘劲,戴奉周,刘宏伟. 基于实测数据的宽带雷达杂波模型分析与运动目标检测[J]. 电波科学学报,2015,30(5):884 - 889.
[36] MARIER L J. Correlated K-distributed clutter generation for radar detection and track [J]. IEEE Transactions on Aerospace and Electronic Systems,1995,31(2):568 - 580.
[37] CHEN H, ZHANG M,YIN H C. Scattering-based I/Q signal simulation of sea clutter returns[C]. IEEE International Conference on Microwave and Millimeter Wave Technology,Chengdu,China,2010: 1197 - 1200.
[38] 李正玉. 宽带杂波信号的半实物仿真[D]. 南京:南京航空航天大学,2013.
[39] 林伟民. 空对地弹载毫米波复合体制雷达关键技术研究[D]. 南京:南京航空航天大学,2012.
[40] 刘建成. 脉冲多普勒雷达导引头建模和仿真研究[D]. 长沙:国防科学技术大学,2002.
[41] 李浩冬,廖桂生,许京伟. 弹载雷达和差通道稳健自适应杂波抑制方法[J]. 系统工程与电子技术,2019,41 (2): 273 - 279.

[42] 廖桂生，许京伟，李婕，等. 弹载相控阵雷达系统设计与信号处理问题[J]. 航空兵器，2017(1)：3－9.
[43] 王永良，杨子跃. 空时自适应信号处理[M]. 北京：清华大学出版社，2000.
[44] 冯阳，廖桂生，许京伟. 机载雷达超低空多径目标稳健 STAP 方法 [J]. 系统工程与电子技术，2017，39(7)：1464－1470.
[45] 许京伟，廖桂生，朱圣棋，等. 弹载俯冲非正侧阵雷达杂波特性与抑制方法[J]. 系统工程与电子技术，2013，35(8)：1631－1637.
[46] 廖桂生，许京伟，李婕，等. 弹载相控阵雷达系统设计与信号处理问题[J]. 航空兵器，2017(1)：3－9.
[47] 刘锦辉. 机载阵列雷达非均匀杂波抑制方法研究[D]. 西安：西安电子科技大学，2011.
[48] 李明. 机载阵列雷达抑制非均匀杂波的 STAP 方法研究[D]. 西安：西安电子科技大学，2011.
[49] JINGWEI XU，GUISHENG LIAO，HING CHEUNG SO. Space-time adaptive processing with vertical frequency diverse array for range ambiguous clutter suppression[J]. IEEE Transactions on Geoscience and Remote Sensing，2016，54(9)：5352－5364.
[50] DAI F，LIU H，SHUI P，et al. Adaptive detection of wideband radar range spread targets with range walking in clutter[J]. Aerospace and Electronic Systems IEEE Transactions on，2012，48(3)：2052－2064.
[51] 何友，关键，彭应宁，等. 雷达自动检测与恒虚警处理[M]. 北京：国防工业出版社，1999.
[52] 刘博. 弹载宽带雷达信号处理机关键技术研究[D]. 长沙：国防科学技术大学，2013.
[53] 毛士艺，张瑞生，许伟武，等. 脉冲多普勒雷达[M]. 北京：国防工业出版社，1990.
[54] 赵善友. 防空导弹武器寻的制导控制系统设计[M]. 北京：宇航出版社，1992.
[55] 姜斌. 地、海杂波建模及目标检测技术研究[D]. 长沙：国防科学技术大学，2006.
[56] 陈远征. 末制导雷达扩展目标检测方法研究[D]. 长沙：国防科学技术大学，2009.
[57] 吴宏刚. 时空非平稳强杂波抑制与微弱运动目标检测技术[D]. 成都：电子科技大学，2006.
[58] 陈思佳. 非均匀强杂波下的目标检测问题研究[D]. 成都：电子科技大学，2014.
[59] CUOMO K M，PIOU J E，MAYHAN J T. Ultra-wideband coherent processing[J]. Lincoln Laboratory Journal，1997，10(2)：203－222.
[60] SHENG HONGSAN，ORLIK P，HAIMOVICH A M，et al. On the spectral and power requirements for ultra-wideband transmission[C]. IEEE International Conference on communications，Anchorage，AK，2003(1)：738－742.
[61] CURTIS D S. 动目标显示与脉冲多普勒雷达[M]. 北京：国防工业出版社，2016.
[62] LIU Q H，WANG Y Z，FATHY A E. Towards low cost，high speed data sampling module for multifunctional real-time UWB radar[J]. IEEE Transactions on Aerospace and Electronic Systems，2013，49(2)：1301－1316.